"十三五"国家重点出版物出版规划项目

国家出版基金项目
NATIONAL PUBLICATION FOUNDATION

采矿手册

第八卷 矿山环境

古德生◎总主编

周连碧◎主编

祝怡斌 杨运华◎副主编

Mining Handbook

中南大学出版社
www.csupress.com.cn
·长沙·

内容提要

　　本卷共 8 章，分别为：第 1 章矿山生态环境保护发展战略；第 2 章采矿污染物防治；第 3 章采矿作业环境；第 4 章采矿工业卫生；第 5 章矿山生态修复；第 6 章矿山生产的生态压力与生态成本；第 7 章矿山环境影响评价；第 8 章矿山环境监管。

　　本卷重点介绍了国内矿山环境保护、污染防治、采矿作业环境与卫生、生态修复、环境评价及环境监管的成果及推广应用，系统全面地总结了矿山生态修复成果与技术，收集整理了一些新的环保案例，践行"绿水青山就是金山银山"理念。本卷内容翔实，极具实用性，可供矿山环境保护管理、科研和设计人员使用，也可作为大专院校师生的工具书。

《采矿手册》总编辑部

总　主　编　古德生

总　编　辑　部　（按姓氏笔画排序）

王李管　古德生　刘放来　汤自权　吴爱祥

周连碧　周爱民　赵　文　战　凯　唐绍辉

廖江南

编辑部工作室　古德生　刘放来　王青海　鲍爱华　谭丽龙

胡业民

《采矿手册　第八卷　矿山环境》编写人员

主　　　　编　周连碧

副　主　编　祝怡斌　杨运华

编　撰　人　员　（按姓氏笔画排序）

朱亦珺　刘玉峰　刘建平　李　青　宋　爽

张　飞　陈　斌　范书凯　胥孝川　顾晓薇

曾　科　鞠丽萍

《采矿手册　第八卷　矿山环境》审稿人员

主　　　　审　宗子就

审　稿　人　（按姓氏笔画排序）

林　海　黄顺红　谢金亮　潘剑波　薛生国

　　矿产资源是在地球长达 46 亿多年的演化过程中形成的、不可再生的可开发利用矿物质的聚合体。矿业是人类开发利用矿产资源而形成的产业，包括矿产地质勘探、矿床开采和矿物加工，是获取初级矿产品、为后续工业提供原材料的基础性产业。

　　人口、资源、环境是人类社会可持续发展的三大要素，而矿产资源是核心要素。人猿揖别后，人类文明"一切从矿业开始"：从旧石器时代到当前大数据、人工智能、物联网协同发展的"大人物"时代，人类从未须臾离开过矿业！矿产资源的开发利用与人类社会的发展，在历史长河中相辅相成，各类矿产资源为人类的衣、食、住、行，社会的发展与科技进步提供了重要的物质基础，衍生了人类社会，创造了人类的物质文明、科技文明和精神文明。现代社会的冶炼和压延加工业、建筑业、化学工业、交通运输业、机械电子业、航空航天业、核能业、轻工业、医药业和农业等国民经济的各行各业，没有矿业一切都将成无米之炊。

　　绵延五千年，在中华大地上，炎黄子孙得以生存发展与繁衍生息，中华文明的传承和发扬光大，与矿产资源的开发密不可分。华夏祖先是世界上开发利用矿产资源最早、矿物种类最多的先民之一，在世界矿业史上开创了辉煌的时代，创造了灿烂的矿冶文明。1973 年，在陕西临潼姜寨文化遗址中出土的黄铜片和黄铜管状物，年代测定为公元前 4700 年左右，是世界上最古老的冶炼黄铜，标志着我们的祖先早已为人类青铜时代的到来奠定了坚实的基础。成批出土了青铜礼器、兵器、工具、饰物等的二里头文化，表明在距今已有 4000 余年的夏朝时期，华夏文明就已进入了青铜时代。2009 年，在甘肃临潭磨沟寺洼文化墓葬中出土的两块铁条，距今已有 3510～3310 年，表明 3000 多年前华夏的铁矿采冶技术就已经相当成熟，为春秋战国时期大量开采铁矿、使用铁器和人类跨入铁器时代奠定了基础。到了近代，特别是 1840 年鸦片战争以后，由于列强的掠夺、连年战乱和长期闭关锁国，中国矿业开始逐渐落后于西方国家。

　　1949 年，中华人民共和国成立后，国民经济得到了迅猛的恢复和发展，中国矿业从年产钢 15 万吨、10 种有色金属 1.3 万吨、煤炭 3200 万吨、原油 12 万吨起步，开启了快速发展与重新崛起的新纪元。

　　20 世纪 50 年代初期，为规划"建设强大的社会主义国家"，振兴矿业成为头等大事。

1950 年 2 月 17 日，正在苏联访问的毛泽东主席在莫斯科为中国留学生亲笔题写了"开发矿业"四个大字，号召有志青年积极投身祖国的矿山事业，为中国矿业的发展和壮大贡献青春和智慧。七十多年弹指一挥间，经过几代人的努力，我国已探明了一大批矿产资源，建成了比较完整、齐全的矿产品供应体系，为国民经济的持续、快速、协调、健康发展提供了重要的物质保障，取得了举世瞩目的成就：2019 年生产钢材 12.05 亿吨，10 种有色金属 5866 万吨，原煤 38.5 亿吨，原油 1.91 亿吨。

1　矿业特点与产业定位

在人类社会漫长的发展过程中，被发现和利用的矿产种类越来越多。依据矿业经济和社会发展的不同历史阶段所需矿物种类的差异性，可以大致将矿产资源分为三类：

第一类是传统矿产，包括铜、铁、铅、锌、锡、煤和黏土等工业化初期需要的主导性矿产品。

第二类是现代矿产，包括铝、铬、锰、钨、镍、矾、铀、石油、天然气和硅等工业化成熟期到高技术发展初期广泛利用的矿产品。

第三类是新兴矿产，包括钴、锗、铂、稀土、钛、锂、金刚石、高纯石英、晶质石墨等知识经济高技术时代大量使用的矿产品。

一个国家的科技及经济处于哪个发展阶段，依据上述三类矿产品的生产量和需求量的比例就可做出判断。当今世界正面临着新的技术革命，不仅需要第一类、第二类矿产，还需要大力开发第三类矿产。比如，航空航天、医疗设备、电子通信、国防装备等，都需要大量的新兴矿产品。

在联合国的《国际标准行业分类》(ISIC-4.0) 和欧盟标准产业分类 (NACE2006)、北美产业分类 (NAIC2012) 等文件中，矿业 (包括探矿、采矿和选矿) 均归属于从自然界获取初级矿产品、为后续加工产业 (第二产业) 提供原材料的第一产业。世界矿业大国和矿产品消费大国，如俄罗斯、美国、巴西、澳大利亚、新西兰、加拿大、南非等，都把矿业作为一个独立产业门类且归属为第一产业。仅有日本、德国等少数国家，因其国内矿产资源较为贫乏，所需要的矿产品主要依靠国外进口，矿业在其国民经济中所占份额较少，而把矿业列为第二产业。

由于历史的原因，我国矿业被划分在第二产业，这是不合适的。中华人民共和国成立之初所确定的产业分类法，是从苏联移植的按生产单位性质划分产业类型的方法，完全没有考虑经济活动的性质。因此，把设在冶金联合企业 (包含探矿、采矿、选矿、冶炼和材料加工等生产业务) 内部的矿山采掘生产作业 (探矿、采矿、选矿) 连带划入了第二产业。几十年来，我国一直维持着这一分类法。到 2003 年，国家统计局颁布的《三次产业划分规定》及现行的《国民经济行业分类》(GB/T 4754—2017) 中，依然将采矿业划归为第二产业，且把勘查业划归为第三产业。这种把矿业等同于加工业的产业分类方法，混淆了企业经济活动的性质，压制了矿山企业的经济活力，实在有待商榷。马克思在《资本论》中阐述剩余价值学说时，就曾论述到：农业、矿业、加工业和交通运输业是人类社会的四大生产部类，农业和矿业是直接从自然界获取原料的生产部类，是基础性产业；加工业是对农业和矿业所获得的原料进行加工，以满足社会的需求；交通运输业是连接农业、矿业、加工业等的纽带和桥梁；没有农业和矿业的发展，就没有加工业和交通运输业的繁荣。

随着经济和社会的发展，中国已成为世界第一矿业大国，理应同世界上绝大多数国家一样，把矿业归属于第一产业。从生产活动的性质上看，矿业不仅应该划归第一产业，而且它还应该是个独立的产业门类。因为它与一般工业有本质的不同，主要有如下特性：

（1）建矿选址的唯一性。一般工业可选择相对有利于人们生产、生活的地区建厂，而矿山只能建在矿床所在地。大多数蕴藏矿产资源的地区往往是水、电、交通条件很差的边远山区，建矿如同建社会，矛盾多、投资大、工期长。

（2）开采对象的差异性。开采对象资源禀赋天然注定，其工业储量、有用矿物种类与价值、赋存条件、矿床形态、矿岩的物理力学性质、矿石品位等的差异非常大，由其所决定的生产方式、开发规模、服务年限与可营利性等千差万别。这些差别表明矿山投资风险高、技术工艺多变、建设周期长。

（3）作业场所的不确定性。矿山开采作业人员和设备的工作面随着生产推进而日新月异，同时还面对地质构造、地下水、地压、矿体边界等许多不确定性，以及采、掘（剥）等主要生产工序间的协同性，导致矿山生产作业、安全管控难度大、风险高。

（4）矿产资源的不可再生性。矿产资源是地质作用下形成的有用矿物质的聚合体，是不可再生的，因此，矿山终将随着资源的枯竭而关闭，大量固化工程将报废，大量固定资产因失效而流失，同时还有大量的如闭坑等善后处理工程。

（5）产业发展的艰难性。目前，矿山生产与建设需要遵守国家五十多项法律法规，矿山建设准备工作纷繁复杂；矿山生产设施和废碴排放需要占用大量土地，矿山建设与矿区周边复杂的利益关系往往使得矿地关系协调异常困难；受矿床赋存条件制约，矿山建设工程量大、建设周期长、投资风险高；采矿生产过程需要经常移动作业地点、资源赋存条件也往往不断变化，这些都会导致生产安全、生态环境等诸多不确定性，根本不可能用管理工厂的固定工艺流程的办法来管理矿山。

（6）矿业的基础性。矿业处于工业产业链的最前端，它为后续加工业提供初级原料，向下游产业输送巨大的潜在效益，全面支撑国民经济的可持续发展。我国85%的一次能源、80%的工业原材料、70%以上的农业生产资料均来自矿业。没有矿业就没有工业、没有国防，也没有国家现代化。矿业与粮食一样是国家立业之根本。

世界上最早认识到矿业处于国民经济基础地位的是现代工业发源地英国，其后是非常重视矿产资源基础地位、掀起了第二次工业革命浪潮的美国。当今时代，矿业在国民经济的发展和国家安全中的重要性尤为突出。但是，长期以来我国矿业被定位为第二产业，与加工业混为一谈，这漠视了矿业的特殊性，严重扭曲了矿业的租税制度，导致我国的矿业管理几近碎片化，致使矿业负担过重、资源开发过度、环境破坏严重，形成了当代矿业发展与后代子孙的资源权益同时受损的局面。在面临百年未有之大变局的今天，国际政治、经济、军事环境复杂多变、世局纷扰，无不涉及矿产资源的激烈竞争。对于我国这样一个涉及油气、煤炭、冶金、有色金属、化工、核工业、建材等领域的矿业大国来说，缺乏全国性的统一管理部门，对我国经济和社会的健康发展与有效应对复杂多变的国际环境十分不利。现实在呼唤：中国矿业应该与同是基础产业的农业一样划入第一产业，并由独立部门负责管理，以加强我国矿业发展的战略规划和政策引导。这有利于将矿业作为一个整体纳入国民经济体系之中，有利于制定统一的矿业发展战略和发展规划，有利于制定统一的方针政策和行业规范，有利于协调不同行业之间的矛盾，有利于解决行业内部遇到的共同问题，有利于制定并实施全球资源战略和参与国际竞争。让中国矿业大步跨出国门，积极融入"一带一路"建设，这也是第一矿业大国应有的担当。

2　矿产资源开发的世界视野

矿产资源的不可再生性，决定了世界矿产资源保有量的枯竭性和供应量的有限性。加上矿产资源供需不均衡，致使世界范围内争夺矿产资源的矛盾加剧，造成了全球局势的纷扰动荡。

在近代，全球地缘政治复杂多变，无不与资源争夺有关。矿产资源丰富本是一个国家的优势，但在世界资源激烈争夺的过程中，相对弱小的国家，资源优势成为了外国入侵的导火索，如某些中东国家的石油，非洲国家的钻石、黄金等，都带着资源争夺的血腥味。

当前，全球四千三百多家国际矿业公司中，尤其是占比达 63.5% 的加拿大、美国、澳大利亚等国的矿业公司，在一百多个国家和地区既争夺资源，又争夺市场。这种争夺不仅表现在贸易摩擦和投资竞争的激烈性上，也表现在这些国际矿业公司与东道国之间矛盾的尖锐性上，有时甚至演化成为领土间的争端和冲突，造成世界经济、政治和军事的动荡不安。

邓小平同志在 1992 年曾经说过："中东有石油，中国有稀土"，中国稀土年产量曾经独占全球的九成。随着高新科技产业的快速崛起，稀土资源成为极其重要的战略资源，特别是产于中国南方离子吸附型矿床中的钆、铽、镝、钬、铒、铥、镱、镥、钇、钪等 10 种重稀土。长时间超大规模、超强度的无序开采，给中国南方稀土矿区的生态环境带来了非常严重的破坏。为了保护生态环境，国家 2007 年决定对稀土出口实行配额管理，使得稀土的出口量缩减了 35%~40%。2012 年，美国、欧盟、日本等纠集起来，在世界贸易组织对中国的稀土配额管理制度横加指责、粗暴干涉。这些深刻地反映出世界矿产资源争夺与国际市场贸易战的激烈程度。

作为世界第一矿业大国，中国矿业对世界矿业的影响举足轻重，在矿业市场全球化的环境下，中国矿业已经深深地植根于全球化的矿业市场中，面对日益激烈的竞争，中国应加快从矿业大国向矿业强国转变。

到 2050 年，全球人口将会突破 90 亿，水、粮食和矿产资源的需求将大幅增加。资源过度开发利用所带来的环境破坏，以及资源过度消耗所造成的环境污染与气候变迁，将使人类面临更为严峻的生态危机。

放眼世界，资源是世局纷扰的主要因素。资源占有和资源供应决定着国家战略。发达国家之所以不惜投入巨资发展太空科技，研究打造月球基地和小行星采矿，努力向外太空发展，除了国家安全战略方面的考虑外，开发太空资源是其重要动因。未来一定是谁掌握了未来资源，谁就掌握了未来。

当前，我国经济已由高速发展阶段转向高质量发展阶段，对矿产资源的需求也由全面、持续、快速增长转变为差异化增长。矿产资源的供给安全正逐步突破以数量、规模、成本、利润为目标的市场供给范围，新一轮科技革命必将驱动矿产资源的供应安全渗透到国家经济发展和地缘政治领域。

面对错综复杂的国际环境，中国矿业要紧扣矿业领域新的发展阶段、新的发展理念、新的发展格局，以推进高质量低碳发展为目标，以短缺矿产资源找矿突破为重点，以树立绿色低碳矿业新形象为标志，加快构筑互利共赢的全球产业链、供应链命运共同体，形成以国内大循环为主体、国内国际双循环相互促进的发展新格局。

3　矿业的可持续发展

矿业要坚定不移地走可持续发展之路，"绿色开发"将成为矿业发展的永恒主题。人类在石器时代，对矿产品的认识、采集、加工利用等活动仅在地表进行，矿产品产量、开采方式和废弃物排放等，与生态环境的承载能力基本上相适应。自青铜时代起，铜、铁等矿产品先后出现规模化开采矿点，涉及地表、地下开发，但规模有限，对生态环境的影响也有限，故早期人类并没有十分重视矿业对周边生态环境的影响。进入工业化时代以后，经济和社会的发展使得矿产资源的需求量激增，矿业对生态环境的破坏也越来越严重。为了解决现代工业发展与生态环境保护间的矛盾，自20世纪70年代以来，人类在不懈地探求生存和发展的新道路，提出了"可持续发展"理念，倡导绿色矿业。经过几十年的实践，可持续发展和绿色矿业的理念，已被越来越多的人接受，并已成为全球共识。

我国是世界上少有的几个资源总量大、矿种配套程度较高的资源大国之一，矿产资源总量居世界第三位。但是，大宗矿产资源赋存条件不佳，可持续供给能力不强，人均资源量约为世界人均的58%。从这个意义上说，我国实际上还是一个资源相对贫乏的国家。目前，我国的镍、铜、铁、锰、钾、铅、铝、锌等大宗矿产品的后备资源储量较少，品质不高，且经过多年远高于全球平均水平的高强度开采，资源消耗过快，静态储采比大幅下降，总体上处于相对危机状态。

目前，我国正处于工业化中期阶段，对矿产资源的需求强度将进入高峰期，矿产资源的供需矛盾日益突出，因此，矿产资源的可持续开发利用更加引人瞩目。自20世纪末以来，我国矿业的可持续发展理念有了很大升华，归纳为以下四点：

(1)矿业经济的全球观。将一个国家和地区的资源供求平衡过程与国际平衡过程紧密地联系起来，采取两种资源和两个市场的战略方针和对策，稳定、及时、经济、安全地在国际范围内，实现国内总供给和总需求的平衡；同时积极、主动地适应矿业全球化的大趋势，以获得全球竞争与合作的"红利"，防止被边缘化。

(2)矿业的可持续发展观。将矿产资源的开发利用和生态环境的保护与整治紧密联系起来，强调资源利用的世界时空公平性和资源效益的综合性，在生产和消费模式上，实现由浪费资源到节约资源和保护资源，由粗放式经营到集约化经营，由只顾当代利用到兼顾后代持续利用的转变。

(3)资源开发利用增值观。通过科技进步，提高资源的综合回收率，开拓资源应用的新领域，延伸资源开发利用的产业链，从根本上改变"自然资源无价"和"劳动唯一价值论"的传统观念，使资源得到最大限度的利用。

(4)矿产资源供应安全观。矿产资源在很大程度上决定着一个国家的经济发展实力和综合国力，因此，资源需求大国应大大提高资源供求意义上的国家安全观，强化重要资源的安全供给。

矿业可持续发展是矿产资源开发利用与人口、经济、环境、社会发展相协调的可持续发展。2003年，我国提出了"坚持以人为本，实现全面、协调、可持续发展"的科学发展观，它成为我国实施可持续发展战略的原动力和重要指导方针。为了实现矿产资源可持续开发，在树立上述四个新观念的基础上，人们十分关注与矿产资源可持续开发相关的矿业政策与措施：

(1)健全矿产资源法律法规体系。在已有《矿产资源法》《固体废物污染环境防治法》等的基础上，制定《矿山环境保护法》《矿业市场法》等法律；科学编制和严格实施矿产资源规划，加强对矿产资源开发利用的宏观调控，促进矿产资源勘查和开发利用的合理布局；健全矿产资源有偿使用制度，加强矿山生态环境保护和治理，制定矿业监督监察工作条例，加强矿业执法、检查和社会监督。

(2)择优开发资源富集区。加强矿产资源调查评价和矿产勘查工作，积极开拓资源新区，开发国家短缺的和有利于西部经济发展的矿产资源；依据资源配置市场化的战略思路，对战略性资源实行保护性开采；按照价值规律调节资源供求关系，重视开发利用过程中资源价值的增值问题；科学地探索和总结矿床地质理论，不断创新勘探技术与方法，提高矿产资源保证程度。

(3)提高矿产资源开采和回收利用水平。依靠科技进步，推广采、选、冶高新技术，大力提高矿石回采率和伴生、共生组分的回收利用能力，最大限度地合理利用矿产资源，减少矿业对环境的影响；促进资源开发的节能降碳、绿色发展；大力培养全民节约资源和保护资源的意识，建立节约资源和循环利用资源的社会规范。

(4)用好国内外两种资源、两个市场。从国内矿产资源供应为主，转变为立足国内资源，通过扩大国际矿产品贸易、合作勘查开发和购置矿业股权等途径，最大限度地分享国外资源；组建海外经济联合体，形成利益共同体，掌控海外矿冶产业链的主导权，以稳定国外资源供应。对国内优势矿产，坚持保护性开发，以保障国家资源安全。

(5)矿产开发与环境保护协调发展。推进矿产资源开发集约化之路，提高矿业开发的集中度，发挥规模经济效益；发展现代装备技术，提高采掘装备水平，变革采矿工艺技术，"在保护中开发，在开发中保护"，推进安全生产、绿色发展，促进矿产资源开发利用与生态建设和环境保护的协调发展。

（6）建立重要战略矿产资源储备制度。采用国家储备与社会储备相结合的方式，实施战略性矿产资源储备；建立重要战略矿产资源安全供应体系和预警系统，最大限度地保障国家经济和国防建设对资源的需求；完善相关经济政策和管理体制，以应对国内紧缺支柱性矿产供应中断和国际市场的突发事件；积极开展大洋与极地矿产资源的调查研究，为开发海底与极地资源做好技术储备。

4　金属矿采矿工程

我国目前已经发现的矿产有173种，其中金属矿产59种、非金属矿产95种、能源矿产13种、水气矿产6种。本书所涵盖的内容主要涉及金属矿产资源的开采领域，包括已探明储量的54种金属矿产。

根据金属矿床赋存的空间环境和所采用的采矿工艺技术及装备的不同，金属矿床的开采方式目前一般分为露天开采、地下开采和海洋开采三种。

"露天开采"用于开采近地表的矿床。我国的铁矿石和冶金辅助原料，以及化工、建材及其他非金属矿产多采用露天开采。

"地下开采"用于开采上覆岩土层较厚或滨海、滨江、滨湖的矿床。我国的铅、锌、钨、锡、锑、金等有色金属矿产主要采用地下开采。

"海洋开采"用于开采海水、海底表层沉积物和海底浅表基岩中的有用矿物，至今仍然处于探索阶段。我国已于1991年成为海底资源"先驱投资者"国家，在国际公海上获得了15万 km^2 的"开辟区"和"保留区"的权利。我国在深海海底资源勘探、深海耐高压采掘设备和机器人等领域的研究，也已取得重要进展。

采矿工程学科是一个以矿山地质、矿床开采系统与方法、采矿工艺技术、矿山装备与信息技术、数字矿山与智能采矿、矿床开采设计、矿山建设与管理、矿山安全与环境工程等为主线，以岩体力学为专业基础理论，以机械化、自动化、信息化、智能化为重要技术支撑的工程科学技术学科。为了开发利用矿岩中的有用矿物资源，需要在长期地质作用下所形成的矿岩体中进行采掘作业而形成采矿工程，因而打破了亿万年来地层结构的原始应力平衡状态，必须通过支护、充填或崩落等地压控制手段在矿岩中形成一个新的应力平衡。但在长期的地质作用下所形成的板块、地块、断层、裂隙、层理、节理等多层次的结构体存在着复杂多变的地应力，直接影响着岩体本构关系的性质，使得采矿工程学科的基础理论与工艺技术比一般工程学科更加复杂。作为采矿工程基础理论的岩体力学，由于受到开采过程中多种随机因素的影响，要研究和处理非均质、非连续介质、内部充满各种软弱面的力学问题，也变得十分复杂。但在近代计算力学成果的基础上，通过计算机仿真技术，岩体力学已经能够从工程的角度诠释混沌问题的本质，为采矿工程技术的发展提供科学基础。

5　金属矿采矿的未来

我国钢铁和有色金属产量已于 2000 年前后分别跃居世界第一位，成为世界金属矿业大国。如今，我国正处于迈向矿业强国的重要转折期。站在世界矿业科技前沿的高度，去审视我国金属矿业的发展状况，前瞻未来，明确重点发展领域，全面落实可持续发展、绿色开发理念，努力构建非传统的"深地"开采模式，寻求"智能采矿"技术的新突破，是当代中国矿业人的重大使命。

(1)遵循矿业可持续发展模式——绿色开发。遵循矿业可持续发展的模式，将矿区资源、环境和社会看作一个有机整体，在充分开发、有效利用矿产资源的同时，保护矿区土地、水体、森林等生态环境，实现资源-环境-经济-社会的和谐发展是绿色开发的基本特征。"绿色开发"的技术内涵很广，主要包括矿区资源的高效开发设计和闭坑设计，矿区循环经济规划设计，固体废料产出最小化和资源化，节能减排，矿产资源的充分综合回收，矿区水资源的保护、利用与水害防治，矿区生态保护与土地复垦，矿山重金属污染土地生物修复，矿区生态环境的容量评价等。

2005 年 8 月 15 日，习近平同志首次提出"绿水青山就是金山银山"的理念。按照"绿水青山"和"金山银山"和谐共存、互利互惠的基本原则，充分依靠不断创新的充填采矿工艺技术和装备，特别是金属矿山"采、选、充"一体化技术、特殊资源原位溶浸开采技术、闭坑后采掘空间绿色开发利用技术，推广节能降碳、绿色发展的矿业新模式，是矿山企业践行"绿水青山就是金山银山"的绿色发展理念、建设美丽中国的时代要求。

新建矿山必须牢牢把"绿色、智能、安全、高效"作为矿山建设发展方向，高起点、高标准建设，把绿色发展理念贯穿到矿产资源开发的全过程，一次性建成"生态型、环保型、安全型、数字化"的绿色矿山，正确处理和妥善解决好矿产资源开发与生态环境保护这个主要矛盾，实现"开发一矿、造福一方"的目标，不断增强企业员工和矿区人民群众的获得感、幸福感和安全感。

已建成矿山应该秉持"天地与我并生，而万物与我为一"的中国传统哲学思想，把矿区的资源与环境作为一个整体，在充分回收利用矿产资源的同时，协调开发利用和保护矿区的土地、森林、水体等各类资源，实现绿色发展。

(2)开拓矿业的科技前沿——深部(深地)开采。由于浅部资源正在消耗殆尽，未来金属矿山开采的前沿领域必将是深部开采。对于"深部"概念的确定，国内外采矿专家、学者历经近半个世纪的研究，到目前为止尚无统一的标准。我国有些专家、学者建议以岩爆发生频率明显增加作为标准来界定，普遍认为矿山转入深部开采的深度为超过 800~1000 m。谢和平院士指出：确定深部的条件应是由地应力水平、采动应力状态和围岩属性共同决定的力学状态，而不是量化的深度概念，这种力学状态可以经过力学分析得到定量化的表述，并从力学角度出发，提出了"亚临界深度""临界深度""超临界深度"等概念。

"深地"的科学内涵包括揭露陆地岩石圈结构，揭示地壳结构构造、地壳活动规律与矿物质组成；探索地球深部矿床成矿规律，开展深部矿产资源、热能资源勘查与开发；进行城市地下空间安全利用、减灾、防灾与深地核废料处理等。为开发"深地"基础科学与工程技术研究，2016年、2017年，国家项目"深部岩体力学与采矿基础理论研究""深部金属矿建井与提升关键技术""深部金属矿安全高效开采技术"和"金属矿山无人开采技术"等已先后启动，我国矿业拉开了向"深地"进军的大幕。

随着开采深度的增加，开采难度将越来越大。开采深度达到 2000 m 后，开采环境将更加恶化，井下温度将高达 60℃ 以上，地应力在 100 MPa 以上，开采活动变得更加困难，这被视为进入"超深开采"（或"深地开采"）阶段。"高地应力能""高地热能"和"高水势能"的"三高能"特殊开采环境，现有传统技术已经难以应对。因此，"深地开采"必将成为矿业发展的前沿领域。

任何事物都有两面性，如可以引起岩爆、造成事故的"高地应力能"，目前已能利用其诱导岩石致裂来提高破碎效果。严重危害人的健康，甚至能引发炸药自爆的"高地热能"或许可用来供暖、发电，甚至实现深井降温；可造成管网爆裂和深井排水成本大幅增加的"高水势能"或许可作为新的动力源，用于矿浆提升或驱动井下机械设备。从能量角度思考，可以说，深地开采中的难题源自"三高能"的可致灾性，而这些难题的解决在一定程度上又寄望于"三高能"的开发利用。因此，在"深地"开采中，既要研究"三高能"的能量控制与转移，以防止诱发灾害，又要研究"三高能"的能量诱导与转化，为"深地"开采所利用。遵循这一技术思路，在基础理论、装备与工程技术的研究中，就会有更宽广的路线，实现安全、高效、绿色开采，从而有更宽阔的空间发展未来的"深地"矿业科技。

"深地"开采包含许多需要研究开发的高端领域，如：整体框架多点支撑推进、导向钻进的智能竖井掘进机械；深井集约开采智能化无轨采掘装备；大矿段多采区协同作业连续采矿技术；高应力储能矿岩的诱导致裂与深孔耦合崩矿技术；深井开采过程地压调控与区域地压监测技术；井下磨矿、泵送地面选厂的浆体输送技术；深部井底泵站与全尾砂膏体泵压充填技术；"深地"地热开发利用与热害控制技术；集约开采生产过程智能管控技术，等等。

"深地"矿物资源、能源资源的开发利用，已引起世人的极大关注，它是未来矿业的重要领域，是矿业发展高技术的战略高地。

（3）迈向矿业的未来目标——智能采矿。智能采矿是新一代信息智能技术与矿山开发技术深度融合，人文智慧与系统智能高效协同，通过人-机-环-管 5G 网络化数字互联智能响应矿产资源开发环境变化，实现采矿作业遥控化、采掘装备智能化、开采环境数字化、生产管理信息化的绿色智能、安全高效开采技术，是 21 世纪矿业发展的必然趋势。近期目标是全面实现矿山采矿机械化、信息化、自动化，个别矿山初步构建较完善的智能采矿应用场景，针对井下有轨/无轨作业装备实行局部智能调度；中期目标是构建完善成熟的智能感知、智能决策、自动执行的智能采矿技术规范与标准体系，以矿山无轨装备远程自主智能化作业为基础，实现矿山开拓设计、地质保障、采掘（剥）、出矿（充填）、运输通风、供风排水、地压监控等系统的智能化决策和自动化协同运行；远期目标是矿山开采全过程三维可视化及数据实时采集智能化处理、矿山生产决策及管控一体化平台高效协同，地下矿山生产作业全部实现机器人替代，矿产资源开发实现全流程智能化开采。

矿业作为传统而复杂的产业，面对着采矿条件复杂、生产体系庞大、采掘环境多变等诸多挑战，抓住新一代信息技术变革机遇，树立互联网新思维，利用无线遥控传感技术、云计算、人工智能、机器视觉、虚拟现实、无人驾驶、工业机器人等先进技术，解决了生产、设备、人员、安全等制约矿山发展的瓶颈问题，着力打造"智能化矿山"，是当前矿业高质量发展的努力方向。

"智能采矿"的发展，起步于数字矿山的基础平台建设，发展于信息化智能化采矿技术的创新过程。近几年来，一批具有远见卓识的矿山企业，已把矿山数字化、信息化列为矿山基础设施工程，初步建成了集多功能于一体的矿山综合信息平台，包括矿产资源评价、资源动态管理、开采优化设计、矿山安全生产指挥调度中心、灾害远程监测与预报、矿山固定设备远程集中控制、井下移动目标跟踪定位、智能采装运设备检测与遥控系统、生产经营管理，等等。一批如杏山铁矿、迪庆普朗铜矿、城门山铜矿、乌山铜矿、三山岛金矿和即将投产的思山岭铁矿等智能化矿山标杆企业，已经走在前头。总体而言，我国大型矿山企业的智能化发展水平与国际先进水平的差距正逐步缩小，其中在智能化装备技术应用方面已基本与国际实现同步发展；在智能软件设计和应用，以及井下有轨矿山智能化改造等方面已经处于国际先进水平。

"智能采矿"是一个综合的系统工程，在推进智能采矿的过程中，需要矿业软件、矿山装备与通信信息等学科及产业部门的大力合作和支撑，但把握矿山工程活动全局的采矿工作者要做实践智能采矿的主导者，以推动矿业全面升级：实现采矿作业室内化，最大限度地解决矿山生产安全问题，使大批矿工远离井下作业环境；实现生产过程遥控化，大幅提高井下作业生产效率，大幅降低井下通风、降温等费用；实现矿床开采规模化，大幅提升矿山产能，大幅降低采矿成本，使大规模低品位矿床得到更充分的利用；实现职工队伍知识化，大幅提升职工队伍的知识结构，使矿工弱势群体的社会地位发生根本性的改变。

人类文明始于矿业，未来仍将以矿业为基石，伴随着中华文明的伟大复兴，中国采矿必将走向星辰大海，前途一片光明！

矿产资源是自然资源的重要组成部分，是人类社会发展的重要物质基础，是一种不可再生的自然资源。矿产资源的持续开发利用是保障国家社会经济发展的重要物质基础。矿产资源的开发，必然对矿山及周边的生态、地表水、地下水、大气、土壤、声等环境造成影响。矿山开发引发的一系列生态环境问题，已成为当今世界各国政府面临的一个突出问题。如何在开发中保护环境，不仅关系到矿山的环境保护问题，更关系到矿业的长期可持续发展。

由于我国工业起步较晚，20世纪到21世纪初，矿山开发的环保模式基本是"先污染后治理"。进入21世纪以来，我国对环境保护的要求越来越高，清洁生产、循环经济、绿色矿山等环保新理念在矿山越来越深入，矿山开发从"先污染后治理"模式发展到"在保护中开发，在开发中保护"模式。2015年中共中央印发了《生态文明体制改革总体方案》，提出要加快建立系统完整的生态文明制度体系。建设生态文明是中华民族永续发展的千年大计，关系人民福祉，关乎民族未来，功在当代，利在千秋。面对资源约束趋紧、环境污染严重、生态系统退化的严峻形势，必须树立尊重自然、顺应自然、保护自然的生态文明理念，矿山开发理念从"既要金山银山，又要绿水青山"发展到"绿水青山就是金山银山"。

本卷首先介绍了矿山生态环境保护发展战略，将清洁生产、循环经济、绿色矿山等环保理念贯穿于矿山开发的全过程；其次归纳了矿山开发环境污染防治措施、采矿作业环境改善措施与采矿工业卫生保健措施，使矿山开发对外环境的影响在可接受范围内，保证矿山生产作业环境与工人身体健康；之后，系统地总结了矿山生态修复技术，并提供案例，确保矿山的绿色可持续开发；最后介绍了矿山环境评价及环境监管，为矿山开发提供环保监管保障。

本卷由矿冶科技集团有限公司周连碧担任主编，矿冶科技集团有限公司祝怡斌和长沙有色冶金设计研究院有限公司杨运华为副主编，共分8章，其中第1章由矿冶科技集团有限公司周连碧、李青撰写，第2章由长沙有色冶金设计研究院有限公司杨运华、张飞撰写，第3章由长沙有色冶金设计研究院有限公司杨运华、刘玉峰撰写，第4章由矿冶科技集团有限公司周连碧、宋爽、范书凯撰写，等5章由矿冶科技集团有限公司祝怡斌、朱亦珺撰写，第6章由东北大学顾晓薇、胥孝川撰写，第7章由长沙有色冶金设计研究院有限公司刘建平、曾科撰写，第8章由矿冶科技集团有限公司祝怡斌、鞠丽萍和陈斌撰写。本卷由中国恩菲工程技术有限公司宗子就任主审，北京科技大学林海、中南大学薛生国、五矿有色金属控股有限公司潘剑波、中南林业科技大学黄顺红、中国恩菲工程技术有限公司谢金亮组成审稿专家组，主审和审稿专家组成员在百忙之中对本卷进行了认真审阅，并召开了多次审稿专题研讨会，形成了具体的修改意见与建议。长沙有色冶金设计研究院有限公司全国工程勘察设计大师刘放来对本卷进行了通篇审阅，提出了许多宝贵的意见。此外，还有一大批没有署名的人员，提供了素材和工程实例，进行了文字编录、插图绘制等工作。在此感谢宗子就主审及各位审稿专家，同时对参与工作的人员一并表示感谢。

　　本卷虽由长期工作在设计、科研、生产第一线的技术与研究人员共同编写而成，但仍然存在疏漏之处。希望各位读者不吝赐教、批评指正，以便在再版时得以修正和完善。

　　本卷在编写过程中，部分引用了原《采矿手册》《采矿设计手册》等资料，并参阅了大量的国内外文献。在此谨向文献作者表示衷心的感谢，对遗漏标注的个别引用文献的作者，表示真诚的歉意。

编　者

2020 年 6 月于北京

Contents 目 录

1

第 1 章

矿山生态环境保护发展战略

矿产资源是自然资源的重要组成部分，是人类社会发展的重要物质基础。在现代社会中，矿产资源成为人类生产资料与生存资料所不可缺少的重要来源，人们的衣、食、住、行、用、医都离不开矿产资源。同时，矿产资源也是一种不可再生的自然资源，国家和公众必须十分珍惜。矿产资源的持续开发利用是保障国家社会经济发展的重要物质基础。

我国工业起步较晚，社会发展处于增速阶段，社会对矿产资源的需求量日益增大，导致很长时期内国内传统矿山不注重环境保护，主要是通过"先污染后治理"的模式来实现矿业发展。矿产资源的开发、加工和使用过程不可避免地要改变和破坏自然环境，产生各种各样的废物，造成环境污染涉及面广、污染形式复杂。矿业建设开发不仅需要占用大量的土地，直接破坏地表、地貌，还会在生产过程中产生大量废石、废渣、废水和废气，导致矿山周围的耕地面积减少。矿山开发过程不仅会破坏开发区域内的生物群落、植被，给生态环境带来负面影响，而且还可能引发山体滑坡、地表沉陷、泥石流等地质灾害，甚至改变地下水的循环状况，破坏地表水和地下水动态平衡系统。矿山废弃物堆积引起的水土流失还会日趋严重，极端情况下还会引发溃坝、泥石流等灾害，造成人民生命财产的损失；矿山生产中排放的有害气体、废液等对周围原有生态系统的破坏影响了人类的居住环境。矿山开发引发的一系列生态环境和社会经济问题，已成为当今世界各国政府面临的突出问题。

随着我国环境保护形势越来越严峻，很多具备优良资源的矿山，由于矿山环境保护工作的不完善，导致矿山停产整治甚至关停，使得很多矿产资源的开发无法进行，矿山开发企业只能"望洋兴叹"；更有不少小型、粗放型矿山因在开采过程中随意堆存废物、不进行污染物治理，使得周边环境被破坏，最终迫使矿山企业或者政府花费大量资金进行环境治理和生态修复，使环境治理的资金超过矿山开发带来的利润和社会财富。因此，我国的矿山环境问题随着社会的进步、经济的发展、环保要求的提高，已经成为矿山开发中的一个核心问题，这不仅是一个关乎矿山企业能否生存、矿产资源能否持续开发的问题，更是一个社会的宏观经济问题。

进入 21 世纪以来，我国对环境保护的要求越来越高，2015 年中共中央印发《生态文明体制改革总体方案》，提出要加快建立系统完整的生态文明制度体系，建设生态文明是中华民族永续发展的千年大计，关系人民福祉，关乎民族未来，功在当代，利在千秋。国家领导人也十分重视生态文明的建设,2013 年 4 月,习近平提出:经济发展不应是对资源和生态环境的竭泽而渔,生态环境保护也不应是舍弃经济发展的缘木求鱼,而是要坚持在发展中保护、在保护中发展,实现经济社会发展与人口、资源、环境相协调,不断提高资源利用水平,加快构建绿色生产体系,大力增强全社会节约意识、环保意识、生态意识。2017 年 10 月,十九大报告中提出坚持人与自然和谐共生。必须树立和践行绿水青山就是金山银山的理念,坚持节约资源和保护环境的基本国策。面对资源约束趋紧、环境污染严重、生态系统退化的严峻形势,必须树立尊重自然、顺应自然、保护自然的生态文明理念。

近年来,我国各部委对矿山生态恢复、绿色矿山的要求逐渐细化,矿山环境恢复管理力度不断增强,矿山生产企业的环境保护和生态恢复意识增强,国内矿山的环境治理工作和生态恢复工作取得了不少的成绩。

全国涉及露天开采的矿山近 19 万个,占地面积 200 余万公顷,每年排弃废石量约 10 亿吨,占地面积约 90 万公顷,其中约有 1/3 的排土场已经进行生态恢复;全国共有尾矿库约 1 万座,经过多年的生态恢复治理工作,有约 1/4 的尾矿库进行了生态恢复,随着尾矿库闭库和对环境治理要求的完善,今后闭库尾矿库的生态恢复率会进一步增加。

自然资源部(中华人民共和国自然资源部的简称)按照"规划统筹、政府引导、企业主体、协会促进、政策配套、试点先行、整体推进"的思路,积极推进绿色矿山工作,2019 年全国有 953 家矿山纳入国家级绿色矿山名录,树立了一批绿色矿山建设的典范,起到了示范引领作用。绿色开发利用、绿色和谐发展成为矿业行业的共识。

而对于我国来说,由于矿区治理起步较晚,对于矿山生产造成的很多问题,还需要不停总结和梳理,在参考国外矿山环境治理体系和环境管理制度的同时,进一步结合我国大量矿山的现实情况以及客观条件来解决矿山环境问题,不断开发适合我国矿山生态环境保护的发展战略。我国矿山生态恢复典型对比图见图 1-1。

（a）平果铝土矿采矿场生态修复前　　　　（b）平果铝土矿采矿场生态修复后

（c）德兴铜矿酸性废石场生态恢复前　　　　　　　　（d）德兴铜矿酸性废石场生态恢复后

（e）尾矿坝生态恢复前　　　　　　　　　　　　（f）尾矿坝生态恢复后

图1-1　我国矿山生态恢复典型对比图

1.1　矿山生态环境污染及现有防治技术问题

1.1.1　大气环境

1）大气污染源及污染物

在矿山开采过程中，矿体凿岩、爆破、破碎和矿石装运作业等会产生含污染物的有毒有害气体，污染物主要为粉尘、炮烟、柴油机尾气；开采出来的矿石和废石在装卸、转运时均会产生粉尘；露天矿石堆存场和排土场在大风天气下会产生扬尘。采矿活动虽不是主要的大气污染源，但它会带来区域性的大气污染，主要污染物为扬尘、二氧化硫、氮氧化物和一氧化碳等。矿山开采过程中产生的粉尘和扬尘沉降也是重金属污染物进入环境的途径。在干旱、少雨地区，矿石堆场和排土场扬尘引发的环境问题尤其严重。

2）现有大气污染防治技术

国内矿山企业对于大气污染主要采用末端治理措施。对于井下采矿凿岩、爆破产生的粉尘、炮烟，采取湿式作业、大风量稀释的措施进行处理，以减少大气污染源的源强；对于矿石和废石运输过程中产生的道路扬尘，采用洒水抑尘、控制车速等措施进行防治；对于露天矿石堆存场和排土场产生的扬尘，采用洒水抑尘的措施进行处理；对于露天采场的破碎站和转运站等，通过布置集气罩和除尘器等方式进行大气粉尘治理。

1.1.2　水环境

1）水污染源及污染物

我国有色金属矿产资源的特点是富矿少贫矿多、单矿少共生矿多，其直接后果是矿石开采过程中能耗高、水耗大、污染物排放量大。矿山开采过程中的井下涌水、矿石堆场淋溶水、废石场淋溶水会对周边地表水环境和地下水环境造成污染。在矿山开采过程中，均需要对露天采场底部汇集的涌水或者地下开采巷道收集的渗水进行疏排，排出来的废水称为矿坑水或井下涌水。由于这部分废水是经过开采作业面之后再外排的，因此其中往往含有悬浮物和石油类等污染物，部分井下涌水中甚至含有重金属，排入周边地表水体后会造成地表水体的常规污染和重金属污染，从而增加水体的混浊度，影响水体的纳污能力；在雨天时，雨水入渗矿石堆场和废石场时会产生淋溶水，这部分废水经过含有重金属矿物的矿石或者废石后，水体中会含有重金属污染物，且通常呈酸性。因此，淋溶水未经治理直接外排，容易对堆存场地及下游地下水和地表水造成污染。矿山废水中以酸性废水对环境的影响最大，很多矿山的矿物中含硫量较高，导致其矿石和废石中均含有较高含量的硫；含硫矿物和固体废物暴露于大气和水中，在氧气的作用下会氧化产酸，导致金属的释放速度远远快于自然释放过程，从而产生含有高浓度重金属元素（如 Pb、Zn、Cu、Ni、Cd 等）的酸性废水。酸性废水的外排会严重影响矿山周边的地表水和地下水环境，甚至对土壤环境产生酸化影响。相对于地表水污染，地下水污染更具有隐蔽性，且影响深远，难以恢复。矿产资源开采强度和延伸速度的不断加大与提高，使得矿区地下水位大幅度下降，导致缺水地区供水更加紧张，影响当地居民的正常生产和生活。

2）水污染防治技术

目前国内矿山对于井下涌水的污染防治，主要是采用井下排水系统将井下涌水收集，然后通过沉淀池沉淀等处理后直接回用或者外排的方式。对于井下涌水中存在高浓度污染物的情况，则通常在井下涌水提升至地表后，在地表建设废水深度处理设施进行酸碱中和、重金属沉淀等处理工艺；对于露天矿石堆存场、废石场产生的淋溶废水，目前主要是在堆场周围建设截排水沟控制淋溶水的水量，并在排土场低处建淋溶水收集池，然后将收集的淋溶水泵至采矿工业场地或者选矿工业场地重复利用，或对淋溶水进行治理后再外排。对于因堆场淋溶水下渗而导致的地下水污染，目前主要是采取在堆场下游建设帷幕灌浆等措施来进行截渗封堵。

1.1.3　固体废物

1）固体废物来源及污染物

矿山采矿生产过程中产生的固体废物有基建及生产时期剥离的覆盖层、岩石、地面及井下开采过程中产生的表外矿石、岩石，即开采产生的废石；废水处理产生的污泥；机械维修时产生的废机油等。其中，产生量最大的是废石。对于露天开采，废石就是剥离下来的矿体表面围岩；对于井下开采，废石就是掘进时采出的不能作为矿石使用的夹石。

露天开采中，废石的产生量主要根据采矿方法、矿种、矿物赋存情况的不同而有所差异，其主要表现在采剥比中。采剥比又称剥采比，指开采每单位有用矿物所剥离的废石量。在金属矿开采中用立方米每立方米（m³/m³）或吨每吨（t/t）表示。影响采剥比大小的因素主要有覆盖岩层的厚度和覆盖岩层与围岩的物理性质，矿床的厚度、形状及结构，矿床距地表的相对位置及倾角等。通常，大型露天矿的采剥比为5~6，中型矿为4~5，小型矿为3~4。地下采矿中衡量废石产生量的采矿指标为采切比，采切比是每万吨或每千吨采出矿石量所需掘进的井巷长度（m）或体积（m³），用以确定矿块的采切工程量，反映采矿量与掘进的比例关系。采切工程中矿、岩的分布情况决定了废石的产生量。通常，其采切比为20~50 m/kt、60~150 m³/kt，废石占其中的比例为50%~70%。

我国矿山开采中产生的废石量巨大，年均产生数亿吨，目前还无法很好地对其进行综合利用，导致废石主要堆存在废石场，压占大量土地。矿山废石堆存在地表，长期暴露于大气中时，会因风化作用而变成粉状；在干旱季节，易扬起大量粉尘，从而污染矿区的大气环境；在降雨的情况下，废石堆存场会产生大量的淋溶水，因废石中通常含有重金属物质（铜、铅、锌、镉、铬、汞等），这使得废石场的淋溶水中往往含有大量重金属，导致下游的地表水、地下水和土壤被污染。随着矿山开采时间增加，废石场堆存高度也越来越高，增加了潜在环境污染风险。

矿产资源始终是经济社会发展的重要物质基础。矿业对中国的贡献和影响巨大，历史上长时期、高强度、大规模的矿产资源开发给生态环境带来了巨大压力。采矿累计损毁土地300多万公顷（1公顷=10000平方米），目前已修复治理80余万公顷，尚有220.4万公顷损毁土地亟待治理；采矿活动产生的废石（土）有386.9亿吨；固体废物堆放不仅占用土地，若处置不当，还易引发滑塌、泥石流灾害，存在水土环境污染风险。

2）固体废物处理处置方法

矿山企业对于废石的主要处理方式为选一个合适的场址进行永久性堆存。场址位置的选择须考虑周边环境敏感性、地质稳定性，然后采用汽车运输、胶带运输等方式，将废石堆存至废石堆场，直至最终堆存标高；少量的矿山企业将废石作为填料回填至井下采空区，以实现减少塌陷的目的。

1.1.4　生态环境

1）生态破坏要素

矿产资源的开发利用必然会对生态环境造成破坏，即其存在于矿山开发的各个时期，如施工期、运营期和服务期；也存在于不同生产环节中，如露天开采挖损土地、废石堆场压占土地、地面塌陷破坏土地、矿山的工业建筑、民用建筑和道路等工程占用土地。

矿山施工期建设大量的工业建筑、民用建筑和道路，不仅会破坏原生植被，压占大量土地，也会改变一部分场地的地形地貌景观；在矿山运营时，露天开采矿山要剥离矿层上的覆盖层，挖损大量土地，地表植被将被完全破坏，这个过程对土地资源的破坏是毁灭性的；井下开采对土地造成的破坏主要是地表塌陷，在矿产资源被大量开采出以后，岩体原有的平衡状况将因受到破坏而形成地表塌陷，形成一个比开采面积大得多的下沉盆地。该下沉盆地内的土地将发生一系列变化，造成土地生产力下降或完全丧失。

矿山开采产生的废石通常堆存到废石场，压占大量土地，对地表植被产生直接破坏，废石场高度从几十米到几百米都有，将会彻底地改变场地的景观，使平地变高山，峡谷变平原。

有色金属矿山的废石中含有大量的重金属，废石长期露天堆放后会通过降雨、风扬等作用向周边地区扩散淋溶水和扬尘，从而对地表水、地下水和周边土壤造成污染。重金属进入土壤后，一方面可在植物体中累积，通过食物链损害生态系统，还可能会转移到人体，危害人类健康；另一方面，它还可能引起地下水污染，破坏地下水环境，最终危害生态系统。另外，重金属不会降解，会在生态系统中不断累积，使危害不断增强。

采矿活动会对地表水和地下水造成干扰，严重破坏生态群落，产生不可逆的平衡。同时，对于开采废弃的荒地而言，它还会引起更广泛的生物多样性的破坏和生态平衡的失调，造成生物群落减少，使乡土植物群落受到破坏，植被发生急剧向下演替的过程。这些都影响了内部物种的数量和质量，造成野生物种如鸟类、鱼类栖息数量和种类的减少，使生物多样性降低。

2）生态恢复措施

目前矿山企业针对露天采场、废石场主要采取的生态恢复措施还是在矿山服务期满之后或单个场地服务期满之后，采用固土排水、客土覆盖、乔灌草种植等措施来实现场地的植被恢复。如果露天采场和废石场的截排水条件存在问题，水土流失严重，则往往还需要配套建设排水系统和采取水土保持措施，以保证植被恢复的效果。对于由地下开采造成的塌陷问题，则往往采取安全防护措施，以自然恢复为主。

1.1.5 现有污染防治技术存在的问题

1）矿山污染防治技术有待提高

从现有大气污染防治技术来看，目前国内矿山缺乏清洁生产技术。清洁生产是对污染实行源头控制的重要措施，积极推行清洁生产不仅可以避免排放废物带来的风险和降低处理、处置的费用，而且可以提高资源利用率，降低成本。

从现有地下水污染防治技术来看，对于井下涌水而言，目前国内缺少地下涌水的分类处置技术、源头控制技术。现有技术往往是将受污染的井下涌水和未受污染的井下涌水混合在一起，然后再进行废水处理。实际上，部分开采完成的中段、平台可以实现井下涌水的分类回收，这部分废水可以不经处理而直接回用；对于井下涌水的源头控制，国内有少部分矿山尝试采用地下水通道封堵、上部地下水抽排等措施来实现井下涌水的减量化。

从矿山固废来看，目前缺少对于废石的减量化、资源化处置措施，应当从采矿的源头上做好矿产资源的勘查和井巷布置，以减少废石产生量；另外，从某个角度来讲，废石也是一种资源，应该尽可能地对废石进行资源化处理，如推广废石井下充填、将废石作为建材利用等。

从生态环境恢复来看，目前国内的生态恢复措施还没有完全达到"边开采，边复垦"的要求，其复垦往往在生产完全结束后再进行，延后了生态环境恢复的时间；另外，目前生态恢复措施的重点主要在植被恢复上，还未达到追求动物、植物整体生态恢复的程度，多数矿山在实现植被恢复后便不再进行后续工作，对于植被恢复后的场地是否实现了动物的生态恢复基本没有进行考察。

2）矿山清洁生产技术应用较少

清洁生产是指不断采取改进设计、使用清洁的能源和原料、采用先进的工艺技术与设备、改善管理、综合利用等措施，从源头消减污染，提高资源利用效率，减少或者避免生产服务和产品使用过程中污染物的产生和排放，以减轻或者消除对人类健康和环境的危害。

目前国内颁布了多个行业的清洁生产标准，主要目的在于从全过程来管控污染物的产生、能耗水平及资源利用水平，其中源头控制是重中之重。我国矿山行业实行清洁生产多年，但是真正能够贯彻实行清洁生产的矿山企业不多，大部分矿山企业只是在表面上进行了清洁生产，并没有将其深入贯彻使用。有关清洁生产技术应用的案例总体较少，矿山企业往往只能从末端控制的角度来进行污染治理，从而只能通过不断提高环境污染控制技术来适应越来越严格的环境排放要求，这使得环境治理成本也愈加上升，使环境治理成了一个零和游戏。

3）矿山循环经济有待大力发展

循环经济模式是以可持续循环发展理论为基础，由传统的"资源—产品—废弃物"开环式线性模式转变为"资源—产品—废弃物—资源再生"的反馈式、闭环式循环过程，是一种利用最大化的经济发展模式，其本质是一种生态经济。循环经济强调资源的再利用和再循环，倡导在物质不断循环利用的基础上发展经济，使经济系统与自然生态系统的物质循环过程相互和谐，在获得尽可能大的经济效益和社会效益的同时，把经济活动对环境的影响降到最低。循环经济主要有三大原则，即"减量化、再利用、资源化"原则，每一原则对循环经济的成功实施都是必不可少的。

我国的矿山废石主要是通过采用建设废石场的方式来堆存处置，虽然废石场的堆存处置保证了废石的安全可控和环境可控，但还是占用了大量的土地、破坏了大片的植被、累积了一定的环境风险和安全风险，这并不是一个最佳的处置方案。矿山发展循环经济是未来污染物处理处置的新方向，矿山产生的大量废石应该通过鉴定后，将其物尽所用，可以直接回填到井下采空区，或回填至露天采坑和塌陷区，或破碎为石子作为建材原料，或直接作为石材出售，或作为挡土墙的毛石材料以及作为水泥厂制造和生产的原料等。矿山企业需要积极地探索废石的循环利用途径，以发挥其循环经济价值，实现废石的减量化、资源化。从政府的角度来讲，也应该对废石的循环利用给予一定的鼓励政策，如对于降低废石循环利用成本的企业，给予一定的补贴或奖励，以保证废石的循环利用。这样的方式实际上是用较少的资金来保护自然资源，避免废石堆存破坏后，再花费大量资金进行生态恢复。

4）绿色矿山技术还需持续推广

绿色矿山是指矿产资源开发全过程中，既要严格实施科学有序的开采，又要将矿区对周边环境的扰动控制在环境可控的范围内，使矿产资源的开发利用与经济社会环境相和谐。建设绿色矿山是新形势下保证矿业可持续健康发展的必由之路，是实现科学发展、社会和谐的必然选择。绿色矿山以保护生态环境、降低资源消耗、追求可循环为目标，将绿色生态的理念与实践贯穿于矿产资源开发利用的全过程，实现矿产资源利用集约化、开采方式科学化、生产工艺环保化、企业管理规范化、闭坑矿区生态化。

绿色矿山建设是一项复杂的系统工程，它代表一个地区矿产资源开发利用总体水平和可持续发展的潜力。由于它注重生态效益、经济效益和社会效益的可持续发展，充分考虑了矿产资源的消耗与环境整治的因素，最终使以消耗矿产资源、破坏生态环境为结果的传统意义上的矿产资源得到开发利用，使其真正成为有质量、有效益的矿产资源。绿色矿山的提出，在认识上是对社会主义市场经济条件下矿业经济发展规律的重要升华，是矿产资源管理理念的重大飞跃。

目前国内已有一些矿山企业认识到了绿色矿山的重要性，在实际生产经营过程中也注意保护矿山环境，注意对已经形成的废石场、尾矿库进行复垦、绿化和公园化。这批矿山已经被评为了国家级绿色矿山，为国内广大矿山起到了带头作用、榜样作用。但是国内矿山千差万别，要全部实现绿色矿山还有技术难度和客观困难，还需要国内的管理部门、矿山企业不断地持续推进绿色矿山工作，才能更好地实现绿色矿山建设。

1.2　矿山环境管理现状及存在的问题

1.2.1　国外发达国家矿山环境管理制度

矿山环境问题一直受到国际社会的广泛关注和重视，国际上矿业发达的国家如美国、加拿大、澳大利亚、德国等，早在 20 世纪 70 年代就开展了矿山环境的保护和治理。大部分西方国家均实行比较严格的矿山环境保护和矿山环境评估制度。尤其是近十多年来，随着联合国可持续发展战略的提出和实施，矿山环境保护更加引起各国政府和矿业界的高度重视，它们不仅加强了有关环保立法等方面的工作，还对矿山企业实行履约保证金制度。矿产资源开发与环境保护一体化已成为当前国际矿业发展的一个重要趋势。

从发达国家的环境管理经验来看，在矿山环境管理过程中把直接管制和经济手段有机结合，是国际矿山环境管理的发展趋势。所谓直接管制，是通过对采矿过程的管理，制定限制特定污染物的排放，或者在特定的时间和区域内限制某些活动等直接影响采矿公司的环境行为方面的制度措施。直接管制的特征是：对污染物的排放或削减进行规定，采矿公司只能按规定行事。如果违章违规，采矿公司只能接受处罚或法律诉讼，而没有其他选择。所谓经济手段，是确保经济政策和环境政策结合并且产生经济效益的途径，具体包括收费、税收、可交易许可证等形式，它能保证更广泛、更有效地利用市场的力量。

据此，将构成国外矿山环境管理体系的基本制度做归纳分类，如图 1-2 所示。

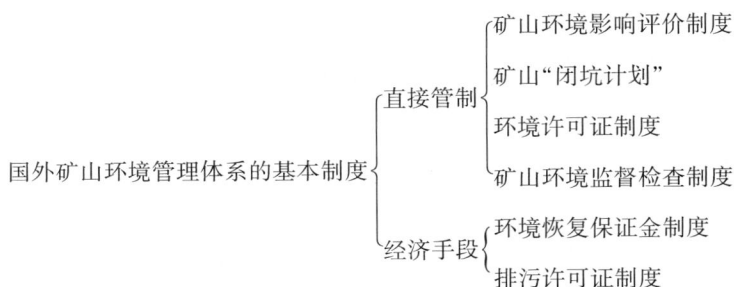

国外矿山环境管理体系的基本制度
- 直接管制
  - 矿山环境影响评价制度
  - 矿山"闭坑计划"
  - 环境许可证制度
  - 矿山环境监督检查制度
- 经济手段
  - 环境恢复保证金制度
  - 排污许可证制度

图 1-2　矿山环境管理体系基本制度分类图

①矿山环境影响评价制度

矿山环境影响评价制度，就是在矿山项目规划阶段查明项目可能对所在地及邻近地区的环境带来的影响，据此提出或最大限度地减轻其不利影响的措施。作为负责对矿山项目进行环境影响评价的主管部门，须对提交的报告书进行审查，发表评审意见，并以此作为矿山管理部门审批矿山申请的基本依据，从而达到预防或减轻环境影响的目的。

纵览各个发达国家，都对矿山环境影响评价制度有类似的规定。例如澳大利亚 Western Australia 州制定的矿业项目环境评价程序规定：在采矿或矿山建设前，矿山业主都必须提交矿山环境影响评价报告。负责矿业项目环境影响评价的部门有 3 个，即矿产能源部、环保局和州资源开发部。矿产能源部负责审查具有一般环境影响的矿业项目在采矿或矿山建设开始前提交的书面评价建议。环保局对那些位于环境敏感区（如海岸带、保护区、主要湿地）的项目、高于正常环境风险的项目进行审批。州资源开发部负责审批按照州协定开发的大型项目。不仅如此，发达国家在实施矿山环境影响评价制度的过程中，也积累了许多经验。

实行分层次评价：考虑到矿业项目对环境的潜在影响受项目规模、周围环境等因素的制约，实行分层次评价。一项正式的环境影响评价与审查程序既耗资又耗时。完成每项环境影响评价报告的花费少则数万至数十万美元，多则上百万美元。然而，从评价开始到报告获得批准少则 1~2 年，多则 7~8 年。如果对所有的矿业项目都实行正式的环境影响评价要求，一方面会给企业带来较大的负担，另一方面也会让政府主管部门应接不暇，产生不必要的延误，降低管理效率。

颁布矿业项目环境影响评价报告编写指南：为了加速环境调查与评价工作的进程，提高矿山业主的环境影响评价报告的编写质量，从而形成有效的环境影响评价制度，发达国家政府主管部门在广泛调研的基础上制定并颁布矿业项目环境影响评价指南，提出各类项目开展评价的主要内容和具体要求，使评价工作能有所遵循。例如澳大利亚昆士兰州资源工业部就颁布了《矿业项目"环境影响评价研究报告"编写指南》。

除此以外，提高公民参与意识和采取多种方式落实环境影响评价的结果也是各国在实施矿山环境影响评价制度过程中所积累的经验，这些经验都是我国矿山环境管理值得参考借鉴之处。

②环境许可证制度

环境许可证制度是政府以非市场途径对环境资源利用进行直接干预的一种手段。虽然经济学家通常认为这一手段缺乏效率，但在某些特定情况下，这种属于直接管制类型的管理手段比市场途径更有效率。在美国，环境许可证制度作为矿山环境保护管理体系中的一项重要内容，被作为矿山开发前必经的法律程序。对于那些未获得许可证的矿山，不得进行开发活动。环境许可证附有文件，明确矿山业主在矿山环境保护和土地复垦方面的主要责任，明确特殊的要求并附图，如对建筑物的布局、废物排放、堆放地、矿山环境整治、土地复垦都有明确的要求。

③矿山"闭坑计划"

许多国家都要求矿业项目申请者提交矿地恢复计划，如美国煤矿开采恢复计划、南非的环境管理计划和加拿大安大略省"闭坑计划"，可以说许多国家都将矿地恢复纳入有关法规或计划中，成为矿山环境管理中的重要组成部分和实施政府管理的基础。

加拿大安大略省在修订的矿法中规定所有正在开采的矿山必须递交"闭坑计划"。如果矿山复垦部门认为勘查的项目或者废弃的矿山对周围环境有影响，那么也需要提交"闭坑计划"。提交的"闭坑计划"报告书中，规定必须包括复垦的目标、可选择的复垦工程和技术、闭坑后所期待的矿山状态和影响评价、复垦的时间进度表、每一阶段耗费资金的进度以及保证金附件。

④矿山环境监督检查制度

矿山环境监督检查制度也是政府加强矿山环境管理的重要环节，其目的在于查明矿山企业遵守各项环境保护规定的情况，并在必要时采取强制执行措施。为了提高矿山环境监督检查制度的实施效率，美国在联邦和州一级都设立了矿山环境监督检查员，以作为具体矿山环境监督检查的执行者，并赋予执行者相应的法律责任和权利。

⑤环境恢复保证金制度

环境恢复保证金制度这一经济手段的采用被视为矿山环境管理的一个重要组成部分，原因在于它能够作为直接管制的有益补充，且具有很高的透明度，起到完善直接管制的作用。正因为如此，在一些发达国家，如美国、加拿大、澳大利亚等，为了确保矿业主履行其环境恢复义务，环境恢复保证金制度普遍得以应用。为了给矿业公司提供更大的选择余地，各国为保证金提供了更多的种类，如银行担保、存款、信托资金、公司担保或母公司担保、信用证、采矿复垦合同协议、债券等。

环境恢复保证金制度的实施能够刺激矿业公司主动去履行环境保护义务。合理要求矿业公司上交保证金将促使矿业公司主动地去恢复由于他们本身的开采行为所带来的环境损害。因为无论是自愿还是政府责令要求去修补环境损害，这部分费用都由矿业公司承担，矿业公司必然会考虑费用效益之比，必然会尽可能利用内部资源去进行环境恢复，而不会像政府那样，让专门的复垦公司从事环境恢复，这就刺激了矿业公司靠自己进行环境恢复。

1.2.2　国内矿山环境管理制度

目前我国矿山环境管理的制定主要涉及生态环境部和自然资源部，其中生态环境部为环境管理的主要部门。

生态环境部对矿山企业的环保管理要求主要有矿山生态环境保护规划制度、"三同时"制度、环境影响评价制度、污染物集中处置制度、控制污染物排放许可制、土地复垦制度。其中环境影响评价制度为项目前期的环保管理准入制度，污染物集中处置制度和矿山生态环境保护规划制度为专项管理制度，控制污染物排放许可制为项目运行时的日常管理制度，"三同时"制度为贯穿项目前、中、后期的整体执行制度。在矿山的服务期满之后，土地需要恢复使用功能，这部分内容需要按照自然资源部的土地复垦制度进行管理。

1）矿山生态环境保护规划制度

矿山生态环境保护规划制度，是指根据国家或各地区的环境保护状况和社会经济发展的需要，对一定时期和一定范围环境资源保护活动的目标和行动进行的总体安排。其目的是保证环境资源的合理开发、利用、保护和改善，将其作为国民经济和社会发展规划的重要组成部分，使其参与综合平衡，发挥规划的指导作用和宏观调控作用，强化环境资源管理，推动污染防治和自然资源保护，促进环境资源与经济、社会的协调发展。因此，矿山生态环境保护规划制度应当贯彻"控制人口增长，保护自然资源，保持良好的生态环境"的基本国策，坚持"在保护中开发，在开发中保护"的总原则。

2）"三同时"制度

"三同时"制度，是我国环境资源管理实践经验的总结，是我国独创的一项重要的环境资源法律制度，是贯彻"预防为主"原则、防治新污染和防止生态破坏的有效措施，是加强建设项目的环境资源管理的有效手段。这一制度适用于新建、改建、扩建项目（含小型建设项目）

和技术改造项目以及其他一切可能对环境造成污染和破坏的工程建设项目和自然开发项目（包括矿产资源开发）。它与环境影响评价制度相辅相成，是防止新污染和破坏的重要"法宝"，是中国"预防为主"方针的具体化、制度化。"三同时"制度对保证建设项目建成后污染物的达标排放和减轻周围环境资源破坏，以及保护和改善环境资源具有十分重要的作用。

3）环境影响评价制度

环境影响评价制度，是指对规划和建设项目实施后可能造成的环境影响进行分析、预测和评估，提出预防或者减轻不良环境影响的对策和措施，从而进行跟踪、监测的方法与制度。

2003 年，我国开始实施《中华人民共和国环境影响评价法》，其中明确规定，对组织编制的工业、农业、畜牧业、林业、能源、水利、交通、城市建设、旅游、自然资源开发的有关专项规划，应当在该专项规划草案上报审批前，组织进行环境影响评价，并向审批该专项规划的机关提出环境影响报告书。

环境影响评价制度的实施，可以防止开发建设活动（包括矿产资源开发）对环境产生严重的不良影响，并把生态破坏和环境污染降低到最低程度。因此环境影响评价制度同国土利用规划一起被视为贯彻预见性环境政策的重要支柱和卓有成效的法律制度，其在国际上引发了广泛的关注。

环境影响评价制度是贯彻预防为主原则，防止新的环境污染和生态环境破坏的一项重要法律制度。这对于实施可持续发展战略，预防人为活动对环境造成的不良影响，促进经济、社会和环境协调发展，具有十分重要的作用。

4）污染物集中处置制度

污染物集中处置制度，是我国近年来矿山环境保护领域提出的一项新的管理制度，它既可以降低排污单位处理污染物的成本，促进污染物处理向专业化、市场化、社会化方向发展，提高污染物处理技术，还可以加强政府管理部门对污染源的监控效力。

在过去很长一段时间内，我国在污染源的分散治理上，花了很大的财力和物力，但效果并不显著，主要原因：一是对污染的控制难度大，二是对环境工程的环境-效益分析不够，没有选择较好的管理途径。考虑到我国的国情和制度优势，对于点污染源应采取以集中控制为主的方式。我国目前主要对废水、废气、有害固体废弃物以及噪声采取集中控制的方式。

我国在《中华人民共和国固体废物污染环境防治法》《中华人民共和国水土保持法》《中华人民共和国海洋环境保护法》中规定，对固体废弃物实行集中定点处置，矿业权在设立前须明确解决相关的废物填埋方案与处置场所。

5）控制污染物排放许可制

2016 年 11 月 10 日，国务院办公厅发布《控制污染物排放许可制实施方案》。控制污染物排放许可制（以下称排污许可制）是依法规范企事业单位排污行为的基础性环境管理制度，环境保护部门通过对企事业单位发放排污许可证，依证监管实施排污许可制。

企事业单位持证排污，按照所在地改善环境质量和保障环境安全的要求承担相应的污染治理责任，多排放多担责、少排放可获益。向企事业单位核发排污许可证，作为生产运营期排污行为的唯一行政许可，并明确其排污行为应当依法遵守的环境管理要求和承担的法律责任与义务。

排污许可证能够充分衔接环境影响评价制度。排污许可制是企事业单位生产运营期排污的法律依据，必须做好充分衔接，实现从污染预防到污染治理和排放控制的全过程监管。新建项目必须在发生实际排污行为之前申领排污许可证，环境影响评价文件及批复中与污染物排放相关的主要内容应当纳入排污许可证，其排污许可证执行情况应作为环境影响后评价的重要依据。

6）土地复垦制度

土地复垦是指对在生产建设过程中，因挖损、塌陷、压占等造成破坏的土地，采取整治措施，使其恢复到可供利用状态的活动。

我国在矿山环境保护中十分重视土地复垦，特别是保护耕地。《中华人民共和国矿产资源法》《中华人民共和国土地管理法》《土地复垦条例》都对此制度有规定。此外，《中华人民共和国水土保持法》《黄金矿山砂金生产土地复垦规定》中规定了"谁破坏、谁复垦""谁复垦、谁受益"的土地复垦原则，并对不履行或者不按照规定要求履行土地复垦义务的企业和个人，处以严格的处罚措施。

除此之外，我国现行的矿山环境保护法律还包括污染防治、达标排放、基本农田保护、重大事故紧急处理、限期治理、经济赔偿等制度或要求。

1.2.3　我国矿山环境管理存在的几个问题

1）矿山环境保护法律制度仍不健全

在国家层面的立法上，《中华人民共和国矿产资源法》和《中华人民共和国环境保护法》只对矿山环境保护提出了原则性的要求，仍缺少具体的管理制度和规章。这也就意味着，在法律法规中缺乏切实有效的环境保护法律制度。在很多场合，《中华人民共和国环境保护法》被称为"软法"，原因是其法律规定内容太原则化而难以实施，大多只有号召式的规定，并且大部分资源环境法律仅是针对某一种或某几种资源要素立法，这种点源性规定的适用范围较窄，不能全面有效地控制环境污染和破坏。

2）矿山环境保护尚未完全建立起严格的环境准入机制

虽然我国在矿区环境保护环境准入机制方面制定了《中华人民共和国环境影响评价法》，但是尚未完全建立起战略环境影响评价等制度，这使得矿区环境准入机制不完善。战略环境影响评价，是"源头和过程控制"战略思想的集中体现，是对政策、法规、规划、计划中的资源环境承载能力进行深入的分析预测和科学评价。它通过采取预防措施或者其他补救措施，从源头上控制环境污染。

3）矿山环境保护法律制度条款分散，缺乏有机联系

我国现行的矿山环境保护法律中，各种制度条款分散，例如《中华人民共和国矿产资源法》《中华人民共和国环境保护法》《中华人民共和国土地管理法》《中华人民共和国水土保持法》等十余部法律法规中虽有相应的规定，但它们没有形成协调统一的法律体系。这不仅不利于环境保护法律的落实，而且其内容也存在不完整、不配套、不规范的问题，可操作性较差。此外，由多个法律法规构成的矿区环境保护法律，必然会存在多个执法主体、多个管理部门，或因职责交叉，造成彼此间推诿扯皮、法律责任不清、对执法责任追究制和违法处罚责任追究制的监管责任不到位等问题。我国现行的矿山环境保护法律制度中存在的上述问题直接影响了矿区环境保护的效果。

4）矿山环保相关税费制度存在一定的不合理性

从土地复垦到环境治理恢复保证金，我国当前涉及矿山环境保护的税费达十余种，财

务、国土、水利、林业、环保等部门均有多种税费征收，这些税费制度也涉及不同的环境保护领域，比如土地复垦、水土保持、植被恢复、污染防治、地质环境保护等。虽然这些税费制度对促进矿山生态环境的保护与治理恢复起到了十分重要的作用，但也存在一些突出的问题，主要体现为：一是各种税费关系混淆、征收不规范，税费由不同部门征收，尤其是在收费上，各地管理方针不一致，缺乏规范性，导致各地矿山企业负担的税费不同，无法在企业之间形成一个平等竞争的市场环境；二是多重收费，虽然各种税费名称不同，但在矿山环境保护这一功能上是统一的，有的甚至是基本一致的；三是税费征收后的使用和监管有待规范。有些税费在征收后缺乏严格的监管措施，致使部分税费在征收后的使用上不能发挥其应有的功能。

5）环境经济手段单一，缺乏激励制度

从我国矿山环境治理与恢复的现有政策实践来看，其政策类型主要为命令控制型。这些手段，都没有从根本上触及矿产开发企业的经济利益，不能内化开发行为造成的社会成本，无法激励企业形成保护环境的经济机制，以致企业并不适应市场经济条件下矿产资源开发的环境管理制度规律。

目前矿山环境治理和生态恢复的责任，仍然主要由政府和社会承担，作为生态环境破坏主体的矿山企业，并没有承担应有的责任，这种现象尤其在中小型矿山企业中十分明显。当前我国对矿山环境污染和生态破坏的补偿还处于研究与探索阶段。

6）未建立矿山自身的年度环境管理制度

目前国内的矿山环境管理制度主要还是由政府和当地环保相关部门来直接管理，尚未要求矿山企业自身进行年度的环境管理总结，如年度环境执行报告书、年度环境工作总结书等。单独靠国家相关部门对矿山企业进行管理，往往会由于人力缺乏、监管时间短等原因，而无法很好地发现矿山企业存在的环境问题；如果能够加强矿山自身管理这一环，要求矿山企业按年度上报环境管理报告书，则能够更加全面、细致地进行矿山环境管理。

1.3　矿山生态环境保护发展趋势

1.3.1　先进矿山生态环境保护技术

发展先进矿山生态环境保护技术是十分重要的，其涵盖面较广。首先，完善污染物的源头控制、源头治理技术，在污染物的源头进行集中收集控制，能够大幅度减少后端控制的难度和经济成本。其次，做好各种污染物的分类处理处置，将能够分开的相同性质的污染物进行分类收集，这样能够降低后端的治理成本，甚至能够将部分污染物变废为资直接回用于生产环节，既减少污染物的量，又减少原材料的成本。再次，引进和开发先进的末端环境治理技术。矿山企业应该大胆地运用先进的环境保护技术，保证矿山污染物的达标排放。先进的环境保护技术往往由于其管理成本较低，运行成本也更低，运行效果更加稳定，能够起到全面提升矿山环境治理水平的作用。

引进先进的生态恢复技术和方法，对露天采场、废石堆场做好生态恢复规划，并严格执行、实现"边恢复、边开采"的动态生态恢复措施，提前实现生态恢复，将矿山开采对生态环境的影响降至最小。生态恢复不能只关注植被的恢复，同时要关注动物的恢复。做好动物的回迁、调查和保护工作，才能真正实现矿山环境的生态恢复。

1.3.2 矿山清洁生产技术

目前国内颁布了多个行业的清洁生产标准，将清洁生产水平划分为三级技术指标，即国际清洁生产先进水平、国内清洁生产先进水平、国内清洁生产基本水平。其中涉及采矿行业的主要是《清洁生产标准 铁矿采选业》（HJ/T 294—2006）、《铅锌采选业清洁生产评价指标体系》（2015 年）等。矿山清洁生产水平的高低主要与生产工艺与装备水平、资源能源利用水平、污染物产生及利用指标和清洁生产管理要求四个因素有关。国内矿山需要不断提高以上四个方面的水平和技术，提高矿山清洁生产水平，从源头上降低矿山的污染物产量，提高资源能源利用水平，加强清洁生产的管理。

1.3.3 绿色矿山技术

2018 年 7 月，自然资源部发布《有色金属行业绿色矿山建设规范》（DZ/T 0320—2018）、《冶金行业绿色矿山建设规范》（DZ/T 0319—2018）、《黄金行业绿色矿山建设规范》（DZ/T 0314—2018）等 9 项行业标准，并于 2018 年 10 月 1 日起实施。这标志着我国的绿色矿山建设进入新阶段，将对我国矿业行业的绿色发展起到有力的支撑和保障作用。

绿色矿山是加快转变矿业发展方式的现实途径。发展绿色矿业、建设绿色矿山，以资源合理利用、节能减排、保护生态环境和促进矿地和谐为主要目标，以矿区环境、资源开发方式、资源综合利用、节能减排、科技创新与数字化矿山、企业管理与企业形象这六个方面为基本要求，将绿色矿业理念贯穿于矿产资源开发利用全过程，推行循环经济发展模式，实现资源开发的经济效益、生态效益和社会效益的协调统一，为转变单纯以消耗资源、破坏生态为代价的开发利用方式提供了现实途径。

1.3.4 矿山循环经济

我国应大力发展矿山循环经济技术，提高矿山废水、固废的循环利用效率。对于矿山开采产生的废石，还应加大开发二次利用的技术，如井下充填、石料制作、建材制作、伴生资源再利用等，通过技术发展大大提高矿山循环经济水平。同时，在开始建设矿山时，还应结合周边工业产业实际情况和客观条件，做好循环经济的长期规划，尤其对矿山的井下涌水、废石等进行重点利用，实现矿山企业与周边社会大环境的有机结合，提高整个社会的循环经济水平。

1.3.5 优化矿山环境管理制度

我国在借鉴国外比较好的矿山环境管理制度的基础上，还需优化自身的矿山环境管理制度。针对矿山环境管理提出具体的比较好的管理制度和规章，使基层管理部门能够具体实施；加强战略环境影响评价制度，完善矿区环境准入机制，从政策和规划源头上控制环境污染。严格执行排污许可证制度，从经济末端倒逼矿山企业进行生态环境保护工作，使其按照要求进行环境工程的建设，实现生态环境的改良。政府应制定合理的环境恢复保证金制度，将目前十余种税费进行整合、统一，并使税费征收后的使用和监管规范化。建立我国矿山环境监督检查制度和年度环境报告制度，实现矿山的自我环境管理，并在必要时采取强制执行措施，用内外结合的方式进行矿山环境管理。

参考文献

[1] 古德生. 对我国有色金属矿山可持续发展问题的思考[C]//中国有色金属学会. 中国有色金属学会第三届学术会议论文集. 1997.

[2] 徐曙光. 澳大利亚的矿山环境恢复技术与生态系统管理[J]. 国土资源情报, 2003(2)：1-8.

[3] 孙庆先, 胡振琪. 中国矿业的环境影响及可持续发展[J]. 中国矿业, 2003, 12(7)：23-26.

[4] 冯春涛. 发达国家矿山环境管理制度分析及对我国的启示[J]. 西北地质, 2003(C00)：271-274.

[5] 王宗起, 贾钟祥. 澳大利亚国土资源管理与矿山环境保护[J]. 西部资源, 2005(3)：32-34.

[6] 杨玲. 发展矿业循环经济建设绿色矿山[J]. 中国矿业, 2006, 15(4)：23-25, 33.

[7] 王永生, 黄洁, 李虹. 澳大利亚矿山环境治理管理、规范与启示[J]. 中国国土资源经济, 2006, 19(11)：36-37.

[8] 王永生. 有政策讲规范重技术　国外矿山地质环境治理集萃[J]. 国土资源, 2007(1)：60-61.

[9] 赵仕玲. 国外矿山环境保护制度及对中国的借鉴[J]. 中国矿业, 2007, 16(10)：35-38.

[10] 唐军, 李富平. 循环经济及清洁生产理念下的新型矿业开发[J]. 矿业工程, 2007, 5(2)：40-42.

[11] 李虹, 王永生, 黄洁. 美国矿山环境治理管理制度的启示[J]. 国土资源导刊, 2008, 5(1)：76-78.

[12] 徐曙光. 国外矿山环境立法综述[J]. 国土资源情报, 2009(8)：20-24.

[13] 乔繁盛, 粟欣. 建设绿色矿山发展绿色矿业[J]. 中国矿业, 2009, 18(8)：4-6.

[14] 郑娟尔, 余振国, 冯春涛. 澳大利亚矿产资源开发的环境代价及矿山环境管理制度研究[J]. 中国矿业, 2010, 19(11)：66-69.

[15] 乔繁盛, 粟欣. 绿色矿山建设工作的进展与成效[J]. 中国矿业, 2012, 21(6)：54-56, 60.

[16] 郑娟尔, 孙贵尚, 余振国, 等. 加拿大矿山环境管理制度及矿产资源开发的环境代价研究[J]. 中国矿业, 2012, 21(11)：62-65.

[17] 沈渭寿, 邹长新, 燕受广, 等. 中国的矿山环境[M]. 北京：中国环境出版社, 2013.

[18] 何金祥. 芬兰的矿山环境管理[J]. 国土资源情报, 2013(6)：25-28.

[19] 何金祥. 瑞典的矿山环境管理[J]. 国土资源情报, 2013(9)：46-48.

[20] 张建华, 习泳, 高明权. 某国外矿山开发实践与启示[J]. 中国矿山工程, 2013, 42(3)：25-27.

[21] 常前发. 矿业循环经济与可持续发展[J]. 金属矿山, 2014(2)：171-175.

[22] 陈丽新. 国外矿山环境治理的思考[J]. 经济研究导刊, 2014(27)：265-266.

[23] 邹艳福. 矿业发达国家矿山复垦对我国的启示[J]. 西部资源, 2015(1)：189-191.

[24] 徐水太, 徐晨晨, 张汗青, 等. 我国矿业循环经济的发展方向与思路[J]. 江西理工大学学报, 2018, 39(2)：52-56.

[25] 有色金属行业绿色矿山建设规范(DZ/T 0320)[S]. 北京：地质出版社, 2019.

[26] 黄金行业绿色矿山建设规范(DZ/T 0314)[S]. 北京：中国标准出版社, 2018.

[27] 冶金行业绿色矿山建设规范(DZ/T 0319)[S]. 北京：中国标准出版社, 2018.

第 2 章

采矿污染物防治

2.1 概述

矿产资源是维持人类社会稳定必需的物质基础。矿产资源开发过程中不可避免地会产生废水、废气、废渣等，给生态环境和人体健康带来不利影响。事实证明，一些国家或地区的环境污染状况是和该国家或地区的矿产资源消耗水平一致的。在合理开发利用矿产资源的同时，也要做好矿山环境保护工作，防治污染。矿山产生的主要污染物及对周围环境的影响如下：

（1）废气。采矿大型穿孔设备、挖掘设备、汽车运输产生的大量粉尘；爆破作业产生的大量有毒、有害气体。这些污染物扩散到大气中，使周围环境的空气质量下降。若污染物长期被人体吸入，则可能加速或导致矿工尘肺病的发生。

（2）废水。采矿活动产生的废水主要包括矿坑水、废石场（排土场）淋溶水等。这些废水以酸性为主，并大多含有重金属及有毒、有害元素以及 COD、悬浮物等。废水直接排入地表水体中，使土壤或地表水体受到污染；废水入渗，也会使地下水受到污染。

（3）固体废物。主要是采矿产生的废石，固体废物堆置将占用大量的土地，破坏原有生态系统，固体废物中含酸性、重金属成分，通过地表径流、大气飘尘，污染周围的土地、水体和大气。

针对上述可能产生的环境问题，需要采取技术上可行、经济上合理的矿山大气污染防治、水污染防治及固体废物的处理和综合利用措施，处理好矿产资源开发与环境保护的关系，实现矿业的持续健康发展。

2.2 采矿污染物的产生及危害

2.2.1 采矿污染物产生环节

采矿过程中产生的污染物主要包括废气、废水、固体废物（简称固废），其产生环节主要与矿山开采方式和开采工艺有关。

矿山开采因矿床埋藏条件的不同，分为露天开采和地下开采。露天开采有穿孔、爆破、装载、运输等主要工序。地下开采有平硐、斜井、竖井开采或由这三种坑道组成的联合开采方式。主要生产工序有掘进、回采、运输和提升。一般露天及地下采矿的主要工艺流程及产污环节分布图见图 2-1 和图 2-2。

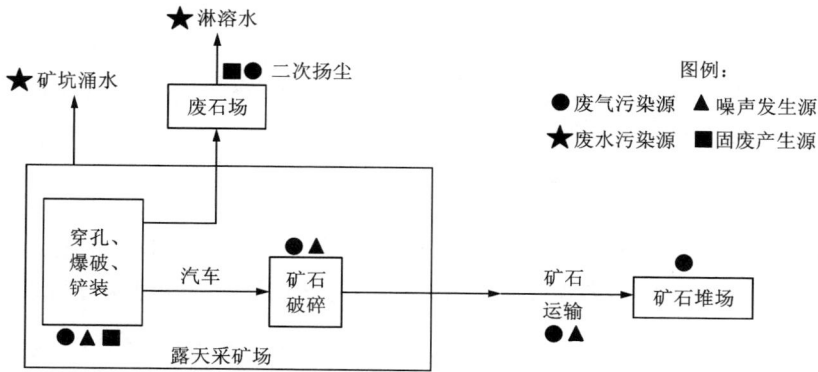

图 2-1　露天采矿主要工艺流程及产污环节分布图

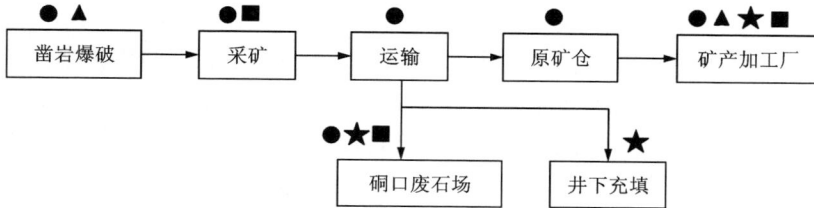

图 2-2　地下采矿主要工艺流程及产污环节分布图

2.2.2　采矿废气污染途径及其危害

2.2.2.1　采矿废气污染途径

采矿生产,特别是露天开采时对矿山大气的污染较为严重。开采规模的大型化、高效率采矿设备的使用,以及露天开采向深部发展,使矿山大气环境面临一系列问题。矿山废气污染的主要途径包括:

(1)露天采矿场和井下采场剥离作业、爆破产生的废气;

(2)各种矿石堆场、废石堆放场、排土场剥离物堆放,因风力产生的二次扬尘;

(3)交通运输机械燃油废气、道路扬尘等;

(4)地面矿石与废石装卸、破碎站含尘废气和运输等作业时产生的扬尘。

2.2.2.2　采矿废气危害

1)露天采矿

露天矿有两种尘源:一是天然尘源,如风力作用形成的粉尘;二是生产过程中的产尘,如露天矿的穿孔、爆破、破碎、铲装、运输及溜槽放矿等生产过程都能产生大量粉尘,其产尘量与所用的机械设备类型、生产能力、岩石性质、作业方法及自然条件等因素有关。

由于露天矿开采强度大,机械化程度高,不仅有大量生产性粉尘飘扬,而且受地面气象条件的影响,沉降后的粉尘还可能再次飞扬。露天矿大气中的粉尘按其矿物种类和化学成分，可分为有毒性粉尘和无毒性粉尘。含有较多铅、汞、铬、锰、砷、锑等的粉尘属于有毒性粉尘；微量的矿尘、硅酸盐粉尘、矽尘等属于无毒性粉尘。

2) 地下采矿

地下矿开采作业过程中，粉尘性危害所占的比例最大。在井下生产过程中，如开采、巷道掘进、运输等过程中，均可产生大量矿尘。当通风条件不好时，井下粉尘浓度很高，将对作业人员的身体健康产生不利影响。

2.2.3　采矿废水污染途径及其危害

在矿山范围内，从采掘生产地点、废石场（排土场）等地点排出的废水，统称为采矿废水。采矿废水的污染特点主要表现在三个方面：一是排放量大，且持续时间长；二是污染范围大，影响地区广；三是成分复杂，浓度不稳定。

2.2.3.1　采矿废水的来源及污染途径

在矿山开采的过程中，会产生大量废水，如矿坑水、工业场地生产废水、矿山酸性水等，其中矿坑水是采矿废水的主要来源。

1) 矿坑水

矿坑水亦称为矿井水或矿坑涌水。主要来源于地下水、采矿生产工艺形成的废水以及通过裂隙、地表土壤及松散岩层或其他与井巷相连的通道流入井下或露天矿场的地表。

矿井涌水量主要取决于矿山工程地质、水文地质特征、地表水系的分布、岩层土壤性质、采矿方法及矿区气候条件等因素。

矿井水的性质和成分与矿床的种类、矿区地质构造、水文地质等因素密切相关。此外，地下水的性质对矿坑水的性质及成分亦有较大的影响。

2) 矿山工业场地生产废水

采矿生产工艺中需要使用水，而且使用后的水都会因不同程度的污染而变成废水。图 2-3 为金属矿山供水耗水模型。

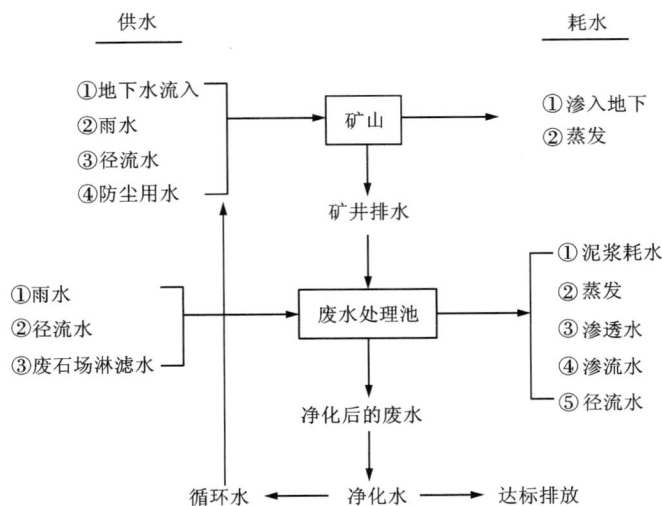

图 2-3　金属矿山供水耗水模型

由图 2-3 可看出,采矿生产废水污染的主要途径包括:

(1)矿井排水。矿山地下采掘作业会使地表降水及蓄水层的水大量涌入井下。由于采矿产生的废水中含有大量的矿物微粒和油垢、残留的炸药等污染物,故在排放过程中有可能造成地表和地下水的污染。

(2)渗透污染。采矿废水可能通过土壤及岩石层的裂隙渗透而进入含水层,造成地下水资源的污染。同时,还可能出露到地表,造成地表水的污染。

(3)渗流污染。由于含硫化物废石堆直接暴露在空气中时,会不断进行氧化分解,生成硫酸盐类物质,尤其是当降雨侵入废石堆后,在废石堆中形成的酸性水就可能渗流出来,污染地表水体。

(4)径流污染。采掘活动会破坏地表或山头植被,对地表土的剥离易造成水蚀和水土流失。同时,降雨或雪融后的水流,因携带大量泥沙,不仅会堵塞河流渠道,而且会造成农田的污染。

综上所述,采矿过程中水污染的途径是多方面的,其污染所造成的后果也因途径的不同而不同。

3)矿山酸性水

在金属矿山中,矿石或围岩中含有的硫化矿物,它们经氧化、分解后溶解在矿坑水之中,从而形成酸性水。尤其在地下开采的坑道里,有大量渗入的地下水和良好的通风条件,为硫化矿的氧化、分解创造了条件。无论是地下或是露天开采的矿山,其酸性水形成的机制如下:

(1)在干燥环境下,硫化物与氧起反应生成硫酸盐和二氧化硫:

$$FeS_2 + 3O_2 =\!=\!= FeSO_4 + SO_2$$

在潮湿环境中,有:

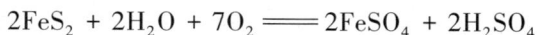

$$2FeS_2 + 2H_2O + 7O_2 =\!=\!= 2FeSO_4 + 2H_2SO_4$$

(2)硫酸亚铁在硫酸和氧的作用下生成硫酸铁。在此过程中,细菌是触媒剂,它大大加速了这个过程:

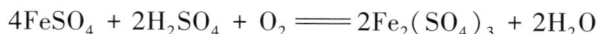

$$4FeSO_4 + 2H_2SO_4 + O_2 =\!=\!= 2Fe_2(SO_4)_3 + 2H_2O$$

(3)生成的硫酸铁溶液与水的 OH^- 结合生成氢氧化铁,沉淀下来:

$$Fe_2(SO_4)_3 + 6H_2O =\!=\!= 2Fe(OH)_3 + 3H_2SO_4$$

硫酸铁可与硫化铁反应,进一步促进氧化,并加速酸的形成:

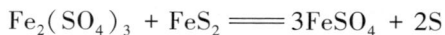

$$Fe_2(SO_4)_3 + FeS_2 =\!=\!= 3FeSO_4 + 2S$$

$$2S + 3O_2 + 2H_2O =\!=\!= 2H_2SO_4$$

除了上述过程外,还有一些生成酸的其他反应同时进行。一般在矿岩中还含有黄铁矿以及其他硫化矿物,由于矿岩中没有足够数量中和酸的碳酸盐或其他碱性物质,故黄铁矿被随意排弃在非专用的水池时会形成酸性水。

矿山酸性水除了来自含有硫铁矿物的矿山外,废石淋溶也是产生酸性废水的原因之一。

废石是矿山开采过程中形成的产物,尤其是在露天矿中,废石排放量更大。这些含有一定矿石成分的废石在大量堆积的情况下,其所含有的硫化物会不断与水或水蒸气接触,氧化分解,甚至形成浓度较高的硫酸盐,从而形成酸性水。同时,废石堆表面层的废石物料不断风化,陆续暴露新的硫化矿物,当发生的氧化反应较充分时,可产生浓度很高的酸性溶液。

从金属矿山废石堆渗漏出的废水中所含的硫酸铁、硫酸亚铁浓度高，由于酸性大、盐含量高，故要在废石堆上进行种植是十分困难的，此种情况下的地表水质会进一步恶化。

2.2.3.2　采矿废水中主要污染物及其危害

1）油类污染物

油类污染物是采矿废水中较为普遍的污染物。当油膜厚度在 10^{-4} cm 以上时，它会阻碍水面的复氧过程，阻碍水分蒸发和大气与水体间的物质交换，改变水面的反射率和进入水面表层的日光辐射，影响鱼类和其他水生物的生长繁殖。

2）酸、碱污染物

酸碱污染是矿山水污染中较易出现的问题。

在矿山酸性废水中，一般都含有金属和非金属离子，其质和量与矿物成分、含量、矿床埋藏条件、涌水量、采矿方法、气候变化等因素有关。表 2-1 列出了我国几个矿山废水的 pH。

表 2-1　几个矿山废水的 pH

项目 \ 矿山	湘潭某锰矿	东乡铜矿	丁家铜矿	凹山铁矿	大冶铁矿	潭山硫铁矿
pH	3~3.8	1.8~4.2	2~3	1.7	4~5	2~3
总酸度/$(mmol \cdot L^{-1})$	4000~5000	—	506	—	—	—
$c_{SO_4^{2-}}/(mol \cdot L^{-1})$	—	—	—	7789	—	4120

酸性废水排入水体后，使水体 pH 发生变化，将抑制或消灭细菌及微生物的生长，妨碍水体自净；若天然水体长期受酸碱污染，将使水质逐渐酸化或碱化，从而产生生态影响。

酸、碱污染不仅改变水体的 pH，而且还会大大增加水中一般的无机盐和水的硬度。酸、碱与水体中的矿物相互作用产生某些盐类，这些无机盐的存在能增加水的渗透压，对淡水生物和植物生长有不良的影响。

3）重金属污染物

矿山废水中主要有汞、铬、镉、铅、锌、镍、铜、钴、锰、铊、钛、钒、钼和铋等重金属离子，其中前 4 种危害更大。如汞进入人体后被转化为甲基汞，在脑组织内积累，破坏神经功能，无法用药物治疗，严重时能造成全身瘫痪甚至死亡。镉中毒时会引起全身疼痛、腰关节受损、骨节变形，有时还会引起心血管疾病。

重金属污染物具有以下特点：

（1）很难被微生物降解，只能在各种形态间相互转化、分散，如无机汞能在微生物作用下，转化为毒性更大的甲基汞。

（2）重金属的毒性以离子态存在时最严重，金属离子在水中容易被带负电荷的胶体吸附，吸附金属离子的胶体可随水流迁移，但大多数会迅速沉降，因此重金属一般都富集在排污口下游一定范围内的底泥中。

（3）能被生物富集于体内，既危害生物，又通过食物链危害人体。据有关资料研究，淡水鱼能将汞富集 1000 倍、镉富集 300 倍、铬富集 200 倍等。

（4）重金属进入人体后，能够和生物高分子物质（如蛋白质和酶等）发生作用而使这些生物高分子物质失去活性。另外，它也可能在人体的某些器官积累，造成慢性中毒，其危害有时需几十年才能显现出来。

被重金属污染的矿山排水进入农田时，部分被植物吸收，剩余的大部分在泥土中聚积，当吸收达到一定数量时，农作物就会出现病害。土壤中含铜量达 20 mg/kg 时，小麦会枯死，达到 200 mg/kg 时，水稻会枯死。此外，被重金属污染了的水还会使土壤盐碱化。

4）氟化物

天然水体中氟的含量变化为每升零点几毫克至十几毫克，地下水特别是深层地下热水中氟的含量可达每升十几毫克。饮用水中氟的含量过高或过低均不利于人体健康。

5）可溶性盐类

当水与矿物、岩石接触时，会有多种盐类溶解于水中，如氯化物、硝酸盐、磷酸盐等。低浓度的硝酸盐和磷酸盐是藻类营养物，可促进藻类大量生长，从而使水失去氧；硝酸盐类、磷酸盐类浓度高的水，对鱼类有毒害作用。碳酸氢盐、硫酸盐、氯化钙、氯化镁等会使水变为硬水。

除此之外，矿山废水污染还有放射性污染、水的浊度污染以及固体悬浮物和颜色变化等污染形式。

2.2.4 采矿固体废物污染途径及其危害

矿山采矿过程中可能产生污染的固体废物有：基建及生产时期剥离的覆盖层和岩石；地面及井下开采过程中产生的表外矿石、岩石，即开采产生的废石；废水处理产生的污泥；机械维修时产生的固体废物等。其中，产生量较大的是采矿废石。这些废弃物堆置不仅会占用大量的土地，破坏堆场周边的生态和景观，还可能污染周边环境。采矿废石是指矿山开采过程中排出的无工业价值的矿体围岩和夹石。对于露天开采，就是剥离下来的矿体表面围岩等；对于井下开采，就是掘进时采出的不能作为矿石使用的夹石等。据有关统计，矿山每采出 1 t 矿石，平均约产生 1.25 t 废石。

1）对大气环境的污染及危害

长期堆存于矿山地表的固体废物，终年暴露于大气中，往往因风化作用而变成粉状，在干旱季节和大风季节，易扬起大量粉尘而污染矿区的大气环境。对河南几个有色金属矿山的调查实测表明，由废石扬起的粉尘，会使矿区采场和生活区空气中的粉尘含量超标 10～14倍，矿区的大气污染相当严重。高含硫量废石堆在大气供氧充分及雨水冲刷、渗漏的条件下，可能会发生自热和自燃现象，从而产生大量有毒有害气体（如 SO_2、H_2S 等），污染矿区及周围大气环境，危害矿区植物和附近农作物。

2）对水环境的污染及危害

露天金属矿山的废石等固体废物，是造成矿区水体污染的主要污染源。废石通过水的污染分两种情况：一种是废石风化造成较细碎屑被水冲刷和搬运到某些地段而造成污染；另一种情况是废石在风化过程中形成某些可溶于水的有害化合物或重金属离子，经地表水或地下水的搬运而污染。

对于某些没有完好废石场的矿山，大量废石会随流水散布到矿区下游。由于矿山废石量逐年增加，堆场越来越大，每逢雨季，堆场固体废物流失，造成溪水、河流堵塞，使水体受到严重污染。如广东某露天矿，在开采初期，将每年排放的 100 多万吨废土石和 3000 多万方泥浆水全部灌入附近农田与河道，致使良田严重砂化，河水泥砂含量急剧升高，最后导致河流淤塞，河床升高，水体严重污染。

后者例子更多，例如很多金属矿床的废石中都含有黄铁矿，黄铁矿在地表环境下极易风化而产生可溶于水的硫酸、硫酸铁、硫酸亚铁等，其浓度有时可达数千毫克每升，这些酸性废水会污染水体（包括地表水和地下水）和土壤，并被植物的根部吸收，影响农作物生长，造成农业减产。如江苏某矿山，由于废石堆中含有硫化物，在空气、水以及细菌的综合作用下，每逢降雨，酸性废水便流入附近的农田和太湖中，致使农业减产、鱼类死亡。更可怕的是，这些有毒有害物质会通过食物链进入人体，危害人体健康。

很多情况下，上述两种水的污染情况是结合在一起的。例如，废石中所含的毒砂、雄黄、雌黄等矿物都可以通过水的上述两种作用而危害人类和动植物。在国内外某些矿区均有由于砷的污染而形成癌症病区的实例。

3）对土壤环境的污染及危害

矿山固体废物中的重金属元素，由于各种作用渗入到土壤中，会导致土壤污染，造成土壤中大量微生物死亡，土壤逐渐失去分解能力，最终砂化变成"死土"。不少金属矿山的固体废物中，还含有放射性物质。据有关实测资料统计，在非铀金属矿山中，有 30% 以上矿山的矿岩中含有放射性物质。含放射性物质的金属矿山固体废物，不仅不宜做建筑材料使用，而且还必须进行严格的处理，否则会使矿区及周围环境的污染范围扩大，引起严重后果。

4）对生态环境的破坏

金属矿山排出的固体废物较多，是重金属污染的源头之一。在我国，由于受传统工艺和经营方式所限，大量固体废物被弃于地表，造成资源浪费，占用大量土地，破坏生态环境。因此，节约废石占用的土地，或将其复垦以恢复生态环境是一项极其重要的战略任务。

5）引发工程地质灾害

金属矿山固体废物长期堆放，不仅在经济上造成巨大的损失，还可能诱发地质与工程灾害，如排土场滑坡、泥石流等，给国家及社会带来极大的损害。

2.3　采矿大气污染物防治

2.3.1　采矿大气污染综合防治的原则

1）以源头控制为主，推行清洁生产

清洁生产是对污染实行源头控制的重要措施，积极推行清洁生产不仅可以避免排放废物带来的风险和降低处理、处置的费用，而且可以提高资源利用率，降低成本。因此，以源头控制为主，推行清洁生产成为大气污染防治的重要原则。

2）将环境自净能力与人为措施相结合

污染物排入环境中，因大气、水等环境要素的扩散、氧化还原和生物降解等作用，其毒性和浓度自然降低的现象称为环境自净。实践证明，合理利用环境自净能力，既可以保护环境，又可节约环境污染治理的投资费用。但是，在利用环境自净能力时要十分慎重，因为环境容纳污染物的能力有一定的限度（这个限度就称为环境容量），超过了这个限度就会使环境质量下降。因此，我们不仅要以各种类型污染物的自净规律和生态毒理实验的研究为基础，而且要对其可能造成的环境影响进行预测，必须对环境的自净能力和人为措施进行综合考虑。

3）分散治理和综合防治相结合

分散治理就是对污染源分别进行控制，这是防治粉尘污染的有效措施，但只有将这种分散治理措施与区域综合防治相结合，才能有效地改善区域环境质量。区域污染综合防治，要坚持"以污染源分散治理为基础，以污染集中控制为主"的原则，如吸尘钻孔、封闭破碎、带水作业、防尘装卸、苫盖运输、清洁路面、及时绿化。要推进矿山开采低尘作业，所有露天开采矿山必须采取低尘爆破、机械采装、洒水作业等除尘降尘措施，推行台阶式等科学开采方式；鼓励矿山企业将进行技术改造、引进先进的环保设备、提高矿产资源采选和加工技术水平等综合防治措施结合起来，充分体现出大气污染防治的环境效益、经济效益和社会效益。

4）按功能区实行总量控制与浓度控制相结合

按功能区实行总量控制是指在保持功能区环境目标值的前提下，所能允许的某种污染物的最大排污量。如果某一功能区大气污染源较多，即使单个污染源均达标排放，整个功能区的污染物排放总量也可能会超过环境容量。因此，控制大气污染不能只着眼于单个污染源的排放是否达到排放标准，而应从功能区的环境容量出发，控制进入功能区的污染物总量。

5）技术措施与管理措施相结合

环境污染的综合防治一定要管治结合。因为环境污染的很多问题不一定是投入很多资金就能解决的，有些通过加强管理便能解决。因此，通过加强工艺生产全过程等环境管理手段来防治大气污染尤为重要。

2.3.2　采矿大气污染控制技术

1）颗粒物控制技术

颗粒物控制技术，即除尘技术。矿山常用的除尘技术有机械式除尘、过滤式除尘、湿式除尘和化学抑尘等，各类除尘技术的优缺点如表 2-2 所示。

表 2-2　矿山各类除尘技术的优缺点

类别	优点	缺点	举例
机械式除尘	除尘设备结构简单，造价低，维护方便	除尘效率不高	重力沉降室、惯性除尘器、旋风除尘器
过滤式除尘	除尘效率高，对呼吸性粉尘也保持较高的除尘效率，经济性好，便于回收有价值的颗粒	一次性投资高，附属性部件多，滤料容易堵塞、损坏，工作性能不稳定	袋式除尘器、颗粒层除尘器、滤筒式除尘器、塑烧板除尘器

续表 2-2

类别	优点	缺点	举例
湿式除尘	除尘设备结构简单，造价低，除尘效率高	有时会消耗较高的能量，需要进行污水处理，处理风量受脱水器性能的限制	重力喷雾洗涤除尘器、离心式洗涤除尘器、贮水式冲击水浴除尘器、动力除尘器、文丘里洗涤除尘器、填料塔洗涤除尘器、板式塔洗涤除尘器、活动填料塔洗涤除尘器
化学抑尘	原料来源广，对矿山路面扬尘控制效果好	部分原料对轮胎或金属零部件有腐蚀作用	泡沫药剂抑尘、氯化钙溶液抑尘

理论和实验已证明，各种除尘技术都具有一定的除尘效果，不同类型的除尘技术对不同粒径的粉尘的除尘效果是不一样的。对于大于 50 μm 的粗尘，各种类型的除尘技术都有一定的效果；对于小于 5 μm 的呼吸性粉尘，使用文丘里洗涤除尘器、袋式除尘器、自激式湿式除尘器和静电除尘器等高效除尘器能得到满意的效果。因此，要根据粉尘产生的实际条件来合理选择除尘器技术。

（1）机械式除尘器

机械式除尘器指利用重力、惯性力及离心力等机械作用，使含尘气流中的粉尘被分离捕集的除尘装置，包括重力沉降室、惯性除尘器和旋风除尘器。

①重力沉降室

重力沉降室是利用粉尘本身的质量使粉尘从空气中分离的一种除尘设备。含尘气流从风管进入一间比风管截面大得多的空气室后，流速大大降低，在层流或接近层流的状态下运动，其中粉尘在重力作用下缓慢下落，落入灰斗。

重力沉降室仅适用于除去 50 μm 以上的粉尘，沉降室的压强损失为 5~10 Pa，气流速度通常取 1~2 m/s，除尘效率为 40%~60%。重力除尘器构造简单，施工方便，投资少，收效快，但体积庞大，占地多，效率低，不适用于除去细小尘粒，故工程上应用不广泛，仅用作多级除尘系统的第一级除尘装置（即前置除尘器）。

常用设备为水平气流沉降室，有单层重力沉降室和多层重力沉降室两种类型。

②惯性除尘器

惯性除尘器是利用粉尘与气体在运动中惯性力的不同，将粉尘从气流中分离出来。在实际应用中，实现惯性分离的一般方法是使含尘气流冲击在挡板上，使气流方向发生急剧改变，气流中的尘粒因惯性较大，不能随气流急剧转弯，便从气流中分离出来。在惯性除尘方法中，除了利用粒子在运动中的惯性较大的特征外，还利用了粒子的重力和离心力。

惯性除尘器适用于非黏性、非纤维性粉尘的去除。其设备结构简单，阻力较小；但分离效率较低，只能捕集 10~20 μm 的粗尘粒，除尘效率为 50%~70%，常用于多级除尘系统的第一级除尘。

惯性除尘器结构形式多样，主要有反转式和碰撞式。

③旋风除尘器

旋风除尘器是利用离心力将尘粒从含尘气体中分离的设备。其除尘原理与反转式惯性除尘器类似，但惯性除尘器中的含尘气流只受设备的形状或挡板的影响，仅简单地改变了流线方向，使其做半圈或一圈旋转，因此尘粒所受的离心力不大。而在旋风除尘器中，由于含尘气流做高速多圈旋转运动，因此旋转气流中的尘粒受到的离心力较大。对于小直径、高阻力的旋风除尘器，其离心力比重力大 2500 倍；对于大直径、低阻力旋风除尘器，其离心力比重力约大 5 倍。因此，用旋风除尘器从含尘气体中除下的粒子比用沉降室或惯性除尘器除下的粒子要小得多。

旋风除尘器的设备简单、造价低，没有传动机构和运动部件，维护修理方便，可用于净化高温烟气，能捕集到 10 μm 以上的尘粒，除尘效率达 80% 以上；使用多管旋风除尘器时，除尘效率可达 95% 以上。

（2）过滤式除尘器

过滤式除尘器是使含尘气流通过过滤材料，粉尘被滤料分离出来的一种装置。目前矿山中广泛应用的是袋式除尘器。

袋式除尘器利用滤布的过滤作用达到除尘的目的。滤布与纤维层滤料不同，滤布是用纤维织成的比较薄而致密的材料，主要是起表面过滤作用，含尘空气通过滤布后，由于过滤、碰撞、拦截、扩散、静电作用，粉尘被阻留在滤料内表面上，净化后的气体由除尘器风机口排出。

在开始时粉尘被捕集沉积于新滤布纤维间，产生架桥作用，使滤布孔隙缩小并均匀化，之后逐渐在滤布表面形成一层初始粉尘层。在过滤的过程中，初始粉尘层起着重要的作用，由于初始粉尘层的孔隙小而均匀，捕集效率高，故滤布对初始粉尘也有很好的捕集效果。

袋式除尘器属于高效除尘器，对细粉尘具有很强的捕集效果，被广泛应用于各种工业废气的除尘中，但它不适于处理含油、含水及黏结性粉尘，同时也不适于处理高温含尘气体。

（3）湿式除尘器

湿式除尘器也称洗涤器，它是利用液体来净化气体的装置。在湿式除尘器中，气流中的粉尘主要靠液（水）滴来捕集。水与含尘气流的接触方式大致有水滴、水膜和气泡三种形式。在实际应用的湿式除尘器中，可能兼有两种甚至三种方式。依靠液滴捕集尘粒的机理，主要有惯性碰撞、截留、布朗扩散、凝并等。这种方法简单有效，因而在实际中特别是在南方矿山中得到了广泛应用。将湿式除尘器与其他除尘器进行比较，湿式除尘器具有以下优点：

①在消耗同等能量的情况下，湿式除尘器的除尘效率要比干式除尘器高，高能湿式除尘器（文丘里除尘器）对于小于 0.5 μm 的粉尘仍有很高的除尘效率。

②湿式除尘器适用于处理高温、高湿的烟气以及黏性大的粉尘。在这种情况下，采用干式除尘器往往会受到各种条件的限制。

③很多有害气体可以用湿式净化，因此，在这些情况下使用湿式除尘器可以同时除尘和净化有害气体。为了更有效地净化有害气体，可以根据有害气体的性质选用其他液体（如表面活性剂溶液）以代替水。

④湿式除尘器的结构简单，一次投资低，占地面积小。

湿式除尘器的缺点有：

①从湿式除尘器排出的泥浆要进行处理，否则会造成二次污染。

②当净化有腐蚀性的气体时，化学腐蚀性转移到水中，因此，污水系统要用防腐材料保护。

③不适用于憎水性和水硬性粉尘。

④在寒冷地区注意防止冬季结冰。

湿式除尘器在南方矿山用得比较多。

(4) 化学除尘法

化学除尘法是根据矿山粉尘和有毒废气的特性，采用一些化学药剂来降低污染物的排放，如采用泡沫覆盖爆区、富水胶冻炮泥以及表面活性剂降低爆破粉尘，采用钙镁吸湿性盐溶液或使用氯化钙溶液喷洒软质路面可大大减少路面扬尘。

泡沫药剂由起泡剂、稳定剂和水等组成，爆区在装药和安装好起爆网络后，将发泡器产出的 100 倍以上的空气-机械泡沫，吹送到爆破区段。泡沫层厚度为 0.3~1.5 m，爆破 1 m³ 矿岩的泡沫消耗量为 0.06~0.16 m³。泡沫降尘一般多用于气候炎热、水源不足的地区，降尘效率可达 40% 以上，通风时间可缩短 2/3~3/4。富水胶冻炮泥由水、水玻璃、硝酸铵、硫酸铜等组成。在酸性盐、硝酸铵和 Cu^{2+} 的作用下，水玻璃发生水解和电离，形成硅溶胶，放置一段时间后，硅溶胶自动形成凝胶，即富水胶冻炮泥。用富水胶冻炮泥填塞炮孔，在爆破瞬间，有毒气体和粉尘与富水胶冻炮泥接触，发生复杂的物理、化学反应，从而减少粉尘和有毒气体的产生。同时，在爆破后一段时间内使用，也能使粉尘量明显下降。实验表明，用富水胶冻炮泥填塞炮孔与用砂土填塞相比，前者有毒气体下降量可达 70% 以上，粉尘下降量可达 90% 以上。

此外，在水中加入表面活性剂形成表面活性溶液，用其堵塞炮孔能明显减少爆破粉尘的产生。表面活性剂单体和助剂不同，其降尘效果也有很大差别。在实验室通过测试表面活性剂的溶液表面张力、对粉尘的沉降速度、润湿速率和在硐室内进行爆破对比试验，得到了两种降尘效果较优的配方。用这两种配方进行的工业试验表明：有毒气体和粉尘产生量均可下降 60% 以上。

使用钙镁吸湿性盐溶液或单独使用氯化钙溶液喷洒软质路面，可使洒水降尘效果和作用时间大大增加。研究表明，不下雨时，10%~30% 的氯化钙溶液可使空气含尘量在 2~5 d 降到允许范围内，而 40%~60% 浓度的氯化钙溶液能维持 10 d 或更久一些。但是使用吸湿性盐溶液会对轮胎或金属零部件产生强烈的腐蚀作用，易被雨水冲掉，而且其抑尘成本会比水高几倍到几十倍。

近年来，乳液抑尘剂处理路面的效果较好。抑尘剂处理路面作用时间长，原料来源广泛，制作、喷洒方便，成本低。

高效的抑尘剂多呈粉状，按一定配比加水调制后以人工或机械的方式均匀喷洒于作业面上，可使路面、料场或地表的扬尘量减少 95%，实施区域内的粉尘浓度低于 2 mg/m³，喷洒一次的有效防尘期为 20~60 d。其综合成本低于洒水降尘方法。

2) 气态污染物控制技术

控制或降低气态污染物对大气环境所造成的影响采用的基本方法有大气污染扩散稀释法、吸收法、吸附法、催化转化法和冷凝法等。

(1) 大气污染扩散稀释法

大气污染扩散稀释法是利用自然界中大气本身所具有的扩散稀释能力，降低排向大气中气态污染物浓度的方法。这种控制方法不能减少从污染源排向大气的污染物的总量。

(2) 吸收法

利用吸收剂将混合气体中的一种或多种组分，有选择地吸收、分离，这种过程称作吸收。

具有吸收作用的物质称为吸收剂,被吸收的组分称为吸收质,吸收操作得到的液体称为吸收液或吸收溶液,剩余的气体称为吸收尾气。吸收法净化气态污染物是利用混合气体中各成分在吸收剂中溶解度的不同,或与吸收剂中的组分发生选择性的化学反应,从而将有害组分从气流中分离出来。该法是分离、净化气体混合物最重要的方法之一,被广泛用于净化 SO_2、NO_2、HF、HCl 等气体。

水是常用的吸收剂,用水吸收可以除去废气中的 SO_2、HF 等。碱金属和碱土金属的盐类、铵类等属于碱性吸收剂,由于其能与 SO_2、HF 等气体发生化学反应,因而使吸收能力大大增强。硫酸、硝酸等属于酸性吸收剂,可以用来吸收 SO_2 等。

目前工业上常用的吸收设备可分为表面吸收器、鼓泡式吸收器和喷洒式吸收器三大类。

（3）吸附法

由于固体表面上存在着分子引力或化学键力,能吸附分子并使其聚集在固体表面,这种现象称为吸附。将具有吸附作用的固体物质称为吸附剂,被吸附的物质称为吸附质。吸附法净化气态污染物,是使废气与大表面多孔的固体物质相接触,将废气中的有害组分吸附在固体表面,从而达到净化的目的。

可以使用吸附法净化的气态污染物有低浓度的 SO_2 烟气、NO_2、H_2S、含氟废气、酸雾、沥青烟及碳氢化合物等。

吸附剂的种类有很多,可分为无机和有机吸附剂、天然和合成吸附剂。天然矿产品,如活性白土和硅藻土等经过适当加工,就可以形成多孔结构,直接作为吸附剂使用。合成无机材料吸附剂主要有活性炭、活性炭纤维、硅胶、活性氧化铝及合成沸石分子筛等。近年来还研制出多种大孔吸附树脂,与活性炭相比,它具有选择性好、性能稳定、易于再生等优点。

目前使用的吸附净化设备主要有固定床吸附器、移动床吸附器和流动床吸附器三种类型。流动床吸附器中,吸附剂在气流中呈流动态;移动床吸附器中,吸附剂与气流一起移动;固定床吸附器由于结构简单、操作简单,因而被广泛采用。

（4）催化转化法

催化转化法是一种利用催化剂的催化作用将废气中的有害物质转化成各种无害的物质,或者转化为存在状态更易除去的物质的方法。

按照气态污染物在催化反应过程中的氧化还原性质,可将催化转化法分为催化氧化法和催化还原法。催化燃烧可看作催化转化的一个特殊分支,它是利用催化剂使废气中的可燃烧物质在较低温度下氧化分解的净化方法。该方法在金属矿山中一般极少应用。

（5）燃烧法

燃烧法是对含有可燃性有害组分的混合气体进行氧化燃烧或高温分解,使有害组分转化为无害物的方法。燃烧法的工艺简单,操作方便,现已广泛应用于石油工业、化工、食品、喷漆、绝缘材料等行业中主要含有碳氢化合物废气的净化,但在金属矿山中一般极少应用。

（6）冷凝法

冷凝法是利用物质在不同温度下具有不同的饱和蒸气压的性质,采用降低系统的温度或提高系统的压力,使处于蒸气状态的污染物冷凝并从废气中分离出来的过程。适用于净化浓度大的有机溶剂蒸气。还可以作为吸附、燃烧等净化高浓度废气时的预处理,以便减轻这些方法的负荷。该方法在有色金属矿山中一般极少应用。

2.3.3　采矿大气污染的防治实例

1）穿孔设备作业时的防尘措施

钻机产尘强度仅次于运输设备，占生产设备总产尘量的第二位。由实测资料可知，在无防尘措施的条件下，钻机孔口附近空气中的粉尘浓度平均值为 448.9 mg/m³，最高达到 1373 mg/m³。

按是否用水，可将露天矿钻机的除尘措施分为干式捕尘、湿式除尘和干湿相结合除尘三种方法。穿孔作业主要采用湿式作业。在缺水地区或湿式作业有困难的地点，应采取干式捕尘或其他有效防尘措施。

干式捕尘是指将袋式除尘器安装在钻机口进行捕尘。为了提高干式捕尘的除尘效果，在袋式除尘器之前安装一个旋风除尘器，组成多级捕尘系统，可使捕尘效果更好。袋式除尘器不影响钻机的穿孔速度和钻头的使用寿命，但辅助设备多，维护不方便，且能造成积尘堆的二次扬尘。

湿式除尘，主要采用风水混合法除尘。这种方法所用设备简单，操作方便，但在寒冷地区使用时，必须有防冻措施。

干湿结合除尘，主要是往钻机里注入少量的水而使微细粉尘凝聚，并用旋风式除尘器收集粉尘；或者用洗涤器、文丘里洗涤除尘器等湿式除尘装置与干式捕尘器串联使用的一种综合除尘方式，其除尘效果也是相当显著的。下面要介绍干式捕尘和湿式除尘的装置结构。

（1）干式捕尘

为避免岩渣重新掉入孔内再次粉碎，除采用捕尘罩外，还可制成孔口喷射器以与沉降箱、旋风除尘器和袋式过滤器组成三级捕尘系统。图 2-4 为干式捕尘装置。

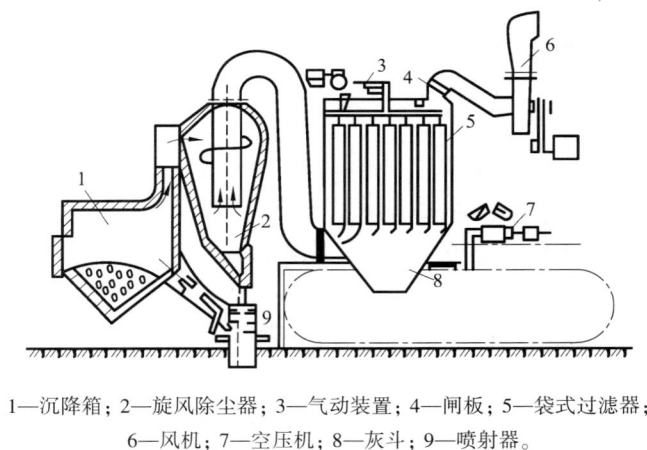

1—沉降箱；2—旋风除尘器；3—气动装置；4—闸板；5—袋式过滤器；
6—风机；7—空压机；8—灰斗；9—喷射器。

图 2-4　干式捕尘装置

干式捕尘装置用喷射器从钻孔抽吸粉尘，喷射器由空压机供风而工作。粗粒和中粒粉尘沉淀在沉降箱内，含尘气流通过旋风除尘器和袋式除尘器进行过滤，过滤后气体由风机排向大气。为了使捕尘器正常工作，当钻孔深度达到 3~6 m 时，由气动装置带动振打结构对滤袋进行清灰，清灰掉落的粉尘落于灰斗内。该系统的滤速可通过闸板进行调节。

我国某露天矿研制的一种 FSMC-24 型干式除尘器如图 2-5 所示。该除尘系统结构简单，过滤风速可调，当过滤风速为 4~4.5 m/min 时，处理风量可达 3500 m³/h。

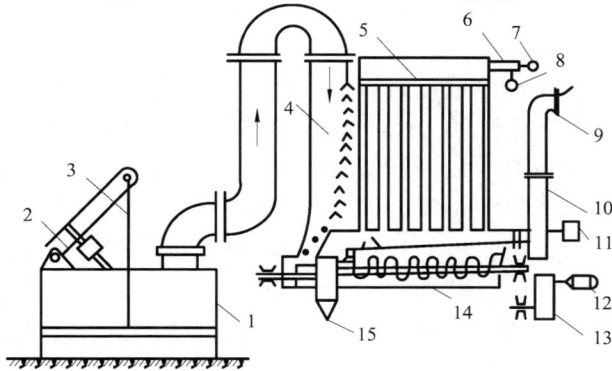

1—捕尘罩；2—气缸；3—绳索；4—碰撞板；5—布袋；6—脉冲阀；7—电磁阀；8—压气包；
9—排风管；10—风管；11—风机；12—螺旋机电机；13—减速器；14—螺旋输送机；15—放灰阀。

图 2-5　FSMC-24 型干式除尘器

（2）湿式除尘

牙轮钻机的湿式除尘可分为钻孔内除尘和钻孔外除尘两种方式。钻孔内除尘主要是气水混合除尘法，该法可分为风水接头式与钻孔内混合式两种。钻孔外除尘主要是通过对含尘气流喷水，并在惯性力作用下使已凝聚的粉尘沉降。现在一些露天矿山还采用了湿润剂除尘和泡沫除尘的湿式除尘法，都收到一定效果。

图 2-6 为我国某铁矿的潜孔钻机湿式除尘系统示意图。该除尘系统也是采用风水混合方式捕尘。

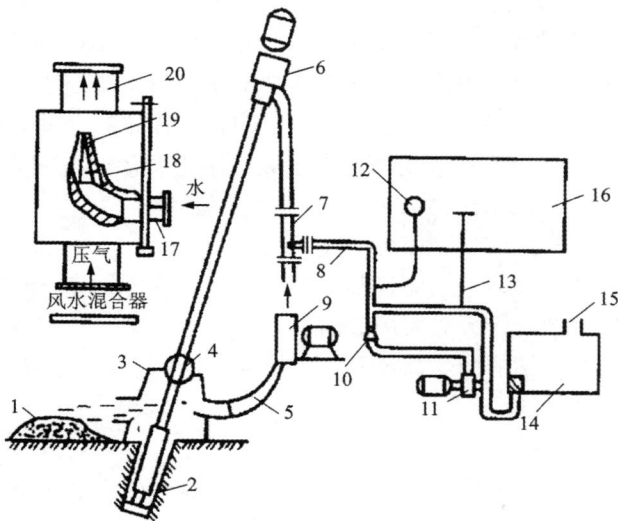

1—岩粉堆；2—冲击口；3—集尘罩；4—密封球；5—帆布风管；6—减速器；7—风水混合器；
8—出水管；9—风机；10—逆止阀；11—水泵；12—水压表；13—控制阀；14—水箱；
15—进水口；16—司机室；17—3/4″水管；18—弯头；19—喷嘴；20—风管。

图 2-6　我国某铁矿的潜孔钻机湿式除尘系统示意图

2）岩矿装卸过程中的防尘措施

电铲给运矿列车或汽车卸载时，可使爆破时产生的和装卸过程中二次生成的粉尘，在风流作用下，向采场空间飞扬。卸载过程中的产尘量与矿岩的硬度、自然含湿量、卸载高度及风流速度等一系列因素有关。

我国露天矿多数使用 4 m 电铲。据测定：微风时电铲工作场地附近粉尘的平均浓度达 31 mg/m³，司机室内平均浓度为 20 mg/m³；干燥季节且有自然风流时，司机室内最高粉尘浓度为 38 mg/m³，平均浓度为 9.3 mg/m³，而室外则超过 40 mg/m³。在无防尘措施时，潮湿季节司机室内的平均粉尘浓度为 6 mg/m³，室外为 9 mg/m³。上述数据是在具体条件下测得的，其数值的变化与采掘矿石比重、湿度，以及铲斗附近的风速等因素有关。

装卸作业的防尘措施主要采用洒水，其次是密闭司机室，或采用专门的捕尘装置。

装卸硬岩时，采用水枪冲洗最合适；挖掘软而易扬起粉尘的岩土时，采用洒水器为佳。

武钢大冶铁矿在待装运的爆堆上安装了可以任意旋转的强力喷雾装置，该装置为农田喷管用的喷雾器，其使用效果良好，如图 2-7 所示。

爆堆喷水前，铲装工作面粉尘的最高浓度可达 45.1 mg/m³，平均浓度为 21 mg/m³，喷水后平均浓度为 1.3 mg/m³，最高浓度为 2 mg/m³，喷水前后粉尘分散度无显著变化。

以前开采白银露天矿时，将电铲尾部重箱处的一个间隔改装为容积为 4 m³ 的水箱，利用水泵将水加压后，经管道送给两组喷雾器。一

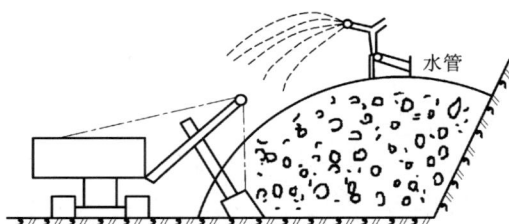

图 2-7　铲装时喷洒爆堆

组装在天轮下部，共有 12 个喷嘴向铲斗方向喷水；另一组 4 个喷嘴装在司机室前窗下部，以防止粉尘窜入司机室。上述措施都能收到良好的除尘效果。

岩体预湿是极有效的防尘措施，在国内外煤层开采时都得到了应用。在露天矿中，可利用水管中的压力水，或移动式、固定式水泵进行压注，也可利用振动器、脉动发生器或爆炸的方式进行压注，而利用重力作用使水湿润岩体则是一种简易的方法。

露天矿的岩体预湿工艺可分为：通过位于层面的钻孔注水；通过上一平台和垂直或与层面斜交的钻孔注水；也可利用浅井或浅槽使台阶充分湿透并渗透湿润岩体。钻孔注水时，中硬岩石钻孔间距为 2~3 m，注水压力为 12 kg/cm²[①]。

3）大爆破时防尘

大爆破时不仅会产生大量粉尘，而且其污染范围大。在深凹露天矿，尤其在出现逆温的情况下，污染可能是持续的。露天矿大爆破时的防尘，主要是采用湿式措施。当然，合理布置炮孔、采用微差爆破及科学的装药与填充技术，对减少粉尘和有毒有害气体的生成量也有重要意义。

（1）大爆破前洒水和注水

在大爆破前，向预爆破矿体或表面洒水，不仅可以湿润矿岩的表面，还可以使水通过矿岩的裂隙渗透到矿体的内部。在预爆区打钻孔，利用水泵通过这些钻孔向矿体实行高压注水，湿润的范围大、湿润效果明显。洒水和注水量如表 2-3 所示。

①　1 kg/cm² = 0.1 kPa。

表 2-3　洒水和注水的单位用水量

矿岩类型	单位矿石耗水量/(L·m⁻³)		
	水枪喷射	高压注水或喷水	洒水
岩石	20~30	160~180	150~200
煤层	60~65	17~40	100~160

国外有些矿山还使用了各种自行通风洒水装置来进行爆破后的空气除尘，这种装置每小时能将 $3~3.5 \ m^3$ 的水喷成水雾，从而降低爆破时产生的烟尘量。

（2）水封爆破

水封爆破除尘的基本原理是：将装满清水的塑料袋置于炮孔中炸药的前后部，用孔口水袋来代替一部分炮泥使用，炸药爆炸后，水袋中的水在高温高压作用下变成水蒸气和细小水珠悬浮在空气中，从而起到捕捉粉尘的作用，改善作业环境。

相关文献指出，水封爆破在国外早已得到广泛应用，国内自 20 世纪 70 年代起也逐步推行了这种爆破技术。另外，国内研究者还对此技术进行了试验研究，但目前生产实践中使用这种技术的案例不多。

（3）塑料堵塞

在德国的采石场，浅眼凿岩时使用特制的塑料堵塞物填塞炮孔，爆破时冻胶状的塑料堵塞物能黏附爆破时产生的粉尘（吸附量达 60%~70%）。

4）露天矿运输路面防尘措施

汽车路面扬尘造成的露天矿空气的严重污染是不言而喻的。其产尘量的大小与路面状况、汽车行驶速度和季节干湿度等因素有关。据国外测定，其扬尘强度为 620~3650 mg/s；国内对 25~27 t 的"玛斯""别拉兹"两类汽车司机室内粉尘的平均浓度的测定结果为："玛斯"为 21 mg/m³，"别拉兹"为 8.1 mg/m³，汽车路面的空气粉尘浓度为 2.3~15.1 mg/m³。

不管是司机室还是路面的空气中的粉尘浓度，其变化频率和幅度都是很大的。在未采取措施的情况下，引起粉尘浓度大幅度变化的重要因素是气象条件和路面状况。

为防止汽车路面积尘的二次飞扬，目前国内外采取的主要措施有：

（1）路面洒水防尘。通过洒水车或沿路面铺设的洒水器向路面定期洒水，可使路面空气中的粉尘浓度达到容许值，但其缺点是用水量大，有效抑尘期短（30~40 min），花费大，且只能在夏季使用。另外，它还会使路面质量变坏，引起汽车轮胎过早磨损，增加养路费。

（2）喷洒氯化钙、氯化钠溶液或其他溶液。如果在水中掺入氯化钙，可使洒水效果和作用时间增加。喷洒氯化钠溶液时，路面要做专门处理，即先挖松路面（非硬质路面），喷洒 10% 的氯化钙溶液，再修成所需路面断面形状，铺 80~100 mm 厚粗砂，在其上喷洒 25% 的溶液压实。经这样处理过的路面，10 d 内的空气含尘量为 1.8~2.6 mg/m³。国外实验表明：10%~30% 浓度的氯化钙溶液可使空气含尘量在 2~5 d 不超过允许标准，40%~50% 浓度的氯化钙溶液可维持 10 d 或更长。

本溪钢铁（集团）有限责任公司南芬露天铁矿用氯化钠溶液作抑尘剂进行工业试验。在 −20℃下，每千克水中加入氯化钠 300 g，可防止水结冰，喷洒后路面空气中粉尘浓度下降至原来的 1/3，平均耗水量为 0.95 kg/m²，耗盐费用为 0.05 元/m²，最短洒水周期为 5~7 d。

（3）用颗粒状氯化钙、食盐或二者混合物处理汽车路面。处理后，空气中含尘量在 45~90 d 不超过 2~3 mg/m³；用食盐和氯化钙混合物处理路面，空气中含尘量在 30~40 d 不超过 1.8~2.6 mg/m³；用食盐处理后，空气中含尘量在 10~15 d 不超过 3.5~4.5 mg/m³。经分析表明，用氯化钙处理路面的费用比洒水低 2/3。

（4）用油水乳浊液处理路面。中南大学的吴超开发了应用渣油-水乳化液于露天矿汽车运输路面扬尘防治的制备工艺和现场应用技术，吴超还提出利用具有优良的重复吸水、保水性能的聚丙烯酸钠溶胶作为路面喷洒抑尘剂，在其有效期内，多次重复洒水，能够使尘土保持较高的含水率，且其洒水时间间隔比单独洒水的时间间隔长。

美国曾采用过路面沥青的方法，其缺点是沥青的黏尘作用时间短，而长期使用氯化钙溶液处理路面又容易损坏轮胎。近年来美国研制了一种石油树脂冷水乳液，用其作为黏尘剂，这种乳液是把 15% 的乳液水溶液，注入 12 mm 深的路面表层中，从而起到凝聚粉尘的作用。

（5）人工造雪防尘。目前，在负温条件下的露天矿防尘还没有好的办法。苏联皮特克洛夫提出在汽车路面上造雪防尘的方法，目前正在某矿进行试验。雪花对粉尘的抑制主要是三种力的作用，即机械力对悬浮粉尘的捕集作用、雪花与粉尘之间的黏着力，以及雪花和粉尘之间的相互作用力。雪花表面的液层对捕尘也有一定的作用。

现场试验表明，在不同负温上造雪器都能正常工作。当 20 个喷嘴呈梳状排列时，喷水量为 80 kg/min。如果平均雾化系数为 2.2，计算造雪量相应为 10~11 m³/h。这一方法的优点是雪的体积质量小，雪花表面积大，因而容尘量大，不会冻结岩石和腐蚀矿山机械的金属部件，也不会污染环境。

（6）废石堆防尘措施。矿山废石堆场是主要的粉尘污染源，尤其在干燥、刮风季节。台阶工作平台上的落尘会大量扬起，因此，在扬尘物料表面喷洒覆盖剂是一种有效的防尘措施。喷洒的覆盖剂和废石间具有黏结力，互相渗透扩散，由于化学键力和物理吸附的作用，废石表面形成薄层硬壳，可防止因风吹、雨淋、日晒而引起的扬尘。

据研究，在非工作面和工作平盘上表面不受破坏的地段喷洒 0.01%~0.1% 的聚丙乙烯酰胺清液，当清液浓度为 0.03%、喷洒量为 3 L/m² 时，对粉尘的黏结效果最佳。在湿度大于 40% 的地区，亦可用氯化钠溶液喷洒台阶及边坡表面。喷洒 4.2 L/m² 的浓度为 6% 的氯化钙溶液的岩石，如不受机械破坏，7~8 d 可使粉尘处于黏结状态。

2.4 采矿废水污染物防治

2.4.1 采矿废水污染防治的原则

由于采矿废水排放的特性，决定了该废水的处理原则是：采取最有效、最简便和最经济的处理方法，使处理后的水和重金属等物质都能回收利用。为此，应达到以下几点基本要求。

1）改进工艺，抓源治本

污染物质是从一定的工艺过程中产生出来的。因此，通过改进工艺来减少或杜绝污染源的产生，是最根本、最有效的途径。

如采用疏干地下水的作业，可减少井下酸性废水的排放量；做好废石堆场的管理工作，可避免地表水浸泡、淋雨等,从而减少排水量;做好废弃矿井管理工作,截流地下径流及地表水渗透,避免废弃矿井污染附近水域。

2)循环用水,一水多用

采用循环供水系统,使废水在一定的生产过程中多次重复利用或采用接续用水系统,既能减少废水的排放量,减少环境污染,又能减少新水的补充,节省水资源,解决日益紧张的供水问题。

3)化害为利,变废为宝

工业废水的污染物质,大都是生产过程中浸入水中的有用元素、成品、半成品及其他能源物质。排放这些物质既污染环境,又造成了很大的浪费。因此,应尽量回收废水中的有用物质,变废为宝,化害为利,这是废水处理中优先考虑的问题。据估计,全国有色企业每天排放的"三废"中的剧毒物质,如汞、镉、砷就达两万多吨,若能正确地回收与处理这些废弃物,将会一举多得。

2.4.2　采矿废水源头控制措施

采取"防""治""管"相结合的方法,严格控制废水的形成和排放,是控制和减少水污染的有效措施。

1)选择适当的矿床开采方法

地下采矿时,选择使顶板及上部岩层少产生裂隙或不产生裂隙的采矿方法,是防止地表水通过裂隙进入矿井而形成废水的有效措施。露天开采时,应尽量避免采用陡峭边坡的开采方法,以减轻边坡遭受水蚀及冲刷的现象;及时覆盖黄铁矿的废石,以防止氧化;下边坡应留矿壁以防止地面水流入采场;可能情况下应回填采空区,以免积水;合理布置采矿场排水沟。

2)控制水蚀及渗透

地下水、老窿水、地表水及大气降雨渗入废石堆后,流出的是严重污染了的水。因此,堵截给水、降低废石堆的透水性,是防止和减少非水渗透的有效措施。高速水流经废石堆时会出现水蚀现象,使水被污染。将废石堆整平、压实,植被废石堆是导开地表水流、防止废石堆水蚀的有效方法。

此外,利用某种化学物质喷洒硫化矿废石堆表面,使之与空气和水隔绝是控制水污染的有效措施。

3)控制废水量

在干燥地区亦可建造池浅而面积大的废水池,用其来蒸发废水,这对排水量大的矿山而言是减少废水处理量的有效办法。

4)平整矿区及其植被

平整遭受破坏的土地,可以收到掩盖污染源、减少水土流失、防止滑坡及消除积水的效果。植被可以稳定土石,降低地表水流速度,因而能在一定程度上减少水土流失、水蚀及渗透现象的发生。让废水流经某些植物的地面后,再排入河流,也能使矿井水得到一定程度的净化。

5)废水分质回用

矿井涌水经处理后作选矿厂补充用水,选矿厂废水经净化处理后还可回用于生产。这样，既节约了水资源，又减少了废水的排放量。

2.4.3　采矿废水处理的基本方法

一般井下废水，通常采用筛滤法和过滤法，即在水池入口设格栅、砾石或其他滤料，使采掘工作面排出的废水先通过格栅，以除去大块物料，再经过滤料进行过滤，最后再进入井底水仓。

在矿井水仓进水的一侧构筑澄清水池。澄清水池的容积应能容纳矿井 2 h 的正常通水量。有时还在澄清水池前面设置过滤井，其深度多为 1~1.5 m，位于运输大巷一侧。在过滤井内沿对角线设过滤网或带孔铁板，以便滤去井下废水中的大颗粒杂质。为了较好地澄清矿坑水，也可以在井底水仓进水一侧连续设置 2~4 个澄清池，并在其上安置格栅，在格栅上铺以焦炭层，使矿坑水通过几个澄清池过滤，然后再自动流入井底水仓。

矿山废水多为酸性水。目前，我国矿山酸性废水的处理方法有中和法、自然沉降法、中和-硫化法、生物堆液-萃取-电积法、膜处理法等。

1）中和法

中和法因其工艺成熟、效果好、费用低而成为最常用的处理方法之一。这种方法简单方便，可处理不同性质、不同浓度的酸性水，尤其适用于处理含重金属和杂质比较多的矿井酸性水。常用的中和法有 3 种。

（1）利用碱性废水、废渣中和

此方法既能除碱，又能除酸，一举两得。当附近的电石厂、造纸厂等排出碱性废水、滤渣时，宜采用此法。例如，龙游黄铁矿选矿厂将酸性流程改为碱性流程后，尾矿水呈碱性，与采矿酸性水进行中和，确保了废水的达标排放。

（2）药剂中和沉淀法

中和沉淀处理工艺是处理矿山废水常用的处理方法，该方法是通过投加碱性中和剂，提高待处理废水的 pH，并使废水中的重金属离子形成溶度积较小的氢氧化物或碳酸盐沉淀，常用的中和剂有生石灰、石灰乳、电石渣等。此类方法可在一定 pH 条件下去除多种重金属离子，具有工艺简单、可靠、处理成本低等优点。

由于待处理废水的数量、水质及周围环境状况不同，中和处理工艺通常具有不同形式，有简单可靠的传统处理工艺、融入晶种循环处理技术的简易底泥回流工艺和 HDS 处理工艺。

①传统处理工艺。矿山废水进入中和反应池，通过调节废水 pH，使废水中的重金属离子以氢氧化物沉淀的形式从废水中脱除；处理水经投加絮凝剂后进入澄清池，进行泥水分离；让上层清液达标回用或外排，底泥从澄清池底部泵入污泥池或压滤机进行进一步的处理。

②简易底泥回流工艺。该工艺在传统的处理工艺的基础上融入了晶种循环处理技术，即增加了底泥回流系统。与传统处理工艺相比，缩小了反应池容积，提高了污泥沉降性能，提高了中和药剂的利用率，减少了药剂的用量。

③HDS 处理工艺。HDS 处理工艺与简易底泥回流工艺一样，其在矿山废水处理中的主要特点是降低了污泥浓度和提高了污泥的稳定性，但与简易底泥回流系统不同，HDS 处理工艺增加了药剂-底泥混合系统，使澄清池回流底泥与中和药剂在混合池中混合。此过程可以促进中和药剂颗粒在回流沉淀物上的凝结，从而增加沉淀颗粒粒径和污泥密度。混合后废水通过溢流进入快速反应池与矿山废水发生中和反应，中和污泥溢流进入中和反应池，能提高废水 pH。中和反应池溢流水进入絮凝池，通过絮凝剂的投加，提高中和废水沉降性能和处理

污泥的固体体积含量。石灰中和处理药剂的利用率可超过 95%，处理酸度（以碳酸钙计）为 10 g/L，污泥固体体积含量超过 25%，处理过程中污泥的固体体积含量达 10%~40%。澄清池沉降污泥的一部分可做进一步处理，另一部分进入底泥回流系统回用。

HDS 处理工艺在世界多数矿山的废水处理中得到了广泛的应用，国内德兴铜矿为解决传统处理工艺在实际应用过程中出现的管道结垢、底泥固体体积含量低等问题，通过国际招标，最后选择与加拿大 PRA 公司合作，开展了利用 HDS 技术处理矿山酸性废水的现场试验研究，已经取得了较好的效果：底泥浓度可控制在 25%~30%，当 SO_4^{2-} 浓度大于 25 g/L 时，整个试验工艺流程不存在结垢现象，在实践中可有效延长设备的使用寿命。

（3）用具有中和性能的滤料进行过滤中和

可作为过滤中和的物料有石灰石、白云石和大理石等。目前，国内外厂矿对酸性水做过滤中和时，常采用的设施有：

①普通中和滤池。用粒径较小的石灰石作为滤料，可处理硫酸浓度不超过 1.2 g/L 的废水。中和反应生成的硫酸钙在水中的溶解度小，经常沉积在滤料表面，致使滤料失去过滤中和的能力，从而影响其效果。

②升流式膨胀滤池。它是在普通中和滤池基础上改进的滤池，可处理硫酸浓度不超过 2 g/L 的废水。其特点是滤池体积小、操作简便。酸性废水由池底以 50~70 m/s 的速度向上通过滤料，使粒径为 0.5~3.0 mm 的石灰石呈"悬浮"状态不断地翻滚。颗粒之间相互碰撞摩擦，使过滤中和生成的硫酸钙不易在滤料表面沉积、效果稳定。

③卧式过滤中和滚筒。用以处理的废水含酸浓度可高达 17 g/L，对处理硫化矿矿山酸性水是一种较理想的设施。

2）自然沉降法

该方法是将废水打入选矿厂的尾矿库中，充分利用尾矿库面积大的自然条件，使废水中的悬浮物自然沉降，并使易分解的物质自然氧化分解。这种方法简单易行，目前国内外仍普遍采用。

3）中和-硫化法

该方法也是矿山酸性废水处理常用的方法，首先通过投加碱性中和药剂将 pH 控制为 4.0 左右，这主要是为了去除酸性矿山废水中含有的三价铁，溢流出水后，再添加硫化剂，使含有的其他重金属转化为金属硫化物沉淀，所得硫化渣通过浮选工艺来进一步回收重金属，处理后的水进一步用碱性中和药剂进行处理以达标外排。

该工艺结合了中和处理工艺简单可靠、处理成本低，以及硫化沉淀法重金属离子去除率高、处理废水适应性强、沉淀物的可浮性好、利于回收利用的优点。因此，在一些矿山废水处理过程中得到了广泛的应用。其缺点是成本高，易产生硫化氢气体，造成二次污染。

4）生物堆浸—萃取—电积组合工艺

该工艺主要是利用细菌浸出技术，采用酸性水循环喷淋和细菌氧化技术，加速低品位矿石、废石中重金属离子的溶出，通过循环喷淋提高废水中重金属离子浓度，使其具有回收价值，以进行下一步的萃取、电积，从而便于回收。

生物堆浸—萃取—电积工艺具有投资少、见效快、成本低的优点。一方面可以降低废水中重金属离子的浓度，另一方面可以实现废水中重金属元素的回收，在我国矿山废水治理特别是矿山酸性废水治理中具有广阔的应用前景。

5）膜处理工艺

膜处理工艺是用半透膜或过滤膜对废水中的溶解性或固态污染物进行分离去除，或从废水中回收有用组分的处理过程，包括扩散渗析、电渗析、反渗透、纳滤、超滤、微滤等多种工艺。反渗透膜和小孔径的过滤膜容易受到污染，尤其是进水中的有机物、油类等污染物会严重影响膜的性能，因此在过膜之前必须对废水进行预处理。此外，由于废水中含有的钙镁等离子会使膜表面结垢，废水中含有的有机物会使膜表面生长微生物，造成膜的污染，因此在必要时要投加阻垢剂或杀菌剂。

膜技术作为一种新型分离技术，具有能耗低、易操作、选择性好、适应性强、无相变、无二次污染等优点，已成为废水处理领域关注的焦点。该技术在有色金属冶炼行业用得比较多，在矿山开采领域应用较少，仅少量矿山的低品位矿或废石采用浸出工艺来提取金属。

对浸出废液的处理，采用传统的中和沉淀浓缩工艺时，不仅沉淀效率低，存在二次污染，而且所需设备庞大、能耗高。膜技术则可克服传统方法的不足，实现从低浓度浸出废液中回收金属的目的。目前，膜处理技术已在国外一些矿山浸出液处理和金属回收中得到应用，如利用纳滤技术从 San Manuel 等矿山浸出液中回收铜，均获得了显著成效。

目前，膜处理方法在矿山领域的应用中存在的不足是易产生膜污染，结垢导致膜孔堵塞，使溶液孔间传质受阻，进而影响纳滤截留性能。频繁的膜清洗不仅导致系统性能持续性下降、化学药品投入量增加，而且使膜降解加速，膜寿命大大缩短，系统耗能增大；另外，其耐酸碱性和耐氯性不强，膜寿命易受操作条件影响，且膜制备成本高。

2.4.4　采矿废水处理工艺

1）废水处理系统的组成

废水处理系统一般由几个处理系列组成。处理系列就是用来完成某特定目标的一种或几种方法组合的序列。处理目标可以有多种分类方式，废水处理通常按所去除物质颗粒大小、性质（称为颗粒级谱）来确定处理目标。按照这种处理目标划分，包括泥渣的处理在内，可以把矿山废水处理系列分为以下四类：

（1）颗粒状物质去除系列。其方法有筛分法、重力分离法等。

（2）悬浮颗粒和胶体去除系列。其方法包括浓缩、澄清、混凝沉淀、微生物法等。

（3）溶解物质去除系列。其处理方法很多，包括各种化学沉淀法、吸附法、离子交换法、膜分离法、萃取法、微生物法等。

（4）泥渣处理系列。其方法包括浓缩、脱水（过滤）、干燥等。

2）废水处理方法和处理系统的选择与确定

工业废水的水质千差万别，处理要求也极不一致。因此，很难形成一种像城市生活污水那样的典型处理系统。只能根据前面所述的一些因素和四个系列，同时根据实验研究资料和参考某些厂矿经验，认真选择与论证特定情况下的处理方法。归纳起来，正确选择废水处理系统，应从以下几点入手：

（1）废水的水质和水量特性是正确选择处理系统的出发点。从废水的种类来说，需要考虑采用混合处理还是单独处理，或者单独处理一定程度后再混合处理；从排水量、给排水规律来说，需要考虑是否设置蓄水池、调节池，是连续运行还是间歇运行等。从污染物质种类和浓度来说，需要考虑和分析的内容就更多，因为这是选择处理方法和处理设备的主要依据。例如，当污染物为胶体时，考虑采用混凝、气浮、生物絮凝等方法；当污染物为溶质时，考虑采用化学沉淀、萃取、离子交换等物理化学方法；如果有几种污染物存在，则考虑是用一种方法处理还是用几种方法联合处理的问题；若污染物浓度足够高，具有回收价值，就应选择能回收利用有价值成分的方法。

（2）废水处理后的利用或排放以及对水质的要求，是决定和选择处理系统的关键。根据水质的具体要求，考虑处理工艺上的繁简深浅、处理规模的大小，正确地选择与确定废水处理系统。

（3）进行全面的技术经济综合比较是选择与确定处理系统的基本方法。这一条最重要的是要进行多方案的比较，从技术上、经济上、环境上认真分析和论证，以选择和确定出最佳方案。

2.4.5　采矿废水处理实例

1）铜矿废水处理实例

某铜矿废水水质如表 2-4 所示。废水含 Cu^{2+} 较高，应采用如图 2-8 所示的置换中和法处理。

在水溶液中，较负电性的金属可置换出较正电性的金属，达到分离的目的。铁较铜负电性高，利用铁屑置换废水中的铜可得到品位较高的海绵铜。但该法不能将废水酸度降下来，必须与中和法等方法联合使用，以达到废水排放或回收的目的。为提高沉铁效果和降酸，可用铁屑置换铜后，采用连续两次中和，并加入絮凝剂的方式提高沉铁率和降低废水酸度。废水处理得到的海绵铜中 Cu 质量分数为 20% ~ 30%，可用作炼铜原料，净水后可直接排放。

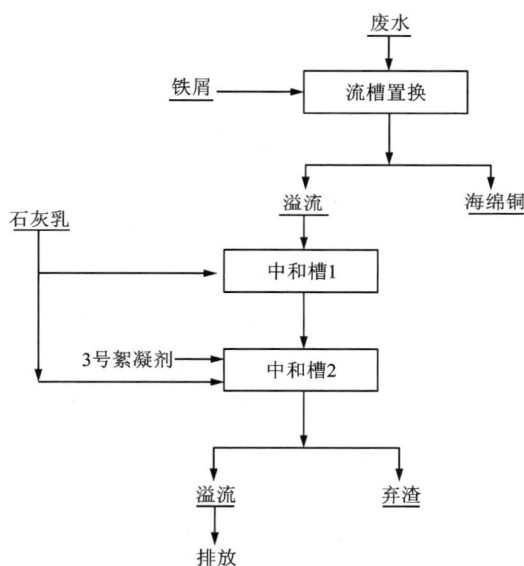

图 2-8　铁屑置换中和法处理铜矿废水流程

表 2-4　某铜矿废水处理前后水质对比

单位：10^{-5} mol/L

项目	$c(Cu^{2+})$	$c(Zn^{2+})$	$c(Cd^{2+})$	$c(As^{3+})$	$c(Fe^{2+})$	$c(Pb^{2+})$	pH
处理前	173	46	0.75	0.07	806	0.24	2.5
处理后	< 0.08	< 0.08	< 0.00007	< 0.03	< 11.0	< 0.02	8.2

注：pH 的量纲为 1。

2）铅锌矿废水处理实例

某铅锌铁矿水质如表 2-5 所示。该废水中铁、锌含量较高，可采用如图 2-9 所示的工艺流程处理。

为了提高沉铁效果，先用液氯将 Fe^{2+} 氧化成 Fe^{3+}，再采用两段石灰中和法，在低 pH 下尽量将铁沉淀除去，之后再在较高 pH 下将锌沉出，以回收锌。回收的锌渣中含锌量较高，可用作炼锌原料, 之后将净水排放或返回使用。

表 2-5 铅锌矿废水处理前后水质对比 单位: 10^{-5} mol/L

项目	$c(Fe^{2+})$	$c(Zn^{2+})$	$c(Cu^{2+})$	$c(Cd^{2+})$	$c(As^{3+})$	pH
处理前	330	379	7.01	1.00	2.03	3.28
处理后	痕量	1	0.005	0.02	0.04	8.5

注: pH 的量纲为 1。

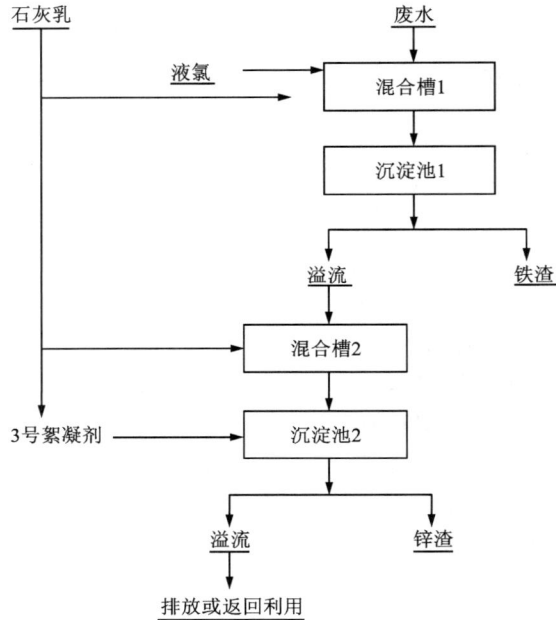

图 2-9 石灰中和处理铅锌矿废水流程

3) 硫铁矿废水处理实例

某硫铁矿中含有铅、锌、硫等。矿井废水是一种含砷量与含铁量较高的酸性水。pH 平均为 2~3, 而且排水量较大, 正常排水量为 50~60 m^3/h, 最大排水量为 80~100 m^3/h。水中含砷量最高达 1 mg/L 以上, 总含铁量为 926 mg/L, 硫酸根含量为 3660 mg/L。该矿地处太湖保护区 5 km 范围内, 目前该矿井废水回收率已达到 85% 以上。该矿对矿井废水处理的工艺流程如图 2-10 所示。

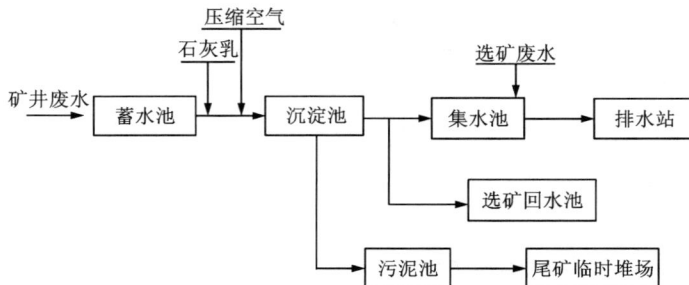

图 2-10 硫铁矿废水处理流程

矿井排出的废水，进入地面蓄水池，加入石灰进行中和处理，并通入压缩空气进行曝气，让废水和药剂充分混合，然后流入沉淀池进行沉淀处理，经中和处理后的水，一部分排入选矿回水池，供选矿使用；另一部分和选矿废水流入集水池，待达标后再外排。

4）露天矿厂废水处理

我国安徽某露天矿，其剥离的废石为黄铁矿化粗面岩凝灰及含硫量为 5%~6% 的黄铁矿。上述废石在堆放过程中，经风化和雨水淋蚀，形成酸性废水。酸性水的含酸量和排水量随着降雨量的大小而改变。其排水量为 160 m^3/h，pH 平均值为 1.7 左右，对矿区附近的农业和渔业造成了严重影响。

为了解决上述问题，该矿对矿区废水及废石堆排出来的废水进行了研究与试验，建成了一整套完善的废水处理系统。其工艺流程如图 2-11 所示。

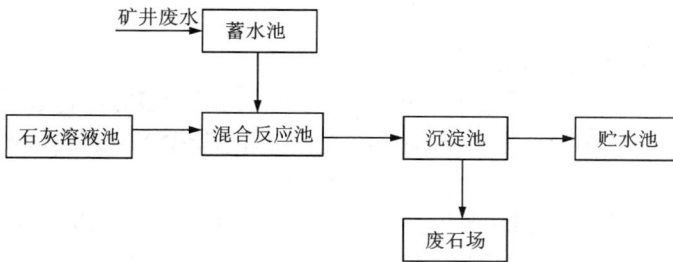

图 2-11 某露天矿废水处理系统示意图

矿坑内排出来的酸性水进入蓄水池后，自动流入混合反应池，与石灰溶液池流出的石灰水充分混合并发生反应，然后排入立式沉淀池进行沉淀。澄清水经排水管排入贮水池，供矿坑内作业使用，取得了良好的效果。

5）采矿废水与选矿废水协同处理实例

江西铜业股份有限公司德兴铜矿是国内最大的铜矿，在选矿过程中，产生大量的碱性污水；同时矿山开采时，露采场和废石场会产生大量的酸性废水。为了达到以废治废的目的，可将碱性污水和酸性污水一起处理。碱性污水量约 235000 m^3/d，酸性污水量约 35010 m^3/d，采用石灰中和沉淀与硫化沉淀联合处理工艺，处理后外排水中 Fe^{3+} 含量小于 50 mg/L，铁去除率大于 97%，铜回收率大于 99%，铜渣含铜品位大于 30%，处理后的水质达标。

2.5 固体废物处置

采矿产生的固体废物涉及一般工业固体废物、危险固体废物和放射性固体废物。固体废物的无害化，是指经过适当的处理或处置，使固体废物或其中的有害成分无法危害环境，或转化为对环境无害的物质。

2.5.1 一般工业固体废物处置

一般工业固体废物根据其毒性浸出，分为第 I 类一般工业固体废物和第 II 类一般工业固体废物。

第Ⅰ类一般工业固体废物是指按照 HJ 557 规定方法获得的浸出液中，任何一种特征污染物浓度均未超过 GB 8978 规定的最高允许排放浓度，且 pH 为 6～9 时的一般工业固体废物。

第Ⅱ类一般工业固体废物是指按照 HJ 557 规定方法获得的浸出液中，任何一种特征污染物浓度超过 GB 8978 最高允许排放浓度，或 pH 为 6～9 时的一般工业固体废物。

堆放第Ⅰ类一般工业固体废物的贮存、处置场为Ⅰ类场，堆放第Ⅱ类一般工业固体废物的贮存、处置场为Ⅱ类场。根据 GB 18599 相关环保规定，固废处置场需采取相应的防渗措施。

矿山开采过程中的固体废物主要是废石，废石多数属于第Ⅰ类一般工业固体废物。采矿废石的无害化处置措施主要为：将固体废物集中堆放到废石场(也叫排土场)，并采取措施保证堆场的稳定性，防止固废流失和对生态环境的破坏，达到安全堆存和保护环境的目的。

下面以排土场为例介绍矿山对第Ⅰ类一般工业固体废物的无害化处置要求。

2.5.1.1　排土场选址要求

金属矿山排土场选址应遵循以下原则：

(1)贯彻安全第一的方针，对排土场的位置选择必须进行多方面论证，保证其基础可靠，对场址必须进行必要的工程地质和水文地质勘查，做好基地的清理和排水工程，同时设置排土场的检测孔以便随时注意排弃物的应力变化等。

(2)选择排土场位置时应保证排弃土岩时不致因大块滚石、滑坡、塌方等问题威胁到采矿场、工业场地、居民点、铁路、道路、输电及通信干线等设施的安全。

(3)排土场选址时应避免成为矿山泥石流的重大危险源，无法避开时要采取切实有效的措施以防止泥石流灾害的发生。

(4)对剥离物钻探岩芯进行分类分析，对含有酸性等有害物质的剥离物、表土及次生表土或有可能利用的伴生物料，应考虑分区存放，以便集中处理或利用。

(5)排土与土地复垦相结合，配置必要的设备和人员，把复垦规划纳入开采过程中。

(6)排土场最终状态应与当地环境景观相协调，创造有利于生态环境恢复和利用的条件。

(7)排土场应选在山坡、山谷的荒地，贯彻"少占耕地，不占良田，缓占和晚占"的方针，避免迁移村庄。

(8)在不影响矿床近、远期开采和保证边坡稳定的条件下，尽量选择位于露天采场、井口、硐口附近的开采境界以外的地方，缩短废石运距。

(9)内部排土场不得影响矿山的正常开采和边坡稳定，排土场坡脚与矿体开采点和其他构筑物之间应有一定的安全距离，必要时建设滚石或泥石流拦挡设施。

(10)排土场的阶段高度、总堆置高度、安全平台宽度、总边坡角、相邻阶段同时作业的超前堆置高度等参数，应满足安全生产的要求且在设计中明确规定。

此外，根据《一般工业固体废物贮存、处置场污染控制标准》(GB 18599)，对于一般固废处置场的选址，应满足以下要求：

(1)所选场址应符合环境保护法律法规及相关法定规划要求。

(2)应依据环境影响评价结论确定场址的位置及其与周围人群的距离，并经具有审批权的环境保护行政主管部门批准，可作为规划控制的依据。

在对一般工业固体废物贮存、处置场场址进行环境影响评价时，应重点考虑一般工业固体废物贮存、处置场产生的渗滤液以及粉尘等大气污染物等因素，根据其所在地区的环境功能区类别,综合评价其对周围环境、居住人群的身体健康、日常生活和生产活动的影响,确定其与常住居民居住场所、农用地、地表水体以及其他敏感对象之间的合理位置关系。

(3)应选在满足承载力要求的地基上,以避免地基下沉的影响,特别是不均匀或局部下沉的影响。

(4)应避开断层、岩溶发育区、天然滑坡或泥石流影响区,不得选在江河、湖泊、水库最高水位线以下的滩地和洪泛区。

(5)应按重现期不小于 50 年一遇的洪水位设计,并建在长远规划中的水库等人工蓄水设施的淹没区和保护区之外。

2.5.1.2　排土场污染防治措施

排土场的设计、施工应符合相关行业规范和标准要求,除采取预防滑坡、泥石流等事故的安全措施外,还应针对排土场可能导致的水土流失、环境污染等问题采取相应防治措施。

(1)排土场应设置挡土墙等拦挡设施。

(2)排土场周围应修建截、排洪沟,对流入排土场的地表水进行拦截。

(3)通过设置排水明沟、盲沟和采取其他疏排措施,将排土场内原有地表水以及渗入排弃岩石中的大气降水排出。

(4)排土场坡面应采取洒水、铺设土工材料等其他抑制扬尘的措施。

(5)根据有关规定采取基底防渗以及渗滤液收集和处理措施,防止渗滤液对地下水、地表水和土壤造成污染。

2.5.1.3　排土场封场要求

排土场封场要求为:

(1)当排土场服务期满或不再承担新的处置任务时,应进行封场。

(2)封场前应编制封场计划,并采取污染防治措施。

(3)封场时应控制堆体表面坡度,既保证堆体稳定,又能经受雨水冲刷。

(4)Ⅰ类场封场表面一般应覆盖土层,其厚度视固体废物的颗粒度大小和拟种植物种类确定。

(5)Ⅱ类场的封场系统应包括防渗层、雨水导排层、最终覆土层、植被层。

(6)封场后,仍需继续维护管理,防止覆盖层下沉、开裂导致渗滤液产生量增大,防止堆体失稳而造成滑坡等事故。

(7)封场后渗滤液处理系统、废水排放监测系统、地下水监测系统应继续正常运行,直到连续两年内没有渗滤液产生或渗滤液能够达标稳定排放。

2.5.1.4　排土场生态恢复要求

排土场生态恢复要求为:

(1)排土场封场完成后,可依据当地自然环境、地形条件、水资源及表土资源,合理制定生态恢复实施方案。

(2)生态恢复实施方案应按照 HJ 25.3 的要求,对已封场的排土场进行环境风险评估,并依据风险评估结果,采取阻隔污染、消除污染物、加强水污染控制等措施。

(3)生态恢复实施过程还应满足 TD/T 1036 规定的相关土地复垦质量控制要求。完成生态恢复的处置场不再作为一般工业固体废物处置场来管理。

2.5.2　危险废物处置

矿山生产涉及的危险固废主要有含氰危险固废和含重金属危险固废,以及维修产生的废机油等。矿山危险废物须进行无害化处理后,再填埋处置或委托有危险废物处置资质的单位进行处置。

2.5.2.1　危险固体废物无害化处理

1)含氰浸出废渣破氰处理

目前,普遍应用的含氰浸出废渣处理技术是碱氯化法和焚烧法。

(1)碱氯化法

碱氯化法是在碱性条件下,采用次氯酸钠、漂白粉等氯系氧化剂,将氰化物氧化的一种方法。其基本原理是利用次氯酸根的氧化作用,先将氰化物氧化为低毒的氰酸盐,当加入的次氯酸根量不断增加时,再将生成的氰酸盐氧化为无毒的氮气和碳酸盐。

在处理含氰废渣时,一般采用含有氯氧化剂的溶液向废渣循环喷淋的办法,破坏废渣中的氰化物,直到渗出的液氰化物达标,加入生石灰进行中和反应,放置 24 h 后,选择适宜地点掩埋。含氰废渣中氰化物去除率可达 99% 以上,去除效果十分显著,如图 2-12 所示。

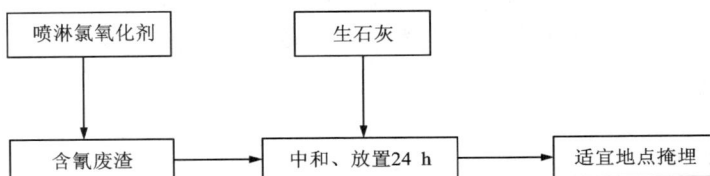

图 2-12　碱氯化法处理含氰废渣的工艺流程

(2)焚烧法

焚烧法是将含氰废渣置于焚烧炉中,在一定的高温条件下,使含氰的有毒物质燃烧成为无毒产物。

焚烧时将含氰废渣与煤和黏土(含生石灰)以 6∶4∶1 的比例混合搅匀后,由制球机制成球,放入特制焚烧炉中(炉温小于 850℃,微负压运行),废气经除尘器除尘后由引风机排入 30 m 高烟囱中再排入大气。其中,生石灰起固硫作用,除尘器收集烟尘再将其用作制球,燃烧灰渣粉碎后用于制砖。含氰废渣中氰化物经焚烧后去除率可达 90% 以上,去除效果明显,如图 2-13 所示。

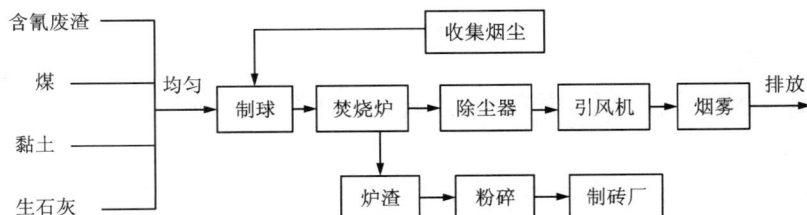

图 2-13　焚烧炉处理含氰废渣工艺流程

2）含重金属固废处理

对于含重金属危险废物，主要处理方法包括惰性固体基材稳定化/固化技术、药剂稳定化技术、pH 控制技术、氧化还原电位控制技术、吸附技术。另外，沉淀技术、离子变换技术等也应用得较多。

（1）惰性固体基材稳定化/固化技术

将有害废物固定或包封在惰性固体基材中的处理方法，称为稳定化或固化技术。有害废物经过稳定化/固化处理，其浸出毒性将大大降低，能安全地运输，并能方便地进行最终处置。对于稳定性和强度适宜的产品，还可作为建筑基材使用。稳定化/固化技术作为废物资源化利用或最终处置的预处理技术，目前已在国内外得到广泛应用。

现在已经得到开发利用的稳定化/固化技术主要包括水泥固化、凝硬性材料固化、热塑性做包胎、大型包胶、自胶结固化和水玻璃固化等几种类型。目前，稳定化固化技术主要是应用无机凝硬性凝结剂处理含重金属废物，如用水泥固化、稳定化技术处理电镀重金属污泥。常规的稳定化、固化技术存在一个不可忽视的问题，如废物经固化处理后，其增容比较大，有时体积可增加 6~10 倍；另一个重要的问题是固化体的长期稳定性问题。很多研究表明，废物稳定的主要机理是废物和凝结剂之间的化学键合力、凝结剂对废物的物理包胶及凝结剂水合产物对废物的吸附等的共同作用。目前，人们对于确切的包胶机理及固化体在不同化学环境中的长期行为的认识还不够。特别是包胶机理，因为当包胶体破裂后，废物会重新进入环境造成不可预见的影响。对固化试样的长期化学浸出行为和物理完整性还没有客观的评价，这些都会影响常规稳定化/固化技术在未来危险废物处理中的进一步应用。针对这些问题，近年来提出了采用高效化学稳定药剂进行无害化处理的概念。

（2）药剂稳定化技术

药剂稳定化技术是指在废弃物中加入某种化学物质，使废物中的有害成分发生变化或引入某种稳定的晶格结构中。用人工合成的高分子螯合物捕集废物中的重金属的研究正在展开，如清华大学研究的用聚乙烯亚胺与二硫化碳反应得到重金属螯合剂二硫代氨基甲酸或其盐，这种重金属螯合剂对 Cr^{3+}、Cu^{2+}、Ni^{2+}、Ag^+、Pb^{2+}、Zn^{2+} 和 Cd^{2+} 均有较好的捕集作用，并且其捕集重金属离子的效果也不受 pH 的影响。在废弃物中加入某些药剂，使有害成分先与其发生作用，再进行固化，其浸出毒性将大大降低。如上海交通大学近年研究的电镀重金属污泥的固化/稳定化处理，是先用铁氧体湿法预固化电镀污泥，再用混凝土进行固化；该处理方法与单纯用混凝土对污泥进行固化处理的方法相比，前者固化体强度有明显的提高，浸出毒性也有很大降低。又如在普通水泥中加入黄原酸盐来处理重金属污泥，能降低重金属的浸出率，钙矾石矿物中的天然金属也可以置换废物中的危险重金属等。

用药剂稳定化技术处理危险废物，可以在实现废物无害化的同时，达到废物少增容或不增容的目的，从而提高危险废物处理、处置系统的总体效率和经济合理性。同时，还可通过改进螯合剂等的结构和性能，使其与废物中危险成分之间的化学螯合作用得到强化，进而提高稳定化产物的长期稳定性，减少最终处置过程中稳定化产物对环境的影响。因此，药剂稳定化/固化技术具有广泛的应用前景。

（3）pH 控制技术

pH 控制技术是一种最普遍、最简单的方法。其原理是，加入碱性药剂，调整废物的 pH 以使重金属离子具有最小溶解度的范围，从而实现其稳定化。常用的 pH 调节剂有石灰、苏打、氢氧化钠等。对于不同的重金属离子，其最小溶解度的范围不同。另外，除了这些常用的强碱外，大部分固化基材，如普通水泥、石灰窑灰渣、硅酸钠等也都是碱性物质。它们在固化废物的同时，也有调整 pH 的作用。

（4）氧化还原电位控制技术

为了使某些重金属离子更易沉淀，常要将其还原为最有利的价态。较典型的是把六价铬还原为三价铬，五价砷还原为三价砷；常用的还原剂有硫酸亚铁、硫代硫酸钠、亚硫酸氢钠、二氧化硫等。

（5）吸附技术

处理重金属废物的常用吸附剂有活性炭、黏土、金属氧化物（氧化铁、氧化镁、氧化铝等）、天然材料（锯末、沙、泥炭、沸石等）、人工材料（飞灰、活性氧化铝、有机聚合物离子交换树脂、硅胶）等。

稳定化技术中还有钝化作用、提取、置换沉淀、疏水处理、生物处理、电化学方法等方法。

2.5.2.2　危险废物填埋场场址选择要求

危险废物填埋场场址选择要求为：

1）填埋场场址的选择应符合国家及地方城乡建设总体规划要求，场址应处于一个相对稳定的区域，不会因自然或人为的因素而受到破坏。

2）填埋场场址的选择应进行环境影响评价，并经环境保护行政主管部门批准。

3）填埋场场址不应选在城市工农业发展规划区、农业保护区、自然保护区、风景名胜区、文物（考古）保护区、生活饮用水源保护区、供水远景规划区、矿产资源储备区和其他需要特别保护的区域内。

4）应依据环境影响评价结论确定场址的位置及其与周围人群的距离，经具有审批权的环境保护行政主管部门批准，并可作为规划控制的依据。

在对危险废物填埋场场址进行环境影响评价时，应重点考虑危险废物填埋场渗滤液可能产生的风险、填埋场结构及防渗层的长期安全性及其由此造成的渗漏风险等因素。根据其所在地区的环境功能区类别，结合该地区的长期发展规划和填埋场的设计寿命，重点评价其对周围地下水环境、居住人群的身体健康、日常生活和生产活动的长期影响，确定其与常住居民居住场所、农用地、地表水体，以及其他敏感对象之间合理的位置关系。

5）填埋场场址必须位于百年一遇的洪水标高线以上，并在长远规划中的水库等人工蓄水设施淹没区和保护区之外。

6）填埋场场址的地质条件应符合下列要求：

（1）能充分满足填埋场基础层的要求。

（2）现场或其附近有充足的黏土资源以满足构筑防渗层的需要。

（3）位于地下水饮用水水源地主要补给区范围之外，且下游无集中供水井。

（4）地下水位应在不透水层 3 m 以下，否则，必须提高防渗设计标准并进行环境影响评价，且取得主管部门同意。

（5）天然地层岩性相对均匀、渗透率低。

（6）地质结构相对简单、稳定、没有断层。

7）填埋场场址选择应避开下列区域：破坏性地震及活动构造区；海啸及涌浪影响区；湿地和低洼汇水处；地应力高度集中，地面抬升或沉降速率快的地区；石灰溶洞发育带；废弃矿区或塌陷区；崩塌、岩堆、滑坡区；山洪、泥石流地区；活动沙丘区；尚未稳定的冲积扇及冲沟地、高压缩性淤泥、泥炭及软土区，以及其他可能危及填埋场安全的区域。

8）填埋场场址必须有足够大的可使用面积以保证填埋场建成后具有 10 年或更长的使用期，并且在使用期内能充分接纳所产生的危险废物。

9）填埋场场址应选在交通方便、运输距离较短、建造和运行费用低，能保证在填埋场上正常运行的地区。

2.5.3　放射性废物处置

2.5.3.1　放射性含铀废石处置

含铀废石的处置方法，各地均有其特殊性，归纳起来，有以下几种：

1）设置永久废石场

从长远考虑，在矿山开采的设计期间，应估计采掘出来的废石总量，确定并建立永久性废石场，以处置工业品位不够，或品位较低，包括表外矿的铀矿石等废石。废石场位置的选择既要安全，又要集中。若是建在山沟，其下方须筑以挡土墙或拦石坝，并修建防洪及排水沟渠，防止雨水的冲刷流失。若是设在平底，其周围也应砌以挡土墙并挖设排水沟以控制占地范围，减少污染面。

2）回填井下采空区

我国铀矿山常用的地下采矿方法有充填法、崩落法、留矿法及空场法等。其中以充填法为主要方法。该法每采出 1 t 铀矿石约需 0.27 m^3（干式）或 0.46 m^3（水砂）的充填量。对于采用其他方法的采场，在开采以后，也应尽量利用废石进行空场处理，以减少地面堆置的空间。

我国最早开采的某座大型铀矿山，矿床埋藏较深，矿石和围岩稳定，因此采用竖井开拓，上向水平分层干式充填采矿法，每年从地下采掘的大量废石，基本上全部作为矿山井下采空区充填料。

其具体做法是：利用已有的探矿和采矿天井与相关水平层的永久性充填井相贯通形成系统，再与地表的废石场连通。在充填井的外部，利用已采的采场作储料仓，通过电耙道和斜分支井与充填井沟通，构成完整的充填体系。实践证明，此种处置铀废石的方法既利用了废料，又缩减了充填期，降低了采矿成本，并有利于环境保护。

2.5.3.2　退役铀矿山废石的治理

当矿山资源枯竭，不再有新的矿石来源时，需及时对废石进行处置，处置方式可因地制宜。若是露天开采剥离的废石场，可采取就地覆盖或将废石返送到露天坑内并覆土造地的方式。前种方法简单易行，成本较低，适用于人口稀少、土地需求较低的地区。否则宜采用后一种方法。例如我国某首批开发的大型铀矿山，现在全部退役转民，该矿共采掘堆积废石 3×10^6 t，堆石占地达 1×10^8 m^2。为安全处置，经多种调研比较，认为采用直接植被法和覆土植被法最为适宜。

该矿对一处坐落在农田之中且距居民区最近、废石堆积量达 3.54×10^5 t、占地 1.1×10^4 m^2 的废石场取样分析，其中矸石的硬度低，易风化成泥质，决定以直接植被法处置。首先将斜坡加以整理，并沿顶部和椎体开挖坑槽，在其四周以成活率较高的草皮铺植，再在坑内点载窝草。经过治理后的勘查及监测，植被全部存活，表面封闭率近 100%，已完全改变矸石山的自然景观。

矿石山植被后的两年，空气中氡的浓度降低了 38%，接近当地本底水平，α 气溶胶浓度降低 24%，矿区 300 m 以内的公路 γ 辐射剂量率降低 47.5%，粉尘浓度降低 46%，周围鱼塘里的铀浓度也有所减少。

此外，应根据废石中放射性比强，在废石表面覆盖一层黄土或其他覆盖材料，并根据要求与所种植的作物或草类保持一定坡度。

2.6 采矿废水资源化利用

2.6.1 采矿废水资源化利用途径

矿山采选过程需要耗用相当量的水，水的综合利用率、循环回用率和单位产品的耗水量往往体现矿山采选的技术工艺与经营管理水平，它们不仅直接关系到矿山的微观经济效益，还影响生态环境。采矿废水的处理与回用是一个涉及整体水平的实际问题，受到众多因素与条件的约束，具有一定的变异性和不确定性。一般而言，废水可以在一定的生产过程中多次重复使用，如图 2-14 所示。

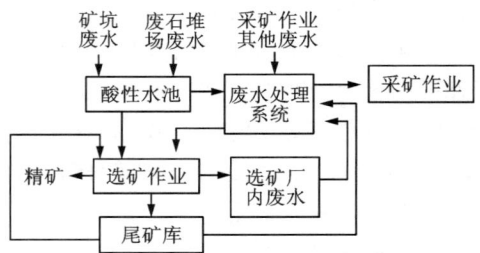

图 2-14 矿山废水回收利用示意图

1）回用优化选择

通过废水直接回用或经过处理后回用，可以最大限度地利用废水，既能减少废水的排放量、减轻环境污染，又能减少新水补充、节省水资源，解决日益紧张的供水问题。如某铜矿利用露天矿酸性废水进行选硫，硫回收率达 90% 以上，获得了较好的经济效益和环境效益。

矿山废水处理回用应该遵循资源综合利用和耗费最小化原则，力求使环境成本内部化和社会成本最小化。采矿废水宜优先用于选矿生产，可用于浮选工段、磨矿工段或其他重、磁、电选别流程。需要指出的是，通常情况下，硫化矿采矿井下废水是呈酸性的，且矿坑水中重金属含量很高。因此，将这类采矿废水用于选矿时，须先经过处理。处理后的水能否用于选矿工艺主要看使用该水是否影响精矿的品位、回收率和杂质含量。

2）回用水水质判别

不管废水的水质如何，最终确定其能否用于选矿工艺的标准是看用了这种水以后，是否影响选矿技术经济指标。考虑到不同矿山的地质条件，特别是地球化学与矿物特性的差别，选矿工艺流程也不尽相同，回水的要求也各不相同。如果非要有一个水质标准作为参照系，建议以精矿溢流为标准，以便减少需要处理的水量。

3）回用于其他方面

如果当地特别缺水，又遇到废水的回水量大于选矿流程用水量时，可以考虑将废水处理达标后，在一定条件下用作循环冷却水，但是必须谨慎。若处理后的水矿化度高，具有永久硬水的特征，则在循环冷却过程中要考虑其腐蚀和结垢等问题，至少要在采用朗格利尔指数对其腐蚀结垢趋势进行评估后，再通过实验确定回用作循环冷却水的方法。

4）矿山废水循环利用的效果

矿山废水处理回用到选矿工艺以后，有望实现矿区废水近乎"零排放"。在水量极难平衡的矿区，可能仍然有部分废水不能完全回用，通常情况下要对其进行处理。从环保的角度来看，废水循环利用对水资源的节约与利用起到了主要作用。

2.6.2　废水中污染物的资源化

重金属是不可再生资源，矿山废水中重金属含量较高，对废水中重金属离子等的回收十分必要。此外，矿山生产过程中产生的含重金属废水（酸性矿山废水和酸性矿石浸出液）引起的污染问题需要有效的和符合环保要求的技术来解决，这是矿业发展的持续要求。不断提高公众对水资源缺乏的担忧，以及对水质和环境质量的忧患意识，不仅会影响监管制度的改变，而且可以促使企业保证采取更有力的措施，担负其社会责任。但是对于矿山拥有者来说，这些环保措施会给企业带来一定的运营成本，影响企业的经济效益。选择性地回收含重金属废水中的有价金属也能带来一定的利润，回收的金属产品产生的经济效益可以抵消废水处理的运营成本，在有些运用实例中，甚至可以使废水处理成为营利项目。

硫化沉淀技术（包括生物硫化和化学硫化工艺）以及离子交换技术已经发展和运用于北美地区和中国的采矿企业，以从矿山含重金属废水中回收金属。这些技术用于处理废水以达到严格的水质排放要求，同时从废水中回收金属，生产具有商业品位的金属产品。

1）硫化沉淀

生物硫化工艺和化学硫化工艺是硫化沉淀技术。该技术指在搅拌反应器中采用生化来源或化学来源的硫化物从废水中选择性地沉淀可溶性金属。在生物硫化工艺中，硫化物药剂是在厌氧生化反应器中将单质硫生化还原而生成的；而在化学硫化工艺中则采用化学硫化物。沉淀的金属硫化物采用传统的沉淀和过滤技术进行回收，生产出可销售的金属产品。硫化沉淀技术处理后的废水中的金属含量非常低，可以满足严格的环保要求。

2）离子交换技术回收金属

离子交换技术是采用特殊的树脂来选择性地从废水中去除和回收低浓度的可溶性金属。该技术可将目标金属吸附在装在交换柱中的树脂上。树脂对金属离子有固定的装载容量，这些被吸附的金属离子需要用强酸作为再生液，以使其从树脂上洗脱，并浓缩在再生液中。这些金属离子可从再生液中沉淀出来，从而生成可销售的金属产品。在废水中的金属离子浓度非常低，但仍然超过排放标准的情况下，采用离子交换技术是非常有效的。和硫化沉淀技术一样，离子交换技术处理后的废水可以满足严格的环保要求，可循环使用或排放。

3）其他方法

国内某含铜酸性废水，用石灰中和沉淀法和石灰调 pH—铁屑置换—石灰沉淀法分别进行试验，经铁屑置换后，海绵铜品位为 20.53%，回收率为 96.7%，废水中大部分铜以海绵铜的形式得以回收。采用反渗透工艺，对浓缩液用硫化沉淀处理，得到含铜质量分数为 26% 的铜渣，铜回收率可达 74%。

近年来，膜技术作为一种新兴的分离技术，越来越多地用于工业废水的处理。与传统的矿山废水药剂中和处理工艺相比，膜技术具有分离效率高、能耗低、无相变、操作简单、分离产物易于回收以及自动化程度高的优点。此外，还可以配合适当工艺技术对膜处理过程产生的浓水中的有价重金属进行资源综合回收。紫金山某金铜矿山采用膜分离技术对酸性含重金属矿坑水进行回收处理，主要工艺流程为"初沉池混凝沉降—纤维束过滤—超滤—反渗透—产水回用—浓水回收铜"。收集好矿坑水后，再加入一定量的混凝剂，采用斜板沉淀池去除悬浮物和大部分胶体物质，之后再通过纤维过滤器进行初滤，再用超滤膜深度处理，处理后的清水回用于选矿生产，浓水返回铜湿法厂进入铜回收系统。矿坑水经反渗透两级浓缩后，铜离子总回收率可达 98.6%，截留率达 99.79%，浓缩倍数为 7~12 倍，铜浓度符合铜萃取条件，浓水可直接泵入现有铜回收系统，之后再采用萃取电积的方法回收有价金属铜。膜技术的应用，可以有效回收含重金属废水中的有价金属，提高矿山水资源循环利用率，避免了传统石灰中和工艺中废渣的产生，不易产生二次污染。同时，它还减少了工业固体废弃物的处置成本，具有较好的环境效益和经济效益。

2.6.3 废水资源化工程实例

1) 矿山废水的综合利用

铜禄山矿是我国露天井下联合开采的大型铜矿。矿区位于大冶湖西侧，年降雨量多集中于 5—8 月。露采采场汇水面积约 100 hm²(1 hm² = 10⁴ m²)，西南边坡以局部呈条带状分布的破碎大理岩为主，有少量石灰卡岩分布，且与喀斯特地质地貌的季节性河流青山河相连，大量的岩溶水从西侧渗入采场并涌出，加上降雨，汛期最大流量为 30328 m³/d，旱季最小流量为 4810 m³/d，平均流量为 14170 m³/d。

一方面采矿、选矿需从大冶湖取水，另一方面大量废水被白白排掉，造成了水资源浪费和产生一定的污染。考虑到矿区生产用水的实际以及环保污染总量逐年减量的目标，该矿提出"铜禄山矿露采废水综合利用治理方案"的设想。利用泵加压将废水通过管道网从露采采场排至运销车间前的沉淀池内，添加速凝剂双级处理后，使清水直流至铜沉淀池，最后由铜回水系统统一回收到选矿车间以供生产使用，如图 2-15 所示。

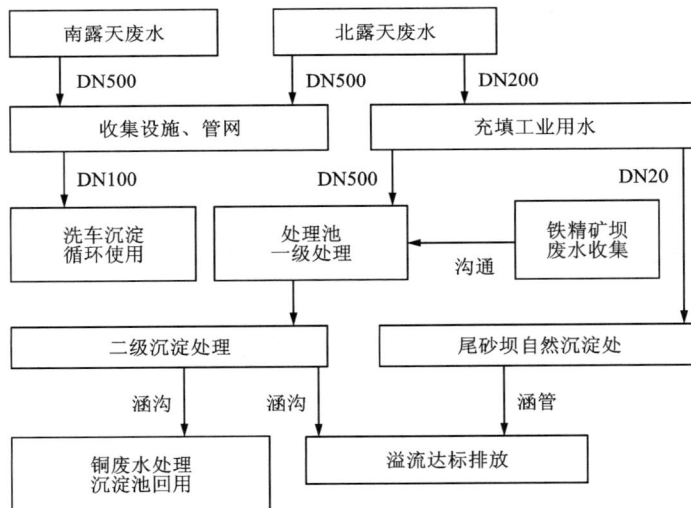

图 2-15 铜禄山矿露采废水综合利用方案

铜禄山矿露天采矿废水综合治理工程总投资 563.92 万元，年处理回用废水 396 万 t，减少 SS 240 t、COD 65.49 t，静态投资回收期 1.45 a，动态回收期 2.5 a。工程总体充分体现环保、节约资源的原则，使回用水值达到生产要求。因此，该工程的实施完成，不仅大大减少了矿山废水排放量，提高了废水回用率，还减少了废水排污费和水资源补偿费的支出，提高了矿山清洁循环生产水平。

2）硫化沉淀浮选处理酸性废水并回收铜

硫化沉淀浮选法是利用硫化剂将废水中的重金属离子转化为不溶或难溶的硫化物沉淀，然后进行沉淀浮选的方法。对金属离子 M^{2+}，硫化沉淀的反应方程式为：$M^{2+}+S^{2-}=\!=\!=MS$。常用的硫化剂有 Na_2S、$NaHS$、H_2S、CaS、FeS 等。

某矿山酸性废水实际废水组成和排量波动范围见表 2-6。从该表可看出，该废水呈酸性，Cu^{2+}、Fe^{3+}、SO_4^{2-} 含量高。

表 2-6　某矿山废水组成和排量波动范围

pH	$\rho(Cu)$ / $(mg \cdot L^{-1})$	$\rho(Zn)$ / $(mg \cdot L^{-1})$	$\rho(Cd)$ / $(mg \cdot L^{-1})$	$\rho(Mn)$ / $(mg \cdot L^{-1})$	$\rho(As)$ / $(mg \cdot L^{-1})$	$\rho(Fe)$ / $(mg \cdot L^{-1})$	$\rho(Pb)$ / $(mg \cdot L^{-1})$	$\rho(SO_4^{2-})$ / $(mg \cdot L^{-1})$
2.5	30~500	10~50	0.005	15~60	0.161	300~500	1.02	4000~21700

注：pH 的量纲为 1。

从图 2-16 可知，在 S^{2-} 浓度很低的条件下，Cu^{2+} 被优先沉淀，而 Fe^{2+}、Mn^{2+} 等离子不沉淀，Zn^{2+} 会生成沉淀，但其沉淀量少。

用硫化钠沉淀废水，硫化钠用量为 0.25 mg/L，加入硫化钠后搅拌 20 min；用丁基黄药作捕收剂，用量为 0.04 mg/L；起泡剂为 2# 油，用量为 10 g/t。处理后的水溶液中各离子含量见表 2-7，沉淀浮选得到的浮选精矿的组成见表 2-8。可见，经沉淀浮选处理的水溶液完全能够达标排放，而回收的浮选精矿可作为铜精矿销售，从而获得废水处理的技术经济效益。

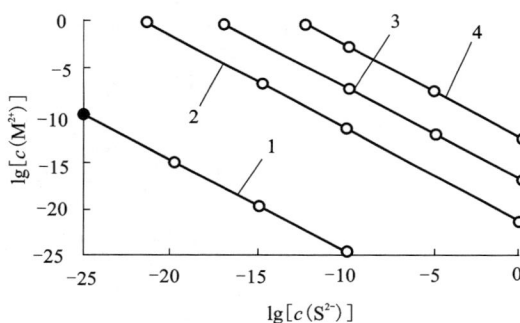

1—CuS；2—ZnS；3—FeS；4—MnS。

图 2-16　硫化沉淀溶解平衡图

表 2-7　处理后水溶液中各离子含量

pH	$\rho(Cu)$ / $(mg \cdot L^{-1})$	$\rho(Zn)$ / $(mg \cdot L^{-1})$	$\rho(Mn)$ / $(mg \cdot L^{-1})$	$\rho(As)$ / $(mg \cdot L^{-1})$	$\rho(Fe)$ / $(mg \cdot L^{-1})$	$\rho(Pb)$ / $(mg \cdot L^{-1})$
8.5	0.5	0.038	痕量	痕量	2.0	0.05

注：pH 的量纲为 1。

表 2-8　浮选精矿成分分析结果

元素	S	Cu	Zn	Pb
质量分数/%	43.5	26.52	4.6	0.68

硫化沉淀浮选处理矿山含重金属离子废水，不仅出水能达到排放要求，而且通过选择性

沉淀浮选还能达到综合回收利用沉淀物的目的。其工艺流程简单，在国外先进工业国家被认为是投资省、占地少、处理成本低的好方法。

3) 铁屑置换法回收酸性废水中的铜

酸性含铜废水的质量是目前国内外硫化铜矿山共同面临的难题，某铜矿山在废水性质的研究基础上，采用"石灰调整 pH—铁屑置换—硫化沉淀"组合技术处理该类废水，获得了合格的铜产品并实现了废水的达标排放。废水水质见表 2-9，处理流程见图 2-17。

表 2-9　废水水质监测结果

项目	pH	$\rho(Cu)/(mg \cdot L^{-1})$	$\rho(Fe^{3+})/(g \cdot L^{-1})$	$\rho(Fe^{2+})/(g \cdot L^{-1})$
铁置换池入口	1.32	390	7.82	0.39
大坝内	1.62	250	2.85	0.37

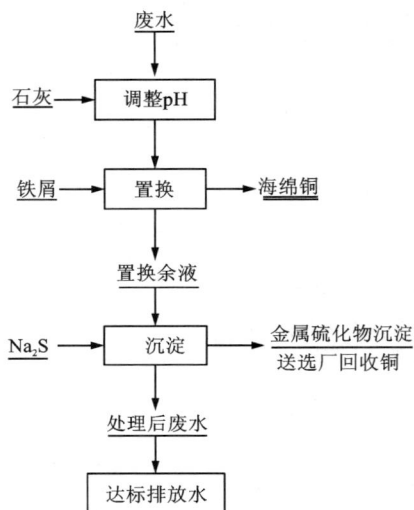

图 2-17　"石灰调整 pH—铁屑置换—硫化沉淀"组合技术工艺流程

废水的 pH 在调至 2 左右时，Cu^{2+} 浓度较高。在此条件下，利于回收废水中的铜，采用"石灰调整 pH—铁屑置换"工艺可回收废水中大部分铜，经石灰调 pH 后，可以减少置换时铁屑的用量，铁屑置换反应时间为 3 h，大部分的铜以海绵铜形式回收。

4) "硫化沉淀+离子交换技术"回收矿山废水中的有价金属

德兴铜矿采用"硫化沉淀+离子交换技术"处理该矿的酸性矿山废水和酸性矿石浸出液（AMD/ARD）。该废水厂处理的酸性废水成分如表 2-10 所示。

表 2-10　化学硫化处理厂进水化学成分

参数	进水平均值/$(mg \cdot L^{-1})$	出水平均值/$(mg \cdot L^{-1})$
铜	149	<3
镍	6.3	5.1
钴	7.5	6.8

该化学硫化处理厂每年处理 700 万 m^3 的废水,同时回收近 8.2×10^5 kg 的铜。基于铜的回收产量,该厂的工程投资可在三年之内全部收回并在之后每年为矿山带来可观的利润。

在化学硫化铜回收厂的运行中,发现该厂出水中的镍和钴是可以回收的。但是鉴于镍和钴的含量非常低,直接采用该化学硫化技术的可行性很低,而离子交换技术却很适合在此运用。该矿建成处理量达 800 m^3/h 的离子交换处理厂,在满负荷运行的情况下每年可各回收 2.2×10^4 kg 的镍和钴金属,如表 2-11 所示。

表 2-11　离子交换处理厂的水质监测结果

参数	进水平均值 /(mg·L^{-1})	出水平均值 /(mg·L^{-1})
镍	5.4	1.3
钴	5.7	1.5

2.7　固体废物资源化利用

固体废物资源化是固体废物管理的重要原则,也是推动循环经济发展的重要技术手段。

矿山固体废物资源化是指采取管理和工艺措施以从固体废物中回收物质和能源,加速物质和能量的循环,创造经济价值的技术方法,即通过物质回收和物质转换对固体废物进行再利用。

归纳起来,矿山固体废物资源化途径主要有以下几个方面。

(1)回收有用成分

金属矿山的废石或尾矿等固体废物中往往含有多种有价金属。随着选矿技术的不断发展和综合回收、综合利用观念的增强,过去不能或不容易回收的共生组分现在可以或相对容易地回收。目前废石、尾矿再选已经在铁、铜、铅锌、锡等方面取得了进展,收到了明显的经济效益和环境效益。

我国江西德安锑矿用废石浮选有价金属,采用两段一闭路破碎、一段磨矿、二粗、二精、二扫、浮选、两段脱水的工艺流程,选出锑精矿的品位为 40%,回收率为 83.1%。紫金山金矿对含金 0.2~0.3 g/t 低品位废石采用"挑块品位分级法"回收资源,为企业创造了新的效益。凉山矿业股份有限公司于 2008 年建成日处理规模 6000 t 的废石资源化项目,每年可以从废石中回收铜金属 4000 t、钴金属 70 t、标准钼精矿 120 t、铁精矿 12 万 t。

(2)生产建筑材料

废石(Ⅰ类一般性固体废物)可直接用于修筑堤坝、挡墙,或铺路等,也可经过加工制成新型建筑材料。

矿山废石料如能充分利用于各种矿山工程中,如铺路、筑尾矿坝、填露天采场、筑挡墙等,则每年消耗量可达总废石产生量的 20%~30%。

首钢集团有限公司水厂铁矿利用现有露天采场排矿岩石和排土场废石资源加工生产建材产品,并回收其中的铁矿石资源,可利用资源量约 5.77 亿 t,项目前期原料为采场粗破后的岩石,后期原料为现有排土场堆存的岩石。韶关市棉土窝钨矿自 1985 年起已开始用废石

（Ⅰ类一般性固体废物）加工建筑石料，仅用 5 年时间处理完积存十多年的废石。

（3）充填采空区

废石用作回填矿山的井下采空区是金属矿山废石利用中既经济又常用的方法。

以小龙钨矿为例，为了把废石用于井下充填，该矿山对废石进行溜井格筛预选，其选别率为 12.8%。三年来共减少废石量 $2.1 \times 10^4 \text{ m}^3$。用废石进行井下采空区的充填，可减少充填料的运送费用和人力成本，其充填成本费仅 2.87 元/m^3。目前，我国利用废石进行充填的矿山还有金川铜镍矿、黄沙坪铅锌矿、铜官山铜矿、湘西钨矿、大姚铜矿等有色金属矿山。

参考文献

[1] 曹斌，何松洁，夏建新. 重金属污染现状分析及其对策研究[J]. 中央民族大学学报（自然科学版），2009，18(1)：29-33.

[2] 赵玲，王荣锌，李官，等. 矿山酸性废水处理及源头控制技术展望[J]. 金属矿山，2009(7)：131-135.

[3] 朱玲，吴攀，袁旭，等. 酸性矿山排水对岩溶地下水的影响——基于特征污染物 Fe、Mn、As 等的对比[J]. 贵州大学学报（自然科学版），2013，30(4)：128-131.

[4] 陈明，倪文，黄万抚. 反渗透处理金铜矿山酸性废水[J]. 膜科学与技术，2008，28(3)：95-99.

[5] 雷兆武，刘苿. 矿山含铜酸性废水处理研究[J]. 矿业安全与环保，2005，32(6)：31-32.

[6] 李祝荣，蒋万君，张亚波. 某铅锌多金属矿高 pH 废水试验研究[C]//中国有色金属学会，湖南省有色金属学会. 2012 年（长沙）第五届中西部有色金属工业发展论坛论文集. 2012.

[7] 巫銮东. 某金铜矿区含铜废水处理试验研究[J]. 广东化工，2010，37(11)：241-242.

[8] 蒋家超，招国栋，赵由才. 矿山固体废物处理与资源化[M]. 北京：冶金工业出版社，2007.

[9] 张利珍，赵恒勤，马化龙，等. 我国矿山固体废物的资源化利用及处置[J]. 现代矿业，2012，27(10)：1-5.

[10] 蒋仲安. 矿山环境工程[M]. 2 版. 北京：冶金工业出版社，2009.

[11] 陈丽芳. 矿山重金属污染研究现状及修复技术[J]. 中国金属通报，2018(6)：183-184.

[12] 王永卿，张均，王来峰. 我国矿山固体废弃物资源化利用的重要问题及对策[J]. 中国矿业，2016，25(9)：69-73，91.

[13] 杨志强，王永前，高谦，等. 金川矿山充填采矿固体废弃物综合利用关键技术[J]. 资源环境与工程，2014，28(5)：706-711.

第 3 章

采矿作业环境

3.1 概述

采矿作业环境是矿山安全生产和劳动保护工作的重要组成部分。它的主要任务是通过采用综合措施,创造符合安全生产和劳动卫生要求的采矿作业环境,预防生产事故和职业病,保护矿工健康。

采矿生产过程中产生的有害因素可分为化学性因素和物理性因素两大类。在矿山生产过程中,这些有害因素常常同时存在。

1)化学性因素

化学性因素包括矽尘,石棉尘,含铅、砷、汞、锰、磷、硫、铍、铬、镉、镍、锌等金属、非金属及其化合物的粉尘,二氧化碳等窒息性气体,一氧化碳、二氧化硫、氮氧化物、硫化氢等有毒气体。

生产性粉尘是井下矿的主要有害因素。许多生产过程和工序,如打眼、放炮、落矿、装岩、运输等都能产生大量粉尘。工人长期吸入这类粉尘,可发生硅肺病、煤肺病或混合性尘肺病。目前,世界上 70% 的尘肺病人在我国,我国矿山因尘肺病死亡的人数超过因工死亡的人数。矿山粉尘浓度高,地下矿山的粉尘浓度合格率只有 40%~60%,露天矿只有 70%~80%。随着矿山开采深度的下降,深凹露天矿的大气污染等综合性危害应引起重视。

矿井空气中有一氧化碳、氮氧化物及硫化氢等有害气体。一氧化碳和氮氧化物的重要来源是放炮产生的炮烟。使用硝酸甘油炸药可产生大量一氧化碳,使用硝酸铵炸药则常产生大量氮氧化物。通风不良的矿井,在放炮后可因炮烟蓄积而发生炮烟中毒事故。

2)物理性因素

物理性因素包括高温、高湿、噪声、振动和放射性等。

矿井内气候的特点是气温高、湿度大、温差大,不同地点的气流大小不等。气温的高低与巷道深度有关,深部地温增高,井下工作环境热害严重;同时,给深部采区新鲜风源的供应与污浊风源的处理带来困难。矿井的不良气温条件是造成工人上呼吸道感染和风湿性疾病患病率升高的一个重要因素。这些问题如不能很好地解决,不仅使这些企业存在伤亡风险和危险性,而且使正常生产无法顺利进行。

噪声也是污染矿山环境的危害之一,井下作业人员受其危害更大。近年来,不少大型、高效、大功率设备的使用，在降低劳动强度、提高生产效率的同时，带来的噪声污染也越来越严重。特别是井下设备具有声源多、连续噪声多、声级高及噪声谱特性多呈高、中频等特点，加之井下工作面狭窄、反射面大，形成混声场，且噪声只能沿巷道延长方向传播，对作业人员危害更大。矿井内的噪声和振动主要产生于凿岩、采矿和运输过程。一般来说，风动工具比电动工具、振动式运输机比皮带运输机产生的噪声和振动更为严重。

爆破振动在矿山生产中占有重要地位。矿山爆破引起的人身伤亡和设备损坏在整个矿山中占有较大比例。随着采掘工业的发展，露天矿爆破距矿山本身的工业场地很近，也有邻近乡镇居民区的；随着地下开采矿山深孔爆破和大药量工程爆破等的日益增多，矿岩物质形成高温区引起炸药自爆、早爆等，以及炮烟中毒等事件常有发生。比较典型的是2002年6月22日，山西省繁峙县义兴寨金矿发生特大爆炸，至少有37名矿工遇难。因此，如何控制爆破的有害效应和采取保护措施，是矿山须引起普遍重视的一个问题。

矿山生产性有害因素，在一定条件下，可以使矿工机体抵抗力下降，引起职业中毒甚至具有致癌作用，进而影响矿山的安全生产。但是，只要依靠技术进步和科学管理，矿山采场环境就可以得到优化，各类有害因素对矿工和安全生产的危害也能得到防治。

矿山卫生工程是矿山劳动保护工作的重要组成部分。它的主要任务是采用技术和管理的综合措施，创造符合卫生要求的矿山作业环境，预防职业病和多发病，保护矿工健康，发展采矿工业。

矿山卫生工程要遵循下述原则：①认真贯彻执行"安全第一，预防为主"的方针，遵守国家颁布的有关法规和标准；②矿山卫生工程设计，要结合矿山工程整体，全面考虑，统筹安排，采取综合措施，并要进行卫生学综合评价；③要把改善通风系统、提高通风效果作为矿山卫生工程的主要内容；④矿山生产性有害因素的测定工作要系统化、制度化，测定数据要完整可靠；⑤合理使用防护用具，加强矿山卫生保健工作；⑥搞好职工培训，坚持定期考核。

3.2　有毒有害气体防治

3.2.1　有毒有害气体的性质、危害及来源

1）爆破

炸药爆破后产生的炮烟和粉尘中的有毒有害气体主要有二氧化碳、硫化氢、一氧化碳、一氧化氮、二氧化氮，是矿山空气中氮氧化物的主要来源。

2）矿用机械设备

矿用机械设备所排出的柴油机尾气也释放一定量的有毒有害气体，主要包括一氧化碳、二氧化硫、氮氧化物。

3）矿石自燃

硫化矿自燃，是开采硫化矿石层存在的严重问题，会产生大量的有毒有害气体，主要是二氧化硫，这是矿山空气中二氧化硫的主要来源。

4）锅炉

矿山生产过程中，寒冷地区或采矿的某些特殊工序中需要采暖，因此锅炉燃煤也是有毒有害气体的来源之一，主要包括二氧化硫、氮氧化物等。

同时，有毒有害气体按其毒害性质不同，又可分为：

1）刺激性气体

刺激性气体是指对眼和呼吸道黏膜有刺激作用的气体，它是化学工业常遇到的有毒气体。刺激性气体的种类很多，常见的有二氧化硫、氮氧化物、甲醛、丙烯醛、臭氧等。

2）窒息性气体

窒息性气体是指能造成机体缺氧的有毒气体。窒息性气体可分为单纯窒息性气体、血液窒息性气体和细胞窒息性气体，如一氧化碳、二氧化碳、硫化氢等。

3.2.1.1　一氧化碳

一氧化碳是无色无味气体，能均匀散布于空气中，微溶于水，一般化学性质不活泼，但浓度在 13%～75% 时能引起爆炸。

一氧化碳多数为工业炉、内燃机等设备不完全燃烧时的产物，也有来自煤气设备的渗漏。矿山中一氧化碳的主要来源是爆破作业和矿内火灾。采用柴油采运设备的矿山，柴油机尾气中也含有一定量的一氧化碳。由于一氧化碳无色无味，能均匀地和空气混合，不易被人发觉，因此必须注意防范。我国一氧化碳的安全卫生标准为 30 mg/m^3。

一氧化碳进入肺脏，通过气体交换作用进入血液循环，与血红蛋白结合成碳氧血红蛋白。血红蛋白与一氧化碳的结合力比与氧的结合力大 200～300 倍，而解离速度又是氧合血红蛋白的 1/3600，碳氧血红蛋白的形成使血液降低输氧能力，造成缺氧血症，直至引起窒息。一氧化碳中毒的程度取决于空气中一氧化碳的浓度、劳动者的接触时间、呼吸量和个人的敏感程度。轻度中毒症状为头痛、恶心、头晕。中度中毒症状为脉搏加快、多汗、全身肌肉无力、不能行动，轻度中毒症状加剧，皮肤、牙床和黏膜呈桃红色。重度中毒症状为皮肤甲床和黏膜呈桃红色，昏倒，甚至死亡。当空气中一氧化碳浓度达到 3400～5700 mg/m^3 时，人在 20～30 min 内死亡。重度中毒经抢救，神志恢复后可能出现一系列神经系统严重受损的表现。

人体中毒程度和中毒快慢与一氧化碳浓度的关系如表 3-1 所示。

表 3-1　人体中毒程度和中毒快慢与一氧化碳浓度的关系

中毒程度	中毒时间/h	CO 浓度/($mg \cdot L^{-1}$)	CO 体积浓度/%	中毒症状
无征兆或轻微征兆	数小时	0.2	0.016	耳鸣，心跳加快，头昏，头痛
轻微中毒	<1 h	0.6	0.048	耳鸣，心跳加快，头痛，四肢无力
严重中毒	0.5～1 h	1.6	0.128	哭闹，呕吐
致命中毒	短时间内	5.0	0.400	丧失知觉，呼吸停顿

3.2.1.2　二氧化硫

二氧化硫是无色、有硫酸味的强刺激性气体，易溶于水，与水蒸气接触生成硫酸，对眼睛、呼吸道有强烈的刺激和腐蚀作用，可引起喉咙和支气管发炎、呼吸麻痹，严重时引起肺水肿。

二氧化硫主要来自含硫矿物燃料(煤和石油)的燃烧产物，在金属矿物的焙烧、毛和丝的漂白、化学纸浆和制酸等生产过程中亦有含二氧化硫的废气排出。硫和硫化矿物的燃烧是矿山空气中二氧化硫的主要来源；另外，柴油机尾气中也有二氧化硫；锅炉中燃煤也是二氧化硫的来源之一。

二氧化硫是一种活性毒物，在空气中可以氧化成三氧化硫，形成硫酸烟雾，其毒性要比二氧化硫大 10 倍。二氧化硫对呼吸器官有强烈的腐蚀作用，使鼻、咽喉和支气管发炎。浓度达到 300 mg/m³ 时会出现重度中毒，患者出现咽喉痛、胸痛、呼吸困难症状；浓度达到 1200 mg/m³ 时，会迅速窒息，有死亡危险。我国二氧化硫的安全卫生标准为 15 mg/m³。

3.2.1.3 硫化氢

硫化氢是一种无色、有明显臭鸡蛋气味的可燃性气体，可溶于水、乙醇、汽油、煤油、原油，自燃点为 246℃，爆炸极限为 4.3% ~ 46%。硫化氢燃烧时呈蓝色火焰并产生二氧化硫，硫化氢与空气混合达爆炸范围可引起强烈爆炸。

在矿山中有硫化氢气体积聚的地段，矿井出水时也有可能会伴随着硫化氢气体的溢出。

硫化氢是一种强烈的刺激神经的有毒物质，可引起窒息，即使是低浓度的硫化氢，其对眼和呼吸道也有明显的刺激作用。低浓度时可因其明显的臭鸡蛋气味而被察觉，持续接触使嗅觉变得迟钝，高浓度硫化氢能使嗅觉迅速麻木。国家规定其安全卫生标准为 10 mg/m³。轻度中毒时，眼睛出现畏光、流泪、刺痛，甚至眼睑痉挛、视力模糊症状；鼻咽部有灼热感、咳嗽、胸闷、恶心、呕吐、眩晕、头痛可持续几小时，乏力，腿部有疼痛感觉。中度中毒时，意识模糊，可有几分钟失去知觉，但无呼吸困难症状。严重中毒时，人不知不觉进入深度昏迷状态，伴有呼吸困难、气促、脸呈灰色紫绀，心跳过速和阵发性强直性痉挛等症状。大量吸入硫化氢会使人立即产生缺氧症状，可发生"电击样"中毒，造成肺部损害，导致窒息死亡。

3.2.1.4 氮氧化物

矿山空气中的氮氧化物是一氧化氮和二氧化氮的混合物，其中二氧化氮的毒性最大。二氧化氮对呼吸道的黏膜以及支气管和肺部有极大的刺激作用。

爆破是矿山空气中氮氧化物的主要来源，炮烟中含有浓度很高的氮氧化物。矿用柴油机的尾气中也含有氮氧化物，其排放量视柴油机系列的不同而不同，一般为 6.8 ~ 8.1 g/(kW·h)。在井下通风不良处进行电焊作业，也可使二氧化氮浓度积聚到有害的程度。

二氧化氮引起人轻度中毒的浓度为 30 ~ 50 mg/m³，此时人只能短时间忍受。浓度超过 100 mg/m³ 时，可引起重度中毒，这时刺激强烈，出现呼吸异常、咳嗽、流涎反应。浓度超过 200 mg/m³ 时，短时间内会有生命危险。二氧化氮中毒的外观表现为皮肤和头发发黄。二氧化氮中毒后有较长的潜伏期，经过 4 ~ 12 h 甚至 24 h 以后才显示出症状。

3.2.1.5 二氧化碳

二氧化碳在常温下是一种无色无味气体，密度比空气大，能溶于水，与水反应生成碳酸，不支持燃烧。固态二氧化碳压缩后俗称为干冰，不可燃，通常不支持燃烧，无毒性。

矿山空气中的二氧化碳主要来自含碳物质的燃烧和氧化，以及人的呼吸。个别矿山曾出现过二氧化碳从岩层中突出的现象。

二氧化碳对人的呼吸起刺激作用。空气中二氧化碳浓度较高时，能引起缺氧症状。

3.2.2 有毒有害气体的监测

3.2.2.1 监测目的

矿山有毒有害气体监测的目的，是了解生产场所空气污染的程度、范围及其变化，以便采取措施改善劳动条件和评价措施的实施效果。

3.2.2.2　空气样品采集

空气样品采集位置为工人经常活动地点的呼吸带高度(距地面 1.5 m 左右)。现场测量多用直接采样方法,实验室测量多用浓缩采样方法。采样设备包括采样动力(手动抽气筒、电动抽气机、负压引射器等)、流量计(转子流量计、孔口流量计)、收集器(气泡吸收管、多孔玻板吸收管、冲击式吸收管、球胆等)。

3.2.2.3　测定方法

1)快速测定方法

(1)检气管法

这是目前应用最普遍的方法之一。世界上已能生产 300 多种检气管。检气管是一根两端熔封的细长玻璃管,管内装有显色指示粉。此指示粉浸渍了化学试剂的细小颗粒状固体(硅胶、素陶瓷、浮石、活性氧化铝、石英砂等)。使用时将检气管两端截开,当被测空气通过检气管时,其中所含的有毒有害气体与管内的显色指示粉迅速发生化学反应,按气体浓度的不同,显色指示粉会发生相应程度的颜色变化。使用时要注意其有效期。

根据定量方式的不同,检气管分为四种类型。

①定容比长型。固定取样量,按变色长度定量。

②定容比色型。固定取样量,按变色程度定量。

③标准长测容型。按达到预计变色长度的取样量定量。

④标准色测容型。按达到标准着色度的程度定量。

(2)试纸比色法

使被测空气通过用试剂浸泡过的滤纸,有毒有害气体与试剂在纸上发生化学反应,产生颜色变化,然后与标准比色板比较,进行定量。此法操作简便、测速快、测定范围广,容易掌握。但它的测定误差较大,是半定量测量方法。

(3)溶液快速比色法

可事先在吸收液内加入显色试剂,被测空气通过吸收液后立即显色;亦可先使被测空气通过吸收液,然后加入显色试剂,待显色后再比色定量。此法的灵敏度和准确度均比试纸比色法高。

(4)仪器现场测定法

测定空气中某些有毒有害气体可使用专用测量仪表。抽样测量仪器有沼气检定器、汞蒸气分析仪、一氧化碳分析仪、二氧化碳分析仪、氮氧化物分析仪等。有害气体连续发生的地点应使用连续测量仪器,如沼气超限报警仪、氮氧化物自动连续分析仪等。仪器现场测定法的优点是方便、准确、可靠,但有的仪器价格稍贵。

2)实验室测定方法

由于矿山空气中有毒有害气体浓度低,加之取样量有限,故应多选用灵敏度较高的分析方法和仪器。

(1)吸光光度分析法

吸光光度分析法(包括比色分析法和分光光度法)是利用被测物质的吸光性质,使一定波长的光线通过待测溶液来测定光强度的减弱程度——溶液的吸光度,据此确定该溶液的浓度。

①酚试剂比色法测定甲醛浓度。甲醛与酚试剂反应生成嗪,在高价铁离子存在下,嗪与

酚试剂的氧化物作用，生成蓝绿色的化合物，比色定量。检出下限为 $0.1\,\mu g/5\,mL$。当采样体积为 10 L 时，最低检测浓度为 $0.01\,mg/m^3$。

②4–己基间苯二酚法测定丙烯醛浓度。丙烯醛在乙醇–三氯醋酸介质中及氯化汞存在的条件下，与 4–己基间苯二酚发生反应，生成蓝色化合物，比色定量。检出下限为 $5\,\mu g/10\,mL$。

（2）其他方法

① 原子吸收分光光度法。即利用基态自由原子对光辐射能的共振吸收，测量自由原子对光辐射的吸收程度，进而推断出样品中元素浓度。主要设备为原子吸收分光光度计。

② 气相色谱法。气相色谱法是色谱法（也称色层法、层析法）中的一类。它以气体作为流动相，以液体或固体作为固定相，先分离，后检测。其特点是具有高选择性、高分离效能、高灵敏度，且速度快、应用广。主要设备为气相色谱仪。

③ 离子选择性电极。它是一类具有薄膜的电极，基于薄膜的特性，电极的电势对溶液中某离子有选择性响应。用它作指示电极，再与参比电极组成原电池。通过测量该电池的电动势即可测定被指示电极响应离子的活度。此法适用于微量组分的分析，操作简便，分析速度快，是一个正在进一步发展的方法。

3.2.2.4　监测仪器的标定

矿山有毒有害气体监测仪器应定期标定。

1）流量计标定

流量计标定方法有：

（1）用皂膜流量计作为标准器；

（2）用标准流量计作为标准器；

（3）用水排气法。

2）标准气的配制

（1）有害气体的制备。

（2）配气。使有害气体与底气（空气或氮气）按比例均匀混合成浓度达到一定要求的标准气，用以标定或检验仪器。

配气方法有两种：一是压力配气，在温度和容积一定的条件下，控制各组分分压进行配气；另一种方法是容积法配气，在温度不变的条件下，抽空已知体积容器中的空气，然后用注射器注入已知体积的有害气体，再用底气充满容器。

（3）标准溶液换算法。将有害气体的纯样品溶于溶剂中，配成标准溶液，再取一定量标准溶液，且将其挥发成气。

3.2.3　有毒有害气体的防治

3.2.3.1　刺激性气体的预防

刺激性气体的预防重点，是杜绝意外，防止跑、冒、滴、漏，做好废气回收及综合利用。生产过程的自动化、机械化和管道化采用自动控制技术，自动调节以维持正常操作条件，防止发生意外事故；提高设备的密闭性，防止金属设备腐蚀破裂；根据生产工艺特点选用合适的通风方法。加强个人防护，大量接触酸、碱等腐蚀性液体物质时，应穿戴耐腐蚀的防护用具，如聚氯乙烯、橡皮制品、橡皮手套、防护眼镜、防护胶鞋等；戴防毒口罩或防护面具；涂皮肤防护油膏。加强健康监护，做好岗前体检及定期体检，发现有过敏性哮喘、过敏性皮肤病或皮肤暴露部位有湿疹等疾患，以及眼和鼻、咽喉、气管等呼吸道慢性疾患，肺结核(包括稳定期)以及心脏病患者，不应做接触刺激性气体的工作。

3.2.3.2　窒息性气体中毒的预防

金属矿山采矿作业中常见的窒息性气体有一氧化碳、硫化氢等，它们进入人体后，使血液的运氧能力或组织利用氧的能力发生障碍，造成组织缺氧而引起危害。主要预防措施是加强密闭、通风，严格安全操作规章，加强宣传教育，普及急救和预防知识，做好岗前体验及定期体检的健康监护工作。

3.2.3.3　有毒有害气体源的控制

1)采用水封爆破或爆破前后在工作面喷雾洒水的方式控制炮烟。

2)密闭废弃巷道和采空区，密闭火区，防止有毒有害气体进入工作面。

3)柴油机尾气控制，有以下几种方法：

(1)催化氧化。主要催化剂是铂(Pt)和钯(Pd)。根据涂敷的载体不同，具体可分为全金属型催化剂，铂-氧化铝型催化剂和钯-氧化铝型催化剂。一氧化碳和碳氢化合物在催化剂作用下进一步氧化成二氧化碳和水，当催化氧化剂温度在300℃以上时，可使二氧化硫大量氧化成三氧化硫。

(2)使用乳化柴油或进气道喷水。乳化柴油是水与柴油均匀混合形成的乳化液。进气道喷水则是在进气道内装一个空气雾化喷嘴。清洁水被雾化成直径为 32 μm 的水珠后与新鲜空气一起进入燃烧室。这两种方法均可使排气中的氮氧化物浓度降低 15% ~ 20%。

(3)废气再循环。将柴油机尾气的一部分输回到进气管，可有效地降低排气中的氮氧化物浓度。

(4)水洗箱和文氏管水洗法。对溶于水的有毒有害气体和排气中的碳粒有一定的清除作用，但耗水量大。

(5)综合法。结合柴油机的实际情况，把有关方法优化组合，形成合适的净化控制系统，全面降低柴油机排气中的多种有毒有害气体的浓度。

4)通风稀释

通风是控制矿山空气中有毒有害气体浓度的最主要、最有效的方法之一。保持矿山通风系统的完善是治理有毒有害气体的首要措施。

3.3　粉尘防治

3.3.1　粉尘的产生、性质及危害

3.3.1.1　粉尘的产生和分类

1)粉尘的产生

粉尘是指在矿山生产和建设过程中所产生的各种粉尘微粒的总称。悬浮于空气中的粉尘称为浮尘，已沉落的粉尘称为积尘。矿山各生产工序都产生粉尘，其中凿岩、爆破和装运是三个主要产尘工序。矿山防尘的主要对象是悬浮于空气中的粉尘。所以，一般来说，粉尘即指浮尘。

2）粉尘的分类

粉尘有多种不同的分类方法，下面介绍几种常用的分类方法（表3-2）。

表3-2 常用的粉尘分类方法

分类方法	粉尘的分类	
按粉尘粒径划分	粗尘粒径大于 40 μm，相当于一般筛分的最小颗粒，在空气中极易沉降	
	细尘粒径为 10~40 μm，肉眼可见，在静止空气中作加速沉降	
	微尘粒径为 0.25~10 μm，用光学显微镜可以观察到，在静止空气中作等速沉降	
	超微尘粒径小于 0.25 μm，要用电子显微镜才能观察到，在空气中作扩散运动	
按粉尘的存在状态划分	浮游粉尘，悬浮于矿内空气中的粉尘，简称浮尘	浮尘和积尘在不同环境下可以相互转化。浮尘在空气中飞扬的时间不仅与尘粒的大小、质量、形式等有关，还与空气的湿度、风速等大气参数有关
	沉积粉尘，从矿内空气中沉降下来的粉尘，简称积尘	
按粉尘的粒径组成范围划分	全尘（总粉尘），是各种粒径的粉尘之和	
	呼吸性粉尘，主要指粒径在 5μm 以下的微细尘粒，它能通过人体上呼吸道进入肺区，是导致尘肺病的病因，对人体危害极大。	
按其产生的矿岩种类划分	硅尘	
	铁粉尘	
	铀粉尘	
	石棉尘	
按其在人的呼吸系统中沉降的位置划分	呼吸性粉尘——能被吸入沉降于肺泡中的粉尘	
	非呼吸性粉尘——能沉降于上呼吸道的粉尘	
按其成分划分	岩尘	
	煤尘	
	烟尘	
	水泥尘	
	其他有机、无机粉尘	

3.3.1.2 粉尘的性质

1）粉尘的粒度与比表面积

粉尘的粒径是表示单一粉尘颗粒大小的尺度（单位为 μm）。粉尘形状不一，需用代表粒径表示。由于我国矿山多用显微镜测定粉尘的粒径，所采用的定向粒径即为代表粒径。

粉尘粒径的大小直接影响其物理、化学性质。

粉尘的比表面积是指单位质量粉尘的总表面积，单位为 m^2/kg 或 cm^2/g。粉尘的比表面积与粒度成反比，粒度越小，比表面积越大，因而这两个指标都可以用来衡量粉尘颗粒的大小。粉尘破碎成微细的尘粒后，首先比表面积增加，因而化学活性、溶解性和吸附能力明显增加；其次微细尘粒更容易悬浮于空气中；第三，粒度减小后更容易进入人体呼吸系统，据研究，只有 5 μm 以下粒径的粉尘才能进入人的肺内，是矿井防尘的重点对象。

2）粉尘的分散度

分散度是指粉尘整体组成中各种粒级尘粒所占的百分比。分散度有两种表示方法：

（1）质量分数：各粒级尘粒的质量占总质量的百分比称为质量分数；

$$P_i' = \frac{m_i}{\sum\limits_{i=1}^{k} m_i} \times 100\% \qquad (3-1)$$

式中：P_i' 为某粒级范围的尘粒质量占所计测尘粒总质量的百分数，%；m_i 为某粒级的尘粒质量，mg/m^3。

（2）数量百分比：各粒级尘粒的颗粒数占总颗粒数的百分比称为数量分散度。

数量分散度，它用某一粒级范围的颗粒数占所计测颗粒总数的百分数表示，即

$$P_i' = \frac{n_i}{\sum\limits_{i=1}^{k} n_i} \times 100\% \qquad (3-2)$$

式中：P_i' 为某粒级颗粒占总颗粒数的百分比，%；n_i 为在 1 m^3 空气中某粒级的颗粒数。

粉尘分散度是衡量粉尘颗粒大小构成的一个重要指标，是研究粉尘性质与危害的一个重要参数。

对同一粉尘，其数量分散度与质量分散度相差很大，必须注明。

粒级的划分是根据粒度大小和测试目的确定的，我国工矿企业将粉尘粒级划分为 4 级：小于 2 μm、2~5 μm、5~10 μm 和大于 10 μm。

（3）粉尘的湿润性

粉尘的湿润性是指粉尘与液体亲和的能力。当水和粉尘接触时，如果水分子间的吸引力小于水与尘粒分子间的吸引力，则粉尘能被水湿润；反之，则不易被湿润。根据湿润性可将粉尘分为亲水性粉尘和疏水性粉尘。湿润性决定采用液体除尘的效果，容易被水湿润的粉尘称为亲水性粉尘，不容易被水湿润的粉尘称为疏水性粉尘。对于亲水性粉尘，当尘粒被湿润后，尘粒间相互凝聚，尘粒逐渐增大、增重，其沉降速度加速，粉尘能从气流中分离出来，可达到除尘目的。湿润性强的粉尘易被水所湿润和捕集，虽有利于湿式除尘，但对物体表面的附着性也会增强。

（4）粉尘的荷电性

粉尘是一种微小粒子，因空气的电离以及尘粒之间的碰撞、摩擦等作用，使尘粒带有电荷，该电荷可能是正电荷，也可能是负电荷。带有相同电荷的尘粒，互相排斥，不易凝聚沉降；带有异电荷时，则相互吸引，加速沉降。

①荷电性

悬浮于空气中的粉尘通常带有电荷。这是由破碎时的摩擦、粒子间的撞击或放射性照射、电晕放电等原因产生的荷电。尘粒带荷电后，凝聚性有所增强，有利于沉降。电除尘器即是利用尘粒的荷电性而设计的。

②电阻率

表面积为 1 cm²，高为 1 cm 的粉尘层的电阻，叫电阻率。它是评价粉尘导电性能的一个指标。粉尘的电阻率可按式（3-3）计算：

$$p = V/I \times A/d \tag{3-3}$$

式中：p 为电阻率，$\Omega \cdot cm$；V 为通过粉尘层的电压降，V；I 为通过粉尘层的电流，A；A 为粉尘层的横截面积，cm²；d 为粉尘层厚度，cm。

③粉尘的光学特性

粉尘的光学特性包括粉尘对光的反射、吸收和透光强度等性能。在测尘技术中，常用到这一特性。

④粉尘的爆炸性

有些粉尘（主要是硫化粉尘）在空气中达到一定浓度时，若有外界明火、电火花、高温等作用，则会引起粉尘爆炸。硫化粉尘的爆炸下限约为 250 g/m³。爆炸是急剧的氧化燃烧现象，会产生高温、高压，同时生成大量的有毒有害气体，对安全生产有极大的危害。

3.3.1.3　粉尘的危害

粉尘具有很大的危害性，表现在以下几个方面：

1）污染工作场所，危害人体健康，引起职业病。

工人长期吸入粉尘后，轻者会患呼吸道炎症、皮肤病，重者会患尘肺病。尘肺病引发的矿工致残和死亡人数在国内外都十分惊人。

2）某些粉尘（如硫化尘）在一定条件下可以爆炸。

硫化尘在达到一定浓度时能引起爆炸，给矿山以突然袭击，造成严重灾害。

3）加速机械磨损，缩短精密仪器使用寿命。

随着矿山机械化、电气化、自动化程度的提高，粉尘对设备性能及其使用寿命的影响将会越来越大，应引起高度的重视。

4）降低工作场所能见度，增加工伤事故的发生率。

某些综采工作面粉尘浓度高达 4000~8000 mg/m³，有的甚至更高。在这种情况下，工作面能见度极低，往往会导致误操作，造成人员的意外伤亡。

3.3.2　粉尘防治标准

粉尘的主要危害是对人体健康的损害，长期吸入大量微细粉尘，可能引起尘肺病。影响尘肺病发生和发展的主要因素是：粉尘的化学成分、粒径与分散度、浓度、接触时间等。各种粉尘都可能引起尘肺病，如硅肺病、石棉肺病、铁硅肺病、煤肺病、煤硅肺病等。由于95%的矿岩中含有数量不等的二氧化硅，人们在生产中接触二氧化硅粉尘的机会很多，所以硅肺病最为普遍，而且发病率高、病情也较严重。

微尘，特别是粒径为 0.2~5 μm 的微尘，容易吸入肺内并储集，危害性最大。所以，微尘也称为呼吸性粉尘。对呼吸性粉尘的临界粒径各国尚未统一，如美国定为 10 μm，英国、法国、日本定为 7.1 μm，我国尚未做统一规定。

作业场所的粉尘浓度，对尘肺病的发生和发展起着决定性的作用，我国现行的《工作场所有害因素职业接触限值第 1 部分：化学有害因素》（GBZ 2.1）的表 2 中规定了工作场所空气中粉尘容许浓度，其中部分见表 3-3。

表 3-3　工作场所空气中粉尘容许浓度

序号	中文名	英文名	化学文摘号 (CAS NO.)	PC-TWA /(mg·m⁻³)		备注
				总尘	呼尘	
1	白云石粉尘	Dolomite dust	—	8	4	—
2	大理石粉尘	Marble dust	1317-65-3	8	4	—
3	电焊烟尘	Welding fume	—	4	—	G2B
4	二氧化钛粉尘	Titanium dioxide dust	13463-67-7	8	—	—
5	矿渣棉粉尘	Slag wool dust	—	3	—	—
6	石灰石粉尘	Limestone dust	1317-65-3	8	4	—
7	矽尘 10%≤游离 SiO_2 含量≤50% 50%<游离 SiO_2 含量≤80% 游离 SiO_2 含量>80%	Silica dust 10%≤free SiO_2≤50% 50%<free SiO_2≤80% free SiO_2>80%	14808-60-7	1 0.7 0.5	0.7 0.3 0.2	G1 (结晶型)
8	其他粉尘	Particles not otherwise regulated	—	8	—	—

3.3.3　测尘技术

测尘是为了及时了解各作业场所的粉尘状况，评价作业场所粉尘污染程度和与国家卫生标准的符合程度，鉴定生产工艺及通风防尘措施的效果，以及为设计和研究改善通风防尘工作提供依据。

我国目前采取滤膜测尘方法，测定作业场所总粉尘的质量浓度(mg/m³)。滤膜测尘方法的准确性和可靠性较好，能较正确地反映工作地点的粉尘状况，是我国目前基本的测尘方法。但该方法存在准备和操作过程较复杂，时间长，不能当时给出测定结果，影响及时指导现场防尘工作；实际测尘时间较短，不能代表工人在整个工班接触粉尘的状况；采取的样品中不能反映呼吸性粉尘所占的数量等缺点。

针对上述问题，国内外都在研制和采用快速测尘仪、呼吸性粉尘采样器与分级采样器，以及长周期连续采样器与个体采样器。

1)快速测尘仪

快速测尘仪是利用粉尘的各种物理性质，反映出其浓度的变化并直接读出数值的测尘仪。其中，光电测尘是应用粉尘散射光强度与质量浓度成正比的原理；β射线测尘仪是应用低能β射线被吸收减弱程度与粉尘质量浓度成比例的原理；压电晶体测尘仪是应用石英晶片振荡频率的变化与其表面附着的粉尘质量有关的原理。快速测尘属于间接测尘方法，对不同的粉尘需进行专门的标定，而且还受到测定环境的影响，故可作为辅助测尘方法。

2)呼吸性粉尘采样器与分级采样器

为测定呼吸性粉尘浓度，正确进行劳动环境卫生学评价，可采用呼吸性粉尘采样器或分级(呼吸性粉尘与总尘)采样器。该采样器的预捕集器能对危害人体的呼吸性粉尘和非呼吸性粉尘进行分离,一次采集可兼得呼吸性和非呼吸性两种粉尘样本,分离效率应达到"BMRC"曲线标准,是一种较可靠的粉尘分离装置。

3)长周期连续采样器与个体采样器

这种采样器用于测定较长时间(如一个工班)的粉尘平均浓度,可准确地评价粉尘对工人健康的危害,分为固定式和个体式两种。固定式是把采样器固定在作业地点或作业机械上;个体式是把采样器佩戴在工人身上,以测定一个工班的接触粉尘浓度。

3.3.4　露天采场粉尘防治

露天采场的粉尘是在凿岩、爆破、铲装、运输过程中产生的。总体上露天矿防尘,除了通风以外,对尘源的局部净化也是一项主要的措施。

3.3.4.1　凿岩防尘

凿岩穿孔作业的设备主要有潜孔钻、牙轮钻、手持钻、振动碎岩机等。露天凿岩穿孔作业防尘措施主要有湿式作业、集尘罩、除尘器等。

1)湿式作业

利用设于钻机上的水泵或压力水箱向压气管路中送入一定量的水,形成风水混合物,经钻杆中心孔送到孔底,在钻进和排碴过程中湿润粉尘,形成潮湿粉团或泥浆,排至孔口密闭罩内或用风机吹到钻孔旁侧。

此法使用除尘设备少,操作简单,除尘效果较好,但要注意调节供水量。供水量少,影响湿润效果;水量过多,会形成稀泥浆,既影响作业环境,也影响穿孔效率。在北方,冬季要有供水防冻措施。

2)集尘罩、除尘器

由孔口捕尘罩、吸尘管道、除尘器和风机组成干式凿岩捕尘系统。所有设备都安装在钻机上。孔口捕尘罩有大、小两种形式。大捕尘罩的容积一般在 2 m³ 以上,固定在凿岩平台下,同时起沉降室的作用。为防止沉降的岩屑、粉尘落回到钻孔中,可在孔臼上加一段挡碴筒。小捕尘罩主要是防止粉尘外逸,使产生的粉尘经过管道吸入除尘器。小捕尘罩的直径最好不超过钻孔的一倍。

由于钻机的产尘量大且粒度分布广,大捕尘罩采用一级或两级除尘器,小捕尘罩需采用两级或三级除尘器。多级除尘器的前级多用惯性或旋风除尘器,后级多用袋式除尘器。

根据除尘系统的处理风量及阻力大小选取风机,一般多选用离心式风机。

3.3.4.2　爆破防尘

爆破的基本防尘措施是湿式作业。合理布置炮孔、科学装药与充填,采用微差爆破方法等,对防尘也有相当大的作用。

1)洒水和注水

在爆破前向预爆区洒水,不仅能湿润矿岩表面及粉尘,还可通过裂隙透到矿体内部,从而收到很好的防尘效果。

2)水封爆破

水封爆破有孔内与孔外两种布置方式。孔内布置是将水袋放置在炮孔内,耗水量较少(每个炮孔 50~70 L),防尘效果也好,但放置操作比较麻烦。孔外布置是将水袋放置在炮孔外部地表,耗水量较多(每个炮孔 400~500 L),安装操作比较方便。利用辅助起爆药包,在爆破的同时将水袋破碎，使水分散成微细水滴并与产生的粉尘接触湿润，起到良好的防尘效果。

3）通风除尘

对于深凹露天矿，可采取局部加强通风和喷雾降尘的措施。

3.3.4.3　铲装防尘

电铲装载和卸装过程中的基本防尘措施是湿式作业。对司机室要密闭净化，布置设备时要考虑风流方向及邻近尘源位置，以减少其危害及影响。

增加矿岩湿度是防止粉尘飞扬，降低空气含尘量的有效方法，其具体做法为：

1）预先湿润爆堆。

2）装载时喷雾洒水。

预先湿润爆堆在电铲装矿前 30 min 进行，不仅可取得良好的除尘效果，还不影响作业。在铲装作业的同时，利用喷雾器向作业地带喷雾洒水。在电铲上设水箱及扇风机，利用文丘里管形成风水混合喷雾，并使之随铲装和卸载作业移动，直接喷向尘源，可取得良好的降尘效果。

3.3.4.4　运输防尘

汽车路面运输造成的粉尘，是露天矿的一个严重污染源。

首先要加强路面的维修工作，保持路面平整，避免凹凸不平，清除积尘。其次是防止路面积尘二次飞扬。为此采取的措施有：

1）移动式洒水。用洒水车定时定期洒水。

2）固定式洒水。沿路安装喷雾器向路面洒水。

3）路面硬化。通过水泥、沥青、碎石子等材料对路面进行硬化处理。

4）喷洒抑尘剂。常用于矿山运输扬尘控制的抑尘剂见表 3-4。

表 3-4　常用于矿山运输扬尘控制的抑尘剂

抑尘剂类型	主要特点	典型应用矿山
湿润型抑尘剂	由表面活性剂和某些无机盐组成，可用于提高对粉尘的润湿效果	大同矿务局、狮子山铜矿
黏结型抑尘剂	利用覆盖、黏结、硅化和聚合等原理来防止粉尘和泥土飞扬	煤矿露天堆场
吸湿型抑尘剂	由能吸收大量水分的吸收剂组成，使泥土或粉尘保持较高的含湿量，从而防止扬尘	白云鄂博铁矿、大孤山铁矿
复合型抑尘剂	两种或两种以上的抑尘剂在一定的物理或化学条件下复合而成，将湿润、黏结、凝并、吸湿保水等功能综合为一体，是上述各种类型的统一	铜录山铜铁矿

3.3.5　地下采场粉尘防治

地下采场的粉尘主要是在凿岩、爆破、铲装、运输过程中产生，主要的防尘措施有湿式作业、除尘器等。

3.3.5.1　凿岩防尘

凿岩产尘的特点是长时间连续的，而且大部分尘粒的粒径小于 5 μm，是矿内微细粉尘主要来源之一。凿岩产尘的来源有：①从钻孔逸出的粉尘；②从钻孔中逸出的岩浆被压气所雾化形成的粉尘；③被压气吹扬起已沉降的粉尘。

凿岩时影响微细粉尘产生量的因素有岩石硬度、钻头构造及钎头尖锐程度、孔底岩碴排出速度、钻孔深度、压气压力、凿岩方式等。

1）湿式作业

一切有条件的矿山都应采取湿式凿岩，并遵守湿式凿岩标准化的要求。

（1）中心供水凿岩

中心供水对水针及钎尾的规格要求比较高，但加工制造简单，不易断钎，故大部分矿山都使用中心供水凿岩机。中心供水凿岩可能出现下列问题进而影响防尘效果。

①冲洗水倒灌机膛。如果水压高于压气压力或水针密封不严，清洗水会倒入机膛，破坏机器的正常润滑，影响凿岩机工作，并且使钻孔中供水量减少，降低防尘效果。为此，要求水压比风压小 0.05~0.1 MPa。

②冲洗水气化。由于水针不合规格，破损、断裂或插入钎尾深度不够，接触不良，以及机件磨损等原因，使压气进入冲洗水中。一方面压气携带润滑油随冲洗水进入孔底，使粉尘吸附含油压气，表面形成气膜或油膜，不易被水湿润；另一方面压气在冲洗水中形成大量气泡，粉尘附着于气泡而排出孔外，使防尘效果显著降低。因此，必须严格要求水针和钎尾的质量，并在凿岩机机头开泄气孔，使压气在到达钎尾之前，由泄气孔排出。

（2）旁侧供水凿岩

压力水从供水套与钎杆侧孔进入，经钎杆中心孔到达孔底。由于冲洗水不经机膛而避免了中心供水存在的问题，可提高除尘效率和凿岩速度。旁侧供水的缺点是容易断钎、胶圈容易磨损、漏水、换钎不方便等。

湿式凿岩的供水量对保证防尘效果是很重要的。水量不足则钻孔不能充满水，粉尘生成后可能因接触空气而吸附气膜，或沿孔壁间空隙逸出。最低供水量标准为：

手持式凿岩机	3 L/min
支架式及上向式凿岩机	5 L/min
深孔凿岩机	10 L/min

凿岩机废气排出方向对岩浆雾化及吹扬沉积粉尘很有影响，应将废气导向背离工作面的方向。

2）除尘（捕尘）器

在不能采用湿式凿岩时，干式凿岩必须配有捕尘装置。捕尘方式有孔口捕尘和孔底捕尘两种。

①孔口捕尘是不改变凿岩机结构，利用孔口捕尘罩捕集由钻孔排出的粉尘。

②孔底捕尘是采用专用干式捕尘凿岩机，从孔底经钎杆中心孔将粉尘抽出。抽尘方式有中心抽尘（YT-25X 型）和旁侧抽尘（YT-25C 型）两种。

捕尘系统由吸尘器、除尘器和输尘管组成。吸尘器多用压气引射器，要求形成 30~50 kPa 的负压。除尘器多采用简易袋式除尘器。选用涤纶绒布或针刺滤气毡作过滤材料，除尘效率在 99% 以上。输尘管一端连接捕尘罩或钎杆，一端连接吸尘器或除尘器，一般采用内径 20 mm 左右内壁光滑的软管。

为防止凿岩（特别是上向凿岩）时岩浆飞溅、雾化，可采用岩浆防护罩。

3.3.5.2　爆破防尘

1）减少爆破产尘量

爆破前彻底清洗距工作面 10 m 内的巷道周壁，防止爆破波扬起积尘，并使部分新产生的粉尘黏在湿润面上。

水封爆破的防尘效果已被国内外的大量实践所证明。用水袋装满水代替炮泥作填塞物时，只需在孔口用炮泥或木楔填塞，防止水袋滑出。水袋是用无毒且具有一定强度的塑料制作的，其直径比钻孔直径小 1~4 mm，长度为 200~500 mm。简易的水袋注水后扎口即可；自动封口式的专用水袋，靠注水的压力将伸入到水袋内的注水管压紧后，才能自动封口。

根据实验资料，水封爆破较泥封爆破工作面的粉尘浓度低 40%~80%，对 5 μm 以下粉尘的降尘效果很好；同时，对抑制有毒气体也有一定的作用，可使二氧化氮浓度降低 40%~60%，一氧化碳浓度降低 30%~60%。

2）喷雾洒水与通风

在炮烟抛掷区内设置水幕，同时利用风水喷雾器迎着炮烟抛掷方向喷射，形成水雾带，能有效降尘和控制粉尘扩散，并能降低氮氧化物的浓度。利用 WA 型环隙式压气引射器，在其供风胶管上设风水混合器，使压气与水同时作用于引射器，既能引射风流，又能形成水雾带，其作用范围为 20 m 至 40 m，可代替风水喷雾器，并能加强工作面的通风。可利用爆破波、光电等作用自动启动喷雾装置，使爆破后立即喷雾。

爆破后的粉尘及炮烟的浓度都很高，必须立即通风以排除烟尘。对于掘进巷道，多采用混合式局部通风系统，并保持规定的距离，增强对工作面的冲洗作用。粉尘和炮烟应直接排到回风道，如无条件，应安排好爆破时间，保证炮烟通过的区域无人员工作，或采用局部净化措施。国外资料介绍，用碳酸钠和过锰酸钾溶液处理过的蛭石层和过滤除尘器组成的净化器，前者可除去氮氧化物，后者能净化粉尘。将净化后的空气送到进风巷道，再由巷道中的新鲜风流进一步稀释。

3.3.5.3　铲装防尘

向矿岩堆喷雾洒水是防止粉尘飞扬的有效措施，但需用喷雾器分散成水雾，且连续或多层次反复喷雾，才能取得好的防尘效果。

装岩机、装运机工作时，铲装与卸载两个产尘点都需要进行喷雾。可将喷雾器悬挂在两帮，调整好喷雾方向与位置，固定喷雾；亦可将喷雾器安设在装岩机上，并使其开关阀门与铲臂运行联动，对准铲斗，自动控制喷雾。对于大型铲运机，可设置密封净化驾驶室。

3.3.5.4　运输防尘

带式输送机在装矿、卸矿和转载处会散发出大量粉尘，这些地方均是主要的产尘点；同时，黏附在胶带上的粉尘，在回程中受震动下落并飞散到空气中。

（1）导板。在装卸或转载处设置倾斜导向板或溜槽，减少矿石下落高度和降落速度，是减少产尘量的有效方法。

（2）洒水。喷雾洒水是防止粉尘飞扬的有效措施，在产尘量小的场所，可单独使用。喷水量过多时，容易导致皮带打滑。自动喷雾装置可在皮带空载或停转时自动停止喷雾。

（3）密闭。密闭抽尘净化是带式输送机普遍采用的防尘措施。在很多情况下，密闭全部胶带是不切实际的，一般只对机头与机尾进行密闭。密闭罩应结合实际设计，既要坚固、严密，又要便于拆卸、安装，不妨碍生产。密闭罩体积应尽量大，抽风口要避开冲击气流，使粗尘粒能在罩内沉降，不致被抽走。为防止黏附在胶带上的粉尘被带走并沿途飞扬，可在尾轮下部设刮片或刷子，将粉尘刷落于集尘箱中。

3.3.5.5 溜井防尘

1）溜井卸矿口防尘

（1）喷雾洒水。向卸落矿石喷雾洒水，是简单经济的防尘措施，有车压、电动、气动等作用的自动喷雾装置可供选用。要注意，某些含泥量高、黏结性大的矿石，喷水后易造成溜井堵塞和黏结。对于干选、干磨的矿石，其含水量不宜超过 5%。

溜井口密闭门配合喷雾洒水，适用于卸矿量不大、卸矿次数不多的溜井。矿山设计有多种密闭形式。

（2）抽尘。从溜井中抽出含尘空气，由井口向内漏风，以控制粉尘外逸的方法，适用于卸矿量大或卸矿次数频繁的溜井。一般设专用排尘巷道与溜井连通。吸风口多设在溜井上部，能减少粗粒粉尘吸入量。抽出的含尘气流，如不能直接排到回风道，则需设除尘器，将其净化后排到巷道中去。

2）溜井下部卸矿口防尘

溜矿井，特别是多阶段溜井的高度较大，在下部放矿口能形成较高的冲击风速，带出大量粉尘，严重污染放矿硐室及其附近巷道。

（1）设计。考虑到防尘的要求，在设计溜井时，尽量避免采用多阶段共用的长溜井；如必须采用，最好让各阶段溜井错开一段水平距离，使上阶段卸落的矿石通过一段斜坡道溜入下阶段溜井，以减小矿石的下落速度。

溜井断面不宜太小，特别是高溜井，要适当加大。溜井的位置应设在离开主要入风巷道的绕道中，并有一定的距离，以减缓含尘冲击气浪的直接污染。

（2）控制一次卸矿量。延长卸矿时间、保持贮矿高度等都可以减少冲击风量。在卸矿道上加设铁链子、胶带帘子等，将一次下落的矿石分散开来，也有一定的效果。

（3）密闭。溜井口密闭是减少冲击风量的有效措施，并可为抽尘净化创造条件。溜井抽尘是从溜井中抽出一定的空气量，使溜井处于负压状态，防止冲击风流外逸。溜井抽尘必须与井口密闭相配合，使抽出的风量大于冲击风量，才能取得良好的效果。抽风口设于溜井上部，施工方便；设于溜井下部，有利于控制冲击风流，但容易抽出粗粒粉尘，磨损风机；抽出的含尘气流如不能直接排到回风道中，则需要安装除尘器。

（4）抽尘。使主溜井上口与地表连通，在地表设排尘风机，直接抽出溜井的空气，并配合井口密闭和溜井绕道风门，对防止冲击风流具有较好的效果。不能完全防止冲击风流时，在放矿硐室采取抽尘净化措施，对控制污染有良好的作用。

3.3.5.6 破碎硐室防尘

井下多用颚式破碎机。破碎硐室的粉尘主要来自破碎机破碎。

1）密闭、喷雾增湿。对破碎机系统要采取有效的密闭防尘措施，要把溜槽、破碎机机体及矿石通道全部密闭起来，只留必要的观察口和检修口。同时，增加喷雾增湿。

2）除尘器。密闭抽风量，含尘风流最好直接排至回风井巷或地表；如不能时，应采用除尘器净化。

3）通风。井下破碎硐室中必须建立良好的通风换气系统。

3.3.6　排土场防尘

排土场扬尘主要来自运输设备路面扬尘、卸料、风蚀扬尘等，主要防尘措施有洒水、绿化等。

1）分块使用。

一般排土场扬尘的防治措施为分块使用运行，以尽量减少运行过程中废石的裸露面积；废石堆放过程采用逐步推进的方式，及时碾压，使其具有较强的抗风蚀作用。

2）洒水。

大型排土场配备洒水设备，定期洒水，确保堆场表面含水率不低于 5%，或覆盖固沙网以减少排土场区的扬尘量。

3）绿化。

对达到设计标高的平台边坡及时进行覆土以恢复植被，种植适合当地生长条件的物种，减轻扬尘影响；服役期满后全面覆土，恢复植被。

3.4　矿山噪声控制与防护

3.4.1　矿山的噪声源与控制

矿山企业大量使用风机、空压机、电机及球磨机等设备，这些设备产生的噪声分贝高，影响面大，是严重污染环境和影响职工身心健康的主要噪声源。

矿山采场噪声源可按两种方法分类：

1）按噪声产生的地点，分为地表噪声源和井下噪声源；

2）按噪声产生的原因，分为设备噪声源和非设备噪声源。

设备噪声源有：风机、空气压缩机、凿岩设备、装卸设备、运输设备和破碎设备等；

非设备噪声源有：爆破，压气管线中压气的排放和泄漏，片帮、冒顶和放顶，以及矿石倾卸到矿仓、溜井、溜槽中的滚动和撞击噪声等。

矿山开采噪声源主要为设备噪声及爆破噪声。

3.4.1.1　露采噪声及防护

1）露采噪声源

露天采场主要产生低频噪声。除爆破可引起影响范围大、持续时间短的噪声外，穿孔、装载和运输所引起的噪声，是危害职工健康的主要噪声源。按开采顺序，露采噪声源主要为压气、凿岩、爆破、铲装、运输。一般来说，爆破时矿山附近引起的噪声级达 118 dB（A）以上；铲装作业、推土机和铲运机在 10 m 内超过 90 dB（A）；汽车超过 95 dB（A）；钻机超过 90 dB（A）。同时，爆破还将引起振动和空气冲击波。

2）露采噪声防治

（1）爆破噪声的控制

爆破会产生噪声，引发地面振动和空气冲击波。因此，爆破噪声控制和振动控制是密切相连的。爆破噪声的控制方法应包括以下方面：

①合理地布置炮孔位置和排孔之间的爆破程序，有利于减少噪声级。此种情况下，挤压

微差爆破法是一种较好的方式。

②改进爆破设计以减少地面振动水平和噪声。

(2)露采装运作业噪声的控制

露采装运作业中的噪声主要是凿孔、装载和运输设备的机械运转向外界传出的矿山噪声和振动的防治声。一般控制方法有：

①选用带有噪声控制措施的设备，如在大型掘土机上安装有排气和散热器的消声器。

②在发动机、变速箱、传动装置等声源机件处加外罩，包括罩盖、侧板等，同时在其边缘或连接处，加上橡胶垫片，以便减震。

③在发动机吸气口和排气口，安装消声器消声。

④在凿岩机上安装抗性排气消声器来降低排气噪声；增大钎杆直径有利于降低钎杆振动噪声；在凿岩机机体上安装整体消声器，可降低机体噪声。

⑤对各种设备的司机室进行密封，或使用隔声、吸声材料，除可以防尘外，也可隔绝或减少噪声的侵入。

⑥在可能的情况下，在采场或重要运输线路周围设置挡声墙(如用剥离的土壤、隔声板等)和声音过滤装置。

⑦操作人员要强制性地使用耳罩、耳塞、耳套等护耳器。

3.4.1.2　地采噪声及防护

1)地采噪声污染源

当地下开采压气、凿岩、爆破、铲装、运输、提升为主要开采工序时，都会产生强烈的噪声。井下作业中的各种机械设备以及井下爆破都是噪声的来源，如风动凿岩机、空气压缩机、主扇风机、局扇风机、装运设备等。井下噪声的特点是：声源多、连续噪声多、声级高、频谱宽、衰减慢，各种设备噪声级都在95~110 dB(A)，有的超过115 dB(A)，井下工作面狭窄，反射面大，直达声在巷道表面多次反射形成混声场，相当于各噪声在井下比地面高5~6 dB(A)，而且衰减得慢。

2)地采设备噪声控制

(1)空压机噪声控制

空压机噪声是由进、排气辐射的空气动力性噪声、机械运动部件产生的机械噪声和驱动机(电动机或柴油机)噪声组成的。空气压缩机噪声的控制方法有：

①在进气口安装抗性消声器。对于进气口在压缩机房的场合，可先将进气口由车间引到厂房外面，然后再加消声器。

②对于进、排气阀体和阀片的撞击噪声，采用聚四氟乙烯整体阀片代替环形金属阀片，可使噪声降低6 dB(A)。

③选用阻抗复合消声器，即抗性节为缓冲状多级节流减压消声器、阻性节为列管式阻性消声器的复合消声器，可使排气放空时的噪声由原来的120 dB(A)降到90 dB(A)。

④机组加装隔声罩，并在隔声罩的适当位置上安装消声器。

⑤对于整个空气压缩机厂房噪声的控制，可建造隔声操作间作为操作人员控制和休息的场所；在厂房内可在顶棚和墙壁上悬挂吸声材料以减小噪声。

(2)风动凿岩机噪声控制

风动凿岩机是井下采掘工作应用最普遍、噪声级最高的移动设备之一，一般噪声级达

110~120 dB(A)，是井下最严重的噪声源之一。其噪声来源主要是：废气排出的空气动力性噪声；凿岩机机壳和零件振动的机触噪声；活塞对钎杆的冲击噪声；钎杆和被凿岩石振动的反射噪声。

对于风动凿岩机噪声的控制，目前仍是国内外重点研究的问题。一般可采取如下措施：

①研制和采用低噪声风动凿岩机。如美国矿业局采用取消阀门的机械噪声源、增加钎尾长度、限制转钎套和钎尾间隙、使用无肩环的钎杆等措施，从声源上解决风动凿岩机的噪声问题。此外，还配有消声器、机体套、钎杆套筒等，大幅度降低了风动凿岩机的噪声。

②用液压凿岩机代替风动凿岩机，可以消除排气噪声。

③在多机凿岩台车上，广泛采用隔声、防震操作。除装有编声门、隔声窗外，还可配备专门的减震座椅和减震手柄、空气净化装置、强有力的照明，以及具有防尘、防噪、防震、防油雾等功能的装置，可使操作间噪声级降到 90 dB(A)以下。

④对现行风动凿岩机的排气噪声，主要是选用适合该设备的消声器，并配合机体隔声套和钎杆减震套等设施，可使整机噪声降到 100 dB(A)左右。

⑤可使用防震手把和空心软管，以缓冲对人手的振动危害。

（3）扇风机噪声控制

一般矿山的主扇排风口远离厂房和居民区，故其噪声治理一般不太被人们重视。但某些矿山由于矿体赋存条件和开拓系统的要求，主扇排风口靠近居民区和工场，故消除主扇噪声对人体健康的危害和对周围环境的干扰，成为矿山必须重视和解决的问题。

控制扇风机噪声的根本措施是：改进风机的结构参数，研制低噪声、高效率的新型风机。对目前使用的高噪声风机，应采取如下措施：

①主扇噪声控制：用隔声室隔离机体噪声，在矿井主扇排风口安装消声装置。

②局扇噪声控制：主要采取综合治理措施，如局扇前后加消声器、刷降噪涂料、采用不同距叶片、工作轮叶片穿孔等。这些可使局扇噪声降到 90 dB(A)以下。

③用混流式风机代替轴流式风机。

④近几年，瑞典研制成一种局扇柔性消声器，可使噪声降低 13~20 dB(A)，现已广泛在国外矿山使用。

（4）井下装运设备噪声控制

目前我国矿山已大量使用内燃无轨设备。这种柴油动力设备的噪声主要包括：进、排气噪声，气缸内燃油噪声，发动机机壳及其零部件噪声，进、排气阀和传动装置的机械噪声。铲运机在铲取时噪声级为 115 dB(A)，行走时噪声级为 108 dB(A)。对于这些噪声可采用如下控制措施：

①安装合适的扩张室及共振腔复合结构的消声器，以控制排气噪声。

②对于大多数装运设备，可对进气滤清器加以改进，使其既有滤清作用，又可减少进气噪声。

③对于发动机噪声，可采用隔声罩或选择低噪声发动机壳结构，通过吸声、隔声、阻尼等方法降低噪声。

④对于驱动装置，操作室的孔洞要封闭，用隔声罩把传动部件、水、油箱及转矩变换器罩好，用衬垫垫好；对发动机也要用隔声罩罩住，并增强机座的稳定性；对冷却风扇应把吸声板固定在整流格网上，并把风扇机体罩好。

⑤驾驶杆下端的孔洞必须用套筒封闭严密,传动装置的外壳用橡皮衬垫垫好,以便与装载机的主要结构隔震。

⑥低噪声、无排污的电动铲运机和遥控铲运机,以及无轨电遥控运输机已在国外大量使用,这不仅可保证操作工人的安全,还可避免或减少噪声和振动的危害。

3.4.2 采场常用设备噪声控制技术

1)风动凿岩机噪声控制

风动凿岩机是井下采掘工作面应用最普遍、噪声级最高的移动设备之一。一般噪声级达110~120 dB,是目前井下最严重的噪声源之一。

风动凿岩机噪声源有:废弃排出的空气动力性噪声;活塞队钎杆冲击噪声;凿岩机外壳和零件震动的机械噪声;钎杆和被凿岩石震动的反射噪声。风动凿岩机总噪声频谱较宽,是属于具有低频、中频和高频成分的广谱声。如图3-1所示,排气噪声频谱呈中、低频特性,在频率为500 Hz时峰值高达115 dB(A);冲击噪声和机械噪声频谱呈高频特性,在频率为4000 Hz时峰值高达118 dB(A)。对标准凿岩机进行测试表明:68%来自排气噪声,32%来自活塞与钎杆、钎杆与岩石的冲击或碰撞及机壳振动噪声。因此,解决风凿机噪声,首先应降低排气噪声。

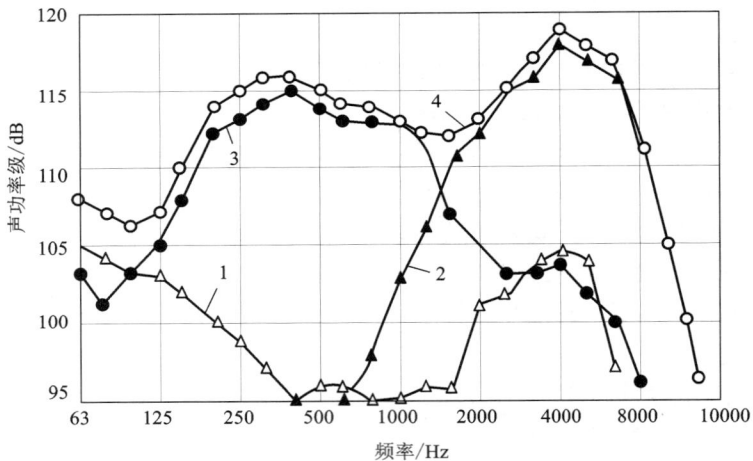

1—机壳噪声;2—钎杆噪声;3—排气噪声;4—整机噪声。

图3-1 凿岩机频谱特性

(1)降低排气噪声的方法

风动凿岩机噪声的主要声源是排气噪声。要降低排气噪声,则必须了解排气噪声的形成机理。废气经排气口以高速进入相对静止的大气,在废气与大气混合区,排气速度的降低引起了无规则的漩涡,漩涡以同样无规则的方式运动、消散,出现许多频带不规则的噪声;活塞往复一次玉气从气缸排出两次,产生周期性脉动噪声;排气本身就是凿岩机内部机械噪声的传播介质,上述过程产生的噪声可概括为"空气动力性噪声"。

排气的流速越大,排气管直径越小,则产生的噪声峰值频率越高,噪声越趋于尖叫刺耳。至今人们还无法消除风动凿岩机的排气声源,但用限制排气速度和工作速度的办法来降低排气噪声是有可能的,即创造最好的环流条件,减少气流排出时的压力波动,使缸体内部和大气间保持较小的压力差。上述方法可通过在风动凿岩机排气口安装消声装置实现。

①凿岩机机外消声装置

凿岩机机外消声装置,指在凿岩机的排气口装上一段排气软管,将排出废气引向安装在气腿子内部或距工人一定距离处的消声器。消声器是用隔板分为两个不同小室的圆柱体。废气被引射器吸入,并经过扩散器进入小室。从扩散器出口到消声器排气口,空气经过隔板上分布不对称的小孔,不断改变其运动方向。通过降低接受小室的压力来补偿消声器气流的阻力,不仅能够使低频率噪声级降低 16~30 dB,而且能使钻进速度提高 20%~25%,起到降噪、降尘和降低油雾,改善工作面劳动条件的作用。

②凿岩机排气口消声装置

根据各类凿岩机的频谱特性和排气口形状,以及工人操作方法来设计各种类型的凿岩机排气口消声器。美国矿业局和奥萨克铅公司研制用于凿岩台车的风动凿岩排气口消声器。其原理如图 3-2 所示,当废气进入消声器时,通过前端弯曲的过风道后直接作用在第一块处于振动中的折流板上,再向中间流动。这样气流就按正弦曲线轨迹通过所有折流板,迂回折转、光滑流动,消除了排气的直线运动,缓和了气流,降低了排气速度。因折流板强烈振动,故折流板不会结冰。实验证明:该消声器可使排气噪声降低 15 dB(A),并可使整机噪声降低 8~10 dB(A),消声器内部不结冰,对凿岩机性能无影响。

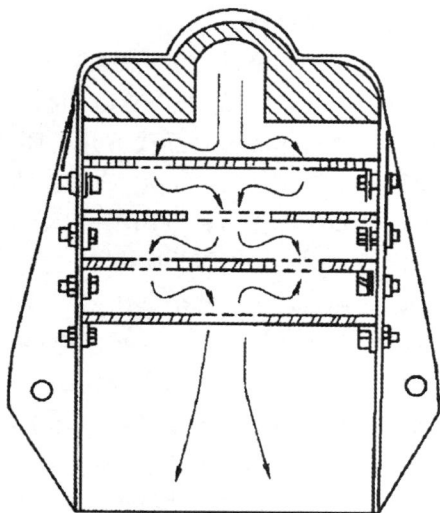

图 3-2　排气在消声器内的流动示意图

(2)降低钎杆冲击噪声的方法

钎杆噪声主要是活塞冲击钎尾引起钎杆振动而发出的噪声。通过理论分析和实验研究,欲降低钎杆噪声,可采取如下措施:

①增加活塞与钎杆撞击的延续时间。当撞击时间增加 1 倍时,声功率级约减少 12 dB。

②增加钎杆结构损失系数。在钎杆表面镀铬,可使结构损失系数增加 1 倍,声功率级减少 3 dB。

③增加钎杆横截面半径。比如,钎杆横截面半径增加 1 倍,可使高频范围的声功率级减少 13.5 dB,低频率范围的声功率级降低 4.5 dB。

④减少撞击偏心率,当撞击偏心率减少一半时,声功率级在全部频率内降低 6 dB。

⑤在钎肩处加橡皮垫,可使钎杆在钎肩处增加 1 个约束,使钎杆与活塞更趋于对中,加垫后凿岩机噪声级降低 3 dB(A)。

(3)降低机械噪声的方法

机械噪声是由机械部件振动、摩擦而产生的,属于高频噪声。采用高分子聚乙烯制包封套,可使凿岩机机械噪声由 115 dB(A)降至 100 dB(A)。另外,还可使用一种吸收噪声的合金制作凿岩机外壳,该合金能吸收振动应力,故衰减噪声能力特别强。

除此之外，还要采用结实的非谐振材料。例如用尼龙作棘轮结构和阀动结构的某些零件，使连接零件的相对运动变为尼龙和钢结构的运动，从而完全消除对钢的运动。同样，螺旋棒中四个棘爪和配气阀都换成尼龙件。另外，在螺旋棒头与它在柄体配合之间放进尼龙圆盘，可以防止冲击噪声。上述措施均可进一步降低机械噪声。

（4）降低岩壁反射噪声的方法

由于巷道空间有限，反射噪声形成混响场，从而增加了凿岩机噪声强度。国外曾做过在井下巷道周壁喷射膨胀泡沫稳定层的实验。该泡沫是一种烷基稳定泡沫，膨胀比为 25∶1，喷射后泡沫稳定层能牢固地粘贴在巷道壁面上，并保持一段时间不会脱落。因含水泡沫又软又多孔，可有效地降低岩壁的反射噪声。其吸声效果是随着其与凿岩机距离的加大而增加的，频率越高，效果就越好。当泡沫层厚度为 51 mm 时，可以较好地改善听觉环境。

2）凿岩台车的噪声控制

为提高采矿和掘进速度，目前国内外广泛采用多机岩壁台车，如美国和加拿大联合研制应用于万能-1 型台车的隔声防震司机室和法国赛马科掘进台车都装配有隔声防震操作间，为多机凿岩台车作业时全面改善井下环境提供了安全舒适的条件。

我国梅山铁矿在 CTC-141 型采矿凿岩台车上安装有隔声防震操作室，其隔声结构采用多层复合结构。操作室外壁用 1 mm 铅板夹在两层 15 mm 厚的聚氨酯泡沫塑料之间，泡沫塑料外侧覆盖 1 mm 的钢板，操作室的内壁覆盖 0.3 mm 的微孔铝板。操作室的前方装配两层不同厚度的强化玻璃，整个操作室都是由上述复合结构和玻璃窗等组成的隔声组合结构。操作室安装在台车双梁尾部，用螺栓连接，便于装卸。操作室底层装有 4 个弹簧起减震作用，室内有双人座椅，室顶两侧架设探照灯，使司机视野开阔，能清楚地看到顶、底板炮眼。玻璃窗顶部有两个喷嘴向玻璃喷出液体清洁剂，一个动臂型刮水器用来使玻璃保持清洁，以防止玷污玻璃，从而影响视线。操作室内安装有滤气装置和负离子发生器，净化进入操作室的空气中的粉尘、油雾和其他有害杂质，并使负离子通过风口和风流均匀混合进入室内，提高操作室内负离子浓度，改善室内空气质量。经测定：该操作室的隔声效果、滤尘效果、负离子发生量等指标均达到设计要求。改善凿岩台车操作人员的工作环境，可以满足矿山工业卫生的要求。

3）通风机噪声控制

通风机噪声主要由空气动力性噪声、机械噪声和电磁噪声组成。在这三种噪声中，空气动力性噪声危害最大，具有噪声频带宽、噪声级高、传播远等特点，并且比其他两个噪声源高 20 dB，因此是通风机噪声控制的重点。

（1）通风机噪声的控制方法

控制通风机噪声的根本措施是：改进风机的结构参数，提高风机的加工精度，从研制低噪声、高效率的新型风机入手，在设计新风机时可通过下列措施降低噪声：

①流线型进气道并配置弹头形整流罩，整流罩直接固定于叶轮上，可使气流均匀，减少阻力损失。

②装配流线型电机。

③增大电机定子和风机叶轮之间的距离。

④增加风机转动装置和导流器之间的距离。

对目前正在使用的高噪声通风机，应采取如下措施：

①主通风机噪声控制

a. 用隔声室隔离机体噪声。它将发声体和周围环境隔开，不让噪声向外辐射。其隔声效果与隔声室结构形式、材料面密度有关，可表示为：

$$TL = 18\lg(Mf) - 44 \tag{3-4}$$

式中：TL 为隔声室的隔声量，dB；M 为隔声材料的密度，kg/m；f 为频率，Hz。

某矿工在通风机壳两侧砌筑宽 240 mm、高 26 m 的砖墙，顶盖用 15 mm 钢板作隔声罩，该罩四周与混凝土地面接触处加垫一层橡胶，该罩实际隔声量达 27 dB(A)。若在罩内壁面敷设吸声层，可减少室内混响场，提高实际隔声量。

b. 排风口消声装置。矿渣膨胀珍珠岩吸声砖和水泥蛭石混合料吸声砖是目前主通风机排风口消声装置中较理想的材料。该材料具有耐热、耐潮、抗腐蚀、无二次污染物和较好地吸声性能等优点。图 3-3 为赤马山矿东、西风井排风口消声装置。采用排行式结构，消声器长 5~6 m，片间距为 0.25~0.36 m，通道风速为 5.65~12.65 m/s，阻塞比为 0.3~0.4，吸声砖厚度为 190 mm。经测定：东风井噪声由 113 dB(A) 降至 80 dB(A)；西风井噪声由 103.5 dB(A) 降至 78 dB(A)，阻力损失为 20~30 Pa。

②局部通风机噪声装置

a. 用各种吸声材料和消声装置结构制成的阻性消声器见图 3-4。该消声器是用玻璃纤维吸声材料固定在气流通道内壁而做成的片式通道消声器，安装在局扇进、出口。它的原理是当声波进入消声器后，吸声材料将一部分声能转化为热能而损耗掉。该消声器可使局部通风机噪声降低至 90 dB(A) 以下，但往往由于矿内空气十分潮湿，加上油、雾、粉尘的沉淀，在使用一段时间后，消声效果明显下降。

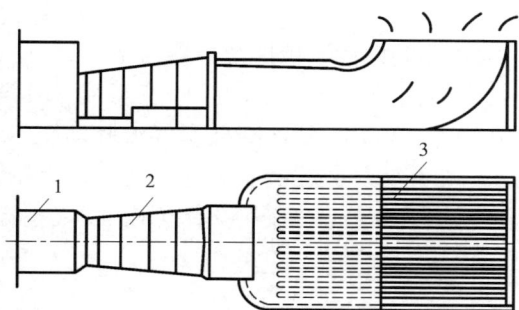

1—风机房；2—风机机壳；3—吸声砖。

图 3-3　赤马山矿风井排风口消声装置

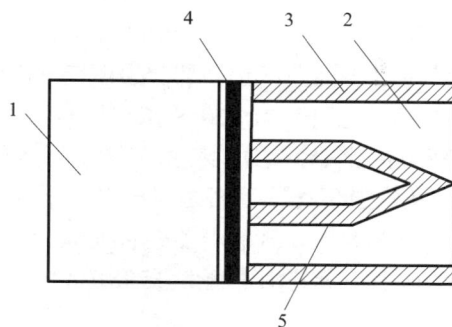

1—局扇；2—消声器；3—吸声材料；4—法兰；5—消声柱。

图 3-4　阻性消声器

b. 微穿孔板消声器。该消声器采用双层微穿孔板套制而成，如图 3-5 所示。这种由板厚为 1 mm、孔径为 1 mm、穿孔率为 0.5%~5% 的金属微穿孔板和空腔组成的阻抗复合消声结构，是一个良好的共振式吸声体，可使 11 kW 和 5.5 kW 局部通风机噪声降低到 90 dB(A) 以下。

c. 柔性消声器。近年来，瑞典研制出一种矿井局扇柔性消声器。该消声器的外壳材料是聚氯乙烯，吸声材料是高密度的矿渣棉，衬里材料是穿孔薄钢板，长度为 1 m，进气消声器与排气消声器结构相同，两者可以互换使用。若进气消声器被压扁，内径减小时，可换成排气消声器，则正压可迫使内径恢复原状。风机壳体贴上致密泡沫塑料，外用 PVC 密封，可使噪

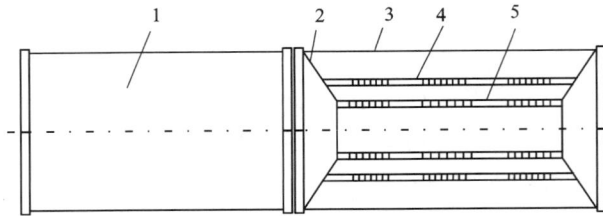

1—局扇；2—支撑圈；3—消声外壁；4—孔板外层；5—孔板内层。

图 3-5　微穿孔板消声器

声降低 13~20 dB(A)。目前，该消声器广泛地使用于国外金属矿井。

4)空压机噪声控制

(1)空压机噪声的产生及其特性

空压机噪声是由进、出口辐射的空气动力性噪声，机械运动部件产生的机械性噪声和驱动机(电动机或柴油机)噪声组成。从空压机组噪声频谱可看出：声压级由低频到高频逐渐降低，呈现低频高、频带宽、总声级高的特点。由于矿井空压机房多建在副井口附近，噪声会掩蔽运输和提升信号，容易造成井口地面的运输工伤事故频发。

(2)空压机噪声控制方法

①进气口消声装置

在整个空压机组中，以进气口辐射的空气动力性噪声为最强，解决这一部分噪声的方法是安装进气消声器。对一些进气口在空压机房的场合，可先将进气口由车间引出房外，然后再加消声装置。这样，消声装置的效果会发挥得更好。

针对空压机进气噪声是低频声较突出的特点，消声器的设计以抗性消声器为主。

图 3-6 为用于 4L-20/8 型空压机上的消声器。它由两节不同长度的扩张室组成。其消声原理为：当气流流通时，由于体积骤然膨胀，起到缓冲器作用，从而降低了气流脉动压力。同时，在管道不连续界面处因声阻抗不匹配而使声波产生反射，阻止了某些声波频率范围，提高了消声效果。该消声器的各连通管不在同一轴线上，可以延宽消声频率范围，提高消声效果。该消声器的消声值为 15 dB(A)。

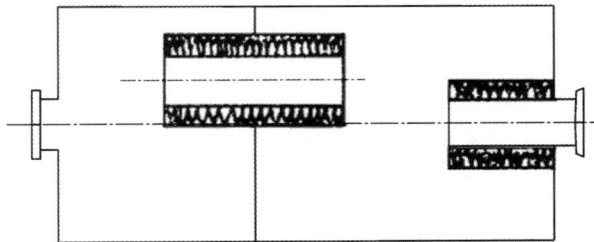

图 3-6　4L-20/8 型空压机进气消声器

②机组加装隔声罩

空压机组隔声罩壁是选用 25 mm 厚的钢板，内壁涂刷 5~7 mm 厚的沥青作为阻尼层。根据操作的要求，隔声罩上有一扇足够大的门并镶有玻璃窗。为了供空压机进气和冷却用风及散热排风，应在隔声罩的适当位置安装消声器。为了检修和安装的方便，隔声罩应做成装卸式结构，如图 3-7 所示。经测定，在空压机旁 1 m 处的噪声级由 11615 dB(A)降到了 9015 dB(A)。

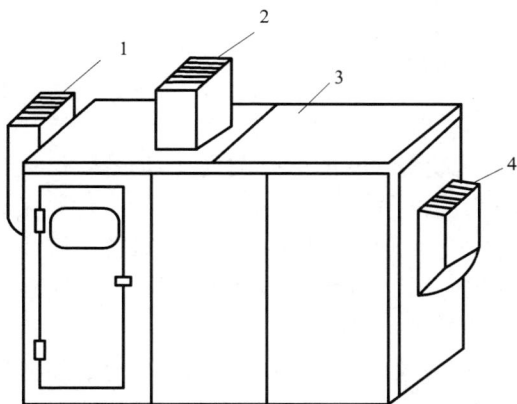

1—进气消声器；2—排气消声器；3—隔声罩；4—电机进气消声器。

图 3-7　空压机隔声罩

③空压机管道的防震降噪

空压机排气至贮气罐的管道，由于受排气的压力脉动作用，而产生振动且辐射出较强的噪声。可采取下列方法防震降噪。

避开共振管长：为了防止管道共振，在设计管道长度时，一定要避开共振管的长度(简称共振管长)。所谓共振管长，是指空压机激发频率与管内气柱系统的固有频率相吻合而引起共振时管道的长度。对于空压机的管道，它一端与压缩机的气缸相连，另一端与贮气管相连通。由于贮气罐的容积远远大于管道容积，所以可将管道看成一端封闭。设计输气管长度时，应尽量避开与共振频率相关的长度。

在排气管道中加装节流孔板：节流孔板相当于阻尼元件，对系统脉动起减弱作用，从而降低管道的振动和噪声的辐射。

④贮气罐的噪声控制

空压机不断地将压缩气体输送到贮气罐内，罐内的压缩空气在气流脉动的作用下，产生激发振动，并伴随强烈的噪声，同时激励壳体振动和辐射噪声。这种噪声，除采取隔声方法外，也可以在贮气罐内悬挂吸声体，利用吸声体的吸声作用，阻碍罐内驻波的形成，从而达到吸声降噪的目的。

⑤空压机站噪声的综合治理

目前采矿企业内的空压机站均有数台空压机运转，如对每台空压机都安装消声器，虽能取得一定的降噪效果，但整个厂房的噪声水平并不能得到根本改善。要想从根本上改善噪声水平，可采取如下措施：

建造隔声间：根据空压机站运行人员的工作性质要求，他们并不需要每班 8 h 都站在机旁。建造隔声间作为值班人员的停留场所，是控制噪声切实可行的措施。在隔声间内应有各机组的开、停机按钮和控制仪表，这种方式可使隔声间噪声降低到 60~65 dB(A)。

在空压机站内进行吸声处理：可在顶棚或墙壁上悬挂吸声体，可使噪声降低 4~10 dB(A)。

3.5　矿山振动与防护

3.5.1　矿山振动的产生与分类

1)矿山振动的产生

受外力作用而运动的机械设备，不论是以圆周运动形式出现，或是以往复运动形式出现，由于机械部件之间都有力的传递，因而总会产生振动。这些振动能量的一部分由振动的机器直接向空间辐射，称为空气声；另一部分振动能量则通过承载机器的基础向地层或建筑物结构传递，并激发建筑物的地板、墙面、门窗等结构振动，然后再次向空气中辐射噪声，这种通过固体传导的声音叫作固体声。

振动不仅能激发噪声，而且能通过固体直接作用于人体，危害身体健康。轻弱的振动会影响精密仪器的正常使用，而强烈的振动会损害机器和建筑物。振动所产生的空气冲击波具有较宽的频率。对较高的频率范围，人类能听得见，故被视为噪声。同时，在空气冲击波频率低于 20 Hz 时，声音的能量人类是听不到的，但会导致物体振动。还有一个重要的振动源是振动的机械，如破碎和研磨过程及振动筛分，它们在空气中会产生非常低频的声能，这种在空气中的低频率声波有时能导致设备的振动。

2)矿山振动的分类

厂矿企业的振动，按对人的影响特征可分为局部振动和整体振动。

(1)局部振动一般指各种振动较大的手动工具(如风钻、电铲等)，或者通过手操纵的振动较大的设备所产生的振动，它们仅局部作用于操纵者。

(2)整体振动是由各种设备所产生的振动通过地基传递给附近的操作者，从而引起全身的振动。

在对环境振动的观测中，按振动的特性，可将其划分为以下三种：

(1)稳定振动：观测时间内振动变化不大的环境振动；

(2)冲击振动：具有突发性振动变化的环境振动；

(3)无规振动：未来任何时刻不能预先确定振级的环境振动。

3.5.2　矿山振动的危害

振动往往伴随着噪声的产生，除噪声对人体健康的危害外，振动对人体健康的影响也很大，特别是对采矿工(如凿岩工)的影响尤为明显。他们长期接受振动刺激，因而有些人患振动病。初期病人常伴有双手麻木、末梢血管功能紊乱、血管痉挛，以及头晕耳鸣等症状，此时常称为血指病。如继续接振，病情进一步发展，就会导致骨骼的改变，此时称为振动病。红透山铜矿普查结果表明，血指病在接振工人中的发病率为 48.7%；由锡矿山锑矿的普查结果发现，凿岩工的振动病发病率为 14.9%，平均发病工龄为 6.5 年。

除此之外，振动会对建筑物和设备造成损害。如大型振动筛、空气锤、破碎机等辐射的强烈噪声和振动,会将建筑物的墙振裂、瓦振落、玻璃振碎,使得设备基础和设备被损坏,甚至使一些自动控制和遥控仪表及设备失效。更严重的振动,如爆破的强烈冲击波,甚至会对周围环境产生严重破坏。尤其是对其附近古建筑、历史遗迹、自然景观而言,如产生破坏,其损失将是无法弥补的。

3.5.3　矿山振动的防治

矿山中各种机械设备的振动都必然会引起噪声,噪声的防治必须先从防治振动入手。矿山出现的某些振动,如爆破产生的强烈振动和空气冲击波、工人操作振动较大的设备(如风镐、风钻、电铲等)所受到的局部振动,以及各种设备产生振动时通过地基传给就近操作者而引起的全身整体振动,这些都是必须加以重视和防治的。

1)爆破振动和空气冲击波的防治

爆破会产生噪声,引发地面振动和空气冲击波。一般来说,振动越大,噪声也越大。振动的控制方法主要为改进爆破设计以减少地面振动水平和噪声。如:

(1)通过使用迟发、减小孔径或分段装药等方式来减少最大发药量。

(2)通过改变钻孔方式,或改变钻孔间距、深度、倾角。

(3)对所有爆破钻孔实行严格的间距和方向控制。

(4)使用能获得较好孔底条件的小孔径实用超探钻孔。

(5)研究岩石破碎的替代技术,如采用水力破碎机。

(6)减少最大装药量、确保炮眼厚度和选择合适类型、消除暴露式起爆和二次爆破等方法可降低空气冲击波和噪声。

(7)安排爆破时间要适应当地条件,如在人们工作繁忙期间,而不是在休息期间爆破。同时,应尽量保证能定时爆破,让附近居民能有所防备。

(8)将爆破安排在有利天气条件下进行,一般最好在凌晨 5 点到下午 5 点进行,可把温度逆转引起的噪声增大减到最小,同时还要注意大风天气对爆破噪声和空气冲击波的影响。

(9)爆破时无关人员应远离现场或进入隐蔽室,减少受噪声和空气冲击波的影响。

2)操作人员所造成的振动危害的防治

(1)采取降低风动工具振动的措施,如采用低噪声空气压缩机、减少空气压力变化速度、在风动工具各运动部件之间安装减振器等。

(2)在操作工手持把柄和风动工具机壳之间安装减振器,采用风钻手柄减振装置,或采用减振手柄和减振套管。

(3)对各种易产生较大振动的设备,如磨矿机、冲压机、振动筛等,应注意提高安装精度,并安装在具有较好防振性能的基座上,或采用多孔橡胶减振垫等。

(4)对工人操作位置采取隔振或个人防振措施,如建立减振工作台、安置防振座椅。

(5)加强对机械设备的检查与维修,保证机器运动件的平衡。

3.5.4　矿山设备隔振与减振技术

振动物体对其周围环境的影响,是通过它与周围环境的相互作用产生的。振动物体和其他物体的相互作用可以是直接的,也可以是间接的。振动物体对人体的作用存在两种形式:一是噪声,对人体的听觉器官;二是振动,对人体的触觉器官。

减振或隔振不仅可以改善工作人员的工作环境，使其免受噪声和振动的危害。同时，还能改善机器的工作状态，保护机器免受损坏，提高产品或工作质量，以及防止振动对周围设备、仪表的影响。

减振与隔振虽是两个不同的概念，但两者常同时使用，如在隔振设计中考虑阻尼的作用，甚至额外添设附加阻尼器。

振源产生振动，通过介质传至受振对象，因此，振动污染控制可从三个方面入手：振源控制、传递过程中控制和受振对象控制。隔振就是在设备和底座之间安装适当的隔振器，组成质量弹簧系统。在隔振技术中，往往会碰到大量的振源隔离问题。如对通风机、电动机、水泵、空压机、凿岩机等设备振动噪声的隔离均属于此类问题。

利用弹性支撑使系统降低对外加激励产生响应的能力。将振动源与地基的刚性连接改为弹性连接，能减弱或隔绝振动能量的传递，从而实现减振降噪的目的。

隔振有主动隔振和被动隔振之分，前者为对振动源设备采取隔振措施，防止振动传到其他场合。后者是对怕受振动干扰的设备、仪器或人采取隔振措施，防止外来振动的影响。

在机械设备和基体之间选择合理的隔振材料或装置，防止振动的能量以噪声的形式从机械设备传递到别的场所，不仅方便经济，而且效果好。原则上凡是能支撑运转设备动力荷载，又有良好弹性的材料或装置，均可用作隔振材料或隔振元件。目前在工程中常用的隔振元件和材料主要有弹簧、橡胶、软木等，此外空气弹簧、液态弹簧也在发展应用中，但国际上金属弹簧和橡胶应用最为广泛。

以下是几种工程中常用的隔振元件和材料。

1) 金属弹簧

金属弹簧是一种用途广泛的隔振器件，按受力性质可分为拉伸弹簧、压缩弹簧、扭转弹簧和弯曲弹簧；按形状可分为碟形弹簧、环形弹簧、板弹簧、螺旋弹簧、截锥涡卷弹簧以及扭杆弹簧等。普通圆柱弹簧由于制造简单，且可根据受载情况制成各种形式，故应用最广。弹簧的制造材料一般来说应具有高的弹性极限、疲劳极限、冲击韧性及良好的热处理性能等，常用的有碳素弹簧钢、合金弹簧钢、不锈弹簧钢以及铜合金、镍合金和橡胶等。弹簧的制造方法有冷卷法和热卷法。对于弹簧丝，直径小于 8 mm 的一般用冷卷法，大于 8 mm 的用热卷法。有些弹簧在制成后还要进行强压或喷丸处理，以提高弹簧的承载能力。

金属弹簧的不足之处是它自身的阻尼很小，使得系统共振时的振幅增大，也使自由衰减振动的周期变长，在运转或停车时，转速通过共振频率时会产生共振，因此在使用时需要另加阻尼或将弹簧浸没在油罐里。此外它还容易传播高频振动，使用时一般要加橡胶垫。

在实际工程中，为使每个支撑点上都能承受更大的载荷，往往采用两个或几个直径不同的弹簧同心安装，构成并联式压缩组合弹簧。为避免支撑面过大扭转和弹簧相互嵌入，同时保持各弹簧的同心度，组合时弹簧应做成右旋和左旋以便相互间隔安装。

2) 橡胶类隔振器

橡胶隔振器按形状和使用方法可以分为压缩型、剪切型、压缩-剪切型等，使用最广泛的是压缩型。

橡胶隔振器可用于受切、受压或切压，很少用于受拉的情况。其优点是可以做成各种形状和不同劲度。其内部阻尼作用比钢弹簧大，并可降低至 10 Hz 左右的激发频率。缺点是使用久了会老化，而且在重负载下有较大蠕变（特别在高温时），所以不应受超过 10% ~ 15%

（受压）或 25%~50%（切变）的持续变形。天然橡胶的固有频率略低于合成橡胶，其机械性能特点为：变化小，拉力大，受破坏时延伸率大，而且价格较低，但不能用于与油类、碳氢化合物、臭氧接触的设备和环境温度较高处。氯丁橡胶和丁腈橡胶隔振器抗碳氢化合物和臭氧的性能良好，丁腈橡胶隔振器还可适应高温。硅酮橡胶隔振器可用于其他材料不能胜任的低温或高温（-75~200℃）环境。

各种动力泵连接管道也是一种振动源，为防止管道的固体振动传声，必须在管道上装直弹性接头，其中以橡胶接头应用最为广泛。

3）空气弹簧

空气弹簧的工作原理是在密闭的压力缸内充入惰性气体或者油气混合物，使腔体内的压力高于大气压的几倍或者几十倍，利用活塞杆的横截面积小于活塞的横截面积产生的压力差来实现活塞杆的运动。常用的空气弹簧装置由弹簧体、附加气室和高度控制器三个部分组成。

空气弹簧具有金属弹簧和隔振橡胶所没有的特点，它具有较低的固有振动频率（0.7~3 Hz）、较高的阻尼比（0.1~0.2），承载范围宽，且承载能力、弹簧常数、工作高度彼此独立而又具有可设计性。

由于空气弹簧的非线性特性，使得空气弹簧的刚度随载荷变化而变化，故在不同载荷下，可使振动系统的固有频率几乎保持不变。对于空气弹簧，当载荷增加时，弹簧的内压力也增加，弹簧的承载能力随内压力成正比例地增加，而弹簧常数又随内压而成正比例地增加，所以刚度随载荷变化。另外，同一空气弹簧，通过调整工作气压，可以有不同的承载能力，空气弹簧在承受轴向载荷的同时，也能承受一定径向载荷和传递扭矩。因此，空气弹簧具有较好的振动和噪声隔离性；缺点就是制造成本高，工作时需要提供压缩气体，使用成本较高。

4）玻璃纤维

玻璃纤维具有质轻、不易老化、不腐、不蛀、取材方便、造价低廉等优点，已广泛用作保温、吸声材料。由于它有较好的弹性，国外早已用作减振材料，我国亦在不少隔振工程中使用了这种材料。玻璃纤维的隔振效能来源于纤维之间的空隙压缩而产生的弹性，材料的阻尼来源于纤维之间的内摩擦。它对化学反应不敏感，亦不会燃烧，具有抗酸碱和耐油的良好性能。当在玻璃纤维上施加的荷载超出最大使用荷载时，永久变形亦较小。

实践证明，玻璃纤维是一种良好的隔振材料，可用于负载不大的设备隔振。

3.6　采场高温热害防治

随着采矿工业的发展，矿井开采深度逐渐增加，综合机械化程度不断提高，地热和井下设备向井下空气散发的热量显著增加，矿井水分蒸发使空气湿度增加，从而使井下工作环境越来越恶化。此外，一些地处温泉地带的矿井，虽然开采深度不大，但从岩石裂隙中涌出的热水以及受热水环绕与浸透的高温围岩也都能使矿内气温升高、湿度增大。矿内高温、高湿环境严重影响井下作业人员的身体健康和生产效率，这种问题称为热害。矿井高温热害防治是控制矿井空气的温度、湿度，使其符合劳动安全和卫生要求的技术，是改善矿内气候条件的主要措施之一。

3.6.1 采场高温热害的形成原因

能够引起矿井气温值升高的环境因素统称为矿井热源。在众多矿井热源中，有些热源所散发热量的多寡主要取决于流经该热源的风流温度及水蒸气分压力。例如岩体放热和水与风流间的热湿交换就属于这种类型，一般称这类热源为相对热源或自然热源。另一类热源所散发的热量并不取决于风流的温度、湿度，而仅取决于它们在生产中所起的作用，例如机电设备的放热，称这类热源为绝对热源或人为热源。

影响矿内热害形成的因素有很多，矿内热源主要来自高温岩层放热、矿岩氧化放热，以及矿内热水散热等。应当指出的是，围岩放热和矿井深度有关。一般来说，矿内岩石温度是随着开采深度的增加而升高的。如印度的科拉金矿开采深度为 1000 m 时，岩石温度为 36℃；开采深度为 2000 m 时，岩石温度增至 49℃；当开采深度增加到 2500 m 时，岩石温度增至 56℃。我国安徽省某硫铁矿矿内岩石温度为 40℃；安徽省某铜矿矿内岩石温度则高达 40~60℃。

1）地表气象条件

井下的风流是从地表流入的，因而地表大气温度、湿度与气压的日变化和季节性变化势必影响到井下。地面大气的气象条件，尤其是气温变化具有地区性、季节性和昼夜性的特征。

以昼夜或一年为周期，气温变化近似按正弦曲线的规律变化。这种变化对矿井气温的影响随着进风距离的增加而衰减。同时，大气的昼夜变化对矿井影响小，而以年为周期的变化则相反。

地表大气温度在一昼夜内的波动称为气温的日变化，它是由地球每天接受太阳辐射热和散发的热量变化造成的。虽然地表大气温度的日变化幅度很大，但当它流入井下时，井巷围岩将产生吸热或散热作用，使风温和巷壁温度达到平衡，井下空气温度变化的幅度就逐渐地衰减。因此，在采掘工作面上基本觉察不到风温的日变化情况。当地表大气温度突然发生持续多天甚至数星期的变化时，这种变化还是能在采掘工作面上觉察到的。

2）高温岩层放热

地球内部热量通过井巷壁以一定强度向矿井空气中散发。在太阳辐射热与地热的共同作用下，地壳从上至下形成如下温度带：

外热带（变温层）——由地面向下 20~30 m，随气温变化而变化。

过渡带（恒温层）——不受太阳辐射热和地热作用，为一薄层，其温度接近矿区平均气温值。

内热带（增温层）——岩温受地热影响，随矿井深度增加，岩温递增。

其关系为：

$$T = T_0 + (H - H_0) / g_r \tag{3-5}$$

式中：T 为深度 H 处岩石原始温度，℃；T_0 为恒温带的岩石温度，℃；H 为计算地点距地表的深度，m；H_0 为恒温带距地表的深度，m；g_r 为地温率，m/℃。

几个金属矿山的地温率见表 3-5。

表 3-5　几个金属矿山的地温率

矿山	地温率/($m \cdot \text{℃}^{-1}$)
南非威特沃特斯兰德金矿	72.9
印度科拉金矿	64.1
美国马格马铜矿	36.2~60.2
中国石嘴子铜矿	50

高温岩层的井巷岩壁与矿井空气的热交换按以下公式计算:

$$Q_r = 1000KF(T - t) \tag{3-6}$$

式中: Q_r 为岩层的散热量, kW; K 为井巷岩壁与矿井空气的不稳定传热系数, $W/(m^2 \cdot \text{℃})$, 通常采用数学分析法或数理统计法求解; F 为井巷表面积, m^2。

高湿岩层是最重要的矿井热源之一。井巷岩壁与矿井空气之间的热交换以导热、对流、辐射三种基本方式组成了复杂的关系, 因与通风时间长短有关, 所以属不稳定热交换。

矿区地温场既受深部地热背景和矿区地质构造的控制, 又受矿区开采历史的影响。矿井的通风、排水过程, 对地温场产生扰动。通风井巷岩壁附近扰动的范围由几米至几十米, 从进风侧至排风侧逐渐变薄。疏干对地温场的扰动远比通风强烈, 往往超过开采深度。

3) 矿内热水散热

对于大量涌水的矿井, 涌水可能使井下气候条件变得异常恶劣, 我国湖南的 711 铀矿和江苏的韦岗铁矿就曾因井下涌出大量热水, 迫使采矿作业无法安全、持续地进行, 经采用超前疏干后, 生产才得以恢复, 因而在有热水涌出的矿井里, 应根据具体的情况, 采取超前疏干、阻堵、疏导等措施。

地下水将深部地热带至浅部, 其温度高于出露点的地温, 热水与矿井的空气热交换计算式为:

$$Q_{su} = 1000\alpha_{su} F_{su}(t_{su} - t) \tag{3-7}$$

式中: Q_{su} 为热水散热量, kW; t_{su} 为热水平均温度, ℃; t 为空气温度, ℃; F_{su} 为热水散热面积, m^2; α_{su} 为热水表面向空气(对流)的放热系数, $W/(m^2 \cdot \text{℃})$, $\alpha_{su} = 1.163 \times (4.9 + 3.5v)$; v 为水面上的风速, m/s。我国几个金属矿山的热水温度见表 3-6。

表 3-6　我国几个金属矿山的热水温度

矿山	水温/℃
辽宁岫岩铝矿坑	48~53
湖南 711 铀矿	43~52
江苏镇江韦岗铁矿	43~47

4) 机电设备放热

随着机械化程度的提高, 矿井中采掘工作面机械的装机容量急剧增大。机电设备所消耗的能量除了部分做有用功外, 其余全部转换为热能并散发到周围的介质中去。由于在矿井井下, 动能的变化量基本上是可以忽略不计的, 所以机电设备做的有用功是将物料或液体提升到较高的水平，即增大物料或液体的位能。而转换为热能的那部分电能，几乎全部散发到流经设备的风流中。回采机械的放热仍是使采面气候条件恶化的主要原因之一，它能使风流温度上升 5~6℃。

矿井机电设备运转时的电流热(Q_D)

$$Q_D = 1 \times 10^6 \eta_z N \tag{3-8}$$

式中：Q_D 为机电设备运行的散热量，kW；η_z 为电机总利用系数；N 为电机安装功率，kW。

矿井内燃设备运转散热(Q_N)：

$$Q_N = 2710 BC\eta N \tag{3-9}$$

式中：Q_N 为内燃设备运转散热量，kW；B 为内燃设备燃料平均消耗量，kW；η 为内燃散热量百分比，%；N 为内燃机有效功率，kW；C 为燃料热值，kJ/kg。

5）空气压缩散热

空气沿进风井下降和压入式通风，通过风机而受到压缩转化的热量为空气压缩散热量。这个过程一般为多变过程，若简化为绝热过程，则井深每增加 100 m，气温升高 1℃。

6）其他热源

包括爆破、井巷岩壁、采掘工作面矿岩或木支架氧化放热；整体矿岩崩落时释放的能量转化为热量；人体、热介质(压气、热水等)输送管道等放出的热量。

3.6.2　采场高温热害的指标

由于影响人体热平衡条件的复杂性和不同矿区矿工耐高温性的差异，世界各国采用的评价矿内热环境的指标和制定的矿内劳动条件的标准也不尽相同。在矿井条件下，影响人体热平衡的主要微气候条件是空气的温度、湿度和风速。因此，仅用一个干球温度或湿球温度来制定矿内气候标准是不完善的。但是，要找到一项完全能准确地反映环境因素对人体热平衡综合影响的指标也是很困难的。

目前采用的表征矿内热环境的指标可以归纳为三类，即直接型指标、经验型指标和理论型指标。

1）直接型指标

（1）干球温度(t)

干球温度是人们最熟悉和易于测定的，但不能全面反映出矿内的气候条件及人体的热感觉。

（2）湿球温度(t_w)

在矿内的热湿环境中，湿球温度能反映环境的热湿情况。在一定的条件下，1℃ 湿球温度的变化与 9.3℃ 干球温度的变化对人体热舒适度的影响相同。

（3）风速

在井下高温作业场所，若能保证足够的风流运动，空气的冷却能力就会被改善，就能增加人体的散热能力。实际经验表明，适当增加井下风流的风速，能有效降低空气的干、湿球温度。

2）经验型指标

（1）卡他度

卡他度是指被加热到 36.5℃ 时的卡他温度计的液球在单位时间、单位面积上所散发的热量，单位为 mcal/(cm²·s)。

卡他度可通过测定卡他温度计的液柱由 38℃ 降到 35℃ 所经过的时间(t)而求出，即

$$H = F/t \tag{3-10}$$

式中：H 为卡他度；F 为卡他计常数；t 为由 38℃降到 35℃时所经过的时间，s。

（2）等效温度

等效温度以气流静止不动（风速为零）而相对湿度为 100%的条件下使人产生某种热感觉的空气温度，来代表不同风速、不同相对湿度、不同气温条件下使人产生的同一种热感觉。

（3）湿黑球温度

湿黑球温度同时综合了温度、湿度、风速和热辐射四项指标，用湿黑球温度指数 WBGT 表示。

$$WBGT = 0.7t + 0.3t_w \tag{3-11}$$

式中：t 为井下空气的湿球温度，℃；t_w 为黑球温度，℃。

3）理论型指标

比冷却力（SCP）是近年来业内努力推行的一种理论型的评价矿内气候条件的指标。该指标建立在传热学的理论基础之上，它表示周围环境通过辐射、对流与传导、蒸发等方式对正在劳动的人体皮肤表面（平均按 1.75 m² 计算）的最大冷却能力，其计算单位是 W/m²。比冷却力与人体能量代谢率相适应，是人体与周围环境的最大热交换速率。

3.6.3　采场高温热害的危害及影响

1）高温对人体的危害

井下作业不仅是一项高耗能作业，而且危险性很大。如果井下温度很高，不仅影响高温作业中工人的身体健康，降低劳动生产效率，而且威胁到井下的安全生产。研究人体与热环境的关系有利于采取适当的措施保护矿工的身体健康和提高劳动生产率。它包括人体热平衡和舒适感、人体的散热、矿内热环境对人的影响三个部分。

（1）矿井热环境对工人身体健康的影响

高温高湿的气候环境不仅会使人感到不舒适，产生过高的热应力，还会破坏人体的热平衡，使人体的温度调节机制失调，导致中暑；另外，它还会使人的心理、生理反应失常，从而降低劳动生产率，增大事故率。因此研究生产环境的热应力与人体的热应变，减少热环境对人体的不良影响与危害，以及减少对生产的不利影响成为矿井通风安全的主要任务之一。

研究热环境条件对人体的生理作用，首先要建立人体热平衡的数学模型。模型公式为：

$$S = M - W \pm C \pm R - E \tag{3-12}$$

式中：S 为蓄热量；M 为新陈代谢产热量；W 为机械功；C 为对流散热；R 为辐射散热；E 为蒸发散热；"+"为人体吸热；"-"为人体散热。

若 $S = 0$，表明人体达到热平衡，感觉良好；若 $S > 0$，表明环境高温、高湿、R、C、E 值下降，体温上升，感觉不好。在高温环境下，人体的生理功能会发生一系列变化，出现诸如体温升高、水盐代谢失调、造血系统负担加重、肾脏负荷增加等症状，进而引起中暑，引发心脏、消化道、泌尿系统等的疾病。

（2）热环境对工人生理功能的影响

高温高湿气候对矿工的影响是多方面的。恶劣的气候条件会降低人的体力和脑力，严重时会损伤人体健康，甚至危及生命。

人体处在热环境时，血管舒张，血流量增多，由血液带到皮肤的热量增多，皮肤的温度升高,从而增大了与环境的对流和辐射换热。工人在高温高湿环境中劳动时,身体根据作业环境条件及劳动强度自动调节血流量。当劳动强度加大,耗氧量增多时,通过皮肤的血流量增多,伴随着整个血液循环加速,心率加快。有人认为心率 150~200 次/min 为耐受上限,若心率再提高,可能导致因向大脑供血不足而休克,休克时会大大削弱大脑的调节能力,再加上较高的能量代谢作用,可使体温升高到危险境界。

人体在下丘脑热调节中心的控制下,产热与散热处于动平衡状态,体温基本维持在 37℃ 左右。在高温、高湿环境以及繁重的体力劳动条件下,能量代谢加速,产热量增多,出汗量也随之加大,相对排汗率下降,体内热量散发不出去,积热会愈来愈多,致使热调节系统失调,动平衡遭到破坏,很可能引发热病。

图 3-8 所示为人体在热环境中的生理-病理变化,图中实线表示正常生理反应,虚线表示不良反应(说明外界环境的热作用已超过人体正常调节范围)。由此可以看出,环境热量的增加会危害人体健康,甚至使人热虚脱死亡。

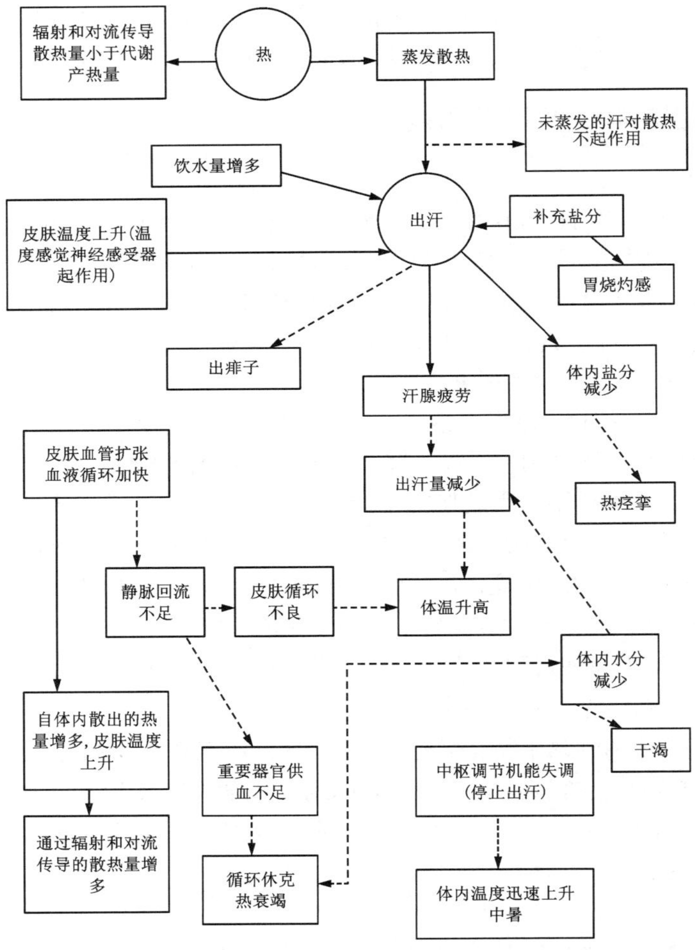

图 3-8　人在热环境中的生理-病理变化图

人体在热环境中作业，是有可耐限度的。可耐限度包括可耐时间和可耐温度两部分。可耐时间是指人们从开始作业到不能忍受高温影响的时间；可耐温度是指人们不能忍耐的温度。可耐时间和可耐温度都是以人们在高温作业环境中劳动不出现生理危害或伤害作为极限，是一个临界标准。可耐时间和可耐温度总称为安全限度，不可超越。

图 3-9 表示一般人对高、低温的主诉可耐时间，图中两条曲线中间的区域为主诉可耐区。环境温度超过可耐温度，就有造成对人体伤害的可能。一般高温对人体的影响有两种：图 3-9 中曲线 1 表示局部性伤害（如烧伤等）；曲线 2 表示全身性伤害。局部性伤害主要发生在很高温度下的突然暴露，首先伤害皮肤，而后由表皮深入到组织内部；全身性伤害的温度不一定特别高，但高温暴露的时间长，体内积热过多，以致引起种种不适症状。人体长时间处于高温状态引起的症状有头晕、头痛、恶心、出虚汗、疲乏、焦虑、易激动、自持能力降低，严重者会出现虚脱、抽搐、热惊厥、中暑甚至死亡。

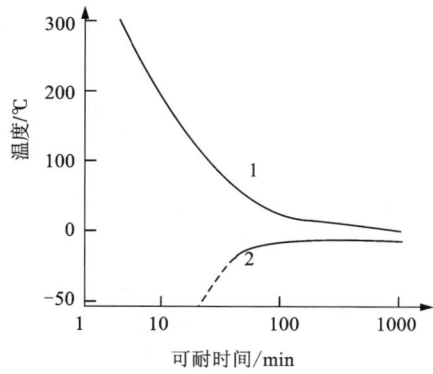

1—局部性伤害；2—全身性伤害。

图 3-9　一般人对高、低温的主诉可耐时间

人体产生的热量除了部分为维持生命活动所需之外，余下的则作为机械活动对外做功之用。但由于人体的机械效率很低，多余的热量需散发到周围空气中，不然就要危及人体健康甚至生命。

我国医学科研部门曾在一些矿井，对在井下高温环境作业的矿工的身体健康状况进行了调查。调查结果表明，在高温高湿的作业环境，尤其是当风温高于 28℃ 时，矿工某些疾病的发病率明显上升。

（3）不同气候条件下人体的热感觉和对人体健康的影响

表 3-7 所示为研究得出的不同井下气候条件下劳动人员的感觉。与劳动人员的感觉关系最密切的三个井下气候条件因素是风流温度、相对湿度和风速。

表 3-7　不同的井下气候条件下劳动人员的感觉

风流温度/℃	相对湿度/%	风速/(m·s⁻¹)	矿工感觉
21~28	96	<0.5	闷热
	97	0.5~2.0	热
	97	2.0~2.5	稍热
28~29	97	<1.0	闷热
	97	1.0~2.0	热
	97	2.0~3.0	稍热
	97	>3	凉爽

续表 3-7

风流温度/℃	相对湿度/%	风速/(m·s⁻¹)	矿工感觉
29~30	97	<1.5	闷热
	95	1.5~3.0	热
	96	3.0~4.0	稍热
	95	>4.0	凉爽
>30	95	>4.0	热

如表 3-8 所示，当井下的有效温度大于 32℃时，劳动人员在生理上就有不适感，表现为心跳加快，出汗量增加；当井下有效温度大于 35℃时，人体心脏负担加重，出汗量急剧增加，水盐代谢也急剧加快，面临极大的热伤害，身体健康将受到非常大的损害。同时，高温高湿的气候环境会大大降低劳动生产率，增加事故的发生率。

表 3-8 井下不同风流的有效温度对人体的影响

有效温度/℃	热感觉	生理学作用	肌体反应
40~42	很热	强烈的热效应影响出汗和血液循环	面临极大的热伤害，妨碍心脏、血管的血液循环
35	热	随着劳动强度的增加，出汗量迅速增加	心脏负担加重，水盐代谢加快
32	稍热	随着劳动强度的增加，出汗量增加	心跳增加，稍有不适感
30	暖和	以出汗的方式进行正常的体温调节	没有明显的不适感
25	舒适	靠肌肉的血液循环来调节	正常
20	凉快	利用衣服加强显热、散热和调节作用	正常
15	冷	鼻子和手的血管收缩	黏膜、皮肤干燥
10	很冷	—	肌肉疼痛，妨碍表皮血液循环

（4）高温作业中常见的热病

在高温、高湿环境及繁重体力劳动的条件下，人的能量代谢大大加快，产热量增多，出汗量也加大，相对排汗量下降，体内热量散发不出去，积热增多，导致人体产热与散热的动平衡状态遭到破坏，此时极可能发生热病。其中常见的热病有中暑、热衰竭、热虚脱以及热痉挛。

2）高温对劳动效率的影响

劳动环境对人的精神状态和体力影响很大，它直接关系到每个人在劳动过程中的能量消耗和作业能力。人们在劳动时所消耗的能量是由肌肉细胞中的三磷酸腺苷（ATP）分解提供的。在高温高湿环境中从事繁重的体力劳动，需要的能量很多，而形成 ATP 的速度不能满足需要。在高温高湿环境中作业，随着劳动强度的加大，人体的热负荷增多，当热负荷超过一定限度时，人会感到闷热不舒适，极易产生疲劳感，从而使得劳动效率下降。

据研究分析知，高温对工作效率的影响大体有几个阶段，在温度达 27~31℃时，主要影响是肌部用力的工作效率下降，并且促使工作的疲劳加速。当温度超过 32℃ 时，需要较高注意力的工作及精密性工作的效率也开始受影响。

高温高湿的济宁二号矿井，有各种大功率机械电气设备 30 多台，总功率为 160 kW，生产过程中产生大量热量。由于机采面机组内外防尘喷雾洒水、支架用水等各方面原因，加之采深大，通风条件不佳，造成机采面风流呈现高温高湿特征。工作面进风巷平均温度为 29℃，平均湿度为 96%，其井下作业环境对矿工的身心健康水平和安全生产水平都有较大的影响。特别是每年 6 月、7 月、8 月，当地进入高温阴雨天气，该矿回采工区部分职工突患多发性皮肤病，正常作业动作受到影响，误操作增加，影响了安全生产。

据调查，井下工人在热环境中的劳动效率大大下降，即使劳动时间缩短，工人也难以坚持。据苏联学者报告，矿内气温每超过标准 1℃，工人劳动效率便降低 6%~8%。在 20 世纪 50 年代国外就有学者指出：不论工作的复杂性如何，当等效温度在 27℃ 和 30℃ 之间时，人的作业能力就显著下降。从图 3-10 可见，当等效温度由 27℃ 升高到 30℃ 时，生产效率明显下降；当等效温度为 34.5℃ 时，生产效率下降到等效温度为

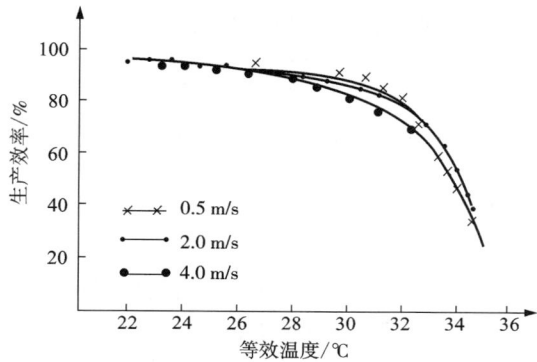

图 3-10　等效温度与生产效率的关系

27℃ 时的 25%。图 3-11 反映了相对劳动效率和湿卡他度的关系。图 3-12 是对铲土工人所做的实验，它显示了温度和空气流速对体力劳动效率的影响，当湿球温度为 27.2℃ 时，工人工作效率为 100%，随着温度的升高和空气流速的降低，工作效率明显下降。

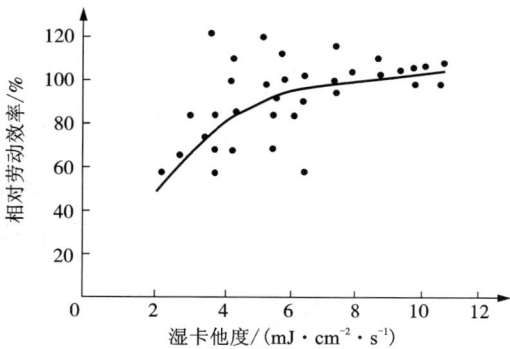

图 3-11　湿卡他度与生产效率的关系

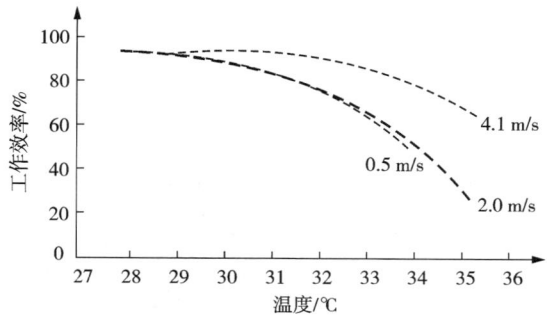

图 3-12　体力劳动者的工作效率与温度和空气流速的关系

高温高湿矿井因存在高温问题，致使生产能力降低，基建进度迟缓，甚至被迫停产。一般情况下，采掘劳动生产率会下降 20%~23%，最高达 40%~45%。苏联顿涅茨克劳动卫生和职业病研究所的测试资料显示：在风速为 2 m/s、相对湿度为 90% 的条件下，气温为 25℃ 时，劳动生产效率为 90%；气温为 30℃ 时，劳动生产效率为 72%；气温为 32℃ 时，劳动生产效率为 62%。

综上所述，高温高湿的生产环境必然使劳动生产效率降低。所以创造一个良好的劳动环境，无疑对矿工劳动能力的发挥是有益的，同时也能大大提高劳动生产效率。

3）高温对生产安全的影响

随着开采深度的增加，矿内空气温度逐渐升高，严重恶化了职工的劳动环境。高温高湿环境不仅严重危害人体健康，而且时刻影响着生产的正常进行。因为人体在热环境中，中枢神经系统受到抑制，使注意力分散，降低了动作的准确性和协调性。高温高湿环境容易使工人处于昏昏欲睡的状态，且工人在心理上易产生烦躁不安的情绪，加上繁重的体力劳动，工人的警惕性降低，从而使得事故的发生率上升。

3.6.4　采场高温热害的防治措施

矿井降温方法主要分为两类：一类为普通降温，以控制热源散热、加强通风为主要手段；另一类为人工制冷降温，以压缩制冷为主要手段。为提高降温效果，矿山应当采用综合降温措施。

1）普通降温方法

（1）通风降温

通风降温方法包括选择合理的通风系统，采用合适的通风方式，加强通风管理等。

①选择有利于降温的通风系统

按照矿井地质条件、开拓方式等选择进风风路最短的通风系统，可以减少风流沿途吸热，降低风流温升。

在一般情况下，对角式通风系统的降温效果要比中央式通风系统好。采用后退式回采，防止采空区漏风，提高工作面的有效风量；把进风巷布置在导热系数较低的岩石中，开掘专用的巷道以把热水、热空气单独送入回风巷；尽量采用全负压的掘进通风方式或改单巷掘进为双巷掘进等，都有利于降温。

②选择合理的通风方式

回采工作面的通风方式也能影响气温。在相同的地质条件下，由于 W 形通风方式比 U 形和 Y 形通风方式更能增加工作面的风量，故 W 形通风方式的降温效果要好些。

③改善通风条件

增加风量，提高风速，可以使巷道壁对空气的对流散热量增加，风流带走的热量随之增加，而单位体积的空气吸收的热量随之减少，使气温下降。与此同时，巷道围岩的冷却圈形成的速度得到加快，有利于气温缓慢升高。适当加大工作面的风速，有利于人体对流散热。

在可能的条件下，可以采取利用回采工作面下行风流，使工作面运输方向和风流方向相同和缩短工作面的进风路线等措施。实践证明，这些措施有利于降低工作面的气温。

④利用调热巷道通风

利用调热巷道通风一般有两种方式，一种是在冬季使低于零摄氏度的空气由专用进风道通过浅水平巷道调热后进入正式进风系统。在专用风道中应尽量使巷道围岩形成强冷却圈，若断面许可，则还可洒水结冰，以储存冷量。

⑤其他通风降温措施

采用下行风对于降低回采工作面的气温有比较明显的作用。

对于发热量较大的机电硐室，应有独立的回风路线，以便把机电所发热量直接导入采区的回风流中。

在局部地点使用水力引射器或压缩空气引射器,或使用小型局扇,以增加该点风速,可起到降温的作用。向风流喷洒低于空气湿球温度的冷水也可降低气温,且水温越低效果越好。

(2)用低温冷水或低温巷道降低夏季进风流的温度

直接利用矿区附近的低温水资源降温,是一种成本低廉的措施。例如,位于苏联高加索的沙东斯基(Canohcknn)矿附近的河流是高山雪水融化的低温冷水,水温常年保持在 5~7℃。利用这种天然冷水,该矿建立了矿井降温系统,使矿井气温由 25~30℃ 降至 13.8~19℃。

(3)冰块降温

随着矿井温度的增加,安装在井下的制冷机在排除冷凝热方面遇到巨大的困难,降温成本也随之上升。近年来,冰块制冷在深井降温方面的作用开始得到重视。例如,南非兰德(Rand)公司哈莫尼(Hamony)金矿在地面修建了一座日产 1000 t 的制冰厂,生产的 7 cm × 7 cm × 1 cm 的冰块沿着管道送至距地面 1000 m 深的井下蓄水池,然后将水池中的冷水输向高温工作面。由于此法不存在排热问题,因而比传统的制冷系统费用低。

(4)控制热源降温

①岩壁隔热

采用某些隔热材料喷涂岩壁,可以减少围岩放热。苏联曾采用锅炉渣,有些国家采用聚乙烯泡沫、硬质氨基甲酸泡沫、膨胀珍珠岩以及其他防水性能较好的隔热材料喷涂岩壁。

只需使用一层 10 mm 厚的聚氨酯泡沫塑料,就能产生较好的隔热效果。岩壁隔热仅用在热害严重的局部地段,它作为一种辅助手段与其他降温措施配合使用,用时还必须注意安全(如防火)问题。岩壁隔热的费用较高,因此限制了这种方法在较大范围的应用。而且,在散热最为强烈的回采工作面,实行岩壁隔热是根本做不到的。

②热水散热控制

以热水为主要热源的浅矿井,可超前 1~2 个阶段疏干热水,疏放的热水要用隔热管道或加严密盖板的水沟向尽可能设于排风井附近的热水仓排放。若矿井热水量较大,则可掘进与主要运输巷道平行的专用热水排水巷道。

③机电设备散热控制

机电设备硐室尽可能设于回风井附近,或者建立单独的通风系统,硐室回风直接引入矿井总回风道。

④提高采掘强度

高温矿井应提高采掘机械化程度,采用高效采矿方法,缩短开采周期。

⑤爆破热的控制

井下爆破所产生的热量,一般在爆破后不久即被气流排走。为避免其带来影响,可将爆破时间与采矿时间分开。

(5)矿井隔热技术

①管道隔热

高温矿井输送热介质(压气、热水)和冷介质(制冷工质、冷媒)的管道均需进行隔热处理。

矿井隔热材料应有良好的防潮、防火、耐冲砸、无毒等性能。目前,国内采用聚苯乙烯泡沫管包扎管道的矿井较多。为防止隔热材料吸湿、降低隔热作用，通常在聚苯乙烯隔热材料之外，再缠包一层或数层聚氯乙烯带，还有用工程熟料管道代替钢管道、采用在双层钢管中间填塞隔热材料等方式。

②风筒隔热

为减少输送冷风的风筒冷损，通常采取以下措施：

硬质风筒（铁皮风筒）：风筒外包扎聚苯乙烯管壳或喷涂聚氯酯。

软质风筒（胶带风筒）：采用多层柔性隔热风筒（图3-13）。风筒分内、外两层，中间充以空气作为隔热层。

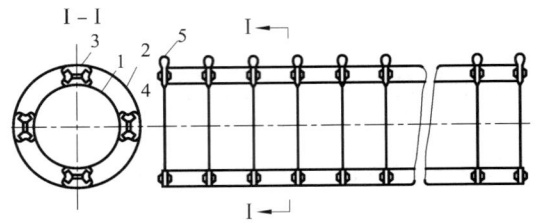

1—内风筒；2—外风筒；3—金属卡；4—尼龙绳；5—吊环。

图3-13　双层隔热风筒

2）人工制冷降温

采用制冷设备为井下作业人员创造一种不危害健康，并能保持一定生产效率的工作环境。矿井空调系统就是有制冷设备的特殊设施。

（1）矿井空调制冷机的分类

矿井空调制冷机的分类为：

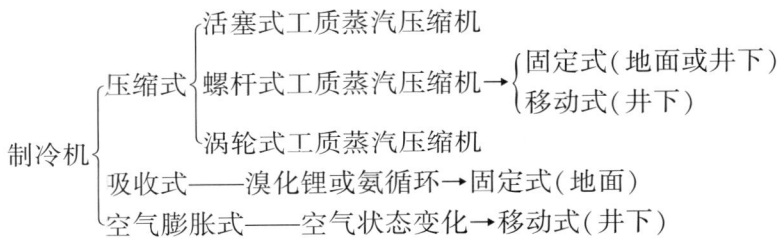

$$
制冷机
\begin{cases}
压缩式
\begin{cases}
活塞式工质蒸汽压缩机 \\
螺杆式工质蒸汽压缩机 \rightarrow
\begin{cases}
固定式（地面或井下）\\
移动式（井下）
\end{cases} \\
涡轮式工质蒸汽压缩机
\end{cases} \\
吸收式——溴化锂或氨循环\rightarrow固定式（地面）\\
空气膨胀式——空气状态变化\rightarrow移动式（井下）
\end{cases}
$$

压缩制冷机通常由气体压缩机、冷凝器、蒸发器、动力机械、安全装置、管道系统组成。其制冷工质广泛使用氨和氟利昂。矿井制冷机若设于井下，应采用氟利昂，不能用有毒、有刺激气味和易爆的氨。冷媒是制冷系统用来传递冷效应的中间媒介，常用水或盐水。

（2）矿井空调系统的基本类型

目前，国内外常见的冷冻水供冷、空冷器冷却风流的矿井集中式空调系统的基本结构模式由制冷、输冷、传冷和排热四个环节组成。四个环节的不同组合，构成了不同的矿井空调系统。这种矿井空调系统，若按制冷站所处的不同位置来分，可以分为以下三种基本类型：

①地面集中式空调系统

地面集中式空调系统将制冷站设置在地面，冷凝热也在地面排放，而在井下设置的高低压换热器是将一次高压冷冻水转换成二次低压冷冻水，最后在用风地点用空冷器冷却风流。

这种空调系统还有另外两种形式，一种是集中冷却矿井总进风，在用风地点的空调效果不好，而且经济性较差；另一种是在用风地点采用高压空冷器，这种形式的安全性较差。故实际上这两种形式在深井中都不可采用。

地面集中式空调系统的优点：

（a）厂房施工、设备安装、维护、管理方便；

（b）可用一般型制冷设备，安全可靠；

（c）冷凝热排放方便；

（d）冷量便于调节；

（e）无须在井下开凿大断面硐室；

（f）冬季可用天然冷源。

地面集中式空调系统的缺点：

（a）高压载冷剂处理困难；

（b）供冷管道长，冷损大；

（c）需在井筒中安装大直径管道；

（d）空调系统复杂。

②井下集中式空调系统

井下集中式空调系统如按冷凝热排放地点又可分为两种不同的布置形式：

（a）制冷站设置在井下，并利用井下回风流排热。这种布置形式的优点：系统比较简单，冷量调节方便，供冷管道短，无高压冷水系统；缺点：由于井下回风量有限，当矿井需冷量较大时，井下有限的回风量就无法将制冷机排出的冷凝热全部带走，致使冷凝热排放困难，冷凝温度上升，制冷机效率降低，制约了矿井制冷能力的提高。由上述优缺点可知，这种布置形式只适用于需冷量不太大的矿井。

（b）制冷站设在井下，冷凝热在地面排放。这种布置形式虽可提高冷凝热的排放能力，但需在冷却水系统增设一个高低压换热器，系统比较复杂。

井下集中式空调系统的优点：

（a）供冷管道短、冷损少；

（b）无高压冷水系统；

（c）可利用矿井水或回风流排热；

（d）供冷系统简单，冷量调节方便。

井下集中式空调系统的缺点：

（a）井下要开凿大断面的硐室；

（b）对制冷设备要求严格；

（c）设备安装、管理和维护不方便。

③井上、井下联合式空调系统

这种布置形式是在地面和井下同时设置制冷站，冷凝热在地面集中排放。实际上它相当于两级制冷，井下制冷机的冷凝热是借助于地面制冷机的冷水系统冷却。

联合空调系统的优点：

（a）可提高一次载冷剂回水温度，减少冷损；

（b）可利用一次载冷剂将井下制冷机的冷凝热带到地面排放。

联合空调系统的缺点：

（a）系统复杂；

（b）设备分散，不便管理。

基于上述三种地面集中式矿井空调系统的优缺点，设计时究竟采用何种形式应根据矿井的具体条件而定。

此外，对不具备建立集中式空调系统条件的矿井，在个别热害严重的地点也可采用局部移动式空调机组。我国安徽淮南、浙江长广、江苏徐州、山东新汶等矿区都先后在掘进工作面使用过局部空调机组。但若在矿井较大范围内使用，显然在技术和经济上都不合理。

（3）矿井制冷系统的有关计算

①空气冷却器的基本产冷量

采掘工作面需冷量 $Q_C(kW)$：

$$Q_C = G(i_1 - i_2) \tag{3-13}$$

式中：G 为通过采矿工作面或掘进工作面的风筒排风量，kg/s；i_1、i_2 分别为采掘工作面空调前、后回风口的空气比热焓，由实测或预测得出，kJ/kg。

空气冷却器所需基本产冷量 $Q_{KL}(kW)$：

$$Q_{KL} = Q_C(1 + \eta_{KL}) + q_{LS} \tag{3-14}$$

式中：η_{KL} 为空气冷却器效率，%；q_{LS} 为空气冷却器出口至采矿工作面出口，或者掘进工作面风筒出口的冷量损失，kW。

②制冷机基本产冷量 $Q_{LJ}(kW)$：

$$Q_{LJ} = \sum Q_{LJ} + q_{GS} \tag{3-15}$$

式中：q_{GS} 为冷媒循环管道的冷损量，kW；Q_{LJ} 为制冷机产冷量，kW，它是选择矿井制冷机的基本依据。

3）特殊方法降温

（1）采用压气动力

采掘机械用压气来代替电力。压缩空气的膨胀冷却效应对降低风温无疑是有利的。但是，由于这种方法效率低，费用高，只有在个别情况下才有意义。

（2）减少巷道中的湿源

研究资料表明，在高温矿井中，空气相对湿度降低 1.7%，等于风温降低 0.7℃。因此，在巷道和采掘工作面中，对于各种原因出现的水都不要让它漫流，而要把水集中起来，用管道（或加盖水沟）排走。

（3）预冷岩层

利用回采工作面附近的平巷或斜巷布置钻孔，将低温水通过钻孔注入岩体中，使回采工作面周围的岩体受到冷却。预冷岩层在一定的条件下，要比采用制冷设备更为经济有效，并可兼收降尘之利。

3.7 辐射防护

3.7.1 概述

放射性是一种不稳定的原子核自发衰变的现象，通常伴随发出能导致电离的辐射（电离辐射）。放射性是一些物质的特性，而辐射则是在一点发射出并在另一点接收的能量。

由不稳定的原子组成的物质能自发地转变成稳定的原子，这个转变过程称为放射性衰变。

天然存在的核素的放射性，称为天然放射性。自然界中主要存在三种天然放射系核素，即铀-镭系、锕系和钍系。矿山主要辐射危害物——氡（^{222}Rn）就是铀-镭系的一个衰变产物。

3.7.2　辐射的产生、性质、危害

1）氡和氡子体

一般来说,矿井空气中主要的辐射危害来自氡(^{222}Rn)的短寿命衰变产物(氡子体)。另外,从矿岩中发射出的氡(^{220}Rn)也是一个辐射源。

(1)氡的性质

①辐射性质

氡是镭的衰变产物,气态氡是无色无味的。氡放出 α 粒子后经过连续四次衰变,生成较稳定的核素^{210}Pb。

②溶解度

氡能溶解于水等液体,因此矿井水、地下水中可能含氡。此外,氡还易溶于酒精、煤油、血液和脂肪。氡在液体中的溶解度系数 α_0 定义为:

$$\alpha_0 = C_L/C_A \tag{3-16}$$

式中:C_L 为液体中的氡浓度,Bq/L;C_A 为空气中的氡浓度,Bq/L。

③吸附性

活性炭、橡胶、石蜡、聚乙烯、分子筛等均能吸附氡。吸附的氡量一般与空气中氡浓度成正比(在一定温度范围内)。活性炭吸附氡的系数在 -12℃ 时为 15050 cm³/g, 0℃ 时为 6310 cm³/g,16℃ 时为 2235 cm³/g,200℃ 时,氡可全部释放出。

④扩散

氡在空气中的扩散系数为 0.105 cm²/s,在岩石和沉积物中的扩散系数变化范围很广,为 $5 \times 10^{-4} \sim 7 \times 10^{-2}$ cm²/s,其大小取决于岩石的孔隙度、透水性、湿度、结构和扩散时的温度。

⑤射气系数

射气系数是表示能自由移动的氡在放射性衰变产生的氡里所占份额的参数,是表示氡在射气介质内存在状态的参数,数值上为可自由移动的氡在总量中所占的份额。随岩石粒度变小,氡的射气系数增大到某定值,一般为 0.1~0.3。

(2)氡子体的性质

①铀矿大气中氡子体的存在形式和粒度

氡子体是作为带电固态微粒存在于大气中的。它分为未结合态(离子态)氡子体和依附于气溶胶(或微尘)表面的结合态氡子体。实测表明,约 87.3% 的 α 的放射性与 0.1 μm 以下的气溶胶粒子有关,大于 1 μm 且存在放射性的气溶胶粒子只占 3%。

②矿井空气中的 α 潜能浓度

氡子体 α 潜能是指氡的所有子体衰变到^{210}Pb 时所发射的 α 粒子能量的总和。

某放射性核素每贝可放射性的总 α 潜能为 ep/A,衰变常数 A 的单位用 s^{-1} 表示。短寿命氡子体的任意混合物的 α 潜能浓度(C_p)是单位体积空气中的氡子体 α 潜能,单位为 J/m³,经常用专用单位 WL(working level)来表示这个量,1 WL = 2.08×10^{-5} J/m³。1 WL 大致相当于空气中短寿命氡子体与放射性浓度为 3700 Bq/m³ 的氡处于放射性平衡时的 α 潜能浓度。

③平衡等效氡浓度(EC_{Rn})

矿井空气中短寿命氡子体不平衡混合物的 EC_{Rn} 是与其短寿命子体处于放射性平衡时氡的放射性浓度,该短寿命子体与 EC_{Rn} 所指的不平衡混合物具有相同的 α 潜能浓度。

④附壁效应

氡子体极易附着于物体、人体的表面，这种现象叫附壁效应。在辐射监测和防护措施中要特别注意这种效应的影响。

2）β 辐射和 γ 辐射

开采铀矿时，矿工可能遭受外照射。因为铀矿中辐射源的分布很广，同时铀衰变系的 γ 能量很高，所以 γ 外照射可以基本上看成是全身均匀受照的结果。因为对皮肤的 β 辐射剂量一般大大低于 γ 辐射的全身剂量，同时有效剂量当量限值仅是皮肤剂量当量限值的 1/10，所以一般不需要考虑 β 辐射的皮肤剂量。

3）铀粉尘

含有铀(^{238}U）及其衰变产物的粉尘可以从采矿作业中直接产生，高速风流和机械振动也可使各种表面的粉尘再悬浮。铀粉尘不仅能引起呼吸器官的疾病，而且还将导致内照射。

4）放射性表面污染

铀尘、氡子体附着于人或物体表面形成放射性表面污染。污染物通过再悬浮或直接接触，进入人体形成辐射危害。

3.7.3 辐射防护措施

1）一般原则

国际放射防护委员会（ICRP）建议的剂量限制体系基于三项原则：

（1）若引进的某种实践不能带来扣除代价的净利益，就不应当采取这种实践。

（2）在考虑到经济和社会因素之后，一切照射应当保持在可以合理做到的尽可能低的水平。

（3）个人所受的剂量当量不得超过委员会对相应的情况所建议的限值。

这三条原则就是要保证把一切照射都保持在可以合理做到的最低水平，而且最终要以剂量当量限值作为标准。因此，在矿山采取辐射防护措施时，必须遵守两条原则：第一条是辐射防护的最优化，保持照射量可合理做到的尽可能得低；第二条是所有工作人员必须满足国家辐射防护的标准要求。

由于氡和氡子体是矿山辐射危害的主要因素，因此本节介绍的辐射防护措施都是针对氡和氡子体的。

2）通风

（1）基本要求

矿山开采实践证明，通风是保证矿井大气放射性污染（氡、氡子体、铀粉尘）不超过国家标准要求的主要措施。排除矿井大气中的氡和增长着氡子体的矿井通风与排除其他污染物的矿井通风相比，有一个特殊要求，即要求尽量缩短风流在井下停留的时间，避免风流被氡子体"老化"。

（2）氡析出率及其测定方法

氡析出率是指单位射气面积在单位时间内析出的氡量。如将射气面积的实际铀品位和铀镭平衡系数折合到铀品位为 1%、铀镭平衡系数为 1 的折算面积，称为当量射气面积。近年来，折算射气面积在单位时间内析出的氡量，称为当量氡析出率，一般由地质报告提供，也可参照类似条件的生产矿山测定资料来选取，或在生产现场测定。全巷动态法和局部静态法是两种常用的测定氡析出率的方法。

①全巷动态法

在长度为 40 m 左右、中间没有其他巷道和天井相交的一段水平巷道，巷道通风风速为 0.5~1 m/s 时，测定该段巷道进风口和出风口的氡浓度、风量和当量射气面积 S_d 的方法，称为全巷动态法。

②局部静态法

将积累箱固定于含矿岩壁表面，测量箱内氡浓度的增大量，即为局部静态法。

③排氡子体风量计算公式

进风未污染时：

$$Q = 1.10 \times (RV/E)^{0.5} \tag{3-17}$$

式中：Q 为风量，m^3/s；R 为氡析出量，kBq/s；V 为通风体积，m^3；E 为氡子体 α 潜能浓度限值，$\mu J/m^3$。

进风污染时：

$$Q = 1.32 \times (RV/E - E_0)^{0.5} \tag{3-18}$$

式中：E_0 为进风流氡子体浓度，$\mu J/m^3$；其他物理量的含义同式（3-17）。

3）其他措施

（1）特殊防氡除氡方法

①压力阻止氡气析出

利用矿井空气压力把氡阻止在裂隙中，加压结束后，由于氡在裂隙中迁移速度小，氡析出量相应降低。压强为 1.33 kPa 时，保持风量不变，氡析出量降低为原来的 1/5，氡子体潜能降低为原来的 1/10。

②抽排采空区的氡

利用专门的风机或全矿负压，经巷道或钻孔将采空区的氡直接排出地表的方式有良好的防氡效果，可以使进风污染降低。我国在留矿法采场中也应用了该原理，用下行通风和矿堆内抽排氡的办法将采场氡浓度由 33 Bq/L 降到 3.7 Bq/L。

③防氡密闭及覆盖层

防氡密闭分为临时密闭和永久密闭。永久密闭用砖、混凝土砖构筑，水泥浆抹面，然后喷涂防氡覆盖层。覆盖层一般用气密性好、无毒无臭、不易燃、耐腐蚀和耐老化、可喷涂、价廉的物质制备。如偏氯乙烯共聚乳剂的防氡率为 63.9%~89%，氢化环氧物的防氡率可达 80%~94%。

④喷淋脱氡

在水量不大、含氡量很高或者要利用井下氡水时，可用喷淋脱氡的方法使氡从水中排出。一般做法是把 0.2 MPa 的压气通入喷淋器，通过产生大量气泡达到目的，此时可从水中排出 56% 以上的氡。

（2）氡子体清除法

①织物过滤器

织物过滤器粉尘负荷小，易黏结，阻力大，只宜用在粉尘浓度低、干燥、风量小的地方。

②静电除尘器

静电除尘器的主要工作原理是在除尘时把附着在尘粒上的氡子体清除掉。

3.7.4 辐射防护管理

1）贯彻预防为主的方针，放射防护要从源头抓起，即新建、扩建、改建工程项目的放射卫生防护设施必须执行"三同时"（同时设计、同时施工、同时投产运行）的审查验收制度，防护合格后方可投产或运行，以防日后留下安全隐患。

2）由于放射线具有无色、无味、看不见、听不到、摸不着、嗅不出、不易感知的特点，只有用专门的仪器才能检测到，因此为了防止辐射危害，所有接触射线的从业人员必须进行岗前放射防护知识及国家相关知识的学习，以增强他们的法制观念和掌握放射防护的基本知识和实际技能，确立放射防护安全意识和自我保护意识。

3）加强日常管理工作，防止发生放射性污染。在有辐射的作业场所必须设置放射性危险警示标识。平时应做好辐射作业场所的辐射监测，使作业环境中的辐射水平控制在国家规定的卫生标准以下，并做好经常性的放射卫生监督工作。

4）放射性工作人员应加强放射防护，避免受到大剂量外照射。严格操作规程，落实管理措施，充分利用防护设施，上班时应佩戴个人防护用品，尽可能降低作业场所的辐射水平及个人受照剂量。

5）加强放射性监护，做好放射工作从业人员上岗前和在岗期间每年一次的体检，凡查出具有职业禁忌证者应禁止或脱离放射性工作。在工作必要时须进行应急健康检查，贯彻落实早发现、早处理、早治疗的"三早"方针，以防病情进一步发展。

3.8 采场环境优化

3.8.1 采场环境优化原则

1）矿产资源的开发应贯彻"污染防治与生态环境保护并重，生态环境保护与生态环境建设并举，以及预防为主、防治结合、过程控制、综合治理"的指导方针。

2）矿产资源的开发应推行循环经济的"污染物减量、资源再利用和循环利用"的技术原则，具体包括：

（1）发展绿色开采技术，实现矿区生态环境无损或受损最小；

（2）发展干法或节水的工艺技术，减少水的使用量；

（3）发展无废或少废的工艺技术，最大限度地减少废弃物的产生；

（4）矿山废物按照先提取有价金属、组分或利用能源，再选择将其用于建材或其他用途，最后进行无害化处理处置的技术原则。

3.8.2 矿山优化的基本要求

1）规范管理

制定健全完善的矿产资源开发利用、环境保护、土地复垦、生态重建、安全生产等规章制度和保障措施，推行企业健康、安全、环保认证和产品质量体系认证，实现矿山管理的科学化、制度化和规范化。

2）综合利用

资源利用率达到矿产资源规划要求；矿山开发利用工艺、技术和设备符合矿产资源节约与综合利用方针，符合鼓励、限制、淘汰技术目录的要求；加强废石(土)的充填和综合利用，减少废石(土)的堆存量。

3）技术创新

积极开展科技创新和技术革新，不断改进和优化工艺流程，淘汰落后工艺与产能；先进的开采设备和开采工艺可以减少废气、废弃污染物的产生量，先进设备的噪声水平较低，对环境的影响较小。

4）节能减排

积极开展节能降耗、节能减排工作，提高废水回用率；充分利用废石，提高回填矿井和综合利用率；合理设计开采中段，优化布置矿坑涌水抽排设施，充分利用地形减少能源消耗。

5）土地复垦和生态恢复

矿山企业在矿产资源开发设计、开采各阶段中，有切实可行的矿山土地保护和土地复垦方案与措施，并严格实施；坚持"边开采，边复垦"，土地复垦技术先进，资金到位，矿山压占、损毁而可复垦的土地应得到全面复垦利用，因地制宜，尽可能优先复垦为耕地或农用地。

3.8.3　采场环境优化的主要层面

采矿是为了生产人类社会生存和发展所需要的物质，是国民经济的基础工业之一。从 18 世纪的产业革命到 21 世纪，科学技术突飞猛进，人类改造自然的规模空前扩大，从自然界获取的资源越来越多，包括不可再生的化石燃料能源和金属、非金属矿产。然而，由于人类长期对自然资源的高强度开发消耗，排放的污染物与日俱增，生态破坏也日益严重，部分区域出现了严重的环境恶化，环境保护已成为影响人类生存和发展的重要因素，也逐步得到人们的关注。

20 世纪 60 年代，发达国家开始通过各种方法和技术对生产过程中产生的废弃物和污染物进行处理，以减少其排放量，减轻对环境的危害，这就是所谓的"末端治理"。同时，末端治理的思想和做法也逐渐渗透到环境管理和政府的政策法规中。随着末端治理措施的广泛应用，其存在的问题也日益突出，末端治理首先需要投入昂贵的设备费用、惊人的维护开支和最终处理费用，其次还要消耗资源、能源，并且这种处理方式会使污染在空间和时间上发生转移而产生二次污染。因此，从 20 世纪 70 年代开始，发达国家的一些企业相继尝试运用如"污染预防""废物最小化""减废技术""源削减""零排放技术""零废物生产""环境友好技术"等方法和措施，即清洁生产技术，来提高生产过程中的资源利用效率和削减污染物以减轻它们对环境公众的危害。

在过去的十年里，采矿界的环境意识不断增强，国内很多矿山也开始实施"废石直接回填不出窿""利用露采坑作废石场""尾砂充填"等优化环境的措施。随着各种保护环境的政策、法规、制度和标准的出台，也对采矿作业提出了很多要求和控制建议。

因此，采场环境优化是一个综合、全面、贯穿整个采矿生产过程的因素，在任何时候均应考虑矿场的整个生命周期，在设计阶段就应考虑整个采矿周期，包括服务期满矿山退役期的环境优化措施和对策。

采场环境优化是在人类资源利用和环境保护之间寻求的一种平衡，是将清洁生产贯彻到整个生产过程的基础上，更全面、科学地考虑如何降低或避免采矿对环境的影响，如开采规划、平面布置、优化采矿工艺和设备、减少临时用地的占用等。

采场环境优化主要分为优化生产环境和减少环境影响两个层面。

在不影响矿山正常生产的情况下，通过对矿山开拓系统、开拓方式、采剥方法、边坡稳定性、装备水平和设备效率的优化等，实现扩大生产规模、提高劳动生产率和矿石质量、降低能耗和原材料消耗，最终降低成本并改善矿山环境的目的。

减少环境影响是指采矿工程在设计、准备、建设、生产及退役期全过程中，充分考虑对空气、地表水、地下水、声等环境因素的保护，为将采矿工程对环境的影响降至最低所采取的一系列优化措施和清洁生产对策。

3.8.4　采矿规划要求

1）避让敏感区，符合法律、法规要求

在进行设计之前，就需调查和收集区域环境资料，明确采矿范围内外环境敏感区的分布、保护内容和保护范围，及时采取避让、保护和恢复措施。

根据《建设项目环境影响评价分类管理名录》，环境敏感区是指依法设立的各级各类自然、文化保护地，以及对建设项目的某类污染因子或者生态影响因子特别敏感的区域，主要包括：

（1）自然保护区、风景名胜区、世界文化和自然遗产地、饮用水水源保护区。

（2）基本农田保护区、基本草原、森林公园、地质公园、重要湿地、天然林、珍稀濒危野生动植物天然集中分布区、重要水生生物的自然产卵场及索饵场、越冬场和洄游通道、天然渔场、资源性缺水地区、水土流失重点防治区、沙化土地封禁保护区、封闭及半封闭海域、富营养化水域，以及地方政府划定的特定保护区或生态严控区。

（3）以居住、医疗卫生、文化教育、科研、行政办公等为主要功能的区域、文物保护单位，具有特殊历史、文化、科学、民族意义的保护地。

在采矿范围内外涉及上述敏感区域时，应严格按照敏感区的法律保护要求，进行避让、保护、补偿或恢复。如涉及自然保护区，须严格按照《中华人民共和国自然保护区条例》要求，在自然保护区范围、外围保护地带或可能影响自然保护区环境的区域，禁止开采，及时避让。

另外，采矿范围涉及铁路、公路等交通设施，或在其可视范围内进行露天开采时，也要对采矿方案进行优化调整。

2）结合相关规划，合理制定开采规划

与采矿相关的规划主要包括当地的综合性规划、主体功能区划、生态保护规划、土地利用规划、行业发展规划、环境保护规划、矿产资源开发规划等，开采范围和规模要与相关规划相符合。

矿产资源开发应符合国家产业政策要求，选址、布局应符合所在地的区域发展规划，矿产资源开发企业应制定矿产资源综合开发规划，并应进行环境影响评价，规划内容包括资源开发利用、生态环境保护、地质灾害防治、水土保持、废弃地复垦等。

在矿产资源的开发规划阶段，应对矿区内的生态环境进行充分调查，建立矿区的水文、地质、土壤和动植物等生态环境和人文环境基础状况数据库。

3）合理制定长期环境保护和恢复规划

结合区域的环境概况，矿产资源开发规划还应该包括在矿山基建、采矿和废弃地复垦等阶段的生态环境保护与污染防治相关的对策和措施。

矿山基建期须事先做好水土保持措施,废石场(排土场)要做好先拦后弃,即先做好截排水措施,建设期完成后,再对开采阶段不再使用的临时占地和施工地进行生态恢复。

3.8.5 采场环境优化实施途径

1)合理的开采规模

合理的经济规模在投资、能源利用、管理、污染物产生与治理等方面都有着明显的优越性。由于中小型金属矿山企业生产规模小,管理方式落后,自动化程度低,资源回收率及综合利用率低,因此其产品的物耗和能耗高。近年来我国加大了开展大规模的矿产资源开发的整合力度,使我国矿产资源开发形势得到了明显改善,矿资源利用率及综合利用率得到明显提高,矿山生态环境得到明显改善。

2)优化伴生矿中的有价利用

目前我国单一矿种的矿山越来越少,大部分以低品位矿和伴生矿为主,如何充分利用矿产资源中的有价金属,就要求在矿山设计过程中,优化开采方法,在充分利用、回收有价金属的同时,减少各类重金属进入环境的量。

3)优先采用先进的工艺

改革传统工艺,开发或采用清洁生产工艺,是指开发和采用低废和无废生产工艺和设备来替代落后的老工艺,提高资源利用率,消除或减少废物。如地下采矿方法由崩落法改为充填法,既解决了废石堆存占用土地、破坏环境等问题,又减少了采矿引起的地表塌陷问题,减少了土地(特别是耕地)的破坏。

在采矿过程中采用湿式凿岩、浅孔微差爆破、水封爆破等工艺,可以减少粉尘、爆破废气(氮氧化物、一氧化碳)的产生量,在改善开采职工生产作业环境的同时,也减少了污染物外排量,减轻了对环境的影响。

先进的开采工艺和开采方法可以减少废石的产生量,间接降低废石处置对环境的影响。

4)工艺设备改进

通过工艺设备改造或重新设计生产设备来提高生产效率,减少废物量。例如采用先进的凿岩设备可以减少凿岩时的粉尘产生量,采用先进的风机和空压机,可以降低噪声强度,保证通风效果。

5)优化平面布置

平面布置的优化主要包括有粉尘排放的设施、高噪声设备、风井口和废石(土)场的合理布置,尽量远离空气和声环境保护目标,以减轻采矿对环境的影响。

6)物料闭路循环和封闭

物料闭路循环是将污染物消除在工艺过程中,实现工艺过程的闭路循环,对所产生的污染物最大限度地加以回收利用,从而使整个系统不排放污染物。例如在采矿过程中,矿石和废土(石)转运过程中采用封闭的皮带廊,在减少粉尘产生量的同时,也减少了物料的损失。

7)加强废水和固废的综合利用,减少外排量

金属矿山所产生的废石是一种很好的建筑材料,如利用采矿剥离的废石可以生产建筑用粗骨料、铺路或修建尾矿库初期坝等。

矿山所产生的废水主要包括地下开采的矿井涌水,目前我国大部分地区的水源,特别是

在枯水期水资源短缺,而矿井涌水多为仅有悬浮物等少量污染物的优质水源,经简单处理即可作为工业用水,目前大多已实现矿山废水的综合回收利用。

8)加强管理和工艺控制

矿山生产过程中的管理可以减少非正常工况,避免环境风险,使各项优化措施充分发挥作用。在不改变生产工艺或设备的条件下,进行操作参数的调整,优化操作条件常常是最容易而且最便宜的减废方法之一。

要做好设备检修检测,做好外排废水、废气的监测,确保设备正常运行,以及各类污染物达标排放。加强废石(土)场的巡察,减少风险的发生。

3.8.6　矿产资源开发的环境优化

设计是所有工程项目的起点,矿产资源开发应在设计阶段从工艺比选、产品方案、资源综合利用、设备选型等方面进行环境优化,具体如下:

1)应优先选择废物产生量少、水重复利用率高,对矿区生态环境影响小的采矿生产工艺与技术。

2)应考虑低污染、高附加值的产业链延伸建设,把资源优势转化为经济优势。

3)矿井水和矿山其他外排水应统筹规划、分类管理、综合利用。

4)选矿厂设计时,应考虑最大限度地提高矿产资源的回收利用率,并同时考虑共、伴生资源的综合利用。

5)设计地面运输系统时,宜考虑采用封闭运输通道运输矿物和固体废物。

3.8.7　露天矿山开采环境优化

1)开拓系统的优化

我国早期设计和生产的一些大型露天矿现已基本转入深凹开采,如鞍矿公司的大孤山铁矿,其开采深度已达 150~180 m,设计最终深度达 400~500 m。该矿采用下盘折返线铁路运输,线路坡度约为 20‰,在 1 km 长的采场内,一列车的运输周期长达 4.5~5 h。此外,深凹露天矿新水平准备周期长、开采强度低、展线困难,下降速度只有 5~6 m/a。由此可见,生产能力受到折返线铁路运输的限制,已不适应深凹露天矿开采技术的要求。为此,对该矿已进行了技术改造,在深部采用汽车-端部破碎-高强度钢芯胶带联合运输开拓。

一般情况下,矿山单一铁路运输适应的采场深度为 100~150 m,单一汽车运输为 80~150 m,电动轮汽车可达 150~200 m;采用汽车与铁路联合运输采场深度可达 250~300 m,汽车与箕斗联合运输可达 350~400 m,汽车与胶带联合运输可超过 500 m。国外深凹露天矿多用汽车与胶带联合运输。

我国的深凹露天矿也应考虑汽车-胶带、汽车-铁路、汽车-箕斗等几种联合运输的方式。胶带运输机爬坡能力强、连续运输、生产效率高、运距短,运输成本大体上相当于汽车的50%,而运距则比汽车短 60%~70%。特别是采场深度超过 150 m 时,汽车和机车爬坡困难,胶带运输机的优越性更显著。如今,东鞍山铁矿使用钢绳胶带运输岩石,大孤山铁矿采用高强度钢绳胶带输送机运输岩石。由此可以看出,当露天矿进入深部开采时,应根据矿山的实际情况对原有开拓系统进行优化,以提高生产效率,达到降低成本的目的。

2)开拓方式和采剥方法的优化

我国原设计的大型露天矿多采用全境界开采方式，即水平分层纵向采剥、缓帮作业，该方法剥离量大、生产剥采比高。因此，对于深凹露天矿，要研究推迟剥离的开采方式，即通过分期过渡、陡帮多分期开采方式以及横向采剥方法，减少剥岩量，降低初期生产剥采比，从而达到降低前期矿石生产成本的目的。

陡帮多分期开采方式、横向采剥方法要求采场保持与其相适应的几何空间，该方法可提高工作帮坡角，改缓帮作业为陡帮作业，从而减少剥岩量。如鞍钢大孤山铁矿的下盘分期过渡即是采用陡帮开采工艺的竖分条方式，且采用一次、二次甚至三次分条，而不是由分期境界一次过渡到最终境界，这样尽最大可能减少剥岩量，从而降低了生产成本。

3）露天矿边坡稳定性的优化

我国露天矿原设计的露天边坡角多采用经验类比法确定，该法只考虑了露天采场的深度和岩石坚固性两个因素，忽略了影响边坡稳定的其他因素，诸如岩石的结构面、水文地质条件、爆破影响等，只凭经验参考类似的生产矿山直接选取边坡角缺乏科学性。正确的方法应综合考虑影响边坡稳定的多种因素，对每一个露天矿均应具体条件具体分析，通过模拟计算选取最优的边坡角。露天矿边坡角关系到矿山安全生产并直接影响开采的经济效益，对于大型露天矿，在其他条件不变的情况下，边坡角每提高 1°，则沿边坡坡长每米长度上的剥岩量可相应地减少 4% 左右。目前，国外露天矿边坡角在 45° 以上的居多，而我国一般只有40°~45°，大有潜力可挖。因此，矿山必须注重对边坡角的研究，特别是对碎裂岩石力学基础理论的研究，以提高边坡稳定的测试和控制技术。生产矿山要改善边坡管理，采用控制爆破技术，使岩体的破坏程度减到最小，对最终边坡要进行监测，根据不同情况及时采取疏干排水和加固措施，以保持边坡稳定，使边坡角在保持稳定的基础上尽可能加陡，以减少剥岩量。

4）排土场的优化

有条件的露天矿山可充分利用采区内场地进行内排土，内排土可减少采场内剥离岩石外排量，减少外排岩石对外部环境的污染，同时实现凹山采场的提前闭坑，在后续新建矿山开采时可考虑将原采场用作尾矿库或排土场，减少后续新建矿山的征地、排土、尾矿堆存等对环境的影响。实施内排土工艺时，需要在设计中统筹考虑，如研究减缓凹山采场转载运输压力、减少剥岩量和降低运输成本的有效途径，从而制定合理的技术方案。其中，考虑的因素有内排土的主要工艺参数、内排土地点的选择、设备选型及与现有采矿生产工艺的衔接等。

3.8.8 采矿环境优化措施和对策

1）鼓励采用的采矿技术

（1）对于露天开采的矿山，宜推广"剥离—排土—造地—复垦"一体化技术。

（2）对于水力开采的矿山，宜推广水重复利用率高的开采技术。

（3）推广应用充填采矿工艺技术，提倡废石不出井，利用无害尾砂、废石充填采空区。

（4）推广减轻地表沉陷的开采技术，如条带开采、分层间隙开采等技术。

（5）对于有色或稀土等矿山，宜研究推广溶浸采矿工艺技术，发展集采、选、冶于一体，直接从矿床中获取金属的工艺技术。

（6）在不能对基础设施、道路、河流、湖泊、林木等进行拆迁或异地补偿的情况下，在矿山开采中应保留安全矿柱，确保地面塌陷在允许范围内。

2）矿坑水的综合利用和废水、废气的处理

（1）鼓励将矿坑水优先利用为生产用水，作为辅助水源加以利用。

在干旱缺水地区，鼓励将外排矿坑水用于农林灌溉，其水质应达到相应标准要求。

（2）宜采取修筑排水沟、引流渠，预先截堵水，防渗漏处理等措施，防止或减少各种水源进入露天采场和地下井巷。

（3）宜采取灌浆等工程措施，避免和减少采矿活动破坏地下水均衡系统。

（4）研究推广酸性矿坑废水、高矿化度矿坑废水和含氟、锰等特殊污染物矿坑水的高效处理工艺与技术。

（5）宜采取安装除尘装置、湿式作业、个体防护等措施，防治凿岩、铲装、运输等采矿作业中的粉尘污染。

3）固体废物贮存和综合利用

（1）对采矿活动所产生的固体废物，应使用专用场所堆放，并采取有效措施防止二次环境污染及诱发次生地质灾害。

①应根据采矿固体废物的性质、贮存场所的工程地质情况，采用完善的防渗、集排水措施，防止淋溶水污染地表水和地下水；

②宜采用水覆盖法、湿地法、碱性物料回填等方法，预防和降低废石场的酸性废水污染。

（2）大力推广采矿固体废物的综合利用技术。

①推广表外矿和废石中有价元素和矿物的回收技术，如采用生物浸出-溶剂萃取-电积技术回收废石中的铜等；

②推广利用采矿固体废物加工生产建筑材料及制品技术，如生产铺路材料、制砖等。

3.8.9　废石场（排土场）环境优化

1）废石场（排土场）选址、设计的环境优化

（1）选址应符合矿山建设的总体规划，不得涉及环境敏感区和环境保护目标；拟建场址和排土堆石工艺必须做到安全可靠、技术先进、经济合理。

（2）场址的选择应经多方案技术经济比较，最优方案的经济准则应使矿山开采的服务年限内，折算到单位矿石成本中的废石运输、排弃、环境污染的整治、复垦等费用的现值最小。

（3）排土场规划应满足服务年限的全部容量，远近期结合，排土场用地可根据排土计划分期征用，中后期充分利用不再使用的矿坑。

（4）排土场设计时应通过现场查勘，确定环境影响和水土流失防治责任范围，因地制宜，坚持以防为主、防治结合的原则，全面贯彻保护耕地、保护环境和防治水土流失、土地复垦及可持续发展的措施。

（5）排土场场址选择应考虑的环境因素：

①建设的自然条件，场址的地形、工程地质及水文地质条件；

②原地貌特征、环境因素，占用土地概况，压占耕地和损坏林木面积；

③安全措施及防护带技术保证，可能造成的环保问题和水土流失危害；

④排弃物的运输方式、运距、容量和用地；

⑤对暂不能利用的资源但日后可以回收利用的应予以考虑；

⑥复垦的安排。

（6）露采矿的外部排土场和地下开采的废石场应充分利用沟谷、洼地、荒坡、劣地，不占

良田，少占耕地；严禁将水源保护区、江河、湖泊作为废石（排土）场；严禁侵占自然保护区、风景名胜区、名胜古迹、世界文化和自然遗产地、饮用水水源保护区、基本农田保护区、基本草原、森林公园、地质公园、重要湿地、天然林、沙化土地封禁保护区等生态敏感区域。

（7）建于沟谷的废石（排土）场，设计时应设排洪设施，避免因排土场的设置而影响山洪的排泄及农田灌溉。

（8）外排土场的复垦规划必须与排土规划同时进行，设计文件中应有包括土地复垦和恢复良好生态系统的工程措施。

（9）有采空区或塌陷区的矿山，在条件允许时，应将其采空区或塌陷区开辟为废石（排土）场。

（10）废石（排土）场在堆土前应做好防护、截排水设施，表土单独堆放，以备复垦时使用。

（11）剥离物堆置整体稳定性较差、排水不良且具有形成泥石流条件的排土场，严禁布置在有可能危及工业场地、村镇、居民区及交通干线的上游。

（12）排土场周围必须设置完整的排水系统，对于废石中含有有害成分的采场，应按要求设计废水收集和处理设施。

2）废石（排土）场复垦与生态恢复

（1）排土场复垦规划应与排土规划同时编制，复垦规划内容应包括复垦的基本原则和目标，并应明确复垦类型、复垦工艺、复垦率、复垦周期，落实设备及资金渠道、组织机构。

（2）复垦类型应因地制宜，充分考虑地形、灌溉条件、土壤厚度和成分，宜林则林、宜牧则牧，条件允许时，应优先复垦为耕地或农用地。

（3）复垦后的地形地貌应与当地自然环境和景观相协调，植被覆盖率不应低于原有覆盖率。

（4）复垦应贯穿于矿山开发的全过程，并应充分利用采矿设备，推行采矿、排土、复垦一体化。

（5）排土场边坡应适当放缓，有利于场地的稳定和开发利用，使用原来保留的表土覆盖，快速地恢复植被，控制水土流失。

（6）复垦工艺分为工程复垦和生物复垦。工程复垦可根据规划的复垦类型，对地表进行加工处理，适当压实，然后将收集的表土覆于表层，将其整治、改造为平整用地；生物复垦即生态恢复，对复垦场地进行土地熟化，其过程应精耕细作，培肥、浇灌，可组织综合技术研究，通过试验后再全面推广。

（7）排土场复垦应在停排以后 3 年内完成，其中工程复垦 1 年，生物复垦 2 年；生产期内，对排土已到位的平台宜在生产过程中先进行复垦。

（8）排土场作业区和运输道路应采用洒水车或采取其他抑尘措施，减少粉尘排放，必要时可在周围设防护林带，主导风向的下风向应适当加密。

参考文献

[1] 王运敏. 现代采矿手册[M]. 北京：冶金工业出版社，2012.

[2]《采矿手册》编委会. 采矿手册[M]. 北京：冶金工业出版社，1991.

[3]王德明. 矿井通风与安全[M]. 徐州：中国矿业大学出版社，2012.

[4]王秉权. 采矿工业卫生学[M]. 徐州：中国矿业大学出版社，1991.

[5]《矿业工程师实务全书》编委会. 矿业工程师实务全书[M]. 长春：吉林大学出版社，2011.

[6]张哲，朱民安，张永祥. 地下工程与人居环境氡防护技术[M]. 北京：原子能出版社，2010.

[7]吴慧山，林玉飞，白云生，等. 氡测量方法与应用[M]. 北京：原子能出版社，1995.

[8]张智慧. 空气中氡及其子体的测量方法[M]. 北京：原子能出版社，1994.

第4章

采矿工业卫生

　　采矿工业卫生是矿山劳动保护工作的重要组成部分，其主要任务是采用管理措施，创造符合卫生要求的矿山作业环境，预防职业病和多发病，保护矿工健康，发展采矿工业。

　　采矿，特别是地下采矿的作业环境十分恶劣，严重危害矿工健康。早在古代就已经知道矿工中常出现胸部病痛，我国北宋时期（960—1127年）的孔平仲，在《孔氏谈苑》中就记述过"贾谷山，采石人，石末伤肺，肺焦多死"。1556年，德国医生阿格雷科拉（G Agricola）在《采矿冶金通论》（De Re Metallica）中，第一次正式报道了中欧矿工健康恶化的状况，并认为这与地下作业环境有关。但是，从世界范围来看，系统开展矿工健康保护工作，却是20世纪30年代以后的事。我国真正开始关心矿工健康，积极采取措施改善作业环境，则是在中华人民共和国成立以后。

　　一般来说，采矿工业卫生保护工作从四个方面展开：①调查矿山作业环境；②研究矿山生产过程中存在的有害因素对矿工健康的影响；③研究和发展矿山有害因素监测技术；④加强改善矿山作业环境的措施、设施和管理。

　　采矿生产过程中产生的有害因素可分为两大类：

　　（1）化学性因素：矽尘，石棉尘，含铅、砷、汞、锰、磷、硫、铍、铬、镉、镍、锌等金属、非金属及其化合物的矿尘，二氧化碳等窒息性气体，一氧化碳、二氧化硫、氮氧化物、硫化氢等有毒气体。

　　生产性粉尘是井下矿的主要有害因素。许多生产过程和工序，如凿岩、爆破、放矿、铲装、运输等都会产生大量粉尘。工人长期吸入这类粉尘，可导致尘肺。目前世界上70%的尘肺病人在我国，我国矿山尘肺病死亡的人数超过因工死亡的人数。矿山粉尘浓度高，地下矿山的粉尘浓度的合格率只有40%~60%，露天矿只有70%~80%。随着矿山开采深度的增加，深凹露天矿的大气污染等综合性危害应引起重视。

　　矿井空气中有一氧化碳、氮氧化物及硫化氢等有害气体。一氧化碳和氮氧化物的重要来源是放炮产生的炮烟。使用硝化甘油炸药可产生大量一氧化碳，使用硝酸铵炸药则产生大量氮氧化物。通风不良的矿井，在放炮后可因炮烟蓄积而发生炮烟中毒事件。

　　（2）物理性因素：高温、高湿、振动和放射性等。

　　矿井内气温的特点是气温高、湿度大、温差大，不同地点的气流大小不等。气温的高低与巷道深度有关，深部地温增高，井下工作环境热害严重；同时给深部采区新鲜风源供应与污浊风源处理带来困难。矿井的不良气温条件是造成工人上呼吸道感染和风湿性疾病的患病率升高的一个重要因素。这些问题如不能很好地得到解决，不仅使矿山企业存在伤亡和危险性，而且使正常的生产无法顺利进行。

在一定条件下，采矿生产性有害因素可以使矿工机体抵抗力下降，引起中毒或具有致癌作用，导致职业病。但是，如果采取有效的矿工个体防护，对矿山工作人员实行健康监护，控制或减少职业病的发生；从卫生学角度对矿山卫生与保健设施的设计布局与管理实行监督，加强对矿工进行安全生产、个人卫生、防护护具的正确使用等的教育以及普及工业外伤及意外事故的自救与互救等知识，并对矿山环境卫生学进行科学的评价，那么采矿过程中产生的某些有害因素对矿工的危害还是可以防治的。

4.1 矿工个体防护

4.1.1 个体防护目的

矿工个体防护是指在劳动生产中直接对人体采取的预防性技术措施，即穿戴工作服和各种护具等劳保用品。其目的是在矿山生产条件无法消除各种危险或有害因素的情况下，使矿工在劳动过程中防止或减轻事故伤害及职业危害，是为保障矿工的安全与健康所设置的最后一道防线。

4.1.2 个体防护装备佩戴要求

近年来，我国个体防护装备标准体系逐步完善，但个体防护装备的管理标准在比例上相对于产品标准还较为薄弱。《劳动防护用品配备标准（试行）》自 2000 年公布实施以来一直作为试行标准，对安全生产工作和劳动者安全健康保护起到了积极作用。随着经济发展和社会进步，新技术、新工艺、新材料、新产品层出不穷，个体防护装备的种类也在不断增加，同时作业人员的工作环境也发生了一定变化，为使个体防护装备的配备更具先进性及合理性，结合我国目前生产作业环境和防护装备现状，中华人民共和国国家质量监督检验检疫总局和国家标准化管理委员会发布了《个体防护装备配备基本要求》。《个体防护装备配备基本要求》对个人防护装备的佩戴做出了 5 点基本要求：

（1）作业过程中存在职业性危害因素时，作业人员应佩戴个体防护设备；

（2）生产经营单位购置、配备、发放和使用个体防护装备时，应符合相关法律法规管理规定，不得随意降低个体防护装备的发放范围和标准。产品质量应符合国家、地方或行业标准，并取得市场准入资质；

（3）生产经营单位应按照本单位的职业性危害因素，为作业人员购置、配备、发放具有相应防护功能的个体防护装备，且装备本身不应导致任何其他额外的风险；

（4）为作业人员购置、配备、发放和使用的个体防护装备除应符合安全性能要求外，还应兼顾舒适、方便和美观；

（5）需要同时配备多种防护装备时，应考虑使用的兼容性和功能替代性，避免防护失效。

还应该特别注意，属于国家特殊管理的防护装备应取得相应的资质，比如特种劳动防护用品，应该取得劳安认证（LA）和生产许可证（QS），如图 4-1 所示。

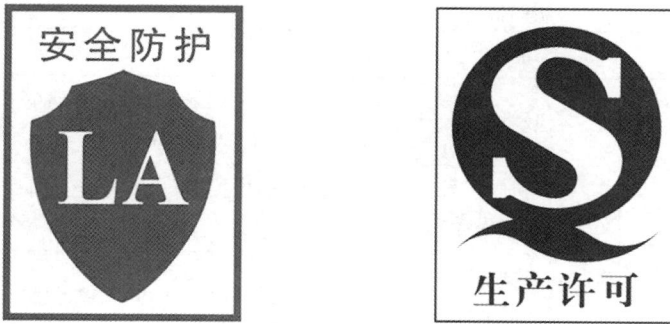

图 4-1　LA 与 QS 标志

4.1.3　个体防护工具

1）头部护具

矿工帽是安全帽中的一个品种，选用高抗冲 ABS 工程塑料注塑加工而成，内衬棉织帆布。

安全帽的防护性能，是由于它采用了具有一定强度的材料来制作帽体、帽衬，并设计成有缓冲性质的结构。帽体的表面形成球形滑动面，帽衬内有由弹性材料制成的衬条，有利于分散吸收冲击的能量，减轻由于重力打击造成的伤害。

井下作业的职工，或在空中有运输设备、可能坠落物体的现场、施工工地等处的工作人员，都需佩戴符合国家标准的安全帽。井下作业职工的安全帽可以安装矿灯架、矿灯，并根据现场实际需要，选用具有阻燃、抗静电、抗冲击、电绝缘、耐热、耐化学腐蚀等性能的产品。

2）呼吸器官护具

呼吸器官护具（简称呼吸具）在劳保用品中占有重要地位。呼吸具按作用原理可分为净气式呼吸具、通风式呼吸具、自给式呼吸具三类，按用途分为防尘、防毒、供氧三类，每一类又有若干品种，见表 4-1。

表 4-1　呼吸器官护具的分类

类别		品种	适用条件
净气式呼吸面具	防尘面具	简易型防尘口罩	粉尘浓度低，或作业时间短的作业
		复式防尘口罩	粉尘浓度较高或湿式作业，冬季要用有排水装置的品种
	防毒面具	防毒口罩	仅能净化指定的毒气，有效时间短，使用时应明确毒气的种类
净气式呼吸护具	防毒面具	消防面罩	主要用于剧毒毒气。平时应训练，明确使用方法，以免使用时发生事故
	防一氧化碳自救器		矿工自救时用，过期产品应检验后再用

续表 4-1

类别		品种	适用条件
通风式呼吸护具	软管呼吸器	自吸呼吸器	从其他地方吸入清洁空气,管路的长度不得超过 20 m。管内径要求在 9~26 mm
		通风机呼吸器（电动、手动）	与作业环境中尘、毒气相隔绝,可用于尘毒浓度较高的场所
		自携式电动送风呼吸器	可防尘、毒,但作业环境氧含量应大于 18%
	压气呼吸器	恒量式可调式复合式	要求供气源符合卫生标准,压气中含润滑油分解物与水分等的呼吸器需要净化后,才能使用
自给式呼吸护具	空气呼吸器	肺力阀式恒量式	和外部空气隔绝,尘、毒皆可预防;用法简单,稍加训练即可掌握;使用时间短,仅能用 10~30 min
	氧化呼吸器	开放式循环式	和外部空气隔绝,尘、毒皆可防;用法复杂,要进行专门训练方能掌握,可使用 1~4 h
	生氧式呼吸器	—	和外部空气隔绝,尘、毒皆可预防;用法复杂,要进行专门训练方能掌握,使用时间约 1 h

3)眼(面)护具

在矿山上使用的防护眼镜,主要用途是为了隔离灰尘和飞屑,以保护眼角膜、结膜不受异物的伤害。这是一种安全防护眼镜,它的镜片除应符合国家标准的光学性能外,还要求冲击试验性能也符合国家标准的要求。

4)听力护具

耳塞、耳罩和防噪声头盔等均为工业防噪声用的护耳器。它的防护机理是用惰性材料衰减噪声能量来保护听觉器官。护耳器应不妨碍人们的语言联系,佩戴舒适,没有毒性。

(1)耳塞:可插入外耳道内或插在外耳道的入口,适用于 115 dB 以下的噪声环境。它有可塑式和非可塑式两种。可塑式耳塞用浸蜡棉纱、防声玻璃棉、橡皮泥等材料制成。使用者可随意使之成形,每件供使用一次或几次。非可塑式耳塞又称"通用型耳塞",用塑料、橡胶等材料制成,有大小不等的多种规格。中国已制成几十种耳塞。

(2)耳罩:形如耳机,装在弓架上把耳部罩住使噪声衰减的装置。耳罩的噪声衰减量可达 10~40 dB,适用于噪声较高的环境,如采矿、爆破、掘进、井下机修等工作场所。近年来,有的国家还将耳罩固定在焊接面罩上或与通信头戴受话器或耳机结合使用。耳塞和耳罩可单独使用,也可结合使用。结合使用可使噪声衰减量比单独使用时提高 5~15 dB。

(3)防噪声头盔:可把头部大部分保护起来,如再加上耳罩,防噪效果就更好。这种头盔具有防噪声、防碰撞、防寒、防暴风、防冲击波等功能,适用于强噪声、高冲击波的环境。

当然,耳塞也具有弊处,由于耳塞相对于耳朵是密封性的,这样会导致耳内空气不流通,容易在耳内产生相对的温度提升,对耳朵健康不利。

5)防护手套

防护手套的主要用途为预防机械性外伤和防止脏污。矿用防护手套见表 4-2。

表 4-2　矿用防护手套

名称	形状	原材料
普通手套	五、三、两指形	棉纱、帆布、合成纤维(尼龙、维尼龙等制品)、牛革、猪革
焊工手套	五、三、两指形	牛革、猪革、帆布
卫生防护手套	五指形	天然或合成橡胶、合成树脂
绝缘手套	五指形	天然或合成橡胶、合成树脂
减震手套	—	泡沫乳胶、塑料

矿工经常使用的是普通手套,但凿岩时应戴减振手套以预防振动病。如何选用手套应根据作业情况而定。普通手套为棉针织品或棉布制品,它有触觉感、伸屈性、把握性、吸汗性能好等优点,但耐磨性能较差,易于破损。国外用合成纤维制作的手套,有较好的耐磨性,但吸汗性差,把握性不好。如能在棉纱手套掌面涂塑、橡胶,或用涤盖棉纺织品制作手套,则既能保持棉纱手套的优点,又加强了耐磨性能。接触笨重、锐利工件或热部件的手套,应选用质地较厚的皮革,或多层帆布、合成革(但它不能用于炽热件)等制作。

减振手套的样式与上述手套基本相同,其不同点是在手掌面、手指处加垫泡沫塑料、乳胶,或空气夹层等减振材料来达到减振目的。

6)防护鞋

矿用鞋习惯上使用长筒胶鞋,它具有防水性、电绝缘性(380 V 以下),易于清洗去污,但透气性差。在矿山上最好穿用防穿刺鞋底的胶鞋和皮鞋。

开采缓倾斜薄矿层时,会有要用肘关节或膝关节支撑身体姿态进行工作的情况。这时要使用护膝、护肘以保证矿工健康。这类护膝、护肘的结构形状,和球类比赛时穿用的护膝、护肘形状相同。矿工所穿用的护膝、护肘,由于穿用时间长,有一定的厚度和弹性,多选用静电荷较强的合成纤维和泡沫塑料,以预防风湿性疾病。

7)工作服和防护服

工作服比一般服装有更高的要求,它不能成为诱发意外事故与灾害的因素,要能保护机体不受外界危险物的侵害,并有利于体温的调节,保持衣内有较好的小气候,便于工作与劳动。

矿山职工常使用的工作服为棉劳动布、细帆布工作服,这种衣料布纹细密,能防粉尘污染和轻微的机械作用对皮肤的损害,有良好的吸水、透气、保温性能,穿着较为舒适。由于棉织品的防水、防酸、碱腐蚀、阻燃性能都不佳,近年来发展了经阻燃隔热处理的棉织物;石棉工作服适于在有明火、燃烧处作业的工人穿用。合成纤维织物耐酸碱的性能较好,但吸水吸湿性不佳,作内衣穿用时易闷热,让人有不舒适的感觉;由于它易于积聚静电甚至产生电火花,不能在有易燃易爆气体和有粉尘的矿井使用。井下习惯上采用单、双面刮、涂胶的胶布防水工作服,但这种工作服笨重、透气性差,长时间穿用会增加人体的负荷,使人易于疲劳。目前新发展的一种方法是用薄乳胶、聚氨酯涂刷在尼龙绸等薄织物上,将其制成服装后穿用较轻便。用不透气的衣料制作防水工作服时，应在服装结构上增加换气孔隙。

防护服装是一种扩大了的工作服，是从头到脚都要进行保护的全身性衣服。它主要用于矿山作业条件较恶劣的场所。按其结构样式，可分成两大类，即送风式防护服和紧身式防护服。

送风式防护服是一种全身密封的服装，它基本和外部环境相隔绝。为保证人体呼吸功能，将净化过的压缩空气或由电动送风机输送的清洁空气，通过软管经由帽内顶部沿颜面向下送风，风流从腋下开口处或袖、裤角口等缝隙处向外排放。为使有毒物质不致由缝隙处渗入防护服内，除加强密封外，还要在服装的适当部位装设排气阀，以便排气。在高温矿井作业时，可穿用送冷风的防护服。这种防护服内有夹层，冷风由夹层排气孔排出，以保持人体的热交换。

紧身式防护服有上、下连体的服装，也有连接帽子的上衣和背带裤，一般都是三紧形式，即紧袖口、裤脚和领口，以防有害物质侵害人体。与送风式防护服相比，紧身式防护服的密封性能差，但轻便、利于作业。高温用防护服除有隔热层外，还可送进冷却的空气。在有强辐射热处作业时，要穿着采用镀铝膜层面的工作服。明火作业的服装要用阻燃烯制作。为了能保持人体的热平衡，除送冷风外还可在服装内穿特制的背心，背心内装有制冷剂，或用涡流管将冷风通过背心向体内扩散。这些方法都可在高温矿井中使用。但因涡流管连接压气管，故具有行动不便、噪声大、制冷效率很低等缺点。

8）其他防护

矿山上的犬型牙轮钻、电铲、运输车辆等的操作室，作业时受到粉尘、气候、阳光辐射等影响，室内的小气候恶劣，影响生产效率与人身健康。为了在操作室内创造良好的小气候，首先要解决操作室的密封问题，其次要采用空调设备，净化空气，保持合适的气温。

此外，根据《金属非金属地下矿山监测监控系统建设规范》，地下矿山应配置足够的便携式气体检测报警仪。便携式气体检测报警仪应能测量一氧化碳、氧气、二氧化氮浓度，并具有报警参数设置和声光报警功能，一氧化碳报警浓度不应高于 24 $\mu mol/mol$，二氧化氮报警浓度不应高于 2.5 $\mu mol/mol$。

4.1.4 个体防护装备管理与使用培训

个体防护装备的管理与使用培训是个体防护装备配备必不可少的一部分，防护装备的配备是"硬件"配备，管理与培训则是"软件"配备。在整个防护装备配备的程序中，必须要有相应的健全的管理制度，这样才能保证所配备的个体防护装备种类齐全、性能合格、发放合理、管理规范。同时对于作业人员的使用培训也极其重要，生产经营单位应定期对作业人员进行个体防护装备的选择、使用、维修及维护保养等相关法律法规、标准及专业知识的培训，以保证防护装备的正确选用和有效防护。

根据《个体防护装备配备基本要求》，管理与使用具体要求如下：

（1）生产经营者在配备个体防护装备之前应先进行危险有害因素的辨识；

（2）应建立健全个体防护装备的采购、验收、保管、发放、使用、报废等管理制度；

（3）为作业人员采购的个体防护装备应符合相关法律法规及国家、地方和行业标准；

（4）应加强进货验收管理，查验生产企业资质证书、检验报告等相关文件是否齐全，必要时采取抽样检验等方式进行验证；

（5）应根据个体防护装备的使用数量、有效使用时间及环境条件合理发放；

（6）应定期对佩戴使用后的个体防护装备的有效性进行确认，在确认其失效时，应及时报废和更换；

（7）应由使用者或专人按照个体防护装备的使用要求进行维护与保管；

（8）生产经营单位应制定培训计划，并按计划定期对作业人员进行个体防护装备的选择、使用、维修及维护保养等相关法律法规、标准及专业知识的培训；

（9）应在专业人员的指导、监督下对作业人员进行个体防护装备的实际操作培训；

（10）应了解、掌握作业人员对个体防护装备使用的熟练情况，并监督其使用的正确性。未按规定佩戴和使用合体防护装备的人员，不得上岗作业，并根据需要进行再培训。

4.2 矿工卫生保健

4.2.1 矿工的卫生保健要求

1）企业职责

用人单位是矿工卫生保健工作的责任主体，其主要负责人对本单位职工的卫生保健工作全面负责。用人单位应当依照国家相关职业卫生标准的要求，制定、落实本单位矿工卫生保健工作计划，并保证所需的专项经费。

用人单位应当选择由省级以上人民政府卫生行政部门批准的医疗卫生机构承担职业健康检查工作，并确保参加职业健康检查的劳动者身份的真实性，承担职业健康检查费用。

用人单位应按国家相关规定组织接触职业性有害因素的作业人员进行上岗前、在岗期间、离岗时和应急的职业健康检查，检查结果以书面形式如实告知作业人员本人。不得安排未经上岗前职业健康检查的劳动者从事或接触有职业病危害的作业，不得安排有职业禁忌的劳动者从事其所禁忌的作业。

用人单位应当根据劳动者所接触的职业病危害因素，定期安排劳动者进行在岗期间的职业健康检查，检查项目和检查周期应符合国家相关职业卫生标准的规定和要求。

用人单位应当为劳动者个人建立职业健康监护档案，并按照有关规定妥善保存。当用人单位发生分立、合并、解散、破产等情形时，应当对劳动者进行职业健康检查，并依照国家有关规定妥善安置职业病病人；其职业健康监护档案应当依照国家有关规定实施移交保管。

2）职工权利

根据《职业病防治法》，劳动者依法享有以下职业卫生保护权利：

（1）获得职业卫生教育、培训；

（2）获得职业健康检查、职业病诊疗、康复等职业病防治服务；

（3）了解工作场所产生或者可能产生的职业病危害因素、危害后果和应当采取的职业病防护措施；

（4）要求用人单位提供符合防治职业病要求的职业病防护设施和个人使用的职业病防护用品，改善工作条件；

（5）对违反职业病防治法律、法规以及危及生命健康的行为提出批评、检举和控告；

（6）拒绝违章指挥和强令进行没有职业病防护措施的作业；

（7）参与用人单位职业卫生工作的民主管理，对职业病防治工作提出意见。

3）女工保健

女工保健是整个劳动保护工作的重要组成部分，是针对女性生理机能的特点进行特殊保护。其目的，一是保护女职工在生产中的安全与健康；二是因为女性有繁衍后代的职能，对女职工实行保健，也是为了保护下一代的健康。

根据《女职工保健工作规定》，各单位的医疗卫生部门应负责本单位女职工的保健工作。女职工人数在 1000 人以下的厂矿应设兼职妇女保健人员；女职工人数在 1000 人以上的厂矿，在职工医院的妇产科或妇幼保健站中应有专人负责女职工保健工作。女职工保健的内容如下：

（1）月经期保健

①宣传普及月经期卫生知识。

②女职工在 100 人以上的单位，应逐步建立女职工卫生室，健全相应的制度并设专人管理，对卫生室管理人员应进行专业培训。女职工每班在 100 人以下的单位，应设置简易的温水箱及冲洗器。对流动、分散工作单位的女职工应发放单人自用冲洗器。

③女职工在月经期间不得从事《女职工禁忌劳动范围的规定》中第四条所规定的作业。

④患有重度痛经及月经过多的女职工，经医疗或妇幼保健机构确诊后，月经期间可适当给予 1 至 2 天的休假。

（2）婚前保健

对欲婚女职工必须进行婚前卫生知识的宣传教育及咨询，并进行婚前的健康检查及指导。

（3）孕前保健

①已婚待孕女职工禁止从事铅、汞、苯、镉等作业场所属于《有毒作业分级》标准中第Ⅲ～Ⅳ级的作业。

②积极开展优生宣传和咨询。

③对女职工应进行妊娠知识的健康教育，使她们在月经超期时主动接受检查。

④患有射线病、慢性职业中毒、近期内有过急性中毒史及其他有碍于母体和胎儿健康疾病者，暂时不宜妊娠。

⑤对有过两次以上自然流产史，现又无子女的女职工，应暂时调离有可能直接或间接导致流产的作业岗位。

（4）孕期保健

①自确立妊娠之日起，应建立孕产妇保健卡（册），进行血压、体重、血、尿常规等基础检查。对接触铅、汞的孕妇，应进行尿中铅、汞含量的测定。

②定期进行产前检查、孕期保健和营养指导。

③推广孕妇家庭自我监护，系统观察胎动、胎心、宫底高度及体重等。

④实行高危孕妇专案管理，无诊疗条件的单位应及时转院就诊，并配合上级医疗和保健机构进行严密观察和监护。

⑤女职工较多的单位应建立孕妇休息室。妊娠满 7 个月应给予工间休息或适当减轻工作。

⑥妊娠女职工不应加班加点，妊娠 7 个月以上（含 7 个月）一般不得上夜班。

⑦女职工妊娠期间不得从事劳动部颁布的《女职工禁忌劳动范围的规定》第六条所规定的作业。

⑧从事立位作业的女职工，妊娠满 7 个月后，其工作场所应设立工间休息座位。

⑨有关女职工产前、产后、流产的假期及待遇按国务院颁发的《女职工劳动特别保护规定》(国务院令第 619 号)执行。

(5)产后保健

①进行产后访视及母乳喂养指导。

②产后 42 天对母子进行健康检查。

③产假期满恢复工作时，应允许有 1 至 2 周时间逐渐恢复原工作量。

(6)哺乳期保健

①宣传科学育儿知识，提倡 4 个月内纯母乳喂养。

②对有未满 1 周岁婴儿的女工，应保证其授乳时间。

③婴儿满周岁时，经县(区)以上(含县、区)医疗或保健机构确诊为体弱儿的，可适当延长授乳时间，但不得超过 6 个月。

④有未满 1 周岁婴儿的女职工，一般不得安排上夜班及加班、加点。

⑤有 5 名以上哺乳婴儿的单位，应逐步建立哺乳室。

⑥不得安排哺乳女职工从事《女职工劳动保护规定》和《女职工禁忌劳动范围的规定》所指出的作业。

(7)更年期保健

①宣传更年期生理卫生知识，使进入更年期的女职工得到广泛的社会关怀。

②经县(区)以上(含县、区)的医疗或妇幼保健机构诊断为更年期综合征者，经治疗效果仍不显著，且不适应原工作的，应暂时安排适宜的工作。

③进入更年期的女职工应每 1 至 2 年进行一次妇科疾病的查治。

(8)对女职工定期进行妇科疾病及乳腺疾病的查治。

(9)女职工浴室要淋浴化。厕所要求蹲位。

(10)建立健全女职工保健工作统计制度。

4.2.2　常见职业病的防治

矿山工作中主要的职业病危害因素有粉尘、生产性有毒物、振动、噪声、职业性外伤、一氧化碳、热辐射、放射性物质等。下面介绍三种常见职业病的防治技术。

1)矿尘的防治

矿尘对人体健康和生产的危害极大，如果防治不当，矿工容易患尘肺病，矿山必须采取综合防尘措施。多年来，我国矿山因地制宜，坚持技术和管理相结合的综合防尘措施，取得了良好的防尘效果。基本内容可概括为八个字：风、水、密、护、革、管、教、查，即通风除尘、湿式作业、密闭尘源与净化、个体防护、改革工艺与设备的产尘量、科学管理、加强宣传教育、定期测定检查。

2)生产性毒物的防治

在生产过程中产生或使用的有毒物质即为生产性毒物。矿山大量产生的生产性毒物主要有爆破产生的氮氧化物、一氧化碳、硫铁矿氧化自燃产生的二氧化硫、某些硫铁矿产生的硫化氢、甲烷等，人员呼吸和木料腐烂产生的二氧化碳，重金属及其化合物，燃油设备产生的废气等。

生产性毒物通过呼吸道、皮肤接触、消化道而引起的中毒称为职业中毒。根据生产性毒物入侵人体的途径以及矿山常见生产性毒物性质的不同，可以采取以下防治措施：

（1）矿山生产过程中，排出上述生产性毒物的最好办法是通风，特别是爆破以后要加强通风，15 min 以后才能进入爆破现场。进入长期无人进入的井巷时，一定要检查巷道中氧气及有毒气体的浓度，采取安全措施后才能进入。

（2）当发现有人员中毒时，要先报给矿厂领导，派救护队员进矿抢救；或者报给领导后，采取通风排毒措施、戴防毒面具后才能进入抢救。

（3）建立健全合适的卫生设施。

（4）做好健康检查与环境监测。

（5）培训职工严格遵守操作规程和卫生制度。

3）噪声与振动的防治

矿山设备产生的噪声不仅损伤职工听力、危害健康，强噪声还会影响人对声音警报及其他信号的感觉和鉴别，掩蔽设备异常和事故苗头阶段的音响信号，干扰人员之间的语言交流，从而影响安全生产。

生产设备、工具产生的振动称为生产性振动，对人体作用的方式可分为全身振动和局部振动两种。矿工长期接受振动刺激，初期病人表现为双手麻木、末梢血管功能紊乱、血管痉挛，并有头晕耳鸣，病情进一步发展，就会导致骨骼的改变。

控制噪声、振动的措施主要有以下 3 种：

（1）消除或降低声源噪声

应逐步淘汰噪声、振动超标的工艺设备；严格控制制造和安装质量，防止振动；保持静态和动态平衡；加强润滑，降低摩擦噪声等。

（2）降低传递途径中的噪声

可以采取隔声、吸声、消声等措施，如建隔音操作室，将噪声源密闭，采用吸声材料等。

（3）加强个体防护

在噪声超标的作业环境中，应佩戴防声耳塞、耳罩和防声帽盔等防护用品。

4.2.3　职工体检

体检是对矿山工作人员进行健康监护的重要手段之一。通过体检能了解矿山作业人员的健康水平，及时发现职业病与矿山常见病、多发病的发病状况，并能反映矿山的劳动条件、污染治理以及防护、卫生保健设施的概貌。

矿工体检包括就业前、就业后定期体检，离职退休前体检，特殊作业脱离后体检等多种形式。

1）体检项目及要求

根据不同体检的目的，分别提出各项体检的项目与要求。矿山工作人员应了解体检的内容，与体检密切配合，使体检资料可靠，能准确反映受检者的健康水平。各项体检资料都要归档。建立一人一卡的健康档案，进行跟踪，随访观察。个人职业病资料应永久保存，要随矿山作业者工作调动或职业变更而与之一同转移。

（1）就业前体检是对准备调入接触某些有害物质的矿山工作人员（含新入矿将从事接触

有害因素者)进行体检,其项目与要求应针对今后接触有害物质可能对人体产生的影响或从事某作业的体质而制定。经检查,凡发现有活动性肺部或肺部以外器官结核,心血管系统严重疾病(高血压病与各种心脏病),严重影响肺功能的肺脏和胸膜疾病(肺气肿、胸膜肥厚粘连),肝、肾、血液、神经、内分泌等系统疾病,严重的上呼吸道鼻腔、眼部、皮肤等病变均分别属于接触粉尘、毒物、放射性物质、高温等作业的就业禁忌证。若已从事矿山接触尘毒等有害因素的作业人员中,定期体检发现有上述禁忌者,同样应调离原岗位。

(2)就业后定期体检是对接触尘毒等有害因素的矿山工作人员进行一定周期的职业性危害的体检。其项目与要求是按照各有害因素对人体产生的不同职业影响而分别制定的,一般包括以下内容:

①查询本人职业史(接触有害物的种类、时间、方式、强度等),伴有自觉症状,如矽尘作业者气短、胸闷、咳嗽等;相应劳动环境情况,如查阅粉尘或放射性物质作业现场历年粉尘或射线监测资料,以估算个人累积接触剂量水平以及劳动防护等情况。

②除常规体检外,接尘者应重点放在胸部照 X 线片、测肺功能的检查上;接触某些毒物如汞、锰者,重点应做全面神经系统检查;放射性物质作业需检查血液、肝、肾、神经、眼部等;若矿尘中含氡及其子体时,作业人员除按接尘检查要求外,常加做痰检,必要时做支气管镜检查等,以及早发现是否患有职业性肺癌;矿山气动工具操作者易受噪声、振动危害,常加做听力、肢端毛细血管与骨骼照片等检查;磷矿作业者加照下颌骨 X 线片,观察下颌骨与牙齿受损情况。

③根据有害物质吸收后在体内代谢过程的不同特点,分别测定不同生物样品(血、尿、头发、指甲等)中某种毒物的含量,此含量能反映该毒物的实际接触水平,作为接触或诊断的参考指标。

就业后的定期检查,能及时发现职业性危害的影响程度,按国家标准检查出各种矿的职业病患者,并按职业病管理做出相应的对策。

(3)调离矿山作业后体检是指原从事有害作业的工作人员在脱离接触后若干年内继续接受医学监护。某些尘毒物所致危害,如硅肺、铍肺、职业性肿瘤等可对人体产生晚发的"远期效应",即发病的潜伏期较长,故即使已脱离原作业岗位,也须进行随访、跟踪体检,其检查项目与要求同上述第(2)项内容。

放射性物质工作人员在离职前与脱离接触后也须做相关健康监护。从事一般有害作业的职工在退休前,或工伤事故、长期病休后复职,也有必要做相应的体检。

(4)矿山常见病与多发病的发生,仅与不良劳动环境、恶劣气象条件及劳动生产中的长时间强迫体位使个别身体器官系统保持紧张状态等因素有关,还与长期微量生产性有害因素的作用有关。它虽不致引起职业病,但能降低人体对非生产性因素的抵抗力。其表现是某些常见疾病——职业性多发病的发病率升高。不良气象条件下易患感冒、肠胃炎、皮肤病、风湿性关节炎;劳动生产活动中的长期不良姿势可引起肌体肌肉疲劳、痉挛、坐骨神经痛、腰背痛、下肢静脉曲张、脊柱弯曲、滑囊炎等。

在矿山日常医疗中应注意常见病与多发病的发病情况,分析发病原因,提出合理的防治意见,如注意矿工个人卫生,提倡劳动中保持正确姿势,增加工间休息,要发挥卫生保健设施(营养餐、浴室、太阳灯照射等)的作用,普遍提高矿山工作人员的健康素质,减少矿山常见病与多发病的发病率。

2）体检周期

体检周期是指就业后定期体检的时间间隔。周期的长短按职业危害因素对健康的作用快慢和后果的严重程度以及接触该因素的情况而定，现分述如下：

（1）矽尘作业者如现场粉尘浓度高，游离二氧化硅含量大，硅肺发展较快者，则应 6~12 个月检查一次，而观察对象应半年检查一次；粉尘浓度高，游离二氧化硅含量低，硅肺发病慢而轻者，每 12~24 个月检查一次；对粉尘浓度已降至卫生标准以下者，可每 24~36 个月检查一次，观察对象每 12 个月检查一次。凡硅肺合并结核者应 3 个月检查一次。已患有硅肺、石棉肺及其他尘肺者，每年均须复查一次。上述各检查均须照 X 线胸片。

（2）接触金属或其他有毒物质者，每年至少检查一次。遇有特殊意外，如生产现场有严重的设备事故，则体检间隔周期不受此限。

（3）从事放射工作人员的定期体检，在甲种工作条件下工作的人员每一年体检一次，其他放射工作人员每 2~3 年体检一次。放射工作场所的分级参考《放射卫生防护基本标准》（GB 4792）。

（4）某些毒物所造成的职业危害的进展及演变较快，如对血液、内脏组织的急性损害；有些较缓慢，如对骨骼系统损害。其定期体检或复查间隔时间可根据现场劳动条件、作业人员健康情况等缩短为 6 个月或延长到 3 年以上。

4.2.4　卫生保健设施

1）职工保健餐

矿工担负着繁重体力劳动，营养元素的需求量大，尤其是蛋白质，在重体力劳动时能量消耗大，因此，合理补充蛋白质、糖、维生素等对增强矿工体质是很重要的。应根据具体条件在保证正常膳食平衡的基础上，选择营养食品给矿工供应保健餐，并注意改进烹调方法，以增加食欲。一般保健餐供应方式为增加中餐的营养量或在工间另增加一餐，这样既可增进矿工体质，又可提高工作效率。

2）矿工井下就餐

井下集中作业的地方，应设有井下餐室，便于矿工进食中餐和保健餐。井下餐室的建造应符合卫生要求，餐室内设有洗涤间，在就餐前工人可进行洗刷，洗脸毛巾不可公用，以防皮肤病和沙眼病的传播。井下餐室有的食品是地面餐厅做好后送下来的，途中应注意保温、防污染。餐室环境布置应优美，使矿工在进餐时，增进食欲。

3）矿工饮水

每一矿井应有特设的饮水站，站上设有贮水壶及向水壶装水的设备，也可在矿井中适当的地点设容量足够大的保温水桶以贮开水。应保持水桶清洁卫生，水质应符合卫生标准，饮用水与工业用水应分开使用，防止污染。

4）矿工休息室

矿工在井下劳动一段时间后应安排工间休息。休息室应设在空气新鲜处，室内清洁卫生，光线明亮。如果工作地方离地面较近，应在井口设休息室或搭凉棚，让矿工在工间休息好，调节精神，减少疲劳。

5）矿工井下如厕

在矿井中应设足量的厕所。这些厕所应建设在照明及通风良好的地方。外装自动关闭的厕所门,内设便桶,便桶最好是特制小车的形式,以便每天推出去清理及消毒。当工作面向前移时,矿井管理部门应随之将厕所前移。要耐心说服矿工,不可在井下随地大小便,以免污染环境,传播疾病。

露天开采矿山,也应在适当地点建设厕所,保持工作场所清洁卫生。

6)矿工浴室

在井口应设有更衣室、浴室、洗衣房。工人上班时,把家常衣服换下放在个人专用的有门衣柜中,换上工作服。下班时脱下脏的工作服交洗衣房清洗,烘干以备下次再用。工人经过浴室洗涤后,尤其是在放射性矿山工作的,还应经过射线的安全检查,确认符合卫生要求后,再到光疗室接受太阳灯照射。

4.3 矿山环境卫生学评价

环境卫生学以人类及其周围的环境为研究对象,阐明人类赖以生存的环境对人体健康的影响及人体对环境的作用所产生的反应,即环境与机体间的相互作用。这是环境卫生学的基本任务。对于人类而言,环境是指围绕人群的空间及其中能直接或间接影响人类生存和发展的各种因素的总和,是一个非常复杂的庞大系统。它由多种环境介质(environmental media)和环境因素(environmental factors)组成,前者是人类赖以生存的物质环境条件,通常以气态、液态和固态三种物质形态存在,能够容纳和运载各种环境因素;后者则通过环境介质的载体作用,或参与环境介质的组成而直接或间接对人体起作用。

4.3.1 评价的目的和意义

1)从源头上控制矿山生产过程中的环境卫生危害隐患

在矿山建设的可行性研究阶段,通过卫生学评价,识别可能存在的环境卫生危害因素(如作业场所产生的粉尘、噪声、高热及放射性等都会在一定程度上影响工人的个体健康),预测其危害程度,提出控制环境卫生危害的相关措施和建议,从公共卫生学角度评估矿山建设的可行性;在矿山建设的竣工验收阶段,通过卫生学评价,识别存在的环境卫生危害因素,检测其浓度或水平,评价控制环境卫生危害因素措施的效果,综合提出相应的改进措施和建议,从卫生学角度审视矿山的生产运行是否符合卫生要求。

通过以上两个阶段的卫生学评价,可以从源头上控制矿山建设的环境卫生危害隐患,保障作业场所劳动者的健康。

2)为矿山的卫生审核提供科学依据

随着我国公共卫生法规标准体系的不断完善,建设项目的卫生审核也日趋严格。通过进行科学、规范、准确的矿山环境卫生学评价而形成的卫生学评价报告书,是卫生行政部门在审查矿山生产运行时不可或缺的重要技术资料,也是卫生行政审核的技术保障和科学依据。

3)增强矿山的法制观念和健康意识

建设单位在进行矿山环境卫生学评价的过程中,可以逐步了解和掌握我国公共卫生政策以及相应的法律法规、卫生标准及技术规范,增强卫生法制观念,促使矿山在生产过程中运用科学的方法,从矿山设备设置、制度管理等方面营造安全、卫生和舒适的工作环境,树立绿色的健康意识。

4)提高矿山的社会效益和经济效益

通过对矿山进行环境卫生学评价,可以避免因盲目追求经济效益而出现的安全与健康隐患,有效降低健康危害事故发生的风险,不仅保障了劳动者与公众的生命健康与安全,而且避免了因发生健康危害事故而可能产生的高额医疗费用和赔偿金额。

同时,矿山的长期安全、卫生运营,将在社会上塑造具有良好社会责任感的企业形象,这为矿山的长期良性发展奠定了坚实的基础。因此,进行矿山环境卫生学评价,在取得社会效益的同时,势必会带来潜在的经济效益。

4.3.2　评价的分类

矿山属于工业企业建设的范畴,矿山环境卫生学评价的重点是对其作业场所可能产生的环境卫生危害因素、作业环境卫生状况、卫生防护措施、接触者的健康情况等进行评价。根据矿山建设时段,一般在可行性论证和竣工验收时进行卫生学评价。因此,矿山环境卫生学评价可分为矿山环境卫生学预评价和矿山环境卫生学竣工验收评价。

1)矿山环境卫生学预评价

预评价是指矿山建设在可行性论证阶段,依照国家有关卫生方面的法律、法规、标准和技术规范,对矿山建设运行可能产生的环境卫生危害因素进行识别、分析,对其危害程度进行预测,对拟采取的防护措施的预期效果进行评价,对存在的卫生问题提出有效的防护对策,并从公共卫生学角度评价矿山建设的可行性。预评价是在可行性论证阶段进行的,是对矿山建成后,可能产生的环境卫生危害因素进行预测性评估。

2)矿山环境卫生学竣工验收评价

竣工验收评价是指在矿山建设工程竣工、试运行期间,依照国家有关卫生方面的法律、法规、标准和技术规范,对矿山在生产运行时产生的环境卫生危害因素进行识别;在此基础上,对作业场所的环境卫生危害因素进行检测,了解其浓度或水平,确定危害程度;对卫生防护设施的控制效果进行评价,从公共卫生学角度审视矿山建设是否符合卫生要求,竣工验收评价是在矿山建成后进行的具有实质性的全面的卫生学评价。

4.3.3　评价方法

在矿山环境卫生学的评价过程中,应根据矿山生产环境的特点,找出矿山作业环境中的主要污染源,对其污染物排放情况、环境质量状况、污染防治措施等进行调查和监测,并结合矿工健康状况、职业病(或多发病)的发病率等进行综合评价。对于矿山环境卫生学评价方法来说,目前尚无统一模式。以下将结合矿山生产环境,简单介绍几种常用的卫生学评价方法。

1)检查表法

检查表法是最基础、最简便、应用最广泛的卫生学评价方法之一,它既可用于预评价,也可用于竣工验收评价。对于矿山环境卫生学评价来说,检查表法要求评价人员结合矿山工艺特点,依据国家有关法律法规、技术规范和标准、相关操作规程、事故案例等,通过对矿山进行详细的调查、分析和研究,列出相应的检查单元、生产工段、工艺环节、有关要求等,编制成表,并逐项检查其符合情况,最终得出矿山作业环境存在的问题、缺陷和潜在危害。

（1）确定对象

检查对象可以是整个矿山系统，如包括矿山的选址、总平面布置、工艺布局、卫生防护设施、管理设施及辅助设施等在内的整个矿山工程系统及其卫生管理体系；也可以只是矿山工程系统的一部分，如单独对采矿工业场地的通风除尘设施等进行检查。

（2）搜集资料

确定检查对象后，搜集与检查对象相关的法律法规、标准规范及具体案例等，作为编制检查表的依据。搜集资料时，应注意相关资料的时效性。

（3）划分单元

检查表法是基于经验的方法，要求编制人员具备必要的理论知识和一定的实践经验，熟悉评价对象的操作运行特点，将评价对象合理地划分为若干单元。

（4）编制表格

建立检查表时，要求表格中的检查内容全面、完善，符合检查对象的特点，具有针对性。编制人员应当熟知与检查对象相关的一系列有关法律法规、标准和规范，并选出合适的检查内容，避免在表格中出现漏项或"不适用"的检查项目。

（5）实施检查

评价人员依照表格制定的内容及要求，对照工艺设备、操作情况、管理制度逐项比较检查，同时还可以通过查阅资料、档案或与有关人员交流的方式对评价对象进行检查，并对不符合项进行具体说明。

检查表法是一种简明易懂、方便实用的评价方法。其针对性强，可针对不同的检查对象、检查目的而设置不同的检查表；应用弹性大，既可用于简单的快速分析，也可用于深层次的分析；检查内容和项目以相关法律、法规、标准规范为依据，使矿山环境卫生学评价工作标准化、规范化；检查表法使检查结果一目了然，可将设计缺陷或事故隐患清晰地表达出来，为矿山建设工程整改以及矿山环境卫生审核提供参考。因此，应用设计完善的检查表法逐项对照评价对象的相关内容，可有效保证评价工作的全面性、完整性。

使用检查表法时，需要根据不同的情况，有针对性地编制不同的检查表。因此，检查表的编制和操作易受评价人员知识水平和实践经验的影响；此外，检查表法在卫生学评价中仅限于定性分析，存在一定的局限性。

2）类比调查法

类比调查法是一种常用的卫生学评价方法，该方法通过对与拟评价项目相同或相似项目的有关情况进行调查和分析[如生产过程和卫生防护措施的现场调查、工作场所环境卫生危害因素浓度（强度）检测、职业健康检查、职业病发病情况分析等]，结合拟建项目的有关技术资料，类推其作业场所环境卫生危害因素的种类和危害程度，提出相应的卫生防护措施，并预测防护效果。

应用类比调查法的基础和关键是要选择恰当的类比项目和数据，同时，类比资料的完整性对类比效果也至关重要。目前，类比资料的获得主要有评价单位收集和业主提供两个途径。通常情况下，评价机构经过现场调查、检测所获得资料的完整性较好，能够较好地反映出拟建项目和类比项目之间的异同。

应用类比法进行矿山环境卫生学评价，其最主要的问题就是选择合适的类比矿山。对于金属矿山采选行业来说，由于某一特定矿山的金属矿产保有量、矿体埋藏深度、赋存状态、成分复杂程度及矿体品位高低等均存在一定的差异，很难寻找到开采规模、开采方式、选矿工艺、生产设备等完全类似的企业。因此，在应用类比法时，应多选择几个尽可能相似的矿山企业，分单元比较相互之间的异同，从而确定拟评价矿山存在的环境卫生危害因素种类，推测其对作业场所工作人员个体健康的危害程度。

同时，在应用现成的类比检测数据时，应注意检测数据的可靠性。有些企业的检测数据来自企业内部的日常监测，并非来自计量认证机构。若检测点的设置和检测方法不规范，其结果可能达不到评价的要求。因此，在采集类比检测数据时，一定要查验其检测报告是否由依法取得资质认证的职业卫生技术服务机构提供，并对照评价对象的具体条件进行筛选，以确保数据的可靠有效。

3）定量分级法

定量分级法是对矿山生产工作场所环境卫生危害因素的浓度（强度）、固有危害性、劳动者接触时间等进行综合考虑，计算危害指数，确定劳动者作业危害程度等级。

该方法以环境卫生危害因素检测结果为基础，结合现场卫生学调查，根据国家有关劳动条件分级标准，对矿山生产工作场所中各类有害作业的危害程度进行定量分级评价。具体分级标准有：《工业场所职业病危害作业分级第 1 部分：生产性粉尘》《工业场所职业病危害作业分级第 2 部分：化学物》《工业场所职业病危害作业分级第 3 部分：高温》《工业场所职业病危害作业分级第 4 部分：噪声》《职业性接触毒物危害程度分级》等。

定量分级法的优势在于能够使评价结果定量化，以危害等级的形式反映劳动条件的优劣，使评价结果更为直观。由于评价结果能够量化危害程度，使不同类型的矿山建设项目之间的评价结果具有一定的可比性。

新建的矿山项目根据工程分析和与同类企业的类比调查，扩建、改建和技术改造项目根据已有测定资料，分别取得作业场所中劳动者接触的粉尘、化学毒物、噪声、高热及放射性等环境卫生危害因素的时间、浓度（强度）等数据，计算劳动者作业危害等级指数。计算方法按国家职业卫生标准执行。

对目前尚无分级标准的或无类比调查数据的环境卫生危害因素，可依据国家、行业、地方等职业卫生标准、规范等，结合矿山卫生防护设施配置方案，预测作业场所环境卫生危害因素浓度（强度）是否符合有关卫生标准。

4.3.4　矿山环境卫生学评价程序

环境卫生学评价的程序分为准备阶段、实施阶段、报告编制及评审阶段。

在准备阶段，接受建设单位委托、签订评价合同后，成立项目组，收集相关资料、进行初步调查分析、确定评价单元、筛选评价因子，并编制评价方案。

在实施阶段，项目组依据评价方案开展评价工作，内容包括项目工程分析、环境卫生危害因素识别、危害程度分析和卫生防护措施评价；预评价还应包括类比现场调查、事故案例分析；竣工验收评价还应包括环境卫生危害因素检测、现场卫生学调查。

在报告编制及评审阶段，项目组对资料进行汇总，分析存在的问题，得出评价结论，明确补充措施，并提出具体的对策和建议，完成评价报告书的编制；组织召开报告书技术评审会，项目组根据专家意见对评价报告书进行修改完善，并经校核、审核后，形成正式的卫生学评价报告书。评价程序见图 4-2。

接受委托

收集相关资料　　初步调查分析
确定评价单元　　筛选评价因子

拟订评价方案

方案质量控制

确定评价方案

依据评价方案开展评价工作

过程质量控制

类比现场调查
事故案例分析

工程资料分析　　危害因素识别
危害程度分析　　防护措施评价

危害因素检测
健康监护调查

资料汇总分析

依据法规标准

分析存在问题、得出评价结论
明确补充措施、提出对策建议

报告质量控制

编制评价报告书

专家评审报告书

修订评价报告书

提交正式报告书

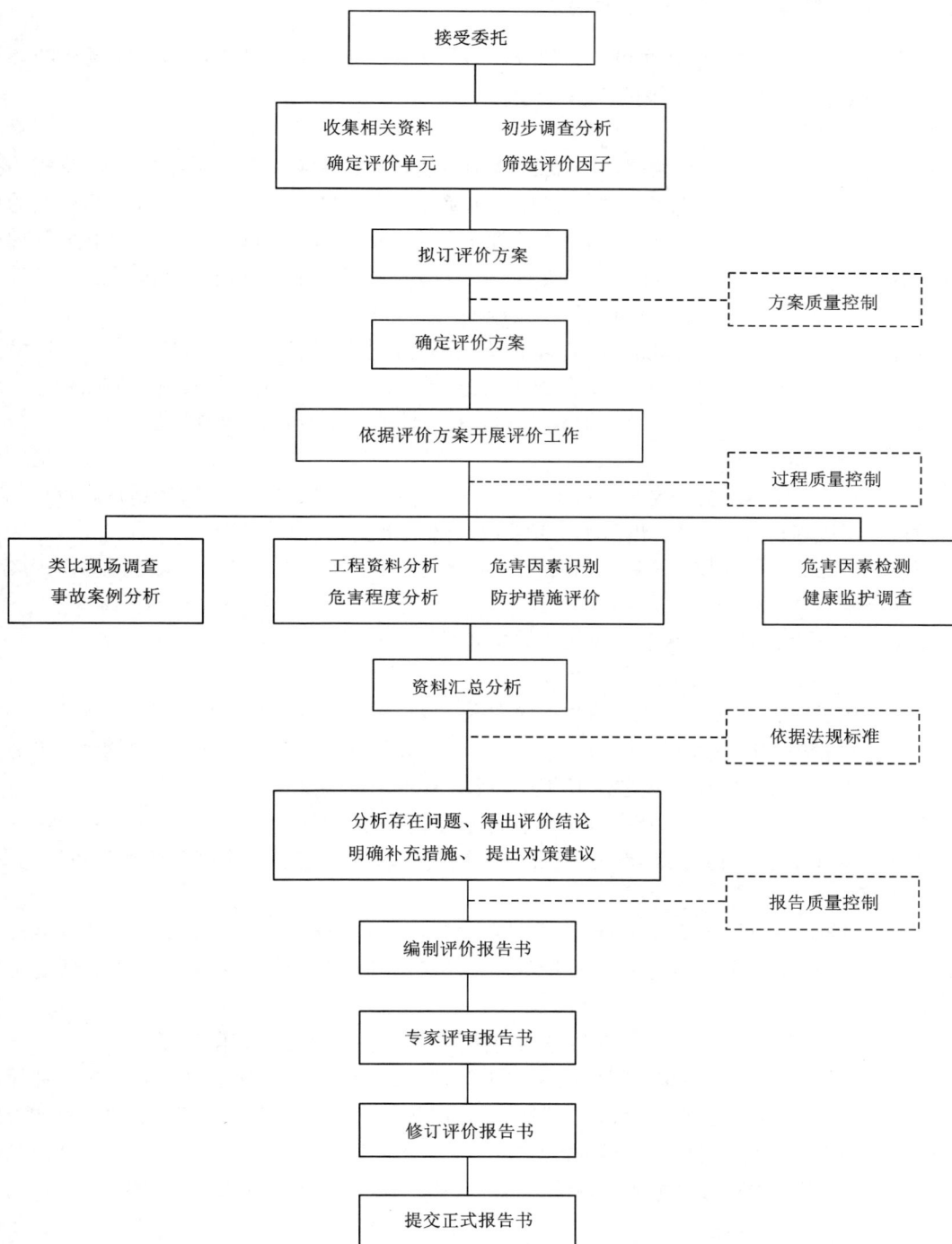

图 4-2　矿山环境卫生学评价程序图

4.3.5　矿山环境卫生学预评价要点

矿山环境卫生学预评价是在可行性研究阶段，从源头上控制和消除矿山作业场所的环境卫生危害因素，预防职业病，保护劳动者健康。

1）预评价范围和内容

一般情况下，矿山环境卫生学预评价的范围主要根据拟建矿山项目的批准文件及相关技术资料，特别是可行性研究报告或初步设计文本确定，主要针对矿山投产后运行期存在的环境卫生危害因素及卫生防治设施等内容进行评价，并包括矿山建设施工过程环境卫生管理要求的内容。对于改建、扩建项目和技术改造、技术引进项目，评价范围还应包括矿山建设单位的环境卫生管理基本情况以及所有设备设施的利旧内容。

预评价的内容主要包括选址、总平面布置、生产工艺和设备布局、建筑卫生学、环境卫生危害因素识别、危害程度及对劳动者健康的影响、作业场所卫生防护设施、辅助用室、应急救援、个人使用的卫生防护用品、环境卫生管理、环境卫生专项经费概算等。

2）预评价的资料收集

（1）矿山建设项目的批准文件，包括具有项目立项审批权限的部门（如计划行政部门、建设行政部门、规划行政部门等）出具的立项批文、选址批文等。

（2）矿山建设项目的技术资料，以可行性研究或初步设计文本为主，一般包含以下内容：

①建设项目概况；

②项目的建设背景，包括立项的社会效益和经济效益；

③选址及周边情况、总平面布置及竖向布置情况；

④主要生产工艺流程、生产设备及布局情况，设备的机械化、自动化、密闭化程度；

⑤生产过程拟使用的原料、辅料、中间品、产品等名称、用量或产量、物料储运方式；

⑥劳动组织与工种、岗位设置及其作业内容、作业方法等；

⑦各种设备、化学品的有关劳动者健康危害的中文说明书；

⑧有关设计图纸，如矿山建设项目区域位置图、总平面布置图、生产工艺和设备布局图、厂房的立面图等；

⑨针对改扩建项目（或类比工程），应尽量收集既往项目（或类比工程）的环境卫生现场检测资料，所采取的环境卫生危害防护措施、劳动者职业性健康检查资料、企业的环境卫生管理资料等相关信息；

⑩国家、地方、行业有关环境卫生方面的法律、法规、标准、技术规范等。

（3）资料筛选，矿山建设单位提供的及评价单位收集的资料，是评价机构开展矿山环境卫生学预评价的主要依据，其真实性和可靠性直接影响评价报告的真实性。因此，评价机构应结合文献资料和工作经验，对技术资料进行必要的解读和分析。由于环境卫生学预评价涉及的标准规范较多，评价人员可以根据矿山建设项目的行业、工艺等特点，筛选合适的标准引用。

3）预评价方案的编制

作为实施矿山环境卫生学预评价的指导性文件，预评价方案的目的是保证评价项目能顺利有序开展，并具体指导评价人员按照预定的技术路线和方法实施环境卫生学预评价，在时间上满足要求，质量上达到预期的目标。因此，矿山环境卫生学预评价方案应以科学性、实用性、针对性为原则，在充分研读有关资料、进行初步工程分析和现场调查后编制。

预评价方案的主要内容包括以下几个方面：

（1）简述项目概况

要介绍矿山的基本建设情况，包括项目由来、名称、性质、地理位置、生产规模、主要工程内容、工艺技术及物料消耗量等基本信息。

（2）识别评价依据

根据矿山建设项目的特性收集与评价相关的法律、法规和技术依据。

（3）确定评价范围

评价范围原则上以拟建矿山项目的可行性研究报告中提出的工程内容为准，对于一些改扩建项目的接口设施，需要在方案中明确是否属于本次评价范围。

（4）明确评价内容

评价内容以卫计委的文件规定内容为准，在方案中可以概要列出。

（5）选择评价方法

根据矿山建设项目的特点和收集的资料，提出合适的评价方法。预评价一般采用类比法、检查表法等评价方法，必要时也可采用其他评价方法。

（6）筛选类比企业

根据收集的资料，提出合适的类比企业，并明确取得类比资料的方式。

（7）估算评价周期

根据矿山的建设规模、评价的技术难点，结合建设单位的需求，估算工作进度，包括各阶段工作的时间节点。

（8）指定项目分工

指定项目负责人及项目组成员，明确人员分工，提出经费概算。

（9）质量控制措施

根据评价质量管理体系文件，明确预评价全过程的质量控制措施。

预评价方案完成后，评价机构应根据内部审核程序对方案进行技术审核，以保证方案能够满足开展预评价的需要。必要时可召开专家评审会，对方案内容进行审查，以核实评价范围、评价内容、评价方法和质量控制措施，讨论方案的可行性，形成方案评审意见，并按照评审意见修改方案。

4）工程分析

工程分析是系统、全面地分析矿山建设项目的工程特征和卫生特征，了解矿山运行的工艺流程特点、原辅材料使用情况和卫生防护水平等，以分析矿山生产过程中可能存在的环境卫生危害因素的种类、性质、时空分布及其对劳动者健康的影响程度，为划分评价单元、筛选主要评级因子提供依据。

工程分析的要点包括以下几个方面：

（1）工程概况，应详细介绍项目名称、性质、规模、拟建地点、自然环境概况、社会环境概况、项目主要内容、生产规模、生产制度、岗位设置、劳动定员、主要技术经济指标等；

（2）总平面布置及竖向布置情况；

（3）生产工艺流程和设备布局；

（4）矿山生产的原辅材料使用情况；

（5）公用辅助设施；

(6)建筑卫生状况，主要针对矿山采场的通风除尘情况进行介绍；

(7)现有企业概况，主要针对改扩建矿山建设项目，评价人员应简要概述现有矿山的基本情况、环境卫生危害和防治现状。

5)类比调查

在选择类比对象时，应尽量寻找与拟建矿山生产规模、工艺流程、环境卫生防护设施、环境卫生管理等基本相当的现有矿山，并先用列表的方式对比说明拟建矿山与类比矿山的基本情况，对其可比性进行分析。

评价人员应对类比矿山进行现场调查，收集相关资料，主要包括：类比矿山生产过程及环境卫生防护设施的运行情况；个人危害防护用品的配置和管理情况；环境卫生危害因素检测数据；应急救援设施及预案的制定情况；环境卫生管理制度及运行情况；环境卫生管理机构和人员设置情况；职业健康监护情况；劳动者的职业病发病情况等。

6)环境卫生危害因素识别与分析

(1)环境卫生危害因素的分类

矿山生产过程中常见的环境卫生危害因素可分为两大类：

①化学性因素。主要包括矽尘，石棉尘，含铅、砷、汞、锰、磷、硫、铍、铬、镉、镍、锌等金属、非金属及其化合物的矿尘；二氧化碳(CO_2)等窒息性气体；一氧化碳(CO)、二氧化硫(SO_2)、氮氧化物(NO_x)、硫化氢(H_2S)等有毒气体。

②物理性因素。高温、高湿、噪声，振动和放射性等。然而，在矿山生产过程中，这些危害因素往往同时存在。

(2)环境卫生危害因素的识别原则

在对矿山环境卫生危害因素进行识别的过程中，应遵循以下基本原则：

①全面、准确识别

对于矿山建设项目，其环境卫生危害因素的来源、形态、数量和分布是错综复杂的，评价人员应该结合矿山生产中使用的原辅材料、生产设备、生产工艺、辅助装置、公用设施等多方面分析考虑，全面、准确地识别出环境卫生危害因素。

②重点突出、主次分明

对识别出来的环境卫生危害因素，应根据其来源、形态、数量、分布，以及其危害特性、接触方式、接触时间等因素，筛选出主要的环境卫生危害因素，列为重点评价因子。

③定性与定量相结合

一般通过工程分析、类比调查后，能够准确地识别出环境卫生危害因素的种类。但在对某些新材料、新工艺的作业场所缺乏了解的情况下，可以通过实验室分析技术，进行定性或定量，以全面掌握其有关情况。

(3)环境卫生危害程度分析

在系统识别出环境卫生危害因素的基础上，应对其危害程度进行全面深入的分析，主要包含以下几个方面：

①环境卫生危害因素固有的对人体的危害性，如毒性物品、致癌物等；

②环境卫生危害因素存在的数量，如微量、少量、大量等；

③环境卫生危害因素在作业场所存在的形态，如气态、液态、固态等；

④环境卫生危害因素进入人体的途径，如呼吸道、皮肤、消化道等；

⑤劳动者接触环境卫生危害因素的方式，如直接接触、间接接触等；

⑥作业场所环境卫生危害因素的浓度或强度，如符合标准、接近标准、超过标准等；

⑦作业场所存在多种环境卫生危害因素时的相互影响，如联合作用、拮抗作用等。

7)环境卫生危害防护设施分析

对拟评价矿山项目的环境卫生危害防护设施进行分析，主要是了解矿山拟设置的卫生防护设施是否能够满足控制劳动者健康危害的需要，为矿山环境卫生学评价中防护措施的评价以及补偿提供基础资料。

根据矿山建设项目的生产特点，环境卫生防护设施的设置主要体现在以下几个方面：

(1)防尘设施

矿山采场、选厂的生产过程中，不可避免地会产生粉尘，为改善作业环境条件，经常采用湿式除尘、机械除尘措施。湿式除尘是一种经济易行、成效卓著的防尘措施。机械除尘是有效抑制固定源粉尘扩散的主要方法，对于机械除尘设施是否能满足防尘的需要，可以从以下几个方面进行分析：

①局部密闭设备应尽可能将产尘点完全密闭，其结构应不妨碍工人的操作；密闭罩吸风口的位置应接近粉尘发生源，排尘方向应与粉尘运动方向一致；吸风口的构造和风速应使罩内负压均匀，阻止粉尘外逸并不致把物料带走。

②输送含尘气体的通风管道不宜水平安装，要有一定的倾斜度，并在适当位置设置清扫孔，以清除积尘，防止管道堵塞。

③按照粉尘类别的不同，通风除尘管道内应保证达到最低经济流速。设计中应在除尘器气流稳定的直管段设置测试孔，以便测试气体流速。

④通风除尘系统的组成及其布置应合理，管道材质应合格；对于容易聚积粉尘的通风管道，应设单独通风系统，不得相互连通。

⑤依据作业场所扬尘点的位置、数量，设置相应的通风除尘设施。

⑥含尘气体排出之前必须通过除尘设备净化处理后才能排入大气，并保证进入大气的粉尘浓度不超过国家排放标准规定的限值。

(2)防噪声措施

对矿山生产噪声的控制，主要从以下几个方面考虑：

①对噪声源的控制

优先选用低噪声的工艺和设备，降低声源声功率，消除和减弱噪声源。强噪声源应集中布置，周边宜设置对噪声不敏感的辅助工作场所，噪声工作场所应远离非噪声工作场所、行政区和生活区。

②对噪声传播途径的控制

采取上述措施后，若噪声强度仍不达标，应采取隔声、消声、吸声、减振等综合降噪措施。

③个体防护

若采取噪声控制措施后，工作场所的噪声仍不能达标时，应采取个人防护措施，如佩戴防噪耳塞或耳罩，减少接触时间等。

(3)防振动措施

优先选用振动强度小的生产工艺和设备；对振动强度大的设备应采取基础减振措施；采

用隔绝和阻尼的方法对振动源加以控制，隔绝是减弱机器传动基础的振动，阻尼则是吸收金属、薄板或其他金属结构的振动能量。此外，还可采用在强振设备和管道之间设置柔性连接的方式来减轻振动。工作人员采取佩戴防振手套、穿防振鞋等个体防护措施来降低振动的危害程度。

（4）防暑降温措施

高温工作场所的朝向，应根据夏季主导风向对厂房能形成穿堂风或能增加自然通风的风压作用来确定，厂房的迎风面与夏季主导风向宜成 60°～90° 夹角，最小角不应小于 45°。高温厂房的自然通风应有足够的进、排风面积。

高温作业应尽可能实现自动化和远距离操作等隔热操作方式，对从事高温作业工种的工人应使用隔热服、隔热面罩等个人防护用品，合理安排作业时间，并在炎热季节供应含盐的清凉饮料。

8）环境卫生学评价

在对矿山建设项目进行工程分析、环境卫生危害因素识别、环境卫生危害程度分析和环境卫生防护设施分析的基础上，按照有关法律、法规、标准，对矿山建设项目的选址、总体布局、建筑卫生学要求、生产工艺及设备布局、环境卫生防护设施、个人防护用品、应急救援、辅助用室和环境卫生管理等进行评价，并给出评价结论。

9）评价结论和建议

评价结论主要包括确定环境卫生危害因素类别，确定矿山建设项目在环境卫生方面是否可行。

根据矿山建设项目存在的环境卫生危害因素特性，结合生产设备的布局、生产工艺特点、拟采取的防护设施等各方面的不足和问题，有针对性地、概括地提出旨在改善上述不足和问题，能满足环境卫生防治需要的技术和管理措施。

4.3.6　矿山环境卫生学竣工验收评价要点

矿山环境卫生学竣工验收评价是在矿山试运行阶段、竣工验收前，对工作场所存在的环境卫生危害因素、环境卫生危害程度、环境卫生防护措施及效果、健康影响等进行卫生学检测与评价，以确定矿山在环境卫生方面是否符合卫生要求，为其运行正常后的环境卫生管理提供基础资料。

1）竣工验收评价范围与内容

一般情况下，竣工验收评价的范围以矿山实施的工程内容为准，可依据矿山建设项目的批准文件及技术资料，特别是初步设计文本、变更设计说明以及施工图纸，并结合预评价报告、现场环境卫生调查确定。

竣工验收评价的内容主要包括总体布局、生产工艺和设备布局、建筑卫生学的合理性；环境卫生危害因素的种类、分布、浓度或强度，以及矿山工作对劳动者健康的影响程度；环境卫生防护设施的效果；环境卫生危害健康影响分析与评价，应急救援设施的设置与运行；预评价补偿措施的落实情况；环境卫生管理组织与制度的设置与运行。

2）竣工验收评价的资料收集

竣工验收评价除了与预评价需要收集相同的资料外，还需收集以下资料：

（1）矿山建设项目的批准文件，如拥有立项审批权限的部门出具的选址意见书、可行性研究报告批复、初步设计批复、环评报告书批复、卫生审核意见等文件。

（2）矿山建设项目的技术资料，如初步设计、预评价报告、变更设计说明、施工图等，除预评价应包含的内容外，还应包括：

①工艺流程图和详细的工艺过程说明。

②生产设备名称、规格、数量，以及设备布置图。

③区域地理位置图、矿区总平面布置图、工作场所平面图和剖面图等相关图纸的最新施工图。

④环境卫生防护设施、应急救援设施的具体情况。

⑤生产系统的时间运行状况，包括试运行的开始时间、试运行的产能、设备及防护设施的到位情况；试生产过程中发现的问题及改进措施等；记录文件如通风系统、防护设施的运行及维护纪录等。

⑥环境卫生管理资料，包括管理机构的设置、管理制度及操作规程的制定及实施、环境卫生培训及纪录、环境卫生防治经费等。

⑦健康监护资料，包括职业健康检查的制度、个人健康档案的管理、健康检查结果的处理等。

（3）国家、地方、行业有关环境卫生方面的法律、法规、标准、技术规范等。

3）竣工验收评价方案的编制

除了与环境卫生学预评价方案相同的内容之外，矿山环境卫生学竣工验收评价方案需要增加的内容包括：

（1）矿山试运行情况，应简要说明矿山的建设情况、生产设备和人员的到位情况、试运行阶段已达到的实际产能以及试生产过程中各项设备的运转情况。

（2）矿山作业场所环境卫生现场调查安排，主要采取调查表法，在确定环境卫生现场调查内容的基础上，根据国家法律、法规、规章、技术规范和标准等的有关要求，并结合项目的特点，编制调查表。

（3）环境卫生危害因素的分布特征，在充分研读现有技术资料、进行初步现场调查的基础上，明确矿山生产过程、生产环境及劳动过程中的环境卫生危害因素及分布情况，为下一步的检测做好必要的前期准备。

（4）现场采样和测定安排，明确环境卫生危害因素检测种类、检测方法、检测点的设置，估算采样仪器、采样人员的需求量，估算检测周期等。

4）环境卫生现场调查

依据国家有关环境卫生的法律、法规和技术规范、标准等，采用检查表分析的方法，进行环境卫生现场调查。调查内容主要包括总体布局、生产工艺及设备布局、建筑卫生学、环境卫生防护设施、个人防护用品、辅助用室、预评价建议和审核意见的落实情况。另外，在进行环境卫生现场调查时，应对照有关法律、法规、标准，实地查看警示标识和中文警示说明的设置情况。

5）评价内容的重点

（1）总体布局的分析与评价的重点是矿山的功能分区是否合理、紧凑；厂房的平面布置和竖向布置是否符合要求；交通组织是否顺畅等。

（2）生产工艺和设备布局的分析与评价的重点是工艺设计是否合理；设备布局是否符合

卫生要求等。其中,应特别关注强噪声源和振动源的布置、生产性热源的布置、有毒有害作业区域的分区隔离等内容。

(3)建筑卫生学状况主要包括建筑结构、采暖、通风、空调、采光、照明、微小气候等的卫生设计。竣工验收时不仅要考察各类建筑设计卫生措施的落实情况,还需要通过检测手段对通风、空调、采光照明以及微小气候等内容进行评价。

(4)环境卫生防护设施分析与评价的重点是设施建设的完整性、运行状况及防护效果等,此外,还需了解防护设施的管理情况。

(5)个人防护用品的分析与评价重点是分析、评价矿山单位企业为劳动者配置的个人防护用品的种类和数量是否合理,具体可参考《劳动防护用品配备标准(试行)》及有关行业标准的具体要求。此外,对个人防护用品的管理情况也是主要内容之一。

(6)辅助用室分析与评价的重点是分析、评价辅助用室的布局是否合理,能否满足采光、通风和隔声等要求,相关卫生设施的配置是否符合生产卫生用室的设计要求等。

(7)环境卫生危害因素检测分析与评价包括环境卫生危害因素的识别、检测项目筛选、数据分析,以及检测结果评价。

其中,矿山环境卫生学竣工验收评价危害因素的识别与预评价基本相同,并可在此基础上,结合现场调查进行更全面、准确的识别。通过现场调查,可实地了解生产工艺的全过程、生产设备运行状况、环境卫生危害因素的种类、分布以及作业人员的接触方式和接触时间等信息。除此之外,还应分析开车、停车、检修及事故等情况下可能产生的偶发性环境卫生危害因素。

(8)环境卫生管理分析与评价包括环境卫生管理机构设置情况,环境卫生管理制度的制定及落实情况,环境卫生危害事故应急救援预案制订、设施设置及演练情况,环境卫生危害警示标识及中文警示说明的设置情况,环境卫生培训情况,环境卫生危害的告知情况,职业健康监护情况,职业卫生档案管理情况等内容。

(9)健康影响评价主要是分析矿山在生产运行期间产生的环境卫生危害因素对职业人群健康的影响,从而确定该项目是否可行;多限于描述性分析,包括职业健康监护管理情况、职业健康检查结果分析、主要环境卫生危害因素健康影响分析、职业禁忌证和职业病(疑似职业病)病人的处置情况等内容。

6)评价结论与建议

评价结论是在全面分析总结检测结果、现场调查资料的基础上,做出的结论性的判断,主要包括确定环境卫生危害类别,明确矿山的生产运行是否符合环境卫生要求。

评价建议是针对矿山在设计、生产以及管理过程中存在的不足提出的补充措施,制定评价意见应遵循针对性强、具有可操作性和合理性的原则。

参考文献

[1]《中国冶金百科全书》总编辑委员会,《安全环保》卷编辑委员会,冶金工业出版社《中国冶金百科全书》编辑部. 中国冶金百科全书:安全环保[M]. 北京:冶金工业出版社,1999.

[2] 王秉权. 采矿工业卫生学[M]. 徐州:中国矿业大学出版社,1991.

[3] 邢娟娟,陈江. 劳动防护用品与应急防护装备使用手册[M]. 北京:航空工业出版社,2007.

［4］个体防护装备配备基本要求（GB/T 29510—2013）［S］. 北京：中国标准出版社，2013.

［5］杨文芬，张鹏，宫国卓. 个体防护装备配备新要求［J］. 现代职业安全，2013，（12）：108-109.

［6］陈宜华，余向东，唐胜卫. 金属矿山职业病危害预评价方法［J］. 现代矿业，2011(8)：126-128.

［7］建设项目职业病危害预评价导则（AQ/T 8009—2013）［S］. 北京：煤炭工业出版社，2013.

［8］杨克敌. 环境卫生学［M］. 7 版. 北京：人民卫生出版社，1985.

第 5 章

矿山生态修复

5.1 生态修复概念

如何依据生态学原理设计和建设一个可持续利用的人工生态系统，来修复因人类干扰而受损的生态系统，已成为人类亟待解决的重要课题。恢复生态学的研究可追溯到 19 世纪 20 年代，当时的研究工作侧重于采矿业和地下水开采所造成的各种受损环境及其生态恢复方面。但将恢复生态学作为生态学的一个分支进行系统研究，是 1980 年 Cairns 主编的《受损生态系统的恢复过程》一书出版以来才开始的。在生态修复的研究和实践中，涉及的相关概念有生态恢复(ecological restoration)、生态修复(ecological rehabilitation)、生态重建(ecological reconstruction)、生态改建(ecological renewal)、生态改良(ecological reclamation)等。

生态修复是相对于生态破坏而言的，其内涵可以理解为通过外界力量使受损生态系统得到恢复、重建或改建(不一定完全与原来的相同)，即应用生态系统的自组织和自调节能力对环境或生态完整性进行修复，最终恢复生态系统的服务功能。欧美、日本等国家及地区的学者多认为生态修复是指在外界力量作用下使受损生态系统得到恢复、重建和改进(不一定是与原来的相同)。国内学者多认为生态修复是指可以辅助人工措施，加速被破坏生态系统的恢复，实现生态系统健康运转的服务。该概念强调生态修复应该以生态系统本身的自组织和自调控能力为主，而以外界人工调控能力为辅。

生态修复是指停止人为干扰，依靠生态本身的自动适应、自组织和自调控能力，按照生态系统自身规律演替，通过其休养生息的漫长过程，使生态系统向自然状态演化，恢复原有生态的功能和演变规律。

生态重建是对被破坏的生态系统进行规划、设计，建设生态工程，加强生态系统管理，维护和恢复其健康，创建和谐、高效的可持续发展环境。对于生态修复，国际上已有相应的科学理论支撑体系，对生态系统退化机理及其恢复途径已有所研究，并被日本、美国及欧洲所应用，取得了良好的效果。

矿山生态修复是指将受损生态系统恢复到接近于采矿前的自然状态，或重建成符合人类某种有益用途的状态，或恢复成与其周围环境(景观)相协调的其他状态。它强调的是一个动态的过程，而不单是过程的结果。矿山开采活动对生态系统的干扰超过了开采前生态系统的恢复力承受限度，若任由采矿废弃地依靠自然演替(natural succession)恢复，可能需要几百年，甚至上万年。如有的金属矿开采后的废弃地，酸性极强，形成了极端的生态环境，自然条件下植物几乎无法生长。

矿山生态修复是一项系统工程，不仅涉及地质、地貌、水文、植被、土壤等因素，而且需要地质学、力学、生态学、生物学、土壤学、植物生理学、肥料学、园艺学、环境学等多个学科的共同参与研究，是多学科交叉的系统工程。从实践角度来看，生态修复具有一定的生态、环境、社会和经济效益。从理论角度来看，矿山生态修复也是生态学理论的实践者和检验者。因此，矿山生态修复是在受损生态系统功能变化、矿山生态系统退化、受损生态系统演变、自然恢复的过程与机理等理论研究的基础上，通过相应的生态修复技术，恢复因采矿活动所引起的退化生态系统，最终服务于矿山生态环境保护、土地资源利用和生物多样性保护等的理论与实践活动。

由于各国、各地区生态系统特点的差异与复垦目标和范围的不同，生态修复曾经有过不同的定义。20 世纪 50 年代末，中国"土地复垦"一词最早称为"造地覆田""复田""垦复""复耕""复垦""综合治理"等。当时为了克服自然灾害带来的吃粮困难问题，矿山职工自发地在排土场、尾矿库上垫土种植蔬菜和粮食。土地复垦的概念一般是指将废弃的土地重新开垦为农田种植农作物，随着时代的发展，土地复垦的内涵在扩展，即土地复垦后的用途不再仅仅是种植农作物，也可以是植树造林，进行水产养殖，或是作为建设用地。直到 1988 年中国颁布《土地复垦规定》，将土地复垦定义为"对在生产建设中因挖损、塌陷、压占等造成破坏的土地，采取整治措施，使其恢复到可供利用状态的活动"。欧美常用 restoration（复原）、reclamation（恢复）和 rehabilitation（重建）三个词进行描述，美国常用 reclamation，加拿大和澳大利亚习惯用 rehabilitation，英国则常用 restoration。1920 年，美国的《美国联邦矿山租赁法》中明确要求保护土地和自然环境。1950 年德国颁布的《普鲁士采矿法》提出了矿区土地复垦与景观生态重建的要求。20 世纪 50 年代末，一些国家的矿区已系统地复垦绿化。20 世纪 60 年代许多工业发达国家加速复垦规划的制定和复垦工程实践活动，进入了科学复垦时代。20 世纪 70 年代以来，复垦技术逐渐形成一门多学科、多行业、多部门联合协作的系统工程，许多企业自觉地把土地复垦纳入采矿设计、施工和生产过程中。

"复垦"一词的主要含义是赋予复垦地以农业使用价值。从持续发展的观点看，采后土地治理和恢复是为了建立或恢复与当地自然界相协调的人工生态系统，其实质是"生态修复"。近年来，国内围绕矿区生态修复的研究已渐成"热门"，矿山、土地、农业等的研究领域称其为"土地复垦"；环保研究领域有时称其为"土地复垦"，有时称其为"生态建设"；生态研究领域原称其为"土地复垦"，现常称之为"生态重建"或"生态修复"。虽然不同研究领域对其有不同的称谓，但从近年的研究和实施工程来看，虽名称各异，方向也各有所侧重，但总目标逐渐趋向一致，即趋向于更综合的生态问题。本书将其称为"生态修复"。

5.2　生态修复对象

矿山生态修复对象包括露天采场、堆浸场、原地浸矿采场、排土场、塌陷地、临时占地、工业场地和污染土地等。

5.2.1 露天采场

露天采场为挖损，自上而下逐台阶开采，往往采用陡坡开采，小型的露天采场为单台阶作业，大型露天采场为多台阶同时作业，台阶和永久性边坡逐步形成。露天采场为矿山生产场所，一般服务年限较长。生产期永久性边坡、平台形成后应进行生态修复，服务期满闭坑后再根据用途进行修复。露天采场的地形地貌、地表物质、潜在污染、土源和灌溉条件等特征如下：

1）地形地貌特征

露天采场生产结束后或为凹陷坑，或为阶梯状山坡，或上部为阶梯状山坡、下部为凹陷坑。地形为阶梯状地形，平台宽度较窄，边坡较陡，边坡角一般达 70° 左右，存在崩塌、滑坡等地质灾害风险。

2）地表物质特征

露天采场平台和边坡表层为裸露岩土，无表土覆盖，建立植被非常困难。凹陷露天采场坑底为常年或季节性积水，积水一般不能自然排泄。

3）潜在污染特征

露天采场为开采含金属矿物的，往往伴随重金属污染问题；露天采场为开采含硫量高的矿物的，特别是含黄铁矿量较高矿物的，往往伴随酸性水污染问题；露天采场为开采含放射性矿物的，往往伴随放射性污染问题。

4）土源和灌溉条件特征

山区露天采场表土层较薄，表土剥离量很少，使得后续复垦土源不足。平原区露天采场表土层较厚，表土剥离量较多，后续复垦土源可以满足露天采场需求。在我国，绝大多数老矿山，建矿时未将露天采场范围内的表土单独剥离堆存，导致露天采场后续复垦土源缺乏。露天采场为阶梯状地形，一般不具备自然灌溉条件，其灌溉往往需人工解决。

5.2.2 堆浸场

堆浸场是矿石通过筑堆、浸矿剂浸出有价元素的场地，低品位铜矿、金矿等多采用堆浸工艺。堆浸场为压占损毁，一般先采用 HDPE 膜等防渗材料构筑防渗层，逐层筑堆，逐层浸出，形成台阶状地貌，其最终地形与排土场类似。生产期堆浸场永久性边坡、平台形成后应进行洗堆，再进行生态修复。服务期满闭矿期根据生态修复用途进行修复。堆浸场的地形地貌、地表物质、潜在污染、土源和灌溉条件的特征如下：

1）地形地貌特征

堆浸场为阶梯状地形，外观呈一面或多面台阶状的人工堆积山。台阶坡度角往往是矿石的自然堆积角，角度大小为 35°~40°，台阶高度一般为 5~10 m；堆浸场为矿石堆浸的松散堆积体，存在滑坡等地质灾害风险。

2）地表物质特征

堆浸场矿石未风化，有机质、N、P、K 含量极低，微生物缺乏，为砾石堆积。

3）潜在污染特征

堆浸场潜在污染特征包括：堆浸场残留的浸矿药剂污染；堆浸矿石中若含重金属矿物，则往往伴随重金属污染问题；堆浸矿石含硫量高，特别是含黄铁矿较高的硫化矿物，往往伴随酸性水污染问题；堆浸矿石含放射性矿物，则往往伴随放射性污染问题。堆浸场存在残留浸矿剂、酸污染、重金属污染和放射性污染的，不利于植物生长。

4）土源和灌溉条件特征

山区堆浸场表土层较薄，表土剥离量很少，后续复垦土源不足。平原区堆浸场表土层较厚，表土剥离量较多，后续复垦土源往往可以满足堆浸场需求。在我国，绝大多数老矿山堆浸场建矿时未将堆浸场范围内的表土单独剥离堆存，导致堆浸场后续复垦土源缺乏。堆浸场为阶梯状地形，一般不具备自然灌溉条件，其灌溉一般需人工解决。

5.2.3 原地浸矿采场

原地浸矿采场是原地浸矿工艺开采形成的采场，离子吸附型稀土矿采用原地浸矿工艺开采。原地浸矿采场工程内容包括高位池、注液井、收液沟、外部排水沟、收液井及母液中转池等。

用原地浸矿工艺采矿时，原地浸矿采场注液孔的挖掘采用洛阳铲，挖掘时避开树木，不破坏乔木，仅破坏少量林下灌草，注液孔间距一般为 2 m×2 m，直径约为 0.18 m，因此注液孔的施工基本不会损毁原有的地形地貌特征。注液孔挖掘产生的表土和岩石一起装袋就近堆存在注液孔附近；生态修复时，用注液孔周边装袋岩土及时回填注液孔，及时栽植植被。因此，原地浸矿采场的建设主要是针对注液孔对林下灌草的破坏，且注液孔面积远远低于原地浸矿采场的面积。高位池多采用半挖半填方式，开挖的土方形成挡土坎堆置在水池四周，采矿结束后，作为蓄水池用于对苗木后期进行浇水养护。原则上，应在每个原地浸矿采场下游沟谷一定距离处设置监控收液井，以提高母液回收率。收液井位于采场附近下游沟谷内，打井时仅破坏少量灌草植被。

一般内部避水沟、收液沟、外部排水沟为永久建设损毁，矿山服务期满后将其保留作为山体永久排水沟。收液井在矿山服务期满后保留作为地下水质长期监测井。

5.2.4 排土场

排土场是矿山采矿剥离、排弃物的集中堆放场地，又称废石场、排矸场等。露天开采矿山常称为排土场，地下开采矿山常称为废石场、排矸场等。排土场为压占损毁。排土场一般自下而上逐台阶堆积，平台与边坡逐步形成。排土场为矿山生产场所，生产期永久性边坡、平台形成后应进行生态修复，服务期满闭坑后根据修复用途进行修复。排土场地形地貌、地表物质、潜在污染、土源和灌溉条件的特征如下：

1）地形地貌特征

排土场地形为阶梯状地形，外观呈一面或多面台阶状的人工堆积山。台阶坡度角往往是岩土的自然堆积角，一般为 35°~40°，台阶高度一般为 15~20 m，采用高台阶排岩的排土场，台阶高度可达上百米；排土场一般是岩土混排的松散堆积体，存在滑坡、泥石流等地质灾害风险。

2）地表物质特征

地下开采形成的废石场一般为砾、石混合物，露天开采形成的排土场一般为土、砂、砾、石混合物；废石未风化，有机质、N、P、K 含量极低，微生物缺乏；废石颗粒大小极不均匀，大的直径可达到 1 m，甚至更大，小的为毫米微米级；排土场因使用重型机械排岩，造成覆土平台压实；排土场极易造成沟蚀。

　　3）潜在污染特征

　　排土场废石含重金属矿物的，往往伴随重金属污染问题；排土场废石含硫量高，特别是含较高硫化矿物的黄铁矿，往往伴随酸性水污染问题；废石含放射性矿物的排土场往往伴随放射性污染问题。废石存在酸污染、重金属污染和放射性污染的，不利于植物生长。

　　4）土源和灌溉条件特征

　　山区排土场由于表土层较薄，表土剥离量很少，故后续复垦土源不足。平原区排土场，表土层较厚，表土剥离量较多，后续复垦土源往往可以满足排土场修复需求。我国绝大多数老矿山建矿时未将排土场范围内的表土单独剥离堆存，导致排土场后续复垦土源缺乏。

　　排土场为阶梯状地形，一般不具备自然灌溉条件，其灌溉一般需人工解决。

5.2.5　塌陷地

　　塌陷地是矿层开采后形成的地下采矿区，会引起地表变形，属于间接损毁，金属矿塌陷地一般称为地表错动范围或岩移范围等。不同矿种、不同地区、不同采矿方法，其塌陷地的特征不同。金属矿地下采矿塌陷地特征：塌陷地形状不规则，呈 U 形或 V 形，塌陷程度大，塌陷深度达几十米，甚至上百米，生态修复难度大，一般采取安全防护措施，以自然恢复为主。

5.2.6　其他场地

　　其他场地包括临时占地、工业场地、污染土地。其生态修复制约因素如下：

　　临时占地一般是在生产项目施工建设过程中的占地，如临时弃土场、管线施工便道、管线占地。这类场地在施工结束后即可复垦，一般是恢复原土地用途，不改变土地利用方向。

　　工业场地除局部有绿化植被外，基本为水泥硬化地面、钢筋混凝土建构筑物。生态修复在工业场地服务期满废弃后进行。生态修复方向为农业用地、林业用地、草地及其他。生态修复主要包括建构筑物的拆除、水泥硬化地面的清除、土地平整、覆土工程等。

　　污染土地主要是露天采场、排土场等裸露岩土淋溶水排放、粉尘排放等引起的。废石黄铁矿、重金属等成分较高时，在雨水淋溶下易产生酸性水污染，进而造成场地的重金属污染。污染土地因污染土壤的物理、化学性质发生改变，导致土壤板结、肥力降低、土壤被毒化等。污染土地生态修复目标是控制污染、恢复植被。生态修复主要是采取污染控制措施、改良土壤、换土、监控污染等。

5.3　生态修复适宜性

5.3.1　生态修复目标

　　生态修复的实质是在人为干预下，利用生态系统的自组织和自调节能力来恢复、重建或改建受损生态系统。为达到将矿山损毁土地修复到"可供利用状态"的目标，需要采取工程、生物、化学等综合措施，解决矿山废弃地的污染控制、生态功能恢复与利用等问题，决定了生态修复目标具有多方向、多用途、多层次的特征。

　　生态修复目标的多方向性。生态修复目标包含三个方面：一是保护土地，尽可能减少对土地,特别是对耕地的破坏;二是及时恢复损毁土地,合理利用土地;三是保护并改善生态环境。

生态修复目标的多用途性。生态修复应当依据土地利用总体规划,对损毁土地进行调查评价,按照因地制宜原则进行修复利用。因地制宜原则为"宜耕则耕、宜林则林、宜牧则牧、宜渔则渔、宜建则建"。生态修复利用方向是多样的,目标具有多用途性,修复后的用途绝对不仅仅是恢复土地的耕种条件,而是因地制宜进行生态利用。

生态修复目标的多层次性。要达到"可供利用状态",生态修复要兼顾社会、经济、环境效益,使修复利用具有最低的社会成本、长期的经济价值和稳定的修复效果,尽量实现生态环境的多样性。生态修复目标分为三个层次:一是完全恢复到以前的状态;二是保留以前的土地利用价值和生态价值,恢复到与以前相似的状态;三是重新规划设计,实现更高更佳的生态利用价值。

为此,矿山生态修复目标主要有耕地、园地、林地、草地、水域、景观及其他等。

1)耕地

当地形坡度缓(小于6°)、土层较厚或土源丰富、土壤质地较好、灌溉条件可解决、耕种条件较好、周边的土地利用方式以耕地为主时,矿山废弃地可优先考虑复垦为耕地。

2)林地

当地形坡度较陡、土层厚度一般、土壤质地一般、周边的土地利用方式以林地为主时,矿山废弃地可优先考虑复垦为林地。

3)草地

当土层厚度一般、土壤质地一般、周边的土地利用方式以草地为主时,矿山废弃地可优先考虑复垦为草地。

4)水域

对于露天采场,若其地形凹陷、存在常年积水或季节性积水情况,可优先考虑修复为水域,作为水域景观或水产养殖地。

5)建筑

对于废石场、尾矿库等场地,周边土地利用以工业、居住用地为主,可优先考虑修复为建筑用地。

6)景观

当露天采场、废石场、尾矿库等具有代表性,且周边旅游资源较丰富时,可优先考虑修复为景观,作为工业旅游用地进行开发。

7)其他

对于位于特定地区的矿山废弃地,可结合周边土地利用方向和土地利用规划,优先考虑修复为特定用途的土地。

5.3.2　生态修复适宜性评价

矿山生态修复的最高标准应该是不留矿山开采的痕迹,也就是完全恢复原地形地貌和土地利用类型和水平,但实际矿山很难达到此标准,实际情况是修复至可供利用的状态。

1)评价原则

为修复至可供利用的状态,先应进行拟修复场地适宜性评价,适宜性评价原则包括:

（1）符合土地利用总体规划，并与其他规划相协调的原则。土地利用总体规划是从全局和长远的利益出发，以区域内全部土地为对象，对土地利用、开发、整治、保护等方面所做的统筹安排。矿山生态修复符合土地利用总体规划，同时也应与其他规划（如农业区划、农业生产远景规划、城乡规划等）相协调。

（2）因地制宜、农用地优先的原则。土地利用受周围环境条件制约，土地利用方式必须与环境特征相适应。根据矿山土地损毁前后土地拥有的基础设施，因地制宜，扬长避短，发挥优势，宜耕则耕、宜林则林、宜牧则牧、宜渔则渔、宜建则建。我国是一个人多地少的国家，矿山生态修复的土地应当优先用于农业。

（3）自然因素和社会经济因素相结合原则。在进行矿山生态修复适宜性评价时，既要考虑它的自然属性（如土壤、气候、地貌、水资源等），也要考虑它的社会经济属性（如种植习惯、业主意愿、社会需求、生产力水平、生产布局等）。确定矿山废弃地生态修复方向须综合考虑项目区自然因素、社会经济因素以及公众意见等。

（4）主导限制因素与综合平衡原则。影响矿山生态修复的因素很多，如地表物质、坡度、土源、水源以及灌排条件等。根据项目区自然环境、土地利用情况，分析影响矿山生态修复的主导性限制因素，也应兼顾其他限制因素。

（5）综合效益最佳原则。在确定矿山生态修复方向时，应首先考虑其最佳综合效益，选择最佳的利用方向，根据土地状况是否适宜复垦为某种用途的土地，或以最小的资金投入取得最佳的经济、社会和生态环境效益，同时应注意发挥整体效益，即根据区域土地利用总体规划的要求，合理确定生态修复方向。

（6）动态和土地可持续利用原则。矿山生态修复的适宜性随损毁等级与过程而变化，具有动态性，在进行生态修复适宜性评价时，应考虑矿区工农业发展的前景、科技进步以及生产和生活水平所带来的社会需求方面的变化，确定生态修复方向。修复后的土地应既能满足保护生物多样性和生态环境的需要，又能满足人类对土地的需求，保证生态安全和人类社会可持续发展。

（7）经济可行与技术合理性原则。生态修复所需的费用应在保证生态修复目标完整、修复效果达到相关标准的前提下，兼顾生态修复成本，尽可能减轻企业负担。生态修复技术应满足修复工作顺利开展、修复效果达到相关标准的要求。

2）评价依据

在详细调查分析项目区自然条件、社会经济状况以及土地利用状况的基础上，依据国家和地方的法律法规和相关规划，采取切实可行的办法，确定生态修复利用方向。矿山生态修复适宜性评价依据主要包括：

（1）相关法律法规和规划

评价依据包括《中华人民共和国土地管理法》《中华人民共和国环境保护法》《土地复垦条例》《地质灾害防治条例》等与土地管理、环境保护、地质灾害相关的法律法规和相关规划等。

（2）相关规程和标准

评价依据的国家与地方的相关规程、标准包括《土地复垦质量控制标准》《土地复垦方案编制规程》等。

（3）其他

其他依据包括矿区及周边自然社会经济状况、土地损毁分析结果、土地利用状况、公众意愿以及周边同类矿山的类比分析等。

　　3）评价方法

　　矿山生态修复适宜性评价与一般的土地适宜性评价相比，在评价对象、单元划分、评价目的与时效等方面具有较大的差异。矿山生态修复适宜性评价往往采用定性评价和定量评价相结合的方法。

　　在进行矿山生态修复适宜性评价时，应对划定的评价单元赋以初步的生态修复方向。初步生态修复方向主要通过对项目区政策、公众意愿、自然条件、社会经济以及周边类似项目的生态修复经验等资料的定性分析来确定。

　　政策分析。矿山生态修复方向的初步确定必须符合项目所在地的总体规划，且与其他规划相协调；应对项目区涉及的相关规划进行阐述，为确定生态修复初步方向提供指导。

　　公众意愿分析。充分了解相关职能部门、土地产权人、专家等对矿山生态修复方向确定的意见，在矿山生态修复方向确定的过程中充分尊重和体现他们的意愿。

　　项目区自然条件分析。主要涉及与生态和农业生产密切相关的自然条件，如地形地貌、水土流失、土壤状况等。若项目区地形地貌以山地为主，水土流失严重，生态环境脆弱，则矿山生态修复的初步方向应该侧重于生态用地；若项目区地势平坦，水、肥、气、热条件较好，则矿山生态修复的初步方向应侧重于农业用地。

　　项目区社会经济分析。主要涉及项目区的社会经济状况，项目产业在项目区的地位、矿山企业的生态修复意识等，旨在说明生态修复实施具有经济条件和社会基础。

　　类比分析。对周边类似矿山已有的生态修复案例进行对比分析，借鉴别人的优点，吸收他人的经验和教训。

　　通过上述定性分析，可以确定各评价单元的初步生态修复方向。定性评价一般能确定其最终的生态修复方向，可不必进行定量评价。对于生态修复方向具有多种情况的，再采用定量评价方法进行评价。

5.4　生态修复规划

5.4.1　土地损毁时序

　　矿产资源开发会不可避免地对土地造成损毁。金属矿山土地损毁类型主要包括土地挖损、土地压占、土地塌陷和土地污染四种类型。土地挖损是露天采场、原地浸矿采场、取土场、管线埋设等采挖活动致使原地表形态、土壤结构、地表生物等直接损毁，土地原有功能丧失的过程。土地压占是因堆放矿石、废石、尾矿、表土等形成矿石堆场、排土场（废石场）、尾矿库、表土场等造成土地原有功能丧失的过程。土地塌陷是因地下采矿形成地下采空区导致地表沉降、变形，造成土地原有功能部分或全部丧失的过程。土地污染是因污染物的排放，造成土壤基本理化性质恶化，致使土地生产力降低、生态系统退化的过程。

　　土地损毁时间与采矿工艺、固废堆存工艺密切相关。露天采场、堆浸场、原地浸矿采场、排土场、表土场等在损毁原有土地后，逐步形成与原有土地截然不同的土地，随时间推移逐步形成，是一种动态过程。

　　露天采场损毁土地范围为露天采场境界投影范围，损毁时间为露天采场境界形成时间，即露天采场开采的前几年。露天采场台阶、边坡随采矿逐步形成,最后形成的是坑底。

堆浸场损毁土地范围为堆浸场投影范围,损毁时间在堆浸场建设期。台阶、边坡随堆浸场筑堆逐步形成。

原地浸矿采场为采场范围,损毁时间在采场建设期,损毁类型主要为注液孔、截水沟、排水沟等。

排土场(废石场)按排土场地形分为山谷型、山坡型、平地型、凹地型,排土场按堆存工艺分为上向堆存工艺型、下向堆存工艺型。上向堆存工艺损毁时序为平台、边坡先形成,顶面平台最后形成。下向堆存工艺损毁时序为顶面平台先形成,平台、边坡最后形成。

金属矿井下开采形成的采空区引起的地表变形与采矿方法、采空区范围和采空区处理措施等有关。崩落法采矿,一般地表会塌陷,塌陷的时间较短。房柱法采矿,其地表可能塌陷,也可能不塌陷,视矿柱的留设情况和顶板围岩的稳定性不同而不同,塌陷时间难以预测,一般较长。充填法采矿,地表一般不会塌陷,视采空区的充填率不同而不同,塌陷时间难以预测,一般较长。

根据可行性研究报告,安排矿山开采进度,划分若干时间单位,对矿山生产年限内损毁土地表面积的形成时间进行预测,从而明确土地损毁后形成拟修复场地的时间、范围、地形地貌特征等内容。

1)预测方法

金属矿损毁土地预测方法主要是叠图法和类比分析法。露天采场、堆浸场、原地浸矿采场、排土场等挖损压占的土地损毁预测常采用叠图法,地下采矿引起的地表变形常采用类比法。

叠图法是根据开发利用方案或可行性研究报告,将露天采场、堆浸场、原地浸矿采场、排土场等不同时间的平面图叠加到地形图上,从而得到露天采场、堆浸场、原地浸矿采场、排土场损毁土地的平面范围,结合露天采场、堆浸场、原地浸矿采场、排土场库的典型剖面图,预测露天采场、排土场平台、边坡、顶面形成的时序。

类比分析法是根据矿山顶底板围岩的岩石性质和类别,查阅《采矿设计手册》,选取不同岩石的错动角,结合矿体剖面、采矿深度、采矿方法等圈定地表错动范围(岩移范围)。

2)典型场地土地损毁预测

(1)露天采场挖损损毁土地预测

依据露天采场总平面图、剖面图及采矿工艺等,预测采场开采形成的边坡、台阶和底部平台的面积和形成时序。分析露天采场的地形地貌特征和潜在污染特性,对具有潜在土地污染风险的场地,应预测风险影响范围和程度。

(2)原地浸矿采场挖损损毁土地预测

依据原地浸矿采场总平面图、剖面图及采矿工艺等,预测采场开采形成的注液孔、排水沟、集液沟的面积和形成时序。分析原地浸矿采场的地形地貌特征和潜在污染特性,对具有潜在土地污染风险的场地,应预测风险影响范围和程度。

(3)堆场压占损毁土地预测

堆场包括堆浸场、排土场(废石场)、表土堆放场等,依据堆排工艺及设计参数,预测堆场边坡、台阶、顶面的表面积和形成时序。

应分析堆浸场、排土场(废石场)、表土堆场等场地的地形地貌特征和潜在污染特性,对具有潜在土地污染风险的场地,应预测风险影响范围和程度。

（4）地表错动（岩移）预测

金属矿地下开采，采用塌落角法或类比分析法预测地表错动（岩移）。查阅我国类似矿山实测资料和矿山开采设计资料，主要包括矿体顶底板围岩类型、普氏系数、构造特征（或稳定程度）等，结合实际地质情况、围岩强度和采矿方法，确定围岩的移动角；根据勘探线、地质剖面、矿体特征、采矿深度确定地表移动范围。

5.4.2　生态修复规划

金属矿山生态修复应贯彻"边生产、边损毁、边修复"的原则与思路，对于大型矿区应制定矿区生态修复规划，对于相对独立的矿山则可只制定矿山生态修复规划。

大型矿区涉及多个矿山的开发，应结合各矿山的开发计划，制定矿区各矿山的开发顺序和开发规划，合理规划露天采场、堆浸场、原地浸矿场、排土场（废石场）、表土场等场地的位置，使矿区土地损毁面积最小。

矿区生态修复规划应根据矿区开发规划和各矿山开发计划，预测土地损毁范围、程度、时序，按"边生产、边损毁、边修复"的原则，制定矿区生态修复规划，确定矿区生态修复目标、生态修复对象、生态修复任务、生态修复措施、生态修复时序等内容，指导各矿山编制具体的生态修复计划。

根据矿区生态修复规划、矿山开发计划、矿山损毁土地的预测结果，制定矿山生态修复计划，包括总体生态修复规划、阶段生态修复规划和年度生态修复计划。将总体生态修复规划制定矿山最终的生态修复对象、生态修复任务、生态修复措施、生态修复时序等内容。阶段生态修复规划一般以 5 年为一个阶段进行规划，明确阶段生态修复目标、生态修复范围等。年度生态修复计划一般细化到每一年。

5.5　生态修复技术

生态修复技术按照生态修复过程的不同，主要分为表土剥离堆存技术、地形地貌重塑技术、场地污染控制技术、土壤重构技术、植被重建技术、水域修复技术、景观修复技术、植被管护技术等。

5.5.1　表土剥离堆存技术

表土剥离堆存技术包括表土调查、表土剥离、表土堆存。

1）表土调查

矿山生产建设项目区表土调查的主要目的是为制定合理的生态修复方案而采用合理的地形重塑、土壤重构、植被重建技术来提供科学理论依据。如生态修复可行性分析、生态修复目标及生态修复标准的确定都与当地的土壤条件密切相关。表土调查的主要任务包括：查清项目区不同土地利用类型原土壤的理化性质，为生态修复目标与标准的制定提供依据和参考；查清已损毁土地的发生、发展过程、发展趋势及其原因，为生态修复利用方向提供依据。

根据土壤是否受到扰动或破坏，矿区的土壤调查一般可分为破坏前的原表土调查和破坏后的表土调查。后者主要指重塑地形地貌、重构土壤以及重建植被后的表土调查。

破坏前的原表土调查，可参照当地的地形图、土壤图、土地利用现状图、遥感影像等基

础资料,加以实地调查汇总而成,以满足生态修复规划、设计的要求。调查内容如下:

(1)土壤类型识别

可参考当地土壤图以及全国土壤类型分布图,并结合现场土壤颜色、质地等特征识别。

(2)土壤剖面挖掘

采样前,要对土壤剖面进行现场勘察和有关资料的收集,根据土壤类型、土地利用类型、肥力、地形等因素将矿区划分为若干个采样单元,每个采样单元的土壤性质要尽可能均匀一致。土壤剖面应设置在典型地段,设置原则:要有比较稳定的土壤发育条件,即具备利于该土壤主要特征发育的环境,通常要求地形平坦和稳定,在一定范围内土壤剖面具有代表性;不宜在路旁、住宅四周、沟附近等受人为扰动大、代表性差的地方挖掘土壤剖面。

关于土壤剖面大小,自然土壤一般要求长2 m、宽1 m、深2 m(或达到地下水层)(图5-1)。土层薄的土壤要求挖到基岩,对沼泽土、潮土、盐土和水稻土等地下水位较高的土壤要求以出现地下水为止。一般耕种土壤要求长1.5 m,宽0.8 m,深1~2 m。

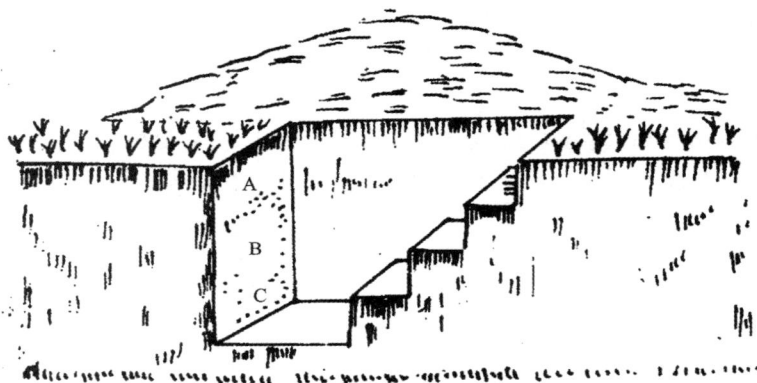

A—表土层;B—心土层;C—底土层。

图5-1 土壤剖面挖掘示意图

挖掘土壤剖面应注意以下几点:

①剖面的观察面要垂直并向阳,便于观察。

②挖掘的表土层和心土层应分别堆在土坑的两侧,以便观察完土壤以后分层填回,不致打乱土层。

③观察面的上方不应堆土或走动,以免破坏表层结构,影响剖面的观察和采样。

④在垄作田上,要使剖面垂直于垄作方向,使剖面能同时看到垄背和垄沟部位表层的变化。

(3)土壤剖面构型识别

当剖面挖好以后,记录土壤剖面所在位置、地形部位、母质、植被或作物栽培情况、土地利用情况、地下水深度等剖面基本信息,根据其形态特征,分出A、B、C层(图5-1)。划分土层时首先用剖面刀挑出自然结构面,然后根据土壤颜色、湿度、质地、结构、松紧度、新生体、侵入体、植物根系等特征划分层次。

土壤剖面指从地面垂直向下至母质的土壤垂直断面。一个完整的土壤剖面一般包含3个最基本层次:①表土层(A层),又称淋溶层,位于土体最上部,为有机质积聚层和物质淋溶层；②心土层（B 层），又称淀积层，位于 A 层之下，为淋溶物质淀积作用形成的；③底土层（C 层），又称母质层，位于土体最下部，为没有产生明显成土作用的土层，由风化程度不同的岩石风化物或各种地质沉积物构成。

这 3 个基本层是土壤中的基本发生层，由于成土条件的不同，土壤剖面差异较大，根据每个基本层的性状与发生学特点又可进一步细分为很多发生学层次。下面以林地土壤、草地土壤、耕地土壤、水稻土壤为例介绍几种典型土地利用类型土壤剖面的构型。

（4）林地土壤剖面构型特征

林地土壤在 A 层上面有枯枝落叶层覆盖，称覆盖层（A0 层，国际代号为 O）。覆盖层又可分为枯枝落叶层（A00）和粗有机质层（A0）。表土层（淋溶层）通常又分 2 个亚层：腐殖质层（A1），有机质积累较多，颜色深暗；灰化层（A2），灰白色，质地轻，在森林土壤中比较明显。林地土壤土层厚度一般是 A+B 层厚度，有时可包括 B 层和 C 层，任一土层石质容积含量（不包括半风化物）超过 80% 时，不计入土层厚度。一般北方林地土层较薄，南方热带、亚热带地区土层较厚，其分级标准也有所区别。土层厚度分级标准见表 5-1。

表 5-1　林地土壤土层厚度分级表　　　　　　　　单位：cm

地区	寒温带、温带、暖温带、温热带、温带山地或亚热带高热带	热带、亚热带地区
薄层	< 30	< 40
中层	30~60	40~80
厚层	> 60	> 80

黄土高原区土层较厚，分层不太明显，除少数石质山区和沙区外，黄土堆积厚度为 50~100 m，有些地区厚度高达 200~300 m。

西南喀斯特地区一般土层较薄，土层厚度一般在 10~20 cm。

（5）耕地土壤剖面特征

耕地土壤剖面一般分为 4 个层次：耕作层（Ap），又称表土层或熟化层，有机质含量高，疏松多孔；犁底层（P），位于耕作层之下，颜色较浅，土层紧实；心土层（B），位于耕层或犁底层之下，紧实，通透性差；底土层（C），即母质层，一般在地表 50~60 cm 处。

水稻田由于长期淹水浸渍，并经历频繁的水旱交替，形成了与旱地完全不同的土壤剖面形态。一般可分为：水耕熟化层（W），即耕作层，水稻根系分布的主要土层；犁底层（Ap2），紧实，呈片状结构，有铁锰斑纹和胶膜；渗育层（Be），季节性灌溉水渗淋洗形成的；水耕淀积层（Bshg），垂直节理明显，多呈棱块结构，土体内常密布铁锈、锈点；潜育层（G），铁锰氧化物还原呈灰色或灰蓝色；母质层（C）。

（6）草地土壤剖面特征

我国的草原植被主要分布在西北温带半湿润半干旱区，典型的草原土壤为钙层土，其特征是腐殖质有不同程度的积累，土壤中的钙多以碳酸氢钙形态被淋洗至心土层，经脱水后以碳酸钙形态淀积，长期积累形成钙积层，有霜粉状、假菌丝状石灰沉淀或石灰结核体。钙层土土壤剖面基本构成为：腐殖质层（A）、石灰淀积层或钙积层（B）、母质层（C）。

（7）土层厚度

土层厚度信息是土地修复可行性分析中土源分析与处理的重要依据。自然土壤的土层厚度指 A+B 层的实际厚度。量取每层厚度时，以每层上限和下限与土表的距离来表示，用连续法记录。分别连续记载各层的形态特征。对于土源紧张的地区，对其心土层的厚度、熟化程度等状况要详细说明，明确可剥离表土的厚度。测量土层厚度时应让尺子与地表面或土壤发生层次保持垂直。

（8）土壤质地

野外用手感法测定，具体可分为黏土、壤土、沙土，同时给出砾石含量。若对土壤质地等级做进一步细分，可采样在室内做专项土壤颗粒物组成分析，并按国际制或苏联卡庆斯基制进行土壤质地分类。国际制土壤质地划分三角图见图 5-2。

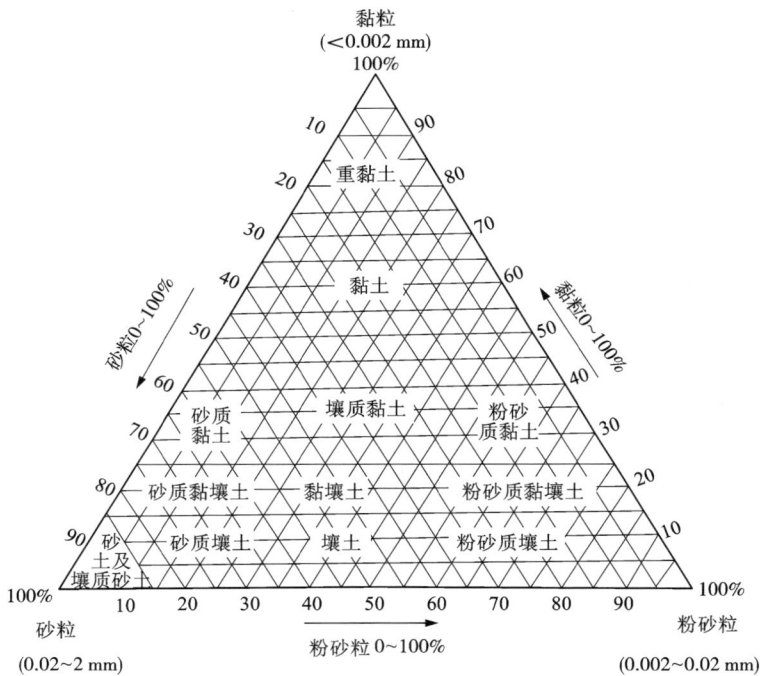

图 5-2 国际制土壤质地划分三角图

（9）土壤主要理化性质分析

根据剖面层次分层取样，依次由下而上逐层采取土壤样品，装入布袋或塑料袋，每个土层选典型部位取其中 10 cm 厚的土样，一般为 0.5~1 kg；要记载采样的实际深度，用铅笔填写标签，一式两份，一份放入袋中，一份挂在袋外。将采集的土壤剖面样品带回实验室，分析各土地利用类型土壤的基本理化性质，主要包括土壤质地、土壤有机质含量、pH 等常规项目的分析，金属矿山开采还应分析特征污染物。

2）表土剥离

表土剥离是指将矿山露天采场、堆浸场、排土场、建设工业场地占地范围内的表层土壤单独剥离出来，保护性堆存在表土场，用于矿山后续生态修复的土壤重构土源。此处表土是指能够进行剥离的、有利于快速恢复地力和植物生长的表层土壤或岩石风化物。它不限于耕地的耕作层，以及园地、林地、草地的腐殖质层。采集土壤前应对剥离作业区土壤分布进行测绘，并在有代表性的样品测点取样，测试其物理、化学性质，并评估它们对植物种植的适用性、限制因素和可剥离数量。

一般形成 1 cm 表土腐殖质层需要 200~400 年的时间，因此表土层是难以再生的宝贵资源。如果能将矿山建设占地范围内的表土有计划地剥离，用于后续生态修复用土，则它将是实现矿山土壤重构表土来源的有效途径之一。

建设露天采场、运输道路、废物堆场、居民区、工业建筑等时，应对表土实行单独采集和存放。当土壤层太薄或质地很不均匀，或者表土肥力不高，而附近土源丰富且能满足生态重建要求时，可以不对表土进行单独剥离存放。

表土剥离厚度根据原土壤表土层厚度等确定。一般对自然土壤可采集到灰化层，农业土壤可采集到犁底层。采集的表土应尽可能直接铺覆在整治好的场地上。

表土剥离区要结合以下几个方面，因地制宜地进行选择：

（1）降低成本

在对项目区进行选择时，务必考虑项目成本。例如若表土剥离区和生态修复区与表土堆放场间运距过长，则成本较高，所以要尽量就近选择，以缩短运距，降低成本。

（2）可垦性

本着可垦性与最佳效益原则、因地制宜和农用地优先原则、地区土地总体规划和农业规划相协调等原则，与有关部门和专家多次交换意见，确保生态修复方向的科学性。

（3）土地用途

根据生态修复区土地的不同用途，选取的土壤也不尽相同。若用于绿化，在选择时需要考虑环境影响，尽量对环境中的薄弱环节进行生态恢复，以提高生态系统的稳定性；若用于娱乐，在选择时则要考虑娱乐性因素，选择有利于娱乐业发展的地区；若用于耕种，应当满足地势高差变化小、地面平坦、海拔一致等要求，以利于后期的覆土耕种。

（4）满足土量需求

根据所选生态修复区的面积和覆土厚度计算土壤需求量，然后依据土量选定满足生态修复区土量的表土剥离区。

（5）土壤质量合格

若因种种原因，使得生态修复区所需土量超过预计土量，需要外调土或者另外选择表土剥离区以提供表土，那么在保证满足土量需求的前提下还需要对土壤质量进行检测，务必保证土壤质量合格。

（6）环境影响小

由于表土剥离与覆土施工是一项开挖动土工程，需要考虑施工对周边环境的影响，要尽量选择施工对环境影响小的地区，减少环境破坏。

3）表土堆存

表土堆存时，应关注堆存场地的选择、堆存时间、堆存高度、堆存管护等因素。

（1）堆存场地

防止放牧、机器和车辆的进入，防止粉尘、盐碱的覆盖；不应位于计划中将受施工损毁的地段；地势较高，没有径流流入或流过堆土场地。在堆放场地的选择上，应当尽量避免水蚀、风蚀和各种人为损毁。

（2）堆存时间

剥离表土长期堆放，在风蚀、淋蚀等因素的作用下，都会使土壤的肥力丧失。堆存期越短，土壤受到的影响越小。堆存时间过长，将造成土壤中微生物停止活动、土壤板结、土壤性质恶化、雨水淋溶后有机质含量下降等。

（3）堆存高度

土堆太高，将影响土壤中微生物活性、土壤结构、土壤养分等。土堆高度不宜超过 5 m，含肥岩土堆高度不宜超过 10 m。

（4）堆存管护

矿山表土堆存时间较长，为了保存表土的肥力，堆存期应在土堆上种植草本植物。

5.5.2　地形地貌重塑技术

地形平坦、地面坡度起伏不大的矿山废弃地，宜采用平台重塑修复技术。平台重塑技术利用大型铲运机将剥离区的岩石和表土"剥皮式"分开铲装，沿着循环道路运行，在生态修复区分别按顺序"铺洒式"排放。岩石排放在下部，表土排放在上部，表面覆土可利用剥离的表土或客土，并利用大型平地机进行平整。

坡面是水土流失的起源，治坡是治理水土流失的关键。总的来说，治坡工程就是在坡面上沿等高线开沟、筑埂，修成不同形式的台阶，用于截短坡长、减缓坡度、改变小地形，起到蓄水保土的作用。根据修筑形式、适应条件及使用材料的不同，一般分为四类：

1）降坡工程

对于坡度大、坡高大、稳定性差的边坡，应结合生态修复方向采取降坡工程处理，也称为削坡开级，降坡工程设计包括坡度、平台宽度、平台高度、坡面排水等参数。

2）坡改梯工程

对于坡度小、含土量高的矿山废弃地边坡，可采取坡改梯田工程措施，将其修复为农用地。耕地坡度在 25° 以下的土质废弃地，一般修梯田，包括水平梯田、隔坡梯田和坡式梯田；对于坡地上土层深厚，且当地劳动力充裕的地区，尽可能一次性修成水平梯田；对坡地土层较薄或当地劳动力较少的地区，可以先修筑坡式梯田，经逐年向下方翻耕，减缓田面坡度，逐渐变成水平梯田；在地多人少、劳动力缺乏，同时年降雨量较少，耕地坡度在 15°~20° 的地方，可以采用复式梯田，平台部分种农作物，斜坡部分种草种树等措施。

坡改梯横断面设计示意图及要素表分别参见图 5-3 和表 5-2，各要素间关系如下：

$$\begin{cases} H = B_x\sin\theta \\ B_x = H\cos\theta \\ b = H\cot\alpha \\ B_m = H\cot\theta \\ B = B_m - b = H(\cot\theta - \cot\alpha) \end{cases}$$

式中：H 为原坡面坡高，m；B_m 为田面毛宽，m；B_x 为原坡面斜宽，m；θ 为地面坡角；b 为田坎占地宽度，m；α 为梯田坎坡角；B 为梯田田面净宽，m。

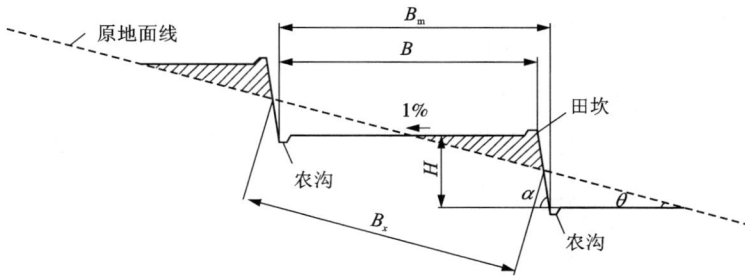

图 5-3　坡改梯横断面设计示意图

表 5-2　坡改梯断面设计要素表

$\theta/(°)$	H/m	$\alpha/(°)$	B/m
3	1.20	80	22.6
5	1.50	80	16.8
7	1.80	80	14.1
10	2.00	75	10.8
12	2.30	75	10.1
15	2.50	75	10.1
20	2.80	70	7.7
25	3.5	70	7.7

由于坡改梯工程涉及的步骤较多，因此工程量测算较为烦琐。主要有：

（1）表土剥离土方量计算。坡改梯工程在整地之前先把坡地表面的熟土剥离堆存，坡地剥离厚度为 0.5 m。设 $S(m^2)$ 为土地面积，$h_{剥}(m)$ 为剥离厚度，表土剥离土方量为 $V_1(m^3)$，则计算方法为：

$$V_1 = S \cdot h_{剥}$$

（2）坡改梯整地工程土方量计算。坡改梯的整地采用半挖（填）方式在表土剥离后进行。设每公顷挖（填）方量为 $M(m^3)$，则

$$M = \frac{10000}{8b}(\cot\alpha - \cot\beta)h^2$$

式中：h 为田坎高度，m；α 为坡地地面坡角；β 为田坎坡角；b 为田坎占地宽度，m。由此可见，整地工程的土方量是田坎高度 h 的函数，可根据不同坡角耕地改建梯田，并计算出每公顷挖（填）方土方量。

设 $S(m^2)$ 为土地面积，则整地工程的土方量 $V_1(m^3)$ 的计算方法为：

$$V_1 = S \cdot h$$

（3）修筑田坎及蓄水埂工程量计算。设 $M_g(m^3)$ 为其工程量，$L'(m)$ 和 $S'(m)$ 分别为某一

区域沿等高线垂直方向平均长度和顺线方向的平均长度，$b(\text{m})$ 为田坎占地宽度，$d(\text{m})$ 为田坎上沿收缩量，则 $V_1(\text{m}^3)$ 的理论计算方法为：

$$V_1 = S \cdot h M_g = 0.8 L' \cdot S'/(b + d)$$

实际中应用上述公式进行计算不太方便，可设 B 为梯田田面净宽，H 为原坡面坡高，L 为单位面积梯田长度，则梯田单位面积土方量 $M_g(\text{m}^3)$ 可用以下经验公式计算：

$$M_g = \frac{1}{2}\left(\frac{B}{2} \cdot \frac{H}{2} \cdot L\right) = \frac{1}{8}BHL$$

3）鱼鳞坑与水簸箕工程

鱼鳞坑与水簸箕工程主要配置在坡度大于 25° 的坡地上部。在坡面较陡、地形支离破碎的地方，一般沿等高线自上而下挖月形鱼鳞坑，呈"品"字形配置（图 5-4）。挖坑时将表土放在上方，底土放在下方，围成半圆形土埂，埂高 0.15~0.25 m，在坑的上方和左右角上各斜开一道小沟，以便引蓄雨水。在地面较缓的坡地、集水凹地，一般设置水簸箕，应根据集水面积、地面坡度等确定其间距和大小。

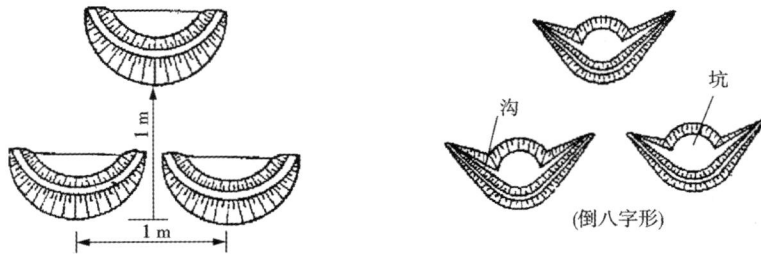

图 5-4 鱼鳞坑示意图

4）坡地蓄水工程

一般包括截流沟、蓄水池、水窖等工程，用于拦蓄地表径流，减缓流速，同时还能有助于涌洪涌砂，变害为利。应与坡改梯及其他保水保土措施统一规划，同步实施，以在出现设计暴雨时能保护梯田区和林草设施的安全。坡地蓄水工程应进行专项总体布局，合理地布设截流沟、排水沟、蓄水池、沉砂池、水窖等。

（1）截流沟

当坡面下部是梯田或林草，上部是坡耕地或荒坡时，应在交界处布设截流沟。如为无措施坡面且坡长很大时，应布设几道截流沟，根据地面坡度、土质和暴雨径流情况具体设计，一般截流沟的间距为 20~30 m。截流沟又分为蓄水型和排水型，蓄水型截流沟基本沿等高线布设；排水型截流沟应与等高线成 1%~2% 的比降，一端应与坡面排水沟相连，并在连接处做好防冲措施。如果截流沟不水平，则应在沟中每 5~10 m 修一个高 20~30 cm 的小土挡，防止冲刷。在具体设计时，截流沟应能防御 10 年一遇的连续 24 h 的最大降雨量。

（2）排水沟

排水沟一般布设在坡面截流沟的两端或较低的一端，用于排除截流沟不能容纳的地表径流，其终端连接蓄水池或天然排水道。当排水口的位置在坡脚时，排水沟大致与坡面等高线正交布设；当排水口在坡面上时，排水沟可基本沿等高线或与等高线斜交布设；梯田两边的排水沟一般与坡面等高线正交布设，大致与梯田两边的道路相同。土质的排水沟应分段设置跌水，其纵断面可同梯田区的大断面一致，以每台梯面宽为水平段，以每台梯坎高为一级跌水。各种布设应在冲刷严重的地方铺草皮或石方衬砌。

（3）蓄水池

蓄水池一般布设在坡脚或坡面局部低凹处，应尽量利用高于农田的局部低洼天然地形，以便汇集较大面积的降雨径流进行自流灌溉和自压喷灌、滴灌。蓄水池的分布与容量应根据坡面径流总量、蓄排总量和修建省工、使用方便的原则，因地制宜地确定。一个坡面的蓄排工程可集中布设一个蓄水池，也可分散布局若干蓄水池。蓄水池应选在地形有利、岩性良好（无裂缝、暗穴、砂砾层等）、蓄水容量大、工程量小、施工方便的地方，要求宜深不宜浅，圆形为最好。应根据当地地形和总容量，因地制宜地确定蓄水池形状、面积、深度和周边角度。石料衬砌的蓄水池，衬砌中应专设进水口与溢洪口，土质的蓄水池进水口和溢洪口应用石料衬砌。进水口和溢洪口一般宽 40~60 cm，深 40~60 cm。

（4）沉砂池

沉砂池一般布设在蓄水池进水口的上游附近，排水沟（或排水型截流沟）排出的水，先进入沉砂池，泥砂沉淀后，再将清水排入池中。沉砂池可以紧靠蓄水池，也可以与蓄水池保持一定的距离。沉砂池一般为长方体，宽 1~2 m，长 2~4 m，深 1.5~2.0 m，要求其宽度为排水沟宽度的 2 倍，并有适当的深度以利于水流入池后能缓流沉砂。

（5）水窖

水窖又称旱井，是黄土地区及严重缺水的石质山地的一种蓄水措施，对抗旱、防旱及水土保持作用显著。一般布设在村旁、路旁有足够径流来源的地方。窖址应选在有深厚坚实的土层，距沟头、沟边 20 m 以上，距大树根 10 m 以上的地方，石质山区的水窖应修在不透水的基岩上。水窖分为井式水窖和窑式水窖，一般在来水量不大的路旁修井式水窖，单窖容量为 30~50 m³；在路旁有土质坚实的崖坎且要求蓄水量大的地方修窑式水窖，单窖容量为 100~200 m³。应根据项目区每年的人均需水量、总需水量，扣除其他水源可供水量，取当地有代表性的单窖容量，算出项目区的修窖数量。在降雨量年变化很大的地区，应适当增加水窖数量，以备多雨年蓄水供少雨年用。

井式水窖由窖筒、旱窖、水窖三个部分组成。窖筒上接地面窖口，供取水用，直径为 0.6~0.7 m，深 1.5~2 m。旱窖上部与窖筒相连，深 2~3 m，直径向下逐步放大，到散盘处直径为 3~4 m。水窖是蓄水部分，深 3~5 m，从散盘处向下，直径逐步缩小，到底部直径为 2~3 m。地面建筑物由窖口、沉砂池、进水管三部分组成。窖口直径为 0.6~0.7 m，用砖或石砌成，高出地面 0.3~0.5 m。沉砂池位于来水方向的路旁，距窖口 4~6 m，池体为长方体，长 2~3 m，宽 1~2 m，深 1.0~1.5 m，四周坡比为 1∶1。进水管为圆形，直径为 0.2~0.3 m，在沉砂池从地表向下深约 2/3 处，以 1∶1 的坡度向下与旱窖相连。

窑式水窖由水窖、窑顶、窑门三部分组成。水窖深 3~4 m，长 8~10 m，断面为上宽下窄的梯形，上部宽 3~4 m，两侧坡比为 8∶1。窑顶长度与水窖一致，为半圆拱断面，直径为 3~4 m，与水窖上部宽度一致。窑门下部为梯形断面，尺寸与水窖一致，由浆砌料石制成，厚 0.6~0.8 m，密封不漏水，在离地面约 0.5 m 处埋一水管，外接龙头，可自由放水。上部为圆形断面，尺寸与窑顶部分一致，由木板（或其他材料）做成，木板中部有可以开关的 1.0 m×1.5 m 的小门。地面部分由取水口、沉砂池、进水管三部分组成，可参照井式水窖的设计,沉砂池的尺寸根据来水量可适当放大。水窖示意图见图5-5。

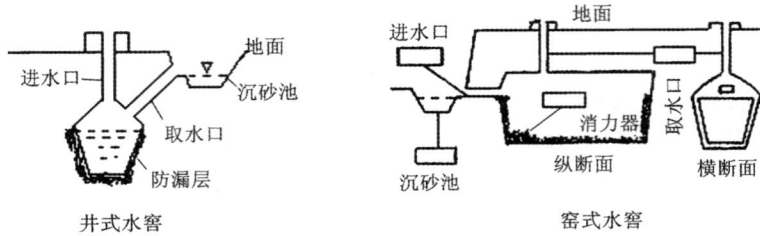

图5-5 水窖示意图

5.5.3 场地污染控制技术

废石场酸性强、重金属含量高,普通植物很难生长。因此,应覆盖阻隔材料或者缓冲材料,防止污染物的扩散。采取工程措施后,及时阻隔固废和空气、水等的接触,控制氧化还原反应,防止更多有毒、有害污染物的产生和扩散,最大限度地减小污染范围和污染程度。

在阻隔材料上,可以附加上天然黏土或其他基质改良材料,为植被的恢复创造更有利的生长环境,剥离表土覆盖,及早阻止水、氧气等进入固废内部,防止污染物淋洗向周围环境扩散。

根据阻隔材料的不同,可将阻隔技术分为碱性物料覆盖阻隔、黏土覆盖阻隔、表土覆盖阻隔、膨润岩土覆盖阻隔、水泥固化阻隔、水封阻隔、防渗膜覆盖阻隔、钝化等类型。

1)黏土覆盖阻隔技术

黏土覆盖阻隔技术主要是利用黏土的低渗透性,渗透系数一般小于7 cm/s,要求黏土层达到一定的厚度,才能达到很好的阻隔效果。其要求设计合理,现场施工要求较严,一般只在黏土丰富的地方应用此法。

因黏土渗透系数低,空隙小,可能不适合种植植被,一般将黏土覆盖与表土覆盖一起使用。用自然表土或复合土覆盖在黏土层表面,在其上直接种植植被,主要是利用表土有较低的渗透性和较好的土壤肥力条件,能快速种植植被。

2)防渗膜覆盖阻隔技术

防渗膜覆盖阻隔技术是用人工防渗材料(如HDPE膜)覆盖在废石场表面,再覆土建立植被的方法。在应用时,应对废石场表面进行处理,铺碎石层和沙层,防止尖石等刺破防渗膜。其设计、施工要求严格。防渗膜存在老化问题(使用年限一般为50~100年),一旦老化,酸性废石场仍会存在酸性水产生的问题。该项技术的成本非常高,一般只在酸度大、重金属含量高、要求较高的废石场应用。

3)水泥固化阻隔技术

水泥固化阻隔技术是用水泥、沙、石子等材料,在废石场等污染场地表面构筑一层混凝土层,将废石场等污染场地隔离,基本达到完全隔断水、空气进入废石场等污染场地内的一种方法。废石场等污染场地是松散堆积体,沉降未稳定,存在不均匀沉降问题,因此混凝土阻隔层极易因不均匀沉降产生开裂问题,且需要补缝加固。然而,在混凝土阻隔层上覆土种植植被要求较高,施工成本也非常高,故该技术一般只在酸度大、重金属含量高、施工方便的废石场等污染场地应用。

4）水封阻隔技术

水封阻隔技术是利用水作阻隔材料，将废石存于水下，达到阻隔水、空气与废石接触的目的，该法一般要求保证废石表面有一定深度的水，即保证废石处于厌氧环境。在应用时，对场地要求较严，要求场地相对低洼，有充足的水源；对设计要求较严，因场地要能存水，故此法一般只在具备水封条件或水下堆存条件时使用。

5.5.4 土壤重构技术

土壤是植物生长繁育的基础，不同土壤的物理、化学、生物学特性以及水、肥、气、热状况对植物的生长发育有着重要的影响。植物的健康持续生长，必须以废弃地具有适宜植物生长的土壤环境为前提。因此，废弃地生态修复技术必须遵循土壤学的基本理论，在坡面营造适宜植物生长的土壤环境。

土壤重构即重构土壤，是以工矿区破坏土地的土壤属性恢复或重建为目的，采取适当的采矿和重构技术工艺，应用工程措施及物理、化学、生物、生态措施，重新构造一个适宜的土壤剖面与土壤肥力条件以及稳定的地形，在较短的时间内恢复和提高重构土壤的生产力，并改善重构土壤的环境质量。

土壤重构所用的物料既包括土壤和土壤母质，也包括各类岩石、废石、矿渣等矿山废弃物、建筑垃圾、生活垃圾等固体废弃物，或者是其中两项或多项的混合物。所以在某些情况下，修复初期的"土壤"并不是严格意义上的土壤。

在缺乏表土时，可以用其他物料覆盖。所谓其他物料是指生活垃圾、下水道污泥及其他生产废料。它们是有机肥和某些养分的主要来源，也可能含有重金属及病原体，但只要不曾被工业废水大量污染，在经过处理后，重金属的含量就不会超标，在适当处理后，病原体也不致构成危害。经过筛选的生活垃圾与人肥厩肥、工业废渣搅拌在一起，覆盖在修复场地上，可以认为是良好的"人造土壤层"。

在分布有含肥岩石的矿区，可将含肥岩石破碎成级配颗粒，颗粒最大粒径不超过 50 mm。颗粒级配值与当地降雨量、蒸发量、地形坡度有关，并可在级配的碎石中掺入尾矿粉等工业废渣。可进行模拟试验来掌握合适的级配值，以为日后的覆盖提供依据。

1）全面覆土土壤重构技术

全面覆土土壤重构技术主要在地形较平坦场地使用。如果是花岗岩、砂岩等母质上发育的质地疏松或植被稀疏的地方，则在坡度小于 8°的地方才能使用该技术；土壤质地比较黏重或植被覆盖较好的地方，其坡度一般也不宜超过 15°。

全面覆土改善立地条件的作用显著，其清除杂物彻底，便于机械作业。但它受地形、环境状况（岩石、伐根、更新林木、生长灌木等）和经济条件限制较大。在一些地区整地后易引起水土流失或风蚀砂化。

2）带状覆土土壤重构技术

带状覆土土壤重构，即沿等高线平整生态修复场地，将其改造成环形宽条带水平梯田或梯田绿化带，一般适用于边坡等场地。梯田平台应修整为略向内倾的反坡，以挡蓄雨水保持水土。梯坎高度与田面宽度应根据地面坡度、土层厚薄、工程量大小、种植作物种类、耕种机械化程度等因素综合确定。

带状覆土土壤重构技术改善立地条件的效果较好，保持水土效果好，在平地、缓坡可采用机械作业，也较省工。带状整地的技术指标、方法及应用条件见表 5-3。

表 5-3 带状整地的技术指标、方法及应用条件

立地条件技术指标	山地	平地
走向	沿等高线	南北向或垂直主风方向
宽	1 m 左右	1 m 左右
长	较短	较长
作业方式	人工或机械	机械
破土面	阶状、沟状、平行	平行、沟状、垄状
方法	水平沟、水平带状、反坡梯田、水平阶、撩壕	带状、开沟、高垄
应用条件	坡度平缓或坡度虽陡，但坡面平整	无风蚀或风蚀轻微的造林地

（1）山地带状整地方法

山地带状整地方法的技术规格、方法及应用条件见表 5-4。

表 5-4 山地带状整地方法的技术规格、特点及应用条件

方法	技术规格						特点	应用条件
	断面形状	深/m	宽/m	长/m	上下间距/m	左右间距/m		
水平沟	梯形或矩形沟	0.4~0.8	上口宽：0.8~1.2 底宽：0.3~0.4	3~8	3~5	1~2	容积大、蓄水多，保持水土条件的作用好，但较费工	黄土丘陵区和坡度较缓、坡面整齐、土层厚的石质山区
反坡梯田	反坡状或三角形沟	0.4以上	2.5~3	不限	5	—	蓄水保肥、抗旱保壤，但很费工	黄土丘陵区的缓坡
水平带状	水平	0.25~0.3	0.5~1.0	很长	2~5	—	消灭杂草彻底，便于机械作业	土层深厚，杂草多的平缓坡
水平阶	阶状	0.3~0.35	0.5~1.5	1~6	—	—	改善立地条件的作用较好，也较灵活	坡度较缓、土层厚、植被好的立地

其中，水平沟是采用较多的方法，它的水土保持效果比水平带状、水平阶好，施工比反坡梯田省工，也便于操作。

（2）平地带状整地方法

平地带状整地方法的技术规格、特点及应用条件见表 5-5。

表 5-5 平地带状整地方法的技术规格、特点及应用条件

方法	技术规格				特点	应用条件
	断面形状	深/m	宽/m	间距/m		
带状	水平	0.25~0.3	0.5~1.2	2~5	便于机械作业，改善立地条件的作用较好	无风蚀或风蚀轻微的沙地、荒地、撂荒地，平坦的采伐迹地
开沟（机械）	沟状	0.4~0.5	0.5~1	3~5	蓄水保墒，可降低栽植面，沟内便于灌水	沙地、沙质草原、盐碱地
高垅	垅状	0.2~0.5	0.3~0.7	2~3	抬高种植点有利于排水	水湿地、沼泽地

3）穴状覆土土壤重构技术

穴状覆土土壤重构技术灵活、省工，对因整地而破坏植被所引起的水土流失的危险性小，但改善立地条件的作用相对较差。不同穴状整地方法的技术规格、特点及应用条件见表 5-6。

表 5-6 不同穴状整地方法的技术规格、特点及应用条件

方法	技术规格/m	特点	应用条件
鱼鳞坑	长：0.8~1.5 宽：0.5~1.0 深：0.3~0.5	灵活、较省工，水保作用有限	地形破碎，土层薄，坡度较大的石质山区和黄土丘陵区
穴状	穴径：0.4~0.6 深：0.15~0.25	灵活、省工，但改善立地条件的作用差	植被好，土壤肥沃，坡度平缓的山区丘陵
大坑	穴径：0.8~1.0 深：0.6~1.0	改善立地条件的作用好，灵活，虽较费工，但可采用机械打坑	平地、浅山丘陵

4）无土修复土壤重构技术

我国大部分矿山位于山区，土源本来就比较少，建矿时如表土未单独剥离堆存，采取覆

土修复土源效果难以保证。因此，无土修复恢复生态，是国内矿山生产中遇到的实际问题，也是向科研界提出的亟待解决的新型问题。为从根本上解决这一问题，通过物理、工程力学、生物与环境工程学等多专业的联合投入、共同攻关，改善矿山废弃地种植基质，使之不用覆盖土层或添加很少量土壤，或建立人工复合基质层等多种途径，即可实现植被重建。

无土修复需用其他物质代替土壤，一般用易风化的物料铺设，常用的为泥岩、页岩等物料，也可用锯末、粉碎麦秆、树叶、粪肥等组合成人工土。无土修复替代土壤的物料要求快速风化。风化过程和培肥过程实际是同时进行的，因无土型的土体形成主要靠生物风化，故种植植物时需要培肥。所以，这两个过程必须相互配合。

我国的离子吸附型稀土废弃地(堆浸场、尾矿库)的生态修复采用不覆土的方式，用石灰等中和酸性的尾砂，选择适宜的禾本科草本，如多年生糖蜜草、宽叶雀稗、象草，乔木如板栗、马尾松等。采用草木结合、高矮搭配、多种混种的植物群落配置方式，按离子吸附型稀土废弃地的局部不同地形适宜布局。在废弃地的坡地上进行林草化配置，以草种混种为主，间种乔木、灌木植物，实行乔、灌、草结合，促进草地植被率先形成，控制水土流失，培肥地力，改善生态环境，进而发展林地植被。

5)特殊场地土壤重构选择

金属矿山生态修复特殊场地指存在污染和极贫瘠的场地，主要是酸性污染场地(酸性废石场、酸性水露天采场等)、含重金属场地(含重金属的废石场、尾矿库等)、极贫瘠场地(地下采矿废石场、尾矿库等)。

(1)酸性污染场地土壤重构

有色金属矿山通常含有各种类型的金属硫化物，这些金属硫化物与空气、水接触后可发生氧化还原反应，形成酸性矿山废水，严重时酸性水 pH 为 2.0 左右。强酸除了对植物产生直接危害外，还会加剧重金属的溶出，导致土壤养分不足。如低 pH 可引起微量元素 Fe、Mg和 Be 的缺乏，P 形成难溶的磷酸钙。此外，在酸性环境中，大量金属离子可进入土壤溶液，破坏土壤微生物环境，并影响土壤酶的活性，进而阻碍根的呼吸作用及其对矿物盐和水的吸收。

可以施用碳酸钙、熟石灰等市售农用石灰性物质中和土壤的酸性，既可以中和酸性，还可以利用 Ca^{2+} 的拮抗作用来降低植物对重金属的吸收；当废弃地的酸性较高时，应少量多次施用碳酸氢盐与石灰等，防止局部石灰过多而使土壤呈碱性。

(2)含重金属场地土壤重构

矿山废弃地中常含有 Cu、Pb、Zn、Cd、Hg、Ni、Mn 等重金属元素。植物体内适当的重金属是生长所必需的，当这些重金属元素微量存在时，可作为土壤中的营养物质促进植物生长，但当这些元素超量存在时，则阻止植物生长；尤其是当这些过量的重金属元素共同存在时，由于重金属的协同作用，对植物生长危害更大。重金属含量过高不仅会影响植物的各种代谢途径，抑制植物对营养元素的吸收及根系的生长，而且也加大了周边地区遭受重金属污染的潜在风险。

当溶液中一种离子浓度提高时，可观察到植物对其他离子的吸收增多或减少，当一种离子抑制另一种离子的吸收时，则可认为两者之间产生拮抗作用。Ca^{2+} 就具有此作用，许多重金属离子的毒性就是由于 Ca^{2+} 的存在而趋于缓和。已经有实验证明，Ca^{2+} 的存在能显著降低植物对重金属的吸收，因此，可以在废弃地中施加 $CaCO_3$ 等来解决 Ca^{2+} 含量低的问题。

（3）极贫瘠场地土壤重构

植物正常生长需要多种元素，其中 N、P、K 等元素不能低于正常含量。矿山废弃地的基质中一般都缺少 N、P、K 和有机质。废石场基质养分分析表明，N、P、K、有机质等均少于植物正常生长所需量，其中尤以有机质、N 和 P 最为缺乏，N、P、K、有机质等为中国自然植被土壤平均背景值的 1/5～1/3。废弃地中的 P 常处于化合物中或被分解释放，植物难以吸收。采矿活动剥离了发育良好的土壤基质，破坏了地表植被层，使水土流失加剧。故缺少有机物来源会造成土壤有机质严重缺乏。

鉴于有些废弃地土壤结构不良、速效的化学肥料极易被淋溶流失，故只有通过少量、多次施用速效化肥或选用一些分解缓慢的长效肥料等方式来解决这些问题。

5.5.5　植被重建技术

植被重建是指在采矿及各项工程建设活动中的挖损、塌陷、堆垫地貌上，通过人为措施恢复原来的植被群落，或重新建立新的植物群落，其主要作用是：

（1）利用不同种类的人工植物群落的整体结构，增加植被覆盖度，减缓地表径流，拦截泥沙，调蓄土体水分，防止风蚀及粉尘污染。

（2）利用植物的有机残体和根系的穿透力以及分泌物的物理、化学作用，改变下垫面的物质、能量循环，促进废石渣的成土过程。

（3）利用植物群落根系错落交叉的整体网络结构，增加固土防冲能力，保障工矿区工程建设的顺利进行，以及工程建设结束后退化生态系统的迅速恢复和重建。

植被重建技术主要包含栽植技术、撒播技术、喷播技术等。

1）栽植技术

农林上常规的栽植技术对修复区新造地上的植被工程往往是不够完善的，必须采取特殊的栽植技术，才能使受损毁的土地尽快恢复其生产力。根据立地条件不同，常见栽植种类有农业栽植和林草业栽植。农业栽植包括农作物、蔬菜、果树等。林草业栽植包括草本（如草种、杂草和花卉等）和木本（如乔木、灌木、藤本等）。

农业栽植一般要求地面平整（坡度最大不超过 15°）、土层较厚（最少 50 cm）、土质较好（土壤质地适中，N、P、K 等元素基本满足）、集约经营和长期管理。农业种植还应考虑旱作和水作之分。旱作农业应着重提高土壤就地蓄水能力，协调作物需水和土壤蓄水的关系；水作农业应做好防渗层和排水系统，既要防止盐害、酸害和重金属污染，又要防止内涝。

修复区新造地，只有在立地条件通过修复措施（大多是林草）改善的情况下，才能进行农业修复，所以农作物、果树的播种栽植和管理技术大体和一般土壤是相一致的。况且工矿区新造地在修复阶段大多以林草为主，其工程技术要求比林业上的绿化更为复杂。

（1）植物工程类别

植物工程类别和要重建的生态系统类型有关，如表 5-7 所示。

（2）植被基础工程

植被基础工程是为了把地基整理完善或使之稳定化，以适合植物的生长发育。它是植被工程的重点，因为植物群落的恢复和保持长久良好的状态，需要一个稳定的、适合于植物生长的基础，否则植物难以生长或者即使一时得以生存，但数年后地基崩溃，草木枯损，植物群落也必然衰败。植被基础工程一般从三个方面着手。

表 5-7 重建生态系统类型与植被工程方式的关系

重建生态系统类型	生产性生态系统	防护性生态系统	园林性生态系统
最终方向	以农田为主	以林草为主	以林草、花卉为主
适用区域	平地、防风林带、经济林	坡地、粉尘污染区、湿地处理区、公路、铁路四周附近	生活区、工业广场、公园修复、建筑修复、公路、铁路两侧
功能	培肥土壤、治理侵蚀，获得经济效益	涵养水源、保护土地、保健修养、保护动物、净化大气、净化土壤	保持风景，保健修养
特点	绿肥植物或经济林	森林植物	造园植物
	种子繁殖或育苗繁殖	种子繁殖或育苗繁殖	苗木或大树移栽
	调整植物间的竞争	调整植物的竞争	抑制植物间的竞争
	禁止植物侵入	植物侵入迁出不限制	植物侵入迁出有限制
	—	短期成林	迅速使树木、花卉丛生
	完成绿化工作可靠，且费用少	完成绿化工作可靠，且费用少	完成绿化工作可靠，但费用较大
	保护管理完全是人工的，但不精细	保持管理是人工的自然变化	保护与管理植物精细彻底

缓和严酷的气象环境。在植物的发芽期、幼芽(苗)期，其生长受气象因子(风、雨、日照、温度和湿度等)的影响很大，所以在长成健壮的植物体前，以缓和严酷的气象环境为目的的基础工程是必要的。

适应陡急的边坡坡度。坡度对植物生长有较大影响，一般树木类的正常生长坡度应小于30°。如大于30°，生长受到影响；大于45°，生长的持久性就成问题。矿山所处的地形边坡坡度为35°~45°的占大多数，45°以上的急坡也常出现，因此，在种植植被前，必须做成缓坡或使植被基盘稳定的基础工程。

改善植被基盘。植被基盘为黏性土、砂质土、砾质土、硬质土以及软岩硬岩废堆时，其硬度常常妨碍根系伸展；一些基盘虽硬度不高但含氧量不足，同样地，其根系伸展有困难；一些基盘养分缺乏或处于强酸强碱环境，也使得植物难以生长。因此，必须做些改善植被基盘的基础工程。

(3)植被的栽植、保护及管理

植被栽植工程设计包括混交方式、造林方式、整地方式和整地规格、造林密度或播种量、苗木规格等。植被保护及管理包括草的田间管理、收割利用、种子采收、合理放牧利用，以及幼林管护和成林管理等。

2)撒播技术

在地形一般的地区用撒播法播种既经济又较方便，一般在牵引车后拖挂撒种器即可播种和撒肥。但是，它的使用受到地形、坡度的限制。在粗糙的地表，种子会自然地掉进裂口、缝隙中，但有时种子也会暴露在表面而遭到各种不利于发芽因素的侵袭，特别是在干旱的侵蚀地带上。若遇到这种情况可用圆盘耙轻轻地把种子耙进裂缝中，并在晴天时覆上一层表土，或覆盖地膜予以保护。

3）喷播技术

生态修复中，对于采坑边坡等可采用基材喷播技术。该方法主要应用于高陡边坡，以及常规作业比较困难的区域。通过将黏结剂、土壤改良剂、植物种子、保水剂、有机质等材料按比例混合后采用高压喷射系统，将其喷射到需要恢复的区域，使该区域迅速形成植被覆盖。该技术的优点是基质材料具有较强的抗侵蚀能力，成为保水能力较好的土壤结构，并且能够为植物的生长提供持续的养分条件，对生态修复具有较强的适用性。

喷播技术针对修复地段空隙大、生长条件差、缺少植被等问题，将种子、黏结物质、水等按照一定比例配成浆状，然后将混合浆附着在需恢复的地段，通过灌浆起到稳定、防渗的作用，并且给植物的生长提供了土壤和肥力条件，使植被恢复成为可能，是对类似的地表物质组成区域实现生态修复的有效途径。

在地形恶劣又无路可通的地区（如陡坡、排土场等），可将种子与黄土和肥料混合，制成泥浆，再由泵、管道及喷射器利用压力将含种子的泥浆喷射到那些劳动力与机械难于到达的地方。为了防止泥浆滑落，必要时可预铺金属丝网。这种方法的费用要高一些，但对于种植来说却是一种好的方法。为了利于种子成长，在调制泥浆时要加入一定的肥料。

5.5.6　水域修复技术

对于露天采场，地形凹陷、常年积水或季节性积水的，可优先考虑修复为水域，作为水域景观或水产养殖地。水域生态修复技术主要集中在矿区废弃地的低洼地形区，要求边坡稳定、水深和水质满足相关卫生要求。某些露天采场采矿结束或闭坑后，会留下几十米甚至上百米的大坑，这时可利用管道，进行人工充水或利用自然降雨将其修筑成水库、鱼塘、藕塘、芦苇塘、水上公园或作为工矿企业居民用水的补给水。

要维持水域生态，需有连续水源以保持水质。水的主要来源有地表水和地下水两类。地表水包括河川径流和汇流过程中拦蓄起来的地面径流，地下水主要是指可以用于景观水和水产养殖的浅层地下水。另外，周边海域的海水及城市已处理的生活污水也是一种主要的水源。

当近处河流水位较低，不能满足自流进水要求的水位时，可自河流上游水位较高地点引水，以取得自流进水要求的水位高程。无坝取水具有工程简单、投资较少、施工容易、工期较短等优点，当不能控制河流的水位和流量，枯水期引水保证率低，且取水口距离水塘较远时，则要修建较长的引水渠。当河流水位和水塘要求水位相差较大，或修建自流引水工程困难或不经济时，可在水塘附近的河流岸边或海岸边修建抽水站，通过提水来满足水域景观或水产养殖所需水量。它无须修建大型挡水或引水建筑物，受水源、地形、地质等条件的限制较少，且机动灵活，一次性投资少，成本回收快，但增加了机电设备和厂房、管道等建筑物，需要消耗能源，运行管理费用较高。

5.5.7　景观修复技术

对于露天采场、废石场、尾矿库等具有代表性，周边旅游资源较丰富的场地，可优先考虑修复为景观，作为工业旅游、农业旅游用地进行开发。

　　景观生态修复技术以林草、花卉、农作物为主，适用于生活区、工业广场、公园修复、建筑修复、公路、铁路两侧，可以起到保持风景、保健修养等作用。

　　矿区绿化是矿区生态修复的重要组成部分，它不仅能够调节局部小气候、涵养水分、保持水土、防治污染、维护生态平衡，而且可以美化环境，给人以视觉上的美感。根据各区域生态特点和受影响范围，进行植物的合理配置，从而对矿区受影响的生态系统进行最大限度的恢复。矿山的建设和生产将打破原有的村镇布局，改变原有的农村产业结构，由单纯种植业为主的经济转化为多种经营的矿区型农业，建设"生态矿区"则是在矿区一定空间范围内把农林牧副渔、农产品加工、商品经营及村镇建设等作为一个完整的生态系统，并结合当地的环境条件，因地制宜建立多种形式的生态循环系统。

　　在进行景观生态修复设计时，可按照生态修复、形态修复、环境修复、资源再生和文化再生这五个步骤来进行。此外，还可以借助科学技术，利用高新技术和材料减少对不可再生资源的利用。

　　景观生态修复设计中，选择以下四个主要因素作为景观生态修复技术的支撑系统：

　　(1)环境承载力：指某一环境状态和结构在不对人类生存发展产生危害的前提下，所能承受的人类社会作用在规模、强度和速度上的限值。因为每个生态系统对任何的外来干扰都有一定的忍耐极限，当外来干扰超过此极限时，生态系统就会被损伤、破坏乃至瓦解。因而在进行景观生态修复设计时，首先要考虑到环境承载力。

　　(2)生物多样性：生物多样性是指一定范围内多种多样的有机体(动物、植物、微生物)有规律地结合所构成的稳定的生态综合体。这种多样性包括动物、植物、微生物的物种多样性，物种的遗传与变异的多样性及生态系统的多样性。在进行景观生态修复设计时，要对生物多样性的现状进行研究，有针对性地制定出有利于当地生态系统的景观规划。

　　(3)景观生态结构：景观生态结构是生态系统的组成和要素在空间上排列和组合，形成一定的景观系统。在进行景观生态修复设计前要考虑好规划范围内的景观生态结构，再进行下一步的景观规划。

　　(4)景观生态安全与健康：在进行景观生态修复时，要建立安全的生态格局和健康的生态系统，要充分考虑到以下三个原则：

　　(1)珍惜和保护资源的原则。景观修复设计中要坚持珍惜和保护资源的原则，要最大限度地合理利用自然资源，如光、风、水等，从而节约能源。

　　(2)以人为本的原则。景观生态修复设计要坚持以人为本，要体现对人类生态系统整体的全面设计，而不是孤立地对某一景观元素进行设计；景观生态修复设计是一种多目标的设计，既为人类需要，也为动植物需要；既为高产值需要，也为审美需要。因而在进行景观生态修复时，需要从打造良好的生态环境入手，满足有益于人类的要求。生物品种应多样化，多栽一些可以吸附粉尘、吸收有害气体的树种，植被可以多层次化，如种植多种阔叶乔木、宽冠乔木。

　　(3)本土性原则。本土性原则的要求是：首先，应尊重传统文化和本土知识，吸取当地的经验。生态景观修复设计应根植于所在的地方，考虑当地生态系统和文化传承；其次，应接纳和顺应当地的自然环境条件，不要试图去改变这些自然环境条件。

　　(4)多样性协调原则。生态学的研究表明，生态系统内结构和物种的多样性有利于系统抗干扰能力的提高，有利于系统的稳定和发展。因此，在景观生态修复规划中，一是要针对景观中自然生态系统少的特点，适当补充自然成分，协调景观结构；二是在补充自然成分时要注意物种的多样性；三是景观元素的多样性。所以在景观生态修复中我们应尽最大努力，尽量保留原生态和原生态景观，坚持多样性原则。

5.5.8　植被管护技术

植被管护工作是生态修复工程的最后程序，其重要性不亚于规划和植被培育阶段，故加强植被的管护技术尤为重要。

植被管护技术可以结合地区的气候、温度、湿度、地形、土壤类型、土地利用等特点来考虑。植被管护时间应根据区域自然条件、金属矿污染特性及植被类型等因素确定，一般地区为3~5年，生态脆弱区为6~10年，甚至更长。

植被管护技术包括林地管护、草地管护、耕地管护、果园管护、水域管护及其他管护措施等。

1）林地管护措施

林地管护措施主要包括水分管理、养分管理、林木修枝、林木密度调控、林木更新、林木病虫害防治、林地胁迫效应调控、灌溉、补植等。

（1）水分管理

通过对植树带的植树行内和行间锄草松土，防止幼树成长期的干旱灾害，促使幼林正常生长和及早郁闭。有条件的地方可进行适当灌溉，保证林带苗木的成活率。

（2）养分管理

在植被损毁、荒漠化、风沙严重的沙堆、荒地等，幼林时期的抚育一般不除草松土，应以防旱施肥为主。

（3）林木修枝

树木进入郁闭阶段初期，当灌木或辅佐树种的生长产生压迫主要树种的情况时，要采取部分灌木（约1/2）平茬或辅佐树种修枝的方式来解除主要树种被压的状态，促进主要树种的生长，并使其在林带中占优势地位。

在保证林木树冠有足够营养空间的条件下，通过修枝（包括主要树种和辅佐树种的修枝）可提高林木的干材质量和促进林木生长。关于修枝技术，可充分借鉴群众经验，如"宁低勿高，次多量少，先下后上，茬短口尖"，以及修枝高度不超过林木全高的1/3至1/2（即林冠枝下高不超过全高的1/3或1/2）等。

（4）林木密度调控

林带郁闭后，管护工作的主要任务就是通过人为干涉调节树种与树种之间的关系，调节林带结构，保证主要树种或优势树种健康生长。同时，可通过这一阶段的抚育修枝间伐，为当地带来经济效益。林带的树种组成与密度基本处于稳定状态，但仍需间隔一定时间对林带进行调节，以及进行更新或抚育性质的砍伐，及时伐掉枯梢木和病腐木等。

（5）林木更新

林木更新主要有植苗更新、萌芽更新和埋干更新三种方法。植苗更新、埋干更新与植苗造林和埋干造林的方法相同；萌芽更新是利用某些树种萌芽力强的特性，采取平茬或断根的措施进行更新的一种方法，这种方法在以杨柳树为主要树种的农田防护林中已见应用。

在一个地区进行林木更新时，应该避免一次将林带全部砍伐的情况。因此，需要合理安排时间和空间顺序逐步更新。对一条或一段林带而言，可以有全部更新、半带更新、带内更新和带外更新四种方式。

(6)林木病虫害防治

对于林带中出现各类树木的病、虫、害等要及时进行管护。对于病株要及时砍伐以防止扩散，对于虫害要通过及时施用药品等措施来控制灾害的蔓延。

(7)林地胁迫效应调控

在林带遮阴较重的一侧，尽量避免配置高大乔木树种，应以灌木或窄冠型树种为宜，若沟、渠、路为南北走向，林带宜配置在东侧；若为东西走向，宜配置在南侧。尽量使林冠阴影覆盖在沟、渠、路面上，减轻林带的遮阴胁地影响。在以林带侧根扩展与附近作物争水争肥为胁地主要因素的地区，在林带两侧距边行 0.5~1 m 处挖断根沟。沟宽乔木为 1 m，灌木为 0.5~1 m，沟深随林带树种根系深度而定，一般为 40~50 cm，最深不超过 70 cm，沟宽 30~50 cm。林、路、排水渠配套的林带、林带两侧的排水沟渠也可以起到断根沟的作用。合理选种胁地范围内的作物种类，如豆类、蓖麻、草种、薯类等，能在一定程度上减轻胁地影响。选择深根性树种(主根发育，侧根较少)，并结合沙漠、道路、沟壕合理配置林带，可减少相对应的胁地距离。

(8)灌溉

造林时或造林后，应及时进行浇灌。为保证新造林地的浇灌，可以根据建设条件建设林地水利设施，采用节水灌溉技术。

(9)补植

成活率没有达到合格标准的造林地，应在造林季节及时进行补植、补播。播种造林要及时间苗定株，植苗造林的补植应采用同龄苗木。

2)草地管护措施

生态修复工程草地管护的目标就是苗全、苗壮。草地管护措施主要包括破除土表板结、间苗、补苗与定苗、中耕与培土、灌水与施肥、病虫害与杂草管理、越冬与返青期管护等。

(1)破除土表板结

播种后出苗前，土壤表层时常形成板结层，妨碍种子顶土出苗，若不采取处理措施，严重时甚至可造成缺苗现象。

土表板结形成的情形大致有四种：一是播种后遇雨，特别是中到大雨，之后连续晴天，土表蒸发失水后形成板结；二是地势低洼地段，土表蒸发失水后形成板结；三是土壤潮湿，播种后镇压，土表蒸发失水后形成板结；四是播种后灌溉，之后连续晴天，土表蒸发失水后形成板结。

土表板结的处理措施是用具有短齿的圆形镇压器轻度镇压，或用短齿钉齿耙轻度耙地。有灌溉条件的地方，亦可采取灌溉措施破除板结。

(2)间苗、补苗与定苗

出苗后发现缺苗严重时，须采取补种或移栽的措施补苗。为加速出苗，补种方式宜为浸种催芽。补苗须保证土壤水分充足。

对于冠幅较大饲料作物的草本植物，当出苗密度过大时，宜进行间苗。间苗是按照田间合理密度要求拔掉一部分苗，通常分两次进行。第一次间苗一般在第 1 片真叶出现时进行。

最后一次间苗称定苗，一般在 4~5 片叶子时进行。间苗的原则是保证全苗、去弱留壮。间苗的方法有人工和机械两种。机械间苗可采用自动间苗器，高效、精确；亦可使用中耕机，按与播种行垂直的方向进行中耕，然后人工定苗。

间苗、定苗十分麻烦、费工，随着栽培管理技术水平的提高，精量播种技术在种子生产或高秆饲料作物营养体生产中日益普及，该项的田间管理措施正在逐步省掉。

（3）中耕与培土

对于种子生产或中耕饲料作物营养体生产，在苗期及整个生育期间，宜进行中耕与培土。

中耕的作用有以下几点：一是疏松土壤，增加土壤内部与外部的气体交换，促进根系生长；二是截断毛细管作用，减轻水分蒸发散失，并提高土壤温度；三是雨前中耕，可减少地表径流，增加土壤蓄水；四是控制杂草。

中耕通常需进行 3~4 次，第 1 次在定苗前，第 2 次在定苗后，第 3 次在拔节前，第 4 次在拔节后。中耕的深度一般为 3~10 cm。具体作业措施为耥地（犁地）和锄地（铲地）。锄地（铲地）通常为人工操作，耥地（犁地）则借助于畜力或机械力，机引中耕机效率较高。

培土的作用主要是防倒伏和利于排水、灌水，对于块根、块茎类饲料作物还有促进块根、块茎生长的作用。培土作业一般为使用有壁犁耥地（犁地）。

（4）灌水与施肥

若草种在苗期根系不够发达，遇旱则会严重影响生长发育。有条件的地方，在出现旱象时应及时灌溉。草种在苗期对肥的需求量不多，一般不需要施肥。但当出现明显的缺素症状时，亦应及时追施。

（5）病虫害与杂草管理

病虫草害是草地建植与管理的大敌。对于采用多年生草种建植的草地来说，病虫草害控制更是建植初期管理的关键环节。原因是多年生草种苗期生长非常缓慢，极易遭受病虫草害的侵袭，控制不好很可能造成建植失败。因此，苗期须十分重视病虫害与杂草的控制。

（6）越冬与返青期管护

对于多年生、二年生或越年生草种来说，冬季的低温是一个逆境，如果管护不当，有可能发生冻害而不能安全越冬返青，或影响第二年的产草量。因此，须重视越冬与返青期管护，尤其是初建草地。

越冬与返青期管护要点有四：一是越冬前最后一次刈割应避开秋季刈割敏感期，敏感期内草种根、根颈、茎基、根茎等营养物质贮藏器官中贮藏的营养物质较少，不利于安全越冬和第二年返青生长；二是越冬前最后一次刈割留茬宜高，起码在 5 cm 以上；三是越冬前施用草木灰、马粪等，有助于草的安全越冬；四是返青期禁牧，否则将导致草地退化，严重影响产草量。

3）耕地管护措施

耕地管护措施主要包括破除土表板结、灌溉、施肥、除草、防病虫害等。

（1）破除土表板结

同草地管护措施中的破除土表板结处理措施。

（2）灌溉

种植农作物时或种植农作物后，应及时进行灌溉。为保证新恢复耕地的浇灌，可以根据建设条件建设农田水利设施，采用节水灌溉技术。

（3）施肥

根据农作物品种、苗种和土壤营养条件，采取配方施肥，做到适时、适度、适量。

（4）除草

根据需要，采取适宜的除草措施。采用化学药剂除草时，执行《主要造林树种林地化学除草技术规程》（GB/T 15783）的规定。

（5）防虫防害

对耕地进行病虫防治工作。采用以生物防治为主的综合防治法，协调使用各种防治方法，提高农作物抗御病虫害的能力。

4）其他管护措施

对生态修复区内的其他管护如建筑设施等，主要包括渠道、水库、塘坝、泵站、水厂、堤防、田间道路、简易桥梁、防护林、电网等，应该按时有计划地对其进行维护和保养，保证设施不被损坏，使修复项目区得以正常生产工作。

5.6　生态修复方法

5.6.1　金属矿山生态修复方法分类

金属矿山场地主要包括露天采场、排土场、堆浸场等，矿山在生产运行过程中逐渐形成，需要逐步进行生态修复，在服务期满后，需进行最终的生态修复。金属矿山废石往往含金属硫化矿物，存在酸、重金属污染风险。废石、堆浸渣等经鉴别为危险废物或第Ⅱ类一般工业固体废物的，堆场生态修复时须采取隔离等污染控制措施。废石、堆浸渣等经鉴别为第Ⅰ类一般工业固体废物的，堆场修复时可不采取专门的污染防控措施。

金属矿山生态修复方向包括植被修复（耕地、林地、草地等）、建设用地修复、水域修复，金属矿山进行植被修复的为绝大多数，作为建设用地修复和水域修复的相对较少，故修复方向的重点是植被修复。植被修复工程一般包括地形重塑、污染隔离、土壤重构、植被建立、监测管护这五个方面。金属矿山露天采场、排土场、堆浸场等修复场地的地表物质为基岩废石、堆浸渣，基本不含土，土壤重构成为金属矿山生态修复的核心。

1）生态修复技术方法分类

金属矿山生态修复方法分类原则不同，其分类结果也不同。

（1）按修复方向分类

金属矿山生态修复技术按修复方向不同，可分为植被修复、无植被修复两大类。植被修复包括修复为林地、草地、耕地等。无植被修复包括水域修复、建设用地修复、边坡稳定化修复等技术方法。

（2）按污染阻隔分类

根据场地污染情况和污染控制措施的不同，可分为隔离修复和无隔离修复两类，隔离修复包括天然材料隔离层阻隔修复、人工材料隔离层阻隔修复等。

（3）按土壤重构分类

根据土壤重构方法的不同将生态修复技术分为覆土修复和无覆土修复两类。覆土修复技术根据覆土情况分为全部覆土植被修复和部分覆土植被修复等技术方法。全部覆土植被修复分为全面覆土植被修复、喷播覆土植被修复、充填覆土植被修复等技术方法。部分覆土植被修复分为穴状整地覆土植被修复、带状整地覆土植被修复、格构覆土植被修复等技术方法。无覆土植被修复细分为无覆土植被修复、土壤改良植被修复等技术方法。

金属矿山生态修复技术方法分类见表5-8。

表 5-8 金属矿山生态修复技术方法分类

分类原则		修复技术方法
修复方向	植被修复技术	林地修复、草地修复、耕地修复等
	无植被修复技术	水域修复、建设用地修复、边坡稳定化修复等
污染阻隔	隔离修复技术	天然材料隔离层阻隔修复、人工材料隔离层阻隔修复
	无隔离修复技术	全面、带状、穴状
土壤重构	覆土修复技术	全部覆土植被修复
		部分覆土植被修复
	无覆土修复技术	无覆土植被修复、土壤改良植被修复等

为规范金属矿山生态修复技术,综合考虑污染阻隔、土壤重构、修复方向,对金属矿山生态修复技术方法进行归类命名,原则如下:

(1)生态修复技术总体采用"污染控制措施+土壤重构方法+修复方向"的形式进行命名。

(2)无污染阻控措施的生态修复技术采用"土壤重构方法+修复方向"的形式进行命名。

(3)修复方向为无植被修复,采用修复方向或修复措施进行命名,即水域修复、建设用地修复、边坡稳定化修复等。

根据上述命名原则,金属矿山常用的生态修复技术见图5-6。

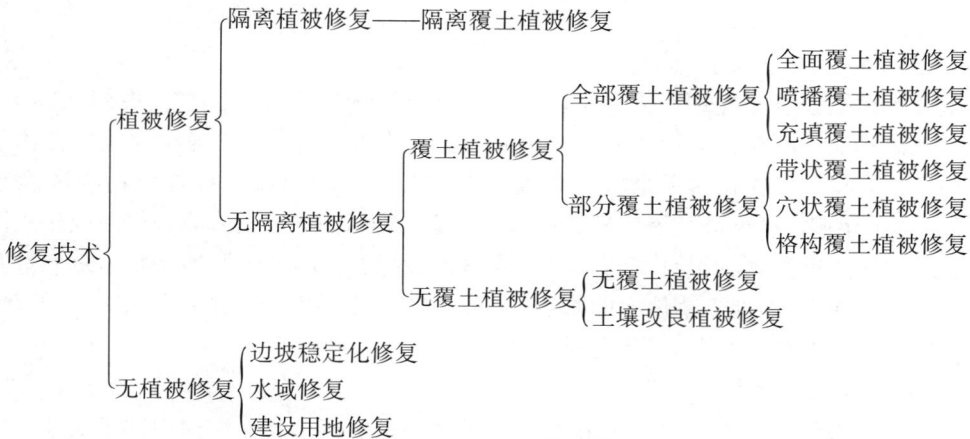

图 5-6 金属矿山常用生态修复技术

2)生态修复技术方法要点

(1)隔离覆土植被修复技术要点

隔离覆土植被修复技术是在存在污染风险的场地,先设置符合要求的隔离层,隔绝空气、水以避免其进入场地内，再在隔离层上覆土，最后恢复植被的修复方法。隔离覆土植被修复技术适用于废石、尾矿等经鉴别为危险废物或第Ⅱ类一般工业固体废物的排土场、堆浸场等的生态修复。隔离材料通常为黏土、膨润土、HDPE防渗膜、尾泥膏体等。隔离层防渗系数要求达到《危险废物填埋污染控制标准》或《一般工业固体废物贮存、处置场污染控制标准》Ⅱ类场防渗要求。在排土场、堆浸场等岩石类场地上敷设隔离层前，应对场地进行地形重塑，场地平整后，敷设一定厚度的砂层作为保护层，以防止隔离层损坏。根据草地等的修复方向，覆盖一定厚度的表土；根据当地的气候和覆盖土壤条件，合理选择物种，建立植被。植被宜选择草本、灌木类植物，防止对隔离层的破坏。排水系统须合理规划设计，防止场地外围地表水进入场地内。

（2）全面覆土植被修复技术要点

全面覆土植被修复是在修复场地地表全部覆盖一定厚度的表土，再恢复植被的方法。全面覆土植被修复技术适用于土源充足、地势平坦或地形坡度较小的场地。技术要点主要是对场地内大块废石进行清理；地块平整后，其平整度和坡度达到一定要求；根据耕地、林地、草地等的修复方向，覆盖一定厚度的表土；根据当地的气候和覆盖土壤条件，合理选择作物、草种、林木品种，建立植被。

（3）喷播覆土植被修复技术要点

喷播覆土植被修复是采用锚杆、植生袋等进行护坡处理，将种子、基材与水充分混合，用高压喷枪均匀地喷射到修复场地的修复方法。喷播覆土植被修复技术适用于直接覆盖表土困难的较陡边坡。技术关键是植生基材的制备，它是由绿化基材、纤维、植壤土等按一定比例经试验确定的。技术要点主要是清除坡面活动岩石、废渣、浮土、树枝、草根等杂物；采用浆砌块石或混凝土填堵大缝隙、大坑洼；对于不良地质体、岩石边坡应用锚杆支护，且锚杆支护应满足相关岩土工程边坡治理要求；将处理好的种子和基材与水充分混合，用高压喷枪均匀地喷射到场地表面；喷播后应加强管理，适时适度喷水，可使用无纺布或草帘子覆盖固定，并定期进行病虫害防治。

（4）充填覆土植被修复技术要点

充填覆土植被修复是先用废石、尾矿、建筑垃圾等物料充填塌陷坑、裂缝或露天采坑，充填到设计高程后，再在其上覆盖表土，最后恢复植被的修复方法。充填覆土植被修复技术主要适用于塌陷坑、裂缝和露天采坑。技术要点主要是充填料应选择环境污染风险小的材料，常用废石、尾矿、建筑垃圾等，充填料具有环境污染风险时，充填前必须采取污染防渗控制措施；按设计要求充填到设计高程后，先清理大块废石，再进行场地平整，使平整度达到规定要求；根据耕地、林地、草地等的修复方向，覆盖一定厚度的表土；根据矿区的气候和土壤条件，合理选择作物、草种、林木品种，建立植被。

（5）带状覆土植被修复技术要点

带状覆土植被修复是在修复场地开挖一定宽度和深度的沟槽，沟槽内回填表土，再栽种植被的修复方法，又称等高线整地覆土植被修复、槽状整地覆土植被修复等。带状覆土植被修复技术适用于土源不足，或采用全面覆土困难的较陡边坡修复。技术要点主要是清除活动的大块岩石，大坑洼处用废石回填；山坡地沿等高线进行，其形式有水平阶、水平槽、反坡梯田等；坡度不大或平坦地形开水平槽，将表土回填到槽内；根据矿区的气候和土壤条件，合理选择植被品种栽种，建立植被。

(6)穴状覆土植被修复技术要点

穴状覆土植被修复是在修复场地开挖一定规格的植树穴(鱼鳞坑),植树穴内回填表土,再栽种植被的修复方法,又称鱼鳞坑覆土植被修复。穴状覆土植被修复技术主要适用于土源不足,或采用全面覆土困难的较陡边坡修复。技术要点主要是清除活动的大块岩石,大坑洼处用废石回填;按一定的行间距和列间距,开挖一定长度、宽度和深度的植树穴(鱼鳞坑),间距和穴的大小根据恢复植被的要求确定;将表土回填到植树穴(鱼鳞坑)内;合理选择植被品种栽种,建立植被。

(7)格构覆土植被修复技术要点

格构覆土植被修复是用水泥板、石块等将修复场地分隔为一定面积的小格,格内回填表土,再恢复植被的方法。格构覆土植被修复技术主要适用于采用全面覆土困难的较陡边坡的修复。技术要点主要是清除活动的大块岩石,大坑洼处用废石回填;按一定的行间距和列间距,固定水泥板、石块等格构材料,将坡面分隔为一定面积的小格;表土回填到格内;根据矿区的气候和土壤条件合理选择植被品种栽种,建立植被。

(8)无覆土植被修复技术要点

无覆土植被修复是在修复场地不覆土直接进行植被栽种的修复方法。无覆土植被修复技术主要适用于含土量较高的修复场地。技术要点为清除活动的大块岩石,大坑洼处用废石回填;地块平整后,使平整度、坡度达到一定要求;根据植被修复方向选择作物、草种、林木品种,建立植被。

(9)土壤改良植被修复技术要点

土壤改良植被修复是在修复场地的土壤中加入土壤改良剂,恢复植被的修复方法。土壤改良植被修复技术主要适用于场地潜在污染风险不大,土源不足,场地土壤有机质、N、P 等营养成分不足的场地的生态修复。技术要点是在地块平整后,使平整度、坡度达到一定要求;添加氮肥、磷肥、有机肥等肥料;添加石灰、碳酸钙等碱性物料改良土壤的酸性;添加酸性物料改良土壤的碱性;根据矿区的气候和土壤条件,选择作物、草种、林木品种,建立植被。

(10)边坡稳定化修复技术要点

边坡稳定化修复是采用抗滑桩、锚索、锚杆、注浆、挡墙等对边坡进行稳定化的修复方法,适用于不稳定边坡的治理。技术要点是为达到边坡稳定的目的,按照边坡治理相关规范进行边坡治理,常用抗滑桩、预应力锚索锚固、格构锚固、锚喷支护、注浆加固等边坡治理技术。

(11)水域修复技术要点

水域修复是将凹陷场地恢复为水面的修复方法。水域修复技术适用于常年积水或季节性积水的凹陷场地,如露天坑、塌陷地等。技术要点主要为水域应有适宜的水源补给,水质根据用途应满足《渔业水质标准》《地面水环境质量标准》等标准要求;设计进入修复水域的沟渠;有完善的排水设施。

(12)建设用地修复技术要点

将矿山场地作为建设用地加以利用,场地地基处理应满足建设用地的相关规范要求。

5.6.2 露天采场生态修复方法

1)露天采场生态修复特点

按地形特征,露天采场分为浅表露天采场、山坡露天采场、深凹露天采场。浅表露天采场指矿体赋存浅、开采后形成的台阶数量少、深度小的挖损地形；山坡露天采场指山区矿体赋存厚度大、沿山坡进行采掘、开采后形成台阶数量多、山坡高度大、四周不封闭的高陡山坡地形，山坡露天采场也可形成上部山坡露天、下部凹陷的复杂地形；深凹露天采场指矿体赋存厚大、开采后形成台阶数量多、深度大、四周封闭的凹陷坑地形。山坡露天采场和深凹露天采场进行生态修复时，一般不会进行地形重塑，往往只是对边坡进行局部加固处理，使边坡稳定。浅表露天采场一般会根据生态修复利用方向，根据需要进行回填、降坡等地形重塑。

露天开采为减少围岩的剥离量，尽量采用陡坡开采，台阶坡度大，约70°，台阶高度一般为15 m左右。露天采场因台阶坡度大，易发生崩塌、滑坡的，在生产期如发现崩塌、滑坡迹象，为不影响生产，必须及时采取处理措施；但在服务期满闭矿后，只要崩塌滑坡不对外环境产生影响，往往很少及时采取处理措施。因此，要求在生态修复时，对易发生崩塌、滑坡的地段采取加固措施，进行稳定化处理。

开采硫化矿物的露天采场，往往存在酸、重金属等潜在污染，故在生产期会对矿坑涌水采取处理措施，服务期满后，或保留矿坑涌水处理设施，或采取水封、水泥固化等措施控制酸和重金属的溶出。

露天采场除近地表平台、边坡地表物质有少量土覆盖外，下部平台、边坡和坑底基本为基岩，生态修复时必须进行土壤重构。平台和边坡较缓区域的土壤重构方法中常用的有全面覆土重构、穴状整地覆土重构、带状整地覆土重构；边坡较陡时一般需要进行加固、格构、喷播等处理。

露天采场的植被以草本、灌木、藤本植物为主，积水深凹露天采场坑底可栽植水生植物。

2）露天采场生态修复方法

根据露天采场生态修复特点，露天采场生态修复方法主要包括露天采场边坡稳定化修复、露天采场边坡喷播生态修复、露天采场全面覆土生态修复、露天采场穴状整地生态修复、露天采场水域生态修复等。

（1）露天采场边坡稳定化修复

露天采场边坡稳定化修复适用于露天采场稳定性较差边坡的修复处理。主要包括边坡稳定性评估、边坡稳定方案的制定、边坡加固、坡面处理等步骤。考察边坡坡度、岩石破碎度、水文地质条件、软弱面等，采用有限元法、弹性理论法、岩石力学法等稳定分析方法对边坡进行稳定性评估。根据边坡的稳定性评估结果，制定坡面加固方案。清除坡面活动岩石、废渣等杂物，采用锚杆、锚索等措施进行边坡加固处理。喷射水泥砂浆、混凝土等进行坡面处理。

（2）露天采场边坡喷播生态修复

边坡喷播生态修复适用于露天采场边坡较陡、稳定性较好的边坡修复。主要包括坡面处理、锚杆支护、基材准备、喷播、养护等步骤。

坡面处理：清除坡面活动岩石、废渣、浮土、树枝、草根等杂物，采用浆砌块石或混凝土填堵大缝隙、大坑洼，或采取喷射水泥砂浆、混凝土等措施进行喷浆固坡。

锚杆支护：锚杆应穿过软弱区或塑性区进入岩层或弹性区一定深度处。锚杆杆径为16~25 mm，长为2~4 m，间距一般不宜大于锚杆长度的1/2，对不良岩石边坡应大于1.25 m，锚杆应垂直于主结构面，当主结构面不明显时，可与坡面垂直。放入锚杆后灌装水泥固定。

基材准备：基材混合物由绿化基材、纤维、植壤土等按一定比例混合而成。绿化基材由有机质、土壤结构改良剂等材料组成，根据项目区具体特点进行标准试验，选定配合比；植壤土选用工程所在地地表土或附近农田土壤，风干过筛后的植壤土应采取防水措施；纤维可就地取秸秆、树枝等粉碎成 10~15 mm 的长度，采取防水措施保证含水量不超过 20%。

喷播：将处理好的种子与基材、水充分混合，用高压喷枪均匀地喷射到坡面。为保证效果，从左右两个方向往复喷植，即每个地方左右方向各喷一次。喷播 5~10 min 后水分下渗，检查效果，不足的应补喷，喷播过的地方严禁踩踏。

养护：喷播后应加强管理，适时适度喷水，可使用无纺布或草帘子覆盖固定，并定期进行病虫害防治工作。

（3）露天采场全面覆土生态修复

露天采场全面覆土生态修复适用于土源丰富、稳定性较好的平台和缓坡的生态修复。主要包括表面处理、覆土、植被栽植、养护等步骤。清除表面活动岩石、浮土、树枝、草根等杂物，利用废弃土石料等填堵坑洼处，将表面平整。根据土源情况，一般覆土 50 cm。根据矿区的气候和土壤条件，选择耐旱、耐瘠植物品种，撒播草籽、栽植灌木或乔木等。栽植植被后应加强管理，适时适度浇水，及时补栽补植，定期进行病虫害防治等。

（4）露天采场穴状整地生态修复

露天采场穴状整地生态修复适用于土源不足、稳定性较好的平台和缓坡的生态修复。主要包括表面处理、植树穴、穴内客土、植被栽植、养护等步骤。清除坡面活动岩石、废渣、浮土、树枝、草根等杂物，采用浆砌块石或混凝土填堵大缝隙、大坑洼。挖植树穴，穴面与原坡面持平或稍向内倾斜，穴径为 40~60 cm，深度为 50 cm；鱼鳞坑为半圆形，外高内低，半径不小于 60 cm；将表土覆盖在穴内。根据矿区的气候和土壤条件，选择耐旱、耐瘠植物品种栽植。栽植植被后应加强管理，适时适度浇水，及时补栽补植，定期进行病虫害防治等。

（5）露天采场水域生态修复

露天采场水域生态修复适用于坑底在侵蚀基准面以下的凹陷露天采场。主要包括坑底处理、边坡防护、加装进出水设施等；清除坑底设施；对水域岸坡进行加固处理，设置安全防护栏等设施。周边设立排水沟，排水设施宜满足场地要求，防洪措施应满足当地防洪标准。引入适宜的水源补给，水质应满足标准。

5.6.3　排土场生态修复方法

1）排土场生态修复特点

排土场生态修复往往以建立植被为主，一般采用全面整地覆土、穴状整地、穴内客土等方法，如有潜在污染物，则需要采取阻隔等污染防治措施。排土场生态修复一般包括地形地貌重塑、边坡工程、污染阻隔措施、覆土工程、种植工程和管护工程等。

排土场进行生态修复时，边坡高度不大的一般不需要进行地形重塑；但对于高陡边坡，需进行削坡开级。排土场台阶坡度大，易发生滑坡，要求在生态修复时，对排土场中易发生滑坡地段采取加固措施，进行稳定化处理。

排土场排弃的岩土如含硫化矿物，在雨水淋溶情况下易产生酸性水，以及重金属释放进入淋溶水等。生态修复时，必须采取阻隔措施来控制污染。

对于露天采场排土场，地表为土岩混合堆积时，如含土比例较大时，可不采取土壤重构措施；地下采矿的排土场（废石场），地表基本为废石，含土比例较小，生态修复时必须进行土壤重构。平台和较缓边坡的土壤重构方法常用全面覆土重构、穴状整地覆土重构、带状整地覆土重构等方法。排土场植被建立以草本、灌木和乔本植物为主。

2）排土场生态修复方法

根据排土场生态修复特点，排土场生态修复方法主要包括排土场全面覆土生态修复、排土场带状整地生态修复、排土场穴状整地生态修复、排土场阻隔生态修复。

（1）排土场全面覆土生态修复

排土场全面覆土生态修复主要适用于土源充足、废石潜在污染小的平台和较缓边坡的生态修复。主要包括大块清理、地块整理、表面平整、全面覆土、栽植养护等步骤。对排土场拟修复区大块废石进行清理，根据利用方向进行地块整理，控制平整度，使表面平整。再在其上全面铺筑一层表土，表土厚度为 30~50 cm。根据矿区的气候和土壤条件，选择耐旱、耐瘠植物品种，撒播草籽、栽植灌木或乔木等。栽植植被后应加强管理，适时适度浇水，及时补栽补植，定期进行病虫害防治等。

（2）排土场带状整地生态修复

排土场带状整地生态修复主要适用于土源较充足、废石潜在污染小的排土场生态修复。主要包括大块清理、地块整理、表面平整、带状整地、槽内客土、栽植养护等步骤。清理排土场生态修复区的大块废石，根据利用方向进行地块整理，控制平整度，使表面平整。进行带状整地，开挖带状沟槽，槽宽约 60 cm，槽深约 50 cm，边坡沿等高线进行带状整地，形式有水平阶、水平槽、反坡梯田等。将表土填充在槽内，根据矿区的气候和土壤条件，选择耐旱、耐瘠植物品种，撒播草籽、栽植灌木或乔木等。栽植植被后应加强管理，适时适度浇水，及时补栽补植，定期进行病虫害防治等。

（3）排土场穴状整地生态修复

排土场穴状整地生态修复适用于土源较丰富、废石潜在污染小的排土场生态修复。主要包括大块清理、地块整理、表面平整、穴状整地、穴内客土、栽植养护等步骤。清理排土场生态修复区的大块废石，根据利用方向进行地块整理，控制平整度，使表面平整。进行穴状整地，挖植树穴，穴径为 40~60 cm，深度约为 50 cm；鱼鳞坑为半圆形，外高内低，半径不小于 60 cm。将表土填充在穴内。根据矿区的气候和土壤条件，选择耐旱、耐瘠植物品种栽植。栽植植被后应加强管理，适时适度浇水，及时补栽补植，定期进行病虫害防治等。

（4）排土场阻隔生态修复

排土场阻隔生态修复适用于废石在污染风险大的排土场的生态修复。主要包括大块清理、地块整理、表面平整、阻隔层构筑、覆盖表土、栽植养护等步骤。先清理排土场生态修复区的大块废石，控制地块平整度，使表面平整。再进行阻隔层构筑，如采用黏土构筑，厚度约为 30 cm，也可采用 HDPE 膜等人工材料进行阻隔层构筑。然后进行覆土，覆土厚度为 30~50 cm。最后修复为草地或小灌木林地，根据矿区的气候和土壤条件，选择耐旱、耐瘠植物品种撒播、栽植。撒播、栽植植被后应加强管理，适时适度浇水，及时补栽补植，定期进行病虫害防治等。

5.6.4 堆浸场生态修复技术方法

1）堆浸场生态修复特征

堆浸场生态修复往往以建立植被为主，一般采用全面整地覆土、穴状整地、穴内客土等方法，如有潜在污染物，需要采取阻隔等污染防治措施。堆浸场生态修复时一般不需要进行地形重塑。堆浸场生态修复一般包括污染阻隔措施、覆土工程、植被建立等。

堆浸场地表为堆浸渣，生态修复时一般需要进行土壤重构，堆浸场坝坡土壤重构方法中常用的有穴状整地覆土、带状整地覆土等措施。堆浸场植被建议以草本、灌木和乔本植物为主。

2）堆浸场生态修复方法

根据堆浸场生态修复特点，堆浸场生态修复方法主要包括堆浸场全面覆土生态修复、堆浸场带状整地生态修复、堆浸场穴状整地生态修复、堆浸场阻隔生态修复、堆浸场无土修复。

（1）堆浸场全面覆土生态修复

堆浸场全面覆土生态修复适用于潜在污染风险小、土源充足的堆浸场生态修复。主要包括地块整理、表面平整、全面覆土、栽植养护等步骤。根据利用方向进行地块整理，控制平整度，使表面平整。再在其上全面铺筑一层表土，表土厚度为 30～50 cm。根据矿区的气候和土壤条件，选择耐旱、耐瘠植物品种，撒播草籽、栽植灌木或乔木等。栽植植被后应加强管理，适时适度浇水，及时补栽补植，定期进行病虫害防治等。

（2）堆浸场带状整地生态修复

堆浸场带状整地生态修复主要适用于土源较丰富，堆浸渣潜在污染风险小的堆浸场生态修复，主要包括地块整理、带状整地、栽植养护等步骤。根据利用方向进行地块整理，控制平整度，使表面平整。进行带状整地，开挖带状沟槽，槽宽约 60 cm，槽深约 50 cm，边坡沿等高线进行带状整地，形式有水平阶、水平槽、反坡梯田等。将表土覆盖在槽内，根据矿区的气候和土壤条件，选择耐旱、耐瘠植物品种，撒播草籽、栽植灌木或乔木等。栽植植被后应加强管理，适时适度浇水，及时补栽补植，定期进行病虫害防治等。

（3）堆浸场穴状整地生态修复

堆浸场穴状整地生态修复适用于土源较丰富，堆浸渣潜在污染小的堆浸场生态修复。主要包括地块整理、穴状整地、穴内客土、栽植养护等步骤。根据利用方向进行地块整理，控制平整度，使表面平整。进行穴状整地，挖植树穴，穴径为 40～60 cm，深度约为 50 cm；鱼鳞坑为半圆形，外高内低，半径不小于 60 cm；将表土覆盖在穴内。根据矿区的气候和土壤条件，选择耐旱、耐瘠植物品种栽植。栽植植被后应加强管理，适时适度浇水，及时补栽补植，定期进行病虫害防治等。

（4）堆浸场阻隔生态修复

堆浸场阻隔生态修复适用于堆浸渣潜在污染风险大的堆浸场生态修复。主要包括大块清理、地块整理、表面平整、阻隔层构筑、覆盖表土、栽植养护等步骤。根据利用方向进行地块整理，控制平整度，使表面平整。构筑阻隔层，如采用黏土构筑，厚度约为 30 cm；也可采用 HDPE 膜等人工材料进行阻隔层构筑。进行覆土，覆土厚度为 30～50 cm。修复为草地或小灌木林地，根据矿区的气候和土壤条件，选择耐旱、耐瘠植物品种撒播、栽植。撒播、栽植植被后应加强管理，适时适度浇水，进行补栽补植，定期进行病虫害防治等。

（5）堆浸场无土修复

堆浸场无土修复适用于土源缺乏、堆浸渣潜在污染很小的堆浸场生态修复。主要包括地块整理、尾砂土改良、栽植等步骤。根据利用方向进行地块整理，控制平整度，使表面平整。再进行土壤改良，加入有机肥、生物质材料等，增加尾砂的肥力。选择耐旱、耐瘠植物品种撒播、栽植。撒播、栽植植被后应加强管理，适时适度浇水，进行补栽补植，定期进行病虫害防治等。

5.7 生态修复案例

5.7.1 铁矿生态修复案例

我国铁矿多为磁铁矿，赤铁矿和硫铁矿相对较少。磁铁矿开采形成的露天采场、排土场等废弃地，一般潜在污染较小。硫铁矿开采形成的排土场、尾矿库多含黄铁矿等，易形成酸性水。本节以姑山铁矿生态修复作为案例。

1）矿山简介

姑山铁矿位于安徽省马鞍山市当涂县南查湾乡境内，北距当涂县城 13 km，东距马鞍山市 31 km，南距芜湖市 35 km，矿区有公路与宁芜公路（205 国道）衔接，并有铁路专用线与宁芜铁路毛耳山站接轨，交通便利。

矿山开采土地损毁包括露天采场、排土场、尾矿库和工业场地。露天采场面积约为 10^6 m^2；钟山排土场占地 4.235×10^5 m^2，尾矿库占地 6.352×10^5 m^2。

项目所在地位于北亚热带，属于亚热带湿润气候，季风明显，四季分明，气候温和，冬夏长，春秋短，冬夏温差大，雨量集中，气流随季节的变化而发生明显的变化。年平均风速为 2.38 m/s，年平均温度为 15.4℃，年均降水量为 1111.5 mm，年相对湿度为 77%。

矿区所在地地势北高南低，地形起伏不大，自然标高为 30～50 m。矿床北侧为连绵起伏的低山地形，地面标高一般为+10 m，露天开采境界内沿走向有一条由北向南的缓坡山脊地带，其最高标高为+34 m，开采境界内的地形比高约为 25 m。

矿区属北亚热带落叶阔叶与常绿阔叶混交林地带，沿江沿湖植被区，在植被类型上为常绿与落叶交替的过渡地带。由于长期人为活动的结果，典型的原始植被已不复存在，一般为自然次生植被。常见常绿树种有马尾松、侧柏、女贞、广玉兰、樟树等，主要落叶树种有水杉、三角枫、刺槐、金钱松、黄檀、臭椿、香椿、栎类等。农作物种类较多，粮食作物主要有水稻、小麦、山芋、大豆等，经济作物主要有棉花、油菜、蔬菜、水果等。

2）土地损毁情况

姑山铁矿损毁土地主要由露天采场、排土场和尾矿库组成。矿山的尾矿库和排土场等部分已形成永久性废弃地，因此须对已废弃的尾矿库和排土场进行生态修复。

姑山铁矿属老矿区，采用露天开采。露天采场和排土场表土未单独剥离、单独堆存，大量表土层被堆积在排土场下层，而岩层及半风化母质均堆积在上层，石砾含量极高，黏土类物质较少，土壤瘠薄，水土流失严重，排土场表层土被严重压实，容重大，土壤渗透系数低，一般植物较难生长。

尾矿库位于当涂县太白乡青山林场，距选厂 4.6 km，两面靠山，两面筑坝，属傍山型尾矿库。姑山铁矿青山尾矿库于 1978 年建成运行，设计最终堆积标高 78 m，总坝高 67 m。全库容为 2090.4 万 m^3，有效库容为 1463 万 m^3，占地约 63.52 万 m^2。制约因素主要是尾矿库现场的自然气候条件，夏季气温高，持续时间长，尾砂地温高，耐旱耐热较差的植物越夏很困难；尾砂质地为砂土及壤质砂土，含砂量高，淤泥含量低，渗透性强，保水持水能力差，现场地形条件不利于保水持水，尾矿库上游没有灌溉水源，下游灌溉水源较远，也没有现有的灌溉设施可用。尾砂土壤本身对一般植物生长约束不大，但有机质含量、氮含量很低，故应注意适当施肥。

3）排土场生态修复

以排土场为例介绍排土场生态修复经验。针对排土场土壤瘠薄的特点，采用穴状整地修复技术进行生态修复。生态修复主要包括穴状整地、物种选择、植被栽植、植被管护等。

穴状整地。整地规格不低于 60 cm×60 cm×60 cm。株、行距为 1.5 m×3 m。穴内为客土，客土为采场剥离流沙，施基肥，基肥为饼肥，以促进苗木生长。

物种选择。可种植被为桃树、葡萄、杜仲、绒毛白蜡、香樟、紫穗槐、三叶草、狗牙根、杂交狼尾草等。其中，杜仲是一种重要的经济林树种，其树皮、叶均可入药，为贵重药材；紫穗槐为良好的固土护坡及绿肥植物，其干叶及种子是优良饲料，此外，枝条可以作编织用。

植被栽植。苗木采用容器苗或裸根苗造林。以杜仲作为主要造林树种，株、行距为 3 m×3 m。在地埂或平台边缘成行种植紫穗槐（株距为 1 m）形成生物埂，以减少生态流失。香樟林株、行距为 1.5 m×1.5 m，香樟为绿化树种。株、行距成行种植或在四旁零星空地"见缝插针"种植三叶草，三叶草可以培肥地力，并可控制杂草生长，达到以耕代扶的目的。

植被管护。栽种早期进行洒水、养护，补种补栽。

修复效果。修复后为葡萄园、桃园等果园，以及杜仲林、香樟林等。排土场果园修复情况见图 5-7。

（a）葡萄园

（b）桃园

（c）杜仲林

（d）香樟林

图 5-7　排土场生态修复情况

4) 生态修复特点

(1) 一般植物都适于在铁矿排土场生长，但受排土场现场的地形条件和气候条件等限制，应尽量选择耐旱、耐瘠、生命力强、根系发达的植物，以豆科植物、固土护坡效果较好的植物为主，推荐优先选择三叶草、狗牙根、杂交狼尾草和紫穗槐等物种进行种植。

(2) 草本、灌木类植物有各自的特点。草本植物具有种植方法简单、费用低、早期生长快、改良土壤和防止土壤侵蚀效果好的优点。将其用于生态系统恢复的起点，虽利于初期地表层的形成，但它存在结构单一、根系较浅、容易衰败、持续生存性能差等不足；灌木植物具有枝干矮小丛生、树冠稠密、叶量丰富、生长稳定、自成群落、能抑制杂草滋生、根系密集、固持力强、能分散地表径流、防止土壤侵蚀、形成稳定的坡面等优点。

(3) 含土较多的铁矿排土场可修复为经济林和果园等。

5.7.2 铜矿生态修复案例

我国铜矿多为硫化矿，开采形成的露天采场、排土场、尾矿库等废弃地，多含黄铁矿物等，易形成酸性水。本节以德兴铜矿的生态修复为案例。

1) 矿山简介

德兴铜矿位于江西省上饶地区的德兴市泗洲镇，北纬28°41′，东经117°44′，全矿总面积为 100 km²，距德兴市 35 km，距乐平市 90 km，离上饶市 128 km，距省会南昌市 300 km，交通便利。

德兴铜矿包括铜厂和富家坞两个相对独立矿区，富家坞矿区位于铜厂矿区东南 1.5 km。德兴铜矿目前采选综合生产能力为 10 万 t/d，年产铜精矿含铜约 12 万 t，开采方式为露天采矿，主要由铜厂露天采矿场、富家坞露天采矿场、大山选矿厂、泗洲选矿厂、精尾综合厂组成。

矿区属中亚热带季风气候，年平均温度为 17.0℃，无霜期为 248~273 d；年日照时数为 1800~2000 h；年降雨量为 1901.6 mm；年均相对湿度为 81.4%，年蒸发量为 1303 mm。土壤主要为红壤和山地黄红壤。

矿区处于构造剥蚀山区，地形切割强烈，山势陡峻。矿区最高点官帽山的海拔为 650 m，最低侵蚀基准面海拔为 130~160 m，相对高差达 490 m。地表水排泄条件良好。矿区位于江南古陆东南缘与浙赣凹陷的过渡地带，赣东北深断裂带的西北侧。区内主要出露地层为震旦系双桥山群浅变质岩系。矿区内局部山沟、山坡有零星第四系残坡积和冲积层分布，厚度一般为几十厘米至十余米。

矿区植物区系属于亚热带湿润森林植物区系。由于自然条件优越，又未受到第四纪大陆冰川的毁灭性袭击，因此，植被类型繁多，植物区系丰富。矿区的植物区系可分为主要世界性或亚世界性成分，主要热带性成分，主要热带、亚热带性成分，主要亚热带性成分，主要亚热带、温带性成分，主要热带、温带性成分和主要温带性成分。主要植被类型有亚热带常绿阔叶林、常绿与落叶阔叶混交林、针叶林、竹林、荒山灌木草丛、荒山草丛、草甸等。

2) 土地损毁特点

德兴铜矿损毁土地主要为铜厂露天采场、富家坞露天采场、西源沟废石场、富家坞废石场、水龙山废石场、杨桃坞废石场、祝家废石场、1 号尾矿库、2 号尾矿库和 4 号尾矿库。矿山的露天采场、尾矿库、采选工业场地和废石场等均在进行生产，因此需对已废弃的尾矿库和废石场进行修复。

废石场生态修复的制约因素有：①坡度较大，部分为倒坡，凹凸不平，存在较大安全隐患；②一般垂直高度为 50~100 m，从上到下为风化土层、半风化土石层、岩石层，不利于植物的生长；③废石场为酸性废石，淋溶水酸性强，不利于植物生长；④坡面缺少土壤，夏季温度高，秋季缺水干旱，生态环境恶劣，植被难以生长，往往几十年后还是光秃秃的坡面；⑤早期表土未单独剥离单独堆存，土源缺乏。

3）废石场生态修复

以废石场为例介绍生态修复经验。针对废石场产酸潜势强的特点，采取的生态修复技术有全面覆土生态修复技术、等高线（带状）整地生态修复技术、穴状整地生态修复技术、喷播生态修复技术等多种生态修复技术。主要工程措施为污染控制、土壤重构、植被建立、植被管护等。

主要工程措施为：

（1）污染控制

为控制废石场酸性水的产生，先撒石灰进行改良，石灰量约 200 kg/亩①。

（2）土壤重构

全面覆土整地，在废石场平台采取全面覆土措施进行土壤重构，覆土厚度为 80~100 cm，土源为采场剥离表土。

边坡等高线（带状）整地：沿边坡等高线开挖带状沟槽，宽 50 cm、深 50 cm；槽内覆土，土源为采场剥离表土。

边坡穴状（鱼鳞坑）整地：沿边坡按行间距 2 m、列间距 1.5 m 挖鱼鳞坑，鱼鳞坑直径为 50 cm、深 50 cm，坑内覆土，土源为采场剥离表土。

边坡喷播修复：通过人工开挖平台将坡面分割成小区，起到分割坡面、稳定后期喷播基材的作用，平台宽度控制在 1.0~1.5 cm。在坡顶设置截排水沟，可以防止自然降水形成的山体上部坡面汇水径流对坡面上植生基材层的冲刷，保证坡面基材层的长期稳定，同时可以减少坡面汇水大量深入坡体内部形成基材（岩层）滑动的可能。可采用植被毯+生态棒+挂网厚层基材喷播、挂网厚层基材喷播、排水板+挂网厚层基材喷播等方式。

（3）植被建立

植被选择耐旱、耐瘠、耐酸的种类，主要选择胡枝子、马棘、紫穗槐、盐肤木、臭椿、刺槐、山乌桕、紫花苜蓿、高羊茅、百喜草、类芦、湿地松、泡桐、葛藤、把茅草等。

穴栽：灌木、乔木采用穴栽，湿地松带土球栽植。

撒播：平台草种采用撒播方式。

喷播：液压喷播，将种子、木纤维、保水剂、黏合剂、肥料、染色剂等与水的混合物通过专用喷播机喷射到预定区域。

（4）植被管护

栽种早期洒水、养护，后期补种。

修复效果为：水龙山废石场修复面积约为 2.740×10^5 m²；西源沟废石场修复面积约为 3×10^5 m²。修复后种植松树等约 50 万株，各类灌木、草地覆盖度约为 70%。废石场修复情况见图 5-8。

---

① 1 亩 ≈ 666.7 平方米。

(a)水龙山废石场边坡修复前

(b)水龙山废石场边坡修复后

(c)水龙山废石场等高线整地

(d)水龙山废石场穴状整地

(e)水龙山废石场平台修复前

(f)水龙山废石场平台修复后

(g)西源沟废石场生态修复前

(h)西源沟废石场生态修复后

图 5-8　废石场生态修复情况

4）生态修复特点

生态修复特点为：

（1）德兴铜矿建矿时间早，早期表土未单独剥离、单独堆存，当地为山区，表土资源严重不足。

（2）德兴铜矿废石场为酸性废石场，废石场淋滤水为酸性水，酸性强、修复难度大。

（3）德兴铜矿是特大型的露天开采矿山，废石场、尾矿库、露天采场占地面积特大，修复任务特重。

（4）德兴铜矿对多种修复方法进行了研究，如酸性废石场石灰改良修复方法研究、酸性废石场边坡穴状整地客土修复研究、酸性废石场边坡全面覆土修复研究、酸性废石场边坡带状整地客土修复研究、酸性废石场边坡喷播修复研究等。

5.7.3　铜钼矿生态修复案例

本节以乌努格吐山铜钼矿作为北方的生态修复案例。

1）矿山简介

乌努格吐山铜钼矿位于内蒙古自治区满洲里市南西 22 km，行政区划属新巴尔虎右旗（即西旗）。

乌努格吐山铜钼矿是全国第四大铜矿，主要矿产为铜，伴生矿产为钼、银、金等。采选规模为 30000 t/d，远期规模为 75000 t/d，矿山采用组合台阶陡帮剥离工艺和逐台阶平行作业形式的缓帮露天采矿工艺。排土场属于丘陵缓坡型排土场，采用自卸汽车加推土机自下而上分阶段从各阶段顶一次推排方式。排土线整体均衡推进，坡顶线呈直线形或弧形，排土工作面向坡顶线方向有 2‰~5‰的反坡。尾矿库采用尾矿膏体排放与堆存。

矿区处于高纬度地带，属干旱型寒温带，冬季严寒，春季有暴风雪。根据满洲里气象站 1957—2005 年的资料，其年降雨量平均为 278.34 mm，最大降雨量为 558.5 mm（1984 年），最小降雨量为 99.8 mm（2001 年），日最大降雨量为 97.5 mm（1995 年 6 月 20 日）；年蒸发量平均为 1304.13 mm，最大为 1833 mm（1979 年）；年气温平均为 -0.71℃，二月份平均气温为 -19.64℃，最低为 -42.7℃（1960 年 1 月 16 日），七月份平均气温为 19.82℃，最高为 37.9℃（1981 年 7 月 6 日）；绝对平均湿度为 5.4 mm；冻土最大深度为 3.89 m（1974 年 2 月 24 日—30 日）；风向多为西南风，风速最大达 40 m/s（1968 年），月平均风速为 2.6~4.9 m/s。

矿区为低山丘陵区，山势自北向东，平均标高为 750 m；矿区地势北段最高为大里图山，标高为 890.2 m；矿区南段乌努格吐山标高为 862.8 m，最低处标高为 650.7 m，切割最大深度为 239.5 m，平均相对高差为 150 m 左右。总的山势平缓，地形开阔，矿区北段山脊构成半环状，南段乌努格吐山为一平坦山脊向四周降低，西北缓，东南陡，具有明显的构造剥蚀地貌特征。

区内水系不发育，没有形成河流。区域附近有少数水湖泊，矿区东南 13 km 处为呼伦湖，系大型内陆淡水湖，面积为 2000 km² 左右，湖面标高为 542.05~545.59 m，蓄水量达 90 亿 m³。另矿区以东 40 km 为海拉尔河，多年平均径流量为 36.9×108 m³。

呼伦贝尔市土壤呈现明显的径向地带性和垂直地带性分布。大兴安岭山地基地主要分布棕色针叶林土、暗棕壤和灰色森林土。大兴安岭西麓丘陵地带，由东到西分布有黑钙土和栗钙土。本项目所处区域土壤类型以暗栗钙土和栗钙土为主。

矿区属于温带草原区域植被型，这一地带的原生植被为草地植被，包括羊草、克氏针茅、糙隐子草、冷蒿等。根据现场踏勘结果,评价区内植物种类较少,植被类型单一,为典型草原植被,主要分布有羊草、克氏针茅、糙隐子草、冷蒿等,没有国家级及省级法定保护的植物种类。

2)土地损毁情况

矿山土地损毁类型包括露天采场、排土场、尾矿库、表土堆场等。乌山铜钼矿地处高寒地区,气温低、风速大、表土层薄,植被建立困难。

3)表土剥离和堆存

矿山开采时对露天采场、排土场、尾矿库、工业场地地表 20~50 cm 表土进行机械剥离,剥离的表土存放在表土堆场,作为后续修复的修复土源。根据施工进度,分期分区剥离,试生产验收时,工业场地表土剥离面积约为 5.382×10^6 m²,表土剥离总工程量为 269.11 万 m³;剥离表土就近堆存在附近的表土场。矿山在试生产期间设有 5 处表土场。由于当地风沙较大,表土堆场准存期间,采取撒播克氏针茅和羊草草籽的措施,以诱导自然恢复植被。表土剥离与堆存情况见图 5-9。

(a)表土剥离

(b)表土堆存

图 5-9　表土剥离与堆存

4)排土场生态修复

针对当地恶劣的自然条件,在表土单独剥离堆存的前提下,对排土场进行及时修复。

土壤重构。当排土场形成永久性边坡时,覆盖 50 cm 厚表土,进行土地平整,土源为工程基建期剥离堆存在表土场的表土。在坡脚处修筑排水沟,及时导出地面径流。

植被栽植。移栽或撒播克氏针茅、羊草草籽等当地草种。

植被管护。雨季进行移栽或撒播,初期视天气情况及时洒水养护,及时补种。

修复效果。排土场永久性台阶边坡植被覆盖率达到 60%,修复效果如图 5-10 所示。

5)管线工程草地修复

管线工程沿草原路地埋式铺设,遵循输送距离最短、铺设最方便、对草原生态环境影响最小、及时修复、中水管线维护管理便利等原则。

管线在施工过程采取管沟开挖堆土拍实、拦挡等临时防护措施;铺设完成之后,及时回填管线施工期开挖土方,并使土地平整。

对于管线周边退化草地,遵循"人工诱导,自然恢复"原则,撒播草籽进行修复;输水管线修复披碱草和冰草。

(a)排土场修复(覆土)　　　　　　　　　　(b)排土场排水沟

(c)修复——移栽草苗　　　　　　　　　　(d)修复——撒播草籽

图5-10　排土场草地修复情况

雨季进行草籽撒播，初期视天气情况及时洒水养护，及时补种。

管线工程周边植被已基本恢复，修复效果较好。管线植被修复情况如图5-11所示。

(a)土方回填　　　　　　　　　　　　　(b)植被恢复

图5-11　管线工程草地修复

6)生态修复特点

乌努格吐山铜钼矿位于我国内蒙古草原地区，高寒多风，自然条件差。矿山在建设过程中生态修复工作特点包括：

（1）重视表土剥离和保护性堆存工作，设计表土堆存场，做好表土堆存期间的保护工作。

（2）排土场永久性边坡形成后及时进行了植被修复。

（3）管线敷设后及时回填土方，遵循"人工诱导，自然恢复"原则，撒播当地草籽及时进行修复。

5.7.4　金矿生态修复案例

本节以归来庄金矿作为案例来介绍金矿的生态修复。

1）矿山简介

归来庄金矿位于山东省平邑县城东南 25 km，行政区划隶属于平邑县铜石镇。兖（州）—石（臼所）铁路和日（照）—菏（泽）高速公路及 327 国道由矿区北侧通过，距和气庄火车站 1.5 km、日菏高速公路平邑出口 4 km，交通方便。

归来庄金矿为采选冶联合金矿山，露天采场已服务期满，现由露天开采转为地下开采。矿山由露天采场、排土场、尾矿库、采选工业场地等组成。

矿区属暖温带大陆性季风气候，四季分明。冬季西北风干冷，夏季东南风湿热。年平均气温为 13.2℃，一月份气温最低，平均在零下 3~4℃，七月份气温最高，平均为 33℃ 左右。年降水量分布极不平均，雨季多集中在 6~8 月，降雨量占全年的 70%，年平均降水量为 752.5 mm，11 月至次年 2 月为降雪期，最大积雪深度为 19 cm，最大冻土深度为 39 cm。年最大降水量为 1236.4 mm，日最大降水量为 220.1 mm。

平邑县位于沂蒙山区西南部，地质构造复杂，地貌类型多样，具有明显的山区特征。全境地势南北高，中间低，略向东南倾斜。有大小山峰 1076 个，多呈北西—东南走向。沂蒙山主峰龟蒙顶海拔 1155.8 m，为沂蒙山区第一高峰、山东省第二高峰。矿区位于丘陵区，标高一般为 121.80~160.50 m，西南部地势较陡，东北部地形平缓。大部分基岩裸露，只在低洼处有第四系。区内水系发育，矿区北侧的浚河为长年性水流，最高洪水位标高 120 m，洪峰流量为 2100 m³/s。

平邑县地处暖温带的南部，在植被区划中，属于暖温带落叶阔叶林区域鲁中南低山丘陵栽培植被区。最具代表性的建群种是麻栎树，其次是栓皮栎树、段树、榆树、椿树、国槐、毛白杨、山东桐等。一些南方成分的树种也有分布，如黄连木、元宝槭、栾树、盐肤木、玉铃花、山麻杆、刺楸等。灌木以荆条、酸枣、胡枝子、金银花、卫茅为主要建群种，另有三桠乌药、刺五加、白棠子等南方种类。针叶林以油松为代表，另有赤松、黑松、日本落叶松、侧柏、水杉等。阔叶林以刺槐为最常见植物群落，加拿大杨、二杨、多种欧美杨、旱柳为洼地常见林木。以黄荆、酸枣、胡枝子、结缕草为建群的灌草丛，是山地丘陵上的森林植被遭破坏后形成的且分布广泛的次生植被类型。

平邑县境内主要农作物有小麦、玉米、红薯、大豆、花生、黄烟等，其中花生、黄烟种植面积大、质量好，是全省花生种植基地和全省优质黄烟生产基地。金银花产量居全国之首，素有"中国金银花之乡"的美誉。

2）土地损毁情况

归来庄金矿损毁土地主要为露天采场、排土场、尾矿库、采选工业场地等。露天采场占地面积为 1.861×10^5 m²，排土场占地面积为 2.132×10^5 m²，尾矿库占地面积为 1.650×10^5 m²，采选工业场地占地面积为 2.315×10^5 m²。尾矿库设计终期堆积坝坝顶标高为 198.00 m，有效容积为 310.3 万 m³。

矿山修复对象为露天采场、排土场、尾矿库。露天采场修复制约因素与一般露天采场相同，归来庄金矿露天开采转地下开采，地下开采区位于露天采场以下，露天采场内的公路可作为地下开采无轨运输道路加以利用，地下斜坡道进口位于露天采场坑底，因此，对露天采场需进行稳定化处理。排土场和尾矿库合建，为平地堆积型，外侧为排土场堆积区，中间为尾矿库堆积区，尾矿库为氰化尾矿库，采用压滤干堆。

露天采场采用陡坡开采，周边地势较平坦，排土场岩土混排，部分区域含土较多，附近有国道通过，井下涌水量大。

3）矿山地质公园修复

根据矿山所处的位置及周边的自然条件，对矿山整体进行修复，以修复为矿山地质公园为目标，且将其作为工业旅游点之一进行规划。山东归来庄金矿除尾矿库正在排尾，未进行修复外，露天采场、排土场均进行了修复，将其修复为黄金矿山地质公园，修复面积约为 2.132×10^5 m²。

黄金矿山地质公园设计了"天下奇石一条街""地质原貌读景壁""风景山""封禅台""人间画廊""五牌楼""水晶大殿""九龙壁""九龙柱广场"等景观造型，在主要道路和景点处安置布设了各类奇石 1000 多块。深达 160 多米的露天采矿坑及高 70 m 的排土场假山蔚为壮观。

采场边坡固化稳定化处理。对采场部分不稳定边坡采用锚杆、水泥进行加固，见图 5-12。

(a)露天采场鸟瞰图　　　　　　　　(b)露天采场边坡局部固化稳定化效果

图 5-12　采场边坡固化稳定化处理

土地平整。将排土场坡面平整后，再进行覆土，覆土厚度为 50 cm。景观造型地基处理，即对奇石安放处的地基进行水泥硬化处理。

2009 年对排土场及露天采场周围地面进行了绿化治理和生态修复，修复后种植白杨、刺槐、塔松、冬青等树木 160 万株。对道路、奇石、坝坡植被进行定期维护。

排土场造型与奇石景观见图 5-13。

(a)排土场入口奇石景观

(b)排土场入口边坡植被

(c)排土场顶部景点

(d)排土场景点标示牌

(e)排土场边坡植被

(f)排土场顶部平台奇石景观

图 5-13　排土场景观修复

4)修复特点

山东归来庄金矿修复的特点主要为,利用露天采场、排土场的地形地貌,因地制宜将其修复开发为矿山地质公园,并在其中建设符合矿山特点的地质景观和人文景观,这是不可多见的将修复与景观相结合的修复案例。

5.7.5 铝土矿生态修复案例

本节以平果铝土矿为例介绍铝土矿生态修复。

1) 基本情况

平果铝土矿位于广西壮族自治区百色市平果县境内，平果铝主工业区距平果县城约 7 km，距广西壮族自治区首府南宁市约 121 km，西至百色市 120 km。

平果铝土矿属岩溶堆积型铝土矿，矿石特性为中铝低硅高铁-水硬铝石型，共有那豆、太平、教美、新安、果化五个矿区，总面积为 1750 km²。矿体具有点多面广、埋藏浅、矿层薄、易于机械化露天开采的特点。矿体的以上特点也决定了生产占地速率大、开采区域广、修复量大的特点。平果铝土矿现正在开采的是那豆和太平两个矿区，设有一期、二期、三期共三个矿石生产基地，分别距氧化铝厂区约 14 km、8 km、25 km；合格铝土矿全部通过汽车运送到氧化铝厂。

平果铝土矿处于高温多雨的亚热带季风气候区。全年平均气温为 21.5℃，月平均最高气温为 28.2℃（七月份），极端最高温度为 40.9℃，月平均最低气温为 12.6℃（1 月份），极端最低温度为 -1.3℃，年积温为 7536.9℃，无霜期为 300~350 d。全年平均降水量为 1324.6 mm，年最大降水量为 1884.3 mm，年最小降水量为 958.4 mm，受南亚热带季风气候影响，降水量的季节和年际分布不均，6—8 月降雨量达全年降雨量的 53%。平均年蒸发量为 1531.9 mm，各月平均蒸发量以 7—8 月最大，1 月和 12 月最小。年内平均相对湿度为 80% 以上，没有明显的低点和高点。对植物生长较为有利。

平果铝土矿为溶蚀构造地貌——峰林、峰丛洼地及谷地地貌。岩溶发育强烈，峰林高 30~100 m，往往基座不相连。峰林由高低不一的塔状、馒头状、锥状溶峰组成，溶峰高 10~30 m，部分高达 50 m，峰林、峰丛间有大小不一的谷地和串珠状洼地分布，谷地宽 500~1000 m，长达数千米，洼地直径为 200~1000 m。洼地、谷地内一般较平坦，堆积有较厚的残积及冲积物，落水洞、竖井、漏斗等呈串珠状分布其中，成为地表水进入地下的通道，常见断头河出现，与地下溶蚀管道相连，在管道中汇集丰富的岩溶水。

平果铝土矿地处亚热带，植被类型以石山灌木为主。原生植被零星残存，多已发育成次生草本乔灌丛、灌木丛、灌草丛，矿区主要群落结构有香椿、枫香落叶乔木群落，山乌桕、青冈栎常绿灌木群落和蕨类植物群落。

2) 土地损毁特征

2012 年平果铝土矿原矿生产量约为 680 万 t，开采方式为露天开采，由于矿体分布较广，因此也决定了生产占地速率大、开采区域广、修复量大的特点。平果铝土矿生产至今，主要损毁土地的工程内容为历次采矿形成的露天采场和排泥库。露天采场面积约为 9.15×10^5 m²，排泥库面积约为 5.489×10^5 m²。

矿区位于岩溶发育区，属于典型的喀斯特地貌，矿体赋存浅，单个露天采场面积小，深度不大，部分乳石突出。土地损毁情况见图 5-14。

(a)露天采场进场公路

(b)露天采场远景

(c)露天采场边坡

(d)露天采场乳石

图 5-14　露天采矿造成的土地破坏

3)采矿区生态示范园修复

自 1995 年投产以来,公司就十分重视生态环境保护,将生态修复作为生产经营的重要组成部分。经过多年探索,建成了矿山剥离—采矿—修复一体化的联合工艺系统,实现了多个采场同时作业,剥离、采矿、修复工作统一组织,统一装备,同时规划,同步实施。采空区修复周期(包括工程修复和生物修复)缩短至两年左右,修复地种植的各种农作物亩产水平达到甚至超过了当地同类农田水平。

截至 2013 年,矿区累计修复土地 7453.348 亩,建设高效修复示范区 6 个,共计 1310 亩。1998—2005 年划拨、征收部分累计修复 4123.186 亩(包括 2011 年完成未验收 1000 亩),通过验收确认新增耕地面积 2356.976 亩,修复率为 91.32%,平均复地率为 91.52%。自 2005年起实施采矿临时用地试点改革,至 2011 年底累计获得 5 个批次为 8403.552 亩的用地报批,已实际办理获得土地面积 7005 亩,已累计完成采矿作业 3330.162 亩,累计实施完成工程复垦 3330.162 亩(包括 2011 年完成未验收 1528.055 亩),复垦率为 100%,平均复地率为 70%。

广西平果铝土矿主要修复内容为完成开采的露天采场,主要修复方向为耕地,其中种植的有蔬菜、玉米和甘蔗等经济作物,修复地种植的各种农作物亩产水平已达到当地同类农田水平。露天采场的主要修复工程内容包括土地平整、客土、田块平整、田坎修筑、土壤改良、种植作物。

2012 年 4 月,"中铝(平果)采矿复垦区生态示范园"在示范区内正式创建,2012 年 5 月初步建成。目前，示范园区内建立了蔬菜园、果园、竹园、养殖园、中心景区等功能区。生态修复效果见图 5-15。

(a)露天采场台阶复垦情况

(b)露天采场培育复垦情况

(c)生态园

(d)内部农田

(e)道路及景观

(f)人造湖及桃林

图 5-15　采矿用地修复生态示范园

各功能区简介如下：

蔬菜园功能区：建成蔬菜基地 3 个，占地 30 亩，种植蔬菜、瓜果 20 多个品种，每月可生产绿色环保无公害蔬菜约 2500 kg；此外，种植中药材 8 种。

果园功能区：种植面积为 80 亩，有 18 个水果品种，实现了花香满园、水果飘香的愿景。

竹园功能区：占地 50 多亩，种植 9 个品种竹子共 6500 株。此外，在园区附近采空区

(49、50 号采场)种植竹子约 100 亩共 8000 多株。

养殖园功能区：建成养猪基地，养猪 80 多头，品种有巴马香猪、太平花猪、长白土猪等。同时建成林下养鸡基地，养鸡 1000 羽，品种有珍禽贵妃鸡、七彩山鸡、三黄鸡等。另有在建鱼塘 1 个，约 12000 m³。

中心景区功能区：已建成桃花湖 1 座，约 5500 m³，养鱼 12 个品种，约 6000 尾。

示范园区的建立将会起到积极的引导作用。未来规划中，将通过工业反哺农业和农村土地流转途径，实施采空区复垦土地"公司+农户"的经营模式，通过矿山企业推动、农业公司引领、农民土地入股的方式，按照"宜种宜养宜游"的原则规划，着力打造具有平果特色和良好经济收益的经济型绿色矿山。

5.7.6 稀土矿生态修复案例

本节以赣州稀土矿为例介绍稀土矿的生态修复。

1) 基本情况

江西省赣州市稀土矿山分布在龙南、定南、全南、安远、信丰、寻乌、宁都、赣县和万安等县境内，其中龙南县和定南县稀土矿山最为典型。

龙南足洞矿区位于龙南县东江乡，区内交通较为便利，赣南几条主要交通干线，即京九铁路、105 国道及赣粤高速公路均经矿区东部通过，交通方便。定南县 11 个稀土整合矿区均位于岭北镇，矿区范围较为集中，区内交通以公路为主，南北向的信丰县小江镇—定南县城公路(小定公路)穿过矿区，北经小江，可与京九铁路、赣粤高速公路、105 国道相通，南至定南，可与京九铁路、赣粤高速公路相接，矿区均有简易公路与区内主要交通线相通，交通较为便利。

赣州稀土矿为典型的南方离子型稀土矿，历史上采取池浸、堆浸、原地浸矿的方式。池(堆)浸主要是对划定的矿段进行剥离，将剥离下的矿石卸入浸矿池中，同时加入浸矿药剂(草酸、硫酸铵)进行浸矿作业。原地浸矿工艺，将浸矿液通过注液孔注入原地浸矿采场，使浸矿液与原地浸矿采场中的稀土矿进行交换，然后通过收液沟、收液巷道等收集浸矿液得到母液，最后在母液处理车间处理得到碳酸稀土产品。

龙南县光、热丰富，无霜期长，夏长冬短，四季分明；年平均气温为 19.2℃；年平均气温变幅为 2.9℃，1 月份最冷，平均气温为 9.1℃，7 月份最热，平均气温为 27.9℃；年平均降水量为 1608 mm，最多为 2189.90 mm，最少为 938.50 mm；年蒸发量为 1021.40 mm，最多为 1123.40 mm，最少为 831.30 mm；年平均风速为 1.60 m/s，且四季变化不大，全年主导风向为 WNW—NNW。定南县地处中亚热带东部，属中亚热带季风湿润气候区，四季分明，气候温和，雨量充沛，光照资源丰富。定南县年平均气温为 18.8℃；一年当中最冷月为 1 月，平均气温为 8.1℃；最热月为 7 月，平均气温为 27.3℃；年平均降雨量为 1560 mm，最多为 2137.1 mm；最少为 916.4 mm；历年平均蒸发量为 1523.1 mm，最大为 1821.5 mm，最小为 1292.7 mm；年平均风速为 1.90 m/s，且四季变化不大，全年主导风向为 NW—N。

龙南县地势西南高东北低。西南部的九连山黄牛石海拔 1430 m，为全县最高峰，东北部的桃江乡龙村坝海拔 190 m，为全县最低处。在山地与平原过渡区内为低缓丘陵地带。根据地形地貌成因可划分为 4 个地貌类型，即侵蚀构造中低山地貌，分布于县境的中部、南部以及西北部的广大地区；构造剥蚀低山丘陵地貌，分布于东坑、里仁、黄沙、临塘及程龙一带，山势平缓，山顶多呈浑圆形；岩溶地貌，分布在石灰岩地区的玉岩、里仁及南亭至武当一带；剥蚀堆积地形，主要分布于桃、濂、渥、洒四大河流沿岸一带，以龙南县城、里仁、渡江一带分布最广，杨村、南亭至武当一带次之。定南县地势形成东、西、北三面崛起，中南部稍低，朝南敞开的岭谷相间，山丘起伏的丘陵低中山地。以大帽嶂、天光山、马尾山、焦坑嶂、神仙岭、大步山一线为界，呈北高南低，东西等高呼应。最高点在东部镇田留的大山坳，主峰海拔1072 m，次峰海拔1066 m，最低点在九曲河出口处的三溪口，海拔为156 m，相对高差为916 m。地形特征划为两个地貌单位，即侵蚀构造中低山和构造剥蚀丘陵。划分为4个地形类型，即中低山侵蚀地形、低山丘陵剥蚀地形、剥蚀侵蚀堆积谷地断陷盆地地形和河谷堆积侵蚀地形。

龙南县具有气温适中、雨量充沛、湿度较大、光照充足、昼夜温差显著等良好的气候条件。全县森林覆盖率达80.3%，龙南县原植被为典型的亚热带常绿阔叶林，由于常绿阔叶林长期受到人为破坏，面积逐步缩小，林相残败，大部分演替为针阔混交的次生林和其他植物群落。按主要树种和林种结构划分，全县可分为常绿阔果林、针阔叶混交林、针叶树林、不稳定的灌丛类型、山地草甸类型五类。定南县地处江西最南端，是东江发源县之一，境内属低山丘陵地形，中亚热带季风湿润气候区。县内山清水秀，河流纵横，林木葱郁，空气清新，气候宜人，森林覆盖率达78.1%，植被保持优良。

2）土地损毁特征

矿区采场经池浸、堆浸、原地浸矿开采形成了大面积的废弃地和裸露地。其中龙南足洞矿区废弃地总面积为2.162×10^7 m²，定南岭北矿区废弃地总面积为1.152×10^7 m²，面积巨大。根据现场调查，矿山生态修复主要制约因素为：

（1）采矿场基岩裸露，坡度大，坡面极不规整，生态修复困难，有的采取简易植被恢复，有的未进行生态修复，但总体恢复效果差，植被覆盖率不高，水土流失严重。池浸和堆浸采场状况见图5-16。

(a)露天采场和堆浸场   (b)露天采场边坡

图5-16　采场状况

（2）堆浸场采用自然安息角，坡度大；边坡基本未采取拦挡措施；防洪排水工程措施基本失效，有的冲沟明显，有的坡面沟蚀严重，水土流失严重；坡面极不规整，生态修复困难，有的采取简易植被恢复，有的未进行生态修复，但总体恢复效果差，植被覆盖率不高。堆浸场状况见图5-17。

(a)堆浸场顶部平台　　　　　　　　　　　　　　　(b)堆浸场边坡

图 5-17　堆浸场状况

（3）尾渣场是池浸尾渣异地堆存形成的，边坡坡度大，一般未采取拦挡措施；防洪排水工程措施基本失效，有的冲沟明显，有的坡面沟蚀严重，水土流失严重。尾砂因水土流失淤积在沟谷、河道内，形成更大范围的尾渣堆积区。河道、沟谷淤积尾砂状况见图 5-18。

(a)河道淤积尾砂　　　　　　　　　　　　　　　(b)沟谷淤积尾砂

图 5-18　河道、沟谷淤积尾砂状况

（4）早期原地浸矿采场地表破坏较严重，浸矿完后注液孔未回填，未能进行有效的植被恢复工作，早期原地浸矿采场状况见图 5-19。

(a)注液孔远景　　　　　　　　　　　　　　　(b)注液孔和注液管近景

图 5-19　早期原地浸矿采场地表植被破坏状况

3）露天采场喷播生态修复

露天采场形成的废弃地坡度大，基岩裸露，建立植被困难，采用喷播生态修复技术进行生态修复，工艺措施如下：

（1）边坡清理。首先清除露天采场边坡上的浮石浮根，把凹凸不平的地方大致整平。

（2）喷射营养基质。边坡喷射混合材料，种植基质按比例混合后呈干粉状，用专用的客土喷播机在空气压缩机的风压下，将种植基质均匀地喷于采场边坡上，平均厚度为 9 cm。

（3）喷射表层绿化基层。待第一次喷射的营养基质达到一定强度后，接着喷射表层绿化种植基质（含草、灌木种子和保水剂、黏合剂、草炭土、纤维、肥料，平均厚度为 1 ~ 2 cm）。试验喷射的草、灌木种子包括刺槐、合欢、黄荆、香根草等。

（4）覆盖草帘养生。在喷射种植基质的表面，人工铺盖草帘，并加以固定，以防止雨水冲刷、水分蒸发过快，并保温以利于种子发芽。

在采场实施客土喷播具有复绿快、苗率高等特点。在施工结束 10 天左右可出苗，植被覆盖度为 85% 以上。客土喷播生态修复效果较好，但是存在单位面积投资大、治理成本较高、施工速度慢、需要客土等问题。龙南稀土矿露天采场边坡客土喷播生态修复示范点见图 5-20。

(a)边坡喷播恢复　　　　　　　　　　(b)喷播草本植物生长情况

图 5-20　龙南稀土矿露天采场边坡客土喷播生态修复示范点

4）堆浸场耕地修复

对稀土矿区的缓坡地带堆浸场废弃地进行土地平整，将其整理为梯田或块状土地。通过整地措施，降低坡度，并设置排水设施、田埂，以达到防止水土流失的目的。平整后的土地具有农业种植等其他用途。

（1）土地平整。首先将堆浸场整理成阶式梯田，梯田高 2 ~ 3 m，布置埂坎，以保证在暴雨季节梯田不被冲塌损毁。

（2）修截排水沟。在堆浸场坡顶、坡脚以及整地梯田平台设置排水沟，坡面设排水沟。在坡顶、坡脚等设置混凝土排水沟、梯田田坎布设土质排水沟。

龙南县组织完成了龙南县稀土矿堆浸场土地平整耕地项目，将不平整的土地改造成利于水土保持和生态修复的梯田式土地，治理矿区面积为 2.9×10^5 m^2。龙南县稀土矿堆浸场耕地复垦示范点见图 5-21。

(a) 堆浸场整地　　　　　　　　　　　　　　(b) 堆浸场覆土

图 5-21　龙南县稀土矿堆浸场耕地复垦示范点

定南县组织对木子山稀土矿山开展了堆浸场耕地复垦项目,对稀土开采遗留堆浸场废弃地进行土地平整,将不平整的土地改造成利于水土保持和生态修复的梯田式土地,土地平整面积为 $1.302 \times 10^5 \ m^2$。定南县稀土矿堆浸场耕地复垦示范点见图 5-22。

(a) 台阶复垦为梯田　　　　　　　　　　　　(b) 平台覆土

图 5-22　定南县稀土矿堆浸场耕地复垦示范点

5) 堆浸场园地修复

将堆浸场废弃地复垦开发为果园、茶园等。复垦措施主要为土地平整,修截排水沟,栽植经济林木等。

(1) 土地平整。首先将堆浸场地整理成阶式梯田,梯田高 2~3 m,布置埂坎,以保证在暴雨季节梯田不被冲塌损毁。

(2) 修截排水沟。堆浸场坡顶、坡脚以及整地梯田平台均设置排水沟,并根据水流量的大小设计坡面排水沟断面。其中堆浸场坡顶、坡脚等设置混凝土排水沟、梯田田坎布设土质排水沟。

(3) 栽植经济林木。在已平整的平台上挖穴、植苗,栽植经济林木。

长坑尾稀土矿山设立了国家水土保持重点建设工程经果林示范点,按照行距和株距为 2 m×3 m 的间距种植赣南脐橙,示范点恢复面积为 $4.54 \times 10^5 \ m^2$,长坑尾稀土矿矿山经果林复垦示范点见图 5-23。

(a)标示牌　　　　　(b)脐橙

图 5-23　定南长坑尾稀土矿经果林复垦示范点

定南县云台山林场在三丘田稀土矿山设立了茶园复垦示范点，按照行距和株距为 2 m×1.5 m 的间距种植茶树，示范点面积为 $1.81×10^4$ m²，复垦为茶园已十几年，茶树长势很好，定南三丘田稀土矿茶园复垦示范点情况见图 5-24。

(a)茶园1　　　　　(b)茶园2

图 5-24　定南三丘田稀土矿茶园复垦示范点

6）堆浸场林地修复

复垦措施主要为土地平整、修截排水沟、栽植植被等。

（1）土地平整。首先将堆浸场地整理成阶式梯田，梯田高 2～3 m，布置埂坎，以保证在暴雨季节梯田不被冲塌损毁。

（2）修截排水沟。堆浸场坡顶、坡脚以及整地梯田平台均设置排水沟，并根据水流量的大小设计坡面排水沟断面。其中堆浸场坡顶、坡脚等设置混凝土排水沟，梯田田坎布设土质排水沟。

（3）栽植植被。采用"植生袋+植被毯"相结合的技术恢复边坡植被，撒播草籽、栽种乔灌等植物。在经过平整的平台上挖穴、植苗，并撒播草籽。种植植物为马尾松、竹柳、油桐、石楠、桉树等。

龙南堆浸场林地复垦示范点情况见图 5-25。

(a)马尾松　　　　　　　　　　　　　　　　　　　(b)桉树

图 5-25　龙南堆浸场林地复垦示范点

定南长坑尾稀土矿堆浸场林地复垦面积为 $2.117 \times 10^6 \ m^2$，示范点复垦现状见图 5-26。

(a)复垦初期效果　　　　　　　　　　　　　　　　(b)边坡膜袋加固

图 5-26　定南长坑尾稀土矿堆浸场林地复垦示范点

定南来水坑稀土矿山国家水土保持重点建设工程综合治理区目前已复垦面积为 $6.932 \times 10^5 \ m^2$。定南来水坑稀土矿堆浸场林地复垦示范点效果见图 5-27。

(a)标示牌　　　　　　　　　　　　　　　　　　　(b)脐橙林

图 5-27　定南来水坑稀土矿堆浸场林地复垦示范点

7）堆浸场草地复垦

堆浸场在土地平整措施的基础上，结合种植植物等措施，对地表进行复垦。龙南足洞黄沙联办矿区堆浸场草地复垦示范点采用植生袋复垦技术。植生袋是边坡绿化及荒山修复重要的施工手段之一。它将选好的草、灌木种子、保水剂、微生物肥料等材料，通过机器设备作成植生带，并覆上一层抗老化绿网，然后将复合好的材料按一定的规格缝制成袋子。植生袋种草复垦工艺主要包括土地平整、修截排水沟、植生袋施工三部分。

（1）土地平整。首先将堆浸场整理成阶式梯田，布置埂坎、种植穴等。

（2）修截排水沟。堆浸场坡顶、坡脚以及整地梯田平台均设置排水沟，并根据水流量的大小设计坡面排水沟断面。其中堆浸场坡顶、坡脚等设置混凝土排水沟、梯田田坎布设土质排水沟。

（3）植生袋施工。将装完土和植物草种的植生袋垛到边坡施工面上，并从底部开始每隔 1 m 远放置一根硬 PVC 管以在雨季排导出植生袋堆体中的水，每垛到 1 m 的高度时再放置一层 PVC 管，以将基面里或基面表的水排出来。草种有狗牙根、弯叶画眉草、香根草、巴茅草（五节芒）、类芦等。

植生袋复垦具有施工简便、速度快、植物出苗率高等特点。在施工结束 10 天左右即可出苗，试验采用弯叶画眉草，植被覆盖度为 85% 以上，取得了较好的防治水土流失效果。龙南堆浸场草地复垦效果见图 5-28。

(a) 堆浸场草地　　　　　　　　　　　(b) 边坡草本植物生长情况

图 5-28　龙南堆浸场草地复垦示范点

8）废弃地生态农庄复垦

甲子背稀土矿区历史遗留废弃地设立了枧下、杨眉废弃稀土矿综合利用示范基地，目前已被开发为生态农庄，如翔丰生态农庄示范点，示范点面积为 4.794×10^5 m²。定南县翔丰生态农庄位于定南县岭北镇杨梅村，以养殖生猪为主，辅以蔬菜大棚，年出栏生猪规模为 2980 头，总投资 77.95 万元。生态农庄建设了厌氧发酵沼气池 300 m³，贮气柜 200 m³，沼液贮存 200 m³，污水调节池 200 m³，沼液田间调蓄池 350 m³，粪便发酵设施 350 m²，雨污分离管道 1000 m，场区道路 800 m²，消毒防疫设备 2 套。

生态农庄的模式在定南县稀土矿历史遗留废弃的应用较成功，以其生态循环的模式综合利用资源。在生态农庄中建设沼气池，使得园区无垃圾和粪便排放，并有效控制了粪便进入地表水体，避免造成水体的富营养化，减少焚烧秸秆带来的环境污染和资源浪费；并设置污水处理设备，使园区无污水排放；同时沼液及沼渣用于改良土壤、配营养土培养料等为蔬菜大棚所用。以沼气池为枢纽，打造资源循环利用体系，使生态农业得以可持续发展，合理采用立体种养以提高光、热、土地等资源的利用率。

甲子背稀土矿生态农庄示范点见图5-29。

(a)标示牌

(b)生态农庄远景

(c)养猪场

(d)菜园

图5-29 甲子背稀土矿生态农庄复垦示范点

9）河道尾砂淤积区草地复垦

龙南足洞矿区建材二矿尾砂淤积区的草地复垦，即对尾砂淤积区进行平整，修筑排水沟，然后采用植生袋种草恢复。生态修复措施主要为：

（1）土地平整。首先将尾砂淤积区按照沟谷的走向整理为平地。

（2）修筑排水沟。因尾砂淤积区已将原有河道淤积掩埋，因此需要重新布设河道。考虑尾砂淤积量和淤积区的地质情况，采用矩形断面重新布设柔性排水沟。首先用木桩打入河道，木桩间距为30~40 cm，然后用铁丝将木板固定木桩，再用无纺布编织袋就地装满尾砂码放在木板后并压实使过水道成型。

（3）植生带施工，植物草种选用狗牙根，在已经平整好的尾砂淤积区撒草籽，并覆盖无纺布保墒。

复垦工程由赣州稀土集团有限公司于2011年组织实施，现场试验结果表明，植生带复垦具有施工简便、速度快、植物出苗率高等特点。在施工结束10天左右即可出苗，试验采用狗牙根，植被覆盖度为75%以上，取得了较好的防治水土流失效果，复垦面积为$1.2 \times 10^4 \ m^2$。河道尾砂淤积区草地复垦示范点见图5-30。

(a)河道草地修复　　　　　　　　　　(b)河道排洪沟

图5-30　河道尾砂淤积区草地复垦示范点

10)生态修复特点

赣州稀土矿山为大型离子型稀土矿区，生态面积大，涉及范围广，采矿方式特殊。其生态修复经验总结如下：

(1)以流域为单元，统一规划。根据废弃矿区地形地貌单元，以流域为单元，全面规划，统一修复。在矿区流域划分的基础上，将每个流域废弃地分为沟道尾砂淤积区和堆浸场两部分进行治理，使沟道与坡地治理相结合，以达到控制水土流失、阻止尾渣下泄的目的。

(2)因地制宜，综合修复。废弃地土层破坏严重，土壤结构松散，易流失，植被生长条件差，因此生态治理需要有工程措施，如尾砂淤积沟谷需配置拦砂坝、截水坝、截排水沟等工程措施，但单纯的工程措施并不能有效减少废弃地区域的水土流失，为保证生态修复效果，需要在布设工程措施基础上进行植被恢复，做到治坡与治沟、排水工程与林草的紧密配合。尾砂中植物生长必需的有机质和氮、磷营养成分含量均相对较低，土壤呈酸性或弱酸性。应选择耐旱、耐瘠、耐酸等适应能力强的植物。通过矿区生态修复试验证明，目前适用于该区域稀土矿区生态修复的植物种类有马尾松、杉树、竹柳、油桐、石楠、胡枝子、紫穗槐、狗牙根、弯叶画眉草、香根草、巴茅草(五节芒)、类芦等。

(3)场地诊断，试验先行。通过前期复垦经验可知，生态农庄修复、园地修复、林地修复、草地修复、耕地修复、喷播修复等都取得了成功，但究竟采用何种生态修复方向，需结合当地土地规划、村庄居民的意见，从技术、经济、环境等方面进行综合比选，并进行示范点试验，再进行推广，以发挥废弃地的最大效益。

参考文献

[1] 周连碧. 矿山废弃地生态修复研究与实践[M]. 北京：中国环境科学出版社，2010.

[2] 林海. 矿业环境工程[M]. 长沙：中南大学出版社，2010.

[3] 蒋仲安. 矿山环境工程[M]. 北京：冶金工业出版社，2012.

[4] 吴海洋，刘仁芙，罗明. 土地复垦方案编制实务[M]. 北京：中国大地出版社，2011.

[5] 黄铭洪. 环境污染与生态恢复[M]. 北京：科学出版社，2003.

[6] 盛连喜，冯江，王娓. 环境生态学导论[M]. 北京：高等教育出版社，2010.

第 6 章

矿山生产的生态压力与生态成本

　　采矿业为现代工业文明做出了不可替代的贡献，但也对生态环境造成了严重损害，如对土地、水系、大气、生物质等，这些被损害的成分都是构成自然生态系统的基本要素，这里把这种破坏和损害统称为生态冲击或生态压力。

　　生态压力的测度方法可以分为两大类：多指标法和综合指标法。多指标法就是通过多个指标表征生态压力，每个指标测度生态压力的一个重要方面。例如，矿山生产的生态压力指标可能包括土地破坏面积、废水量及其主要污染物含量、大气污染物排放量、植被破坏面积或植物减产量、能耗等。多指标法的优点是能够反映不同类型的生态冲击的性质和危害；缺点是不便在不同的研究对象(不同矿山、不同开采方式、不同采矿方法)间进行比较，如一个矿山的土地破坏面积比另一个矿山大，但能耗较低，则二者的总生态压力的高低就很难判别。综合指标法就是用一个综合性指标测度生态压力，该指标把生态压力的不同侧面通过某种方法统一到同一量纲，其最大的优点是便于在不同的研究对象间比较，缺点是统一到同一量纲后难以表征不同类型的生态冲击的性质和危害性的差异。

　　经济收益是市场经济环境中矿山企业追求的主要目标，也一直是矿山项目投资和设计评价中的主要决策依据之一。在矿山项目评价和设计方案比较中，通常以净现值(NPV)或内部收益率(IRR)作为衡量经济收益的指标。在 NPV 或 IRR 的计算中，到目前为止只考虑内部成本，即矿山建设与生产中发生的、在企业财务账目中体现的各项投资和经营费用的支出，而矿山生产对生态系统的破坏与损害所造成的生态功能的损失，被看作"外部成本"不予考虑。

　　在可持续发展的时代背景下，如何在获取人类社会发展所需要的矿产资源的同时，尽可能降低对生态系统的损害，是当代和今后的采矿工程技术人员与矿产开发决策者必须考虑的问题。在矿山项目评价和矿山设计中就把生态成本作为一个重要的决策因子，践行"为环境设计"的理念，实现矿产开采生态压力的源头减量，将是矿业在可持续发展的道路上迈出的重要一步。

　　因此，把生态压力转化为生态成本，以成本的形式纳入矿山项目的评价和设计优化之中，使外部成本内部化，是实现矿山项目和设计方案的"经济-生态一体化"评价的基础。

6.1　矿山生产的生态压力

6.1.1　矿山生产系统的生态冲击

　　矿山需要投入各种能源、辅助材料和设备等来维持生产，在生产过程中通过对生态系统的挖损、占压和排放废弃物会对生态系统造成直接冲击和间接冲击。直接生态冲击是矿山生产对生态系统的直接破坏，主要包括露天采场、排土场或废石堆场、尾矿库、表土堆放场、塌陷区、专用道路、选矿厂、办公区、专用设施及场地等。

　　间接生态冲击主要包括能耗和各种材料(包括设备)消耗所产生的生态冲击。我国的能源几乎全部来自化石能源矿物，能源消耗对生态系统的冲击不是直接的挖损或占压，而是通过以二氧化碳为主的各种废气排放对生态系统产生间接影响，主要表现为温室效应和污染对生态功能的削弱。矿山生产中消耗的辅助材料(钢材、水泥、木材等)和设备在其生产过程中也消耗能源和原材料。例如，对于矿山消耗的钢材，其生产过程包括铁矿石开采与加工、钢铁冶炼、钢材加工等工序，每一道工序都通过直接土地占用、能耗、废弃物排放等对生态系统产生冲击，这种冲击虽然发生在矿山以外，但确实是由矿山生产间接引起的，是由矿山所消耗的材料或设备"携带"的冲击。

6.1.2　生态冲击的量化——生态足迹

　　生态足迹是某一给定人类群体(或区域内)的各种人类活动在给定年份及当时的技术和资源管理水平条件下，对生态系统的服务需求。在数量上，生态足迹用支持特定人口或经济体的资源消费和废弃物吸收所需要的具有生态生产力的土地面积表示，它是人类对生态资源的占用和对生态系统的冲击(即生态压力)的一种量化。生态足迹把这一压力形象地比喻为"一只负载着人类与人类所创造的城市、工厂……的巨脚踏在地球上留下的脚印"。生态足迹的方法和指标由 William E Rees 于 1992 年提出后，以其形象、综合、简明和易于计算的特点，受到生态经济学界的广泛关注，被广泛应用于全球各个层面的生态压力和承载力研究。

　　1)基本假设与土地分类

　　生态足迹的概念和计算主要基于以下假设：

　　(1)人类消耗的大多数资源和产生的废弃物是可计量和可追踪的。

　　(2)大多数消耗的资源和产生的废弃物可以换算为提供这些资源和吸纳这些废弃物所需要的生态生产性土地的面积。

　　(3)通过对每一项面积以其生物生产力加权，可以把不同类型土地的面积转化为具有同一度量单位——全球公顷(global hectare)——的面积，即具有世界平均生物生产力的面积。

　　(4)土地的用途是单一的，且在任一给定年份每一全球公顷的土地的生物生产力是相同的，以全球公顷为单位的不同类型的土地面积可以相加而得到生态足迹或生态容量的总量指标。

　　(5)当以生态足迹表示的人类需求量与自然系统提供的生态容量之间都以全球公顷为度量单位时，可以直接比较。

　　(6)如果对生态系统的需求超出生态系统的再生能力，则需求面积可以超过供给面积。

在生态足迹的计算中，根据生物生产力和适合于生长的生物质种类，把生态生产性土地分为 6 大类：

（1）农耕地（cropland）。农耕地是所有土地中生态生产力最高的一类，它能够集聚的生物量最多，主要用于种植粮食等作物。根据《中国统计年鉴 2018》数据显示，2017 年全国有 1.35×10^{12} m² 农耕地。

（2）林地（forest land）。林地指可产出木材的人造林或天然林地。当然，林地还具有许多其他功能，如防风固沙、涵养水源、改善气候、保护物种多样性等。根据《中国统计年鉴 2018》数据显示，2017 年全国有 2.53×10^{12} m² 林地。

（3）牧草地（pasture/grazing land）。牧草地用于生长牲畜需要的牧草。根据《中国统计年鉴 2018》数据显示，2017 年全国有 2.19×10^{12} m² 牧草地。

（4）水产地（marine and inland water areas）。海洋覆盖了地球上约 3.62×10^{14} m² 的面积，但是可供人类使用的生态生产性水域面积并不大，海洋渔业捕获量的绝大部分来自沿大陆架的近海域。我国主张管辖的海域面积约 3×10^{12} m²，水深在 200 m 以内且适宜于渔业生产的大陆架面积为 2.27×10^{12} m²，内陆水域为 1.8×10^{11} m²（数据源于中华人民共和国自然资源部）。

（5）建筑用地（built-up land）。建筑用地包括各类人居设施、道路、工业设施等所占用的土地。根据《中国统计年鉴 2018》数据显示，2017 年全国有建筑用地 3.9×10^{11} m²。

（6）固碳地（carbon uptake land）。人类活动中所产生的大量 CO_2 和其他气体向大气排放，导致温室效应，要抵消这些气体的生态冲击就需要有足够面积的植物通过光合作用来吸收温室气体，这一需求对应的土地称为固碳地。由于化石能源消费是温室气体的最大产生源，所以也曾把这种土地称为化石能源地。生态足迹计算时一般是以森林的 CO_2 吸收能力为标准，计算吸收 CO_2 所需要的土地面积，所以固碳地一般视为林地。由于这类土地专门用于吸收温室气体，不以生产林产品为目的，故在生态足迹方法中将其独立列出。地球上具有 CO_2 吸收能力的天然森林面积迅速减少，而能源消费总量不断上升。因此，此类土地的供给量远远低于其需求量。

2）等量因子与产量系数

上述 6 类土地的生态生产力不同，需要将其面积转换为具有相同生态生产力的等量面积后，才能加和得到总量面积，用于这一转换的系数称为等量因子（equivalent factor），"相同生态生产力"定义为全球所有类型土地的平均生产力。第 $k(k=1, 2, \cdots, 6)$ 类土地的等量因子用 γ_k 表示。其含义是：研究对象的 1 hm²① 第 k 类土地在生态生产力上相当于具有全球平均生态生产力的土地的 γ_k hm²。具有全球平均生态生产力的 1 hm² 称为 1 全球公顷。

根据国际组织 GFN（global footprint network，GFN）的生态足迹计算方法，农耕地、林地和牧草地的等量因子是根据全球农业生态区划（global agro-ecological zones，GAEZ）模型中土地的适宜性指数计算的，适宜性指数基于土地的农作物（crop）生产潜力确定。计算中假定：一个国家的土地中，适宜性指数最高的土地用于农耕地，适宜性指数次高的土地用于林地，适宜性指数最低的土地用于牧草地。农耕地、林地或牧草地的等量因子等于该类土地的适宜性指数的全球平均值与所有类型土地的适宜性指数的全球平均值之比。

---

① 1 hm² = 10^4 m²。

对于国家或更大的研究对象，建筑用地的等量因子一般取农耕地的等量因子，固碳地的等量因子一般取林地的等量因子，水产地的等量因子是根据"1 全球公顷的水产地能够生产的鲑鱼的热量等于 1 全球公顷的牧草地生产的牛肉的热量"换算的。

半个世纪以来等量因子只发生了微弱变化，如表 6-1 所示。

表 6-1　不同时期各类型土地的等量因子 γ_k

土地类型	1961 年	1971 年	1981 年	1991 年	2001 年	2003 年	2007 年
农耕地	2.23	2.23	2.23	2.22	2.19	2.21	2.51
林地	1.31	1.32	1.32	1.32	1.38	1.34	1.26
牧草地	0.50	0.49	0.48	0.47	0.48	0.49	0.46
水产地	0.35	0.35	0.35	0.36	0.36	0.36	0.37

由于不同区域的资源状况不同，不仅农耕地、牧草地、林地、水产地等不同类型土地的生态生产力存在差异，而且同类型土地的生态生产力在不同区域间也存在差异。因此，为了在区域间具有可比性和可累加性，需要把研究对象的每类土地的面积换算为具有相应类土地全球平均生产力的等量面积，换算系数即为产量系数(yield factor)。某个区域第 k (k = 1，2，…，6)类土地的产量系数 λ_k 是该类土地在这个区域的平均生产力与同类土地的全球平均生产力之比。如果某类土地 k 只生产一种初级产品(林地和草地一般如此)，则产量系数的计算公式为：

$$\lambda_k = \frac{\overline{y_k}}{\overline{Y_k}} \tag{6-1}$$

式中：$\overline{y_k}$ 为研究对象的第 k 类土地的平均生产力；$\overline{Y_k}$ 为第 k 类土地的全球平均生产力。

如果某类土地 k 生产一种以上初级产品(如农耕地)，则产量系数的计算公式为：

$$\lambda_k = \frac{\sum_{i=1}^{K} \dfrac{P_i}{\overline{Y_{ki}}}}{\sum_{i=1}^{K} \dfrac{P_i}{\overline{y_{ki}}}} \tag{6-2}$$

式中：K 为第 k 类土地生产的初级产品种类数；P_i 为研究对象的第 k 类土地生产的第 i 种初级产品的年产量；$\overline{Y_{ki}}$ 和 $\overline{y_{ki}}$ 分别为全球和研究对象的第 k 类土地对于产品 i 的平均生产力。

对于国家或更大的研究对象，建筑用地的产量系数一般取农耕地的数值。固碳地的产量系数与林地相同。

对于某一给定区域，其第 k 类土地的实有物理面积乘以 λ_k 就变为具有该类土地全球平均生产力的面积，再乘以 y_k 就变为具有全球平均生产力的等量面积，即全球公顷。

6.1.3　矿山生态足迹

矿山生产对生态系统的各种冲击可以转化为具有同一量纲的综合压力——矿山生态足迹。根据上述矿山生产系统的物质代谢与生态冲击的特点，矿山生态足迹可分为直接占用足迹、能耗足迹、污染足迹、携带足迹四大部分。

1) 直接占用足迹

直接占用足迹就是把矿山生产对生态系统的直接生态冲击所造成的破坏，按破坏土地的基本类型，换算为生态足迹。直接破坏的土地单元包括：露天采场挖损、排土场或废石堆场占压、尾矿库挖损和占压、表土堆放场占压、塌陷区破坏、专用道路挖损和占压、选矿厂挖损和占压、办公区占压、专用设施及场地占压。这些直接挖损、占压的土地面积可以从设计方案、总图布置的图纸上直接量取。对于金属矿山，直接破坏的土地类型绝大多数为林地、草地和/或农耕地。该项足迹的计算公式为：

$$EF_{\mathrm{C}} = \sum_{k=1}^{3} \lambda_k \gamma_k \sum_{i=1}^{n} A_{ki} \tag{6-3}$$

式中：EF_{C} 为矿山直接生态足迹，hm^2；k 为土地类型，k 值为 1、2、3 时分别表示农耕地、林地、牧草地；i 为直接破坏的土地单元，即上述采场、排土场等；A_{ki} 为矿山直接破坏的第 i 个单元中属于第 k 类土地的面积，hm^2；λ_k 为第 k 类土地的产量系数；γ_k 为第 k 类土地的等量因子。

露天采场的占地面积可以根据开采境界方案直接量取。对于正在进行开采方案优化的新矿山，一般还没有对排土场和尾矿库进行具体设计，其占地面积可以用以下公式估算：

$$A_{\mathrm{w}} = \frac{Q_{\mathrm{w}} f_{\mathrm{w}}}{\rho_{\mathrm{w}} H_{\mathrm{w}}} s_{\mathrm{w}} \tag{6-4}$$

式中：A_{w} 为排土场占地面积，hm^2；Q_{w} 为排弃岩石总质量，万 t；ρ_{w} 为岩石原地容重，$\mathrm{t/m^3}$；H_{w} 为排土场预估高度，m；f_{w} 为岩石在排土场中的松散系数；s_{w} 为排土场形态系数，数值为 $1\sim3$（柱形取 1，锥形取 3）。

$$A_{\mathrm{t}} = \frac{Q_{\mathrm{t}}}{\rho_{\mathrm{t}} H_{\mathrm{t}}} s_{\mathrm{t}} \tag{6-5}$$

式中：A_{t} 为尾矿库占地面积，hm^2；Q_{t} 为尾矿总质量，万 t；ρ_{t} 为尾矿容重，$\mathrm{t/m^3}$；H_{t} 为尾矿库预估高度，m；s_{t} 为尾矿库形态系数，数值为 $1\sim3$（柱形取 1，锥形取 3）。

$$Q_{\mathrm{t}} = Q_{\mathrm{o}} \left(1 - \frac{g_{\mathrm{o}}}{g_{\mathrm{p}}} r_{\mathrm{p}} \right) \tag{6-6}$$

式中：Q_{o} 为入选矿石总质量，万 t；g_{o} 为平均入选品位；g_{p} 为平均精矿品位；r_{p} 为选矿金属回收率。

2) 能耗足迹

能耗足迹即能源消耗的生态足迹，是为吸收化石能源燃烧中排放的二氧化碳需要的固碳地的面积，一次化石能源消耗的生态足迹记为 EF_{E}，计算公式为：

$$EF_{\mathrm{E}} = \gamma_e \frac{\alpha}{Y_{\mathrm{C}}} \sum_{i=1}^{m} Q_i h_i \eta_i \tag{6-7}$$

式中：γ_e 为固碳地的等量因子，一般取林地的等量因子；α 为碳到二氧化碳的转换系数（3.6667）；Y_{C} 为具有全球平均生产力的森林对大气中 CO_2 的年吸收能力，根据相关文献，一般为 $5.2\ \mathrm{t/(hm^2 \cdot a)}$；$m$ 为消费的一次化石能源种类数；Q_i 为第 i 种一次化石能源年消耗量；h_i 为第 i 种一次化石能源的单位质量或体积的热值；η_i 为第 i 种一次化石能源的单位热值的碳排放量（即碳排放系数）。

根据有关研究，一些化石能源的热值和碳排放系数如表 6-2 所示。应用表 6-2 中数据计算时，必要时须对热值和碳排放系数的单位进行换算。

电力消耗的生态足迹，可以按照全国发电总量中以各类化石能源为燃料的发电量比例、单位发电量的平均化石能源消耗量，把电力消耗量换算为化石能源消耗量，然后按式（6-7）计算生态足迹。当前，我国的发电量中约 80% 为火力发电、16% 为水力发电、4% 为其他，因此可以依据全国火力发电量比例和电煤单耗，用煤的碳排放系数计算单位发电量的 CO_2 排放量，进而计算电力消耗的生态足迹。如果有单位发电量的 CO_2 排放量数据，电力消耗的生态足迹可直接用下式计算：

$$EF_e = \frac{\gamma_e}{Y_C} Q_e E_{CO_2} \tag{6-8}$$

式中：Q_e 为电力的年消耗量，$(GW \cdot h)/a$；E_{CO_2} 为单位发电量的 CO_2 排放量，$t/(GW \cdot h)$。

对于生产矿山，各种一次化石能源和电力的消耗数据可以直接从生产统计数据中获得；对于设计矿山，能耗量一般可参照类似条件下相同采矿方法的生产矿山的统计数据估算，也可通过各工艺过程的设备耗能指标和生产能力计算耗能量。能耗足迹的占地类型为固碳地。

表 6-2　化石能源的热值和碳排放系数

能源名称	平均低位发热量	折标准煤系数	单位热值含碳量 /(t C · TJ^{-1})	碳氧化率	二氧化碳排放系数
原煤	20908 kJ/kg	0.7143 kgce/kg	26.37	0.94	1.9003 kg CO_2/kg
焦炭	28435 kJ/kg	0.9714 kgce/kg	29.5	0.93	2.8604 kg CO_2/kg
原油	41816 kJ/kg	1.4286 kgce/kg	20.1	0.98	3.0202 kg CO_2/kg
燃料油	41816 kJ/kg	1.4286 kgce/kg	21.1	0.98	3.1705 kg CO_2/kg
汽油	43070 kJ/kg	1.4714 kgce/kg	18.9	0.98	2.9251 kg CO_2/kg
煤油	43070 kJ/kg	1.4714 kgce/kg	19.5	0.98	3.0179 kg CO_2/kg
柴油	42652 kJ/kg	1.4571 kgce/kg	20.2	0.98	3.0959 kg CO_2/kg
液化石油气	50179 kJ/kg	1.7143 kgce/kg	17.2	0.98	3.1013 kg CO_2/kg
炼厂干气	46055 kJ/kg	1.5714 kgce/kg	18.2	0.98	3.0119 kg CO_2/kg
油田天然气	38931 kJ/m^3	1.3300 kgce/m^3	15.3	0.99	2.1622 kg CO_2/m^3

说明：1. 低（位）发热量等于 29307 kJ 的燃料，称为 1 千克标准煤（1 kgce）。

2. 表中前两列来源于《综合能耗计算通则》（GB/T 2589—2008）。

3. 表中后两列来源于《省级温室气体清单编制指南》（发改办气候〔2011〕1041 号）。

4. "二氧化碳排放系数"计算方法：以"原煤"为例，$1.9003 \approx 20908 \times 0.000000001 \times 26.37 \times 0.94 \times 1000 \times 3.66667$。

3）污染足迹

大气污染物除上述 CO_2 外，主要有 SO_2、NO_x 和粉尘。要使空气质量不下降，即空气中这些污染物的浓度不升高，就得有足够的树木吸收排放的污染物。因此，大气污染物排放的生态足迹等于吸收所排放的污染物需要的林地面积，其土地性质和功能与固碳地类似，可归入固碳地。

SO_2、NO_x 和粉尘排放的生态足迹分别记为 EF_S、EF_N 和 EF_D，如果有其排放量数据，可直接用以下公式计算：

$$EF_S = \gamma_e \frac{S}{Y_S} \tag{6-9}$$

$$EF_N = \gamma_e \frac{N}{Y_N} \tag{6-10}$$

$$EF_D = \gamma_e \frac{D}{Y_D} \tag{6-11}$$

式中：S 为 SO_2 的年排放量，t/a；N 为 NO_x 的年排放量，t/a；D 为粉尘的年排放量，t/a；Y_S、Y_N、Y_D 为具有全球平均生产力的森林分别对大气中 SO_2 的年吸收能力、对 NO_x 的年吸收能力和对粉尘的年滞尘能力，$t/(hm^2 \cdot a)$；γ_e 为固碳林地的等量因子。

矿山生产中 SO_2 和 NO_x 的排放主要来自矿山运输系统和交通车辆。其排放量很难有直接的统计数据，更实用的方法是根据车辆运输里程估算，车辆分为轻型车和重型车。计算公式为：

$$EF_{TS} = \frac{\gamma_e}{Y_S} \sum_{i=1}^{J} L_i \zeta_i \tag{6-12}$$

$$EF_{TN} = \frac{\gamma_e}{Y_N} \sum_{i=1}^{J} L_i \rho_i \tag{6-13}$$

式中：EF_{TS} 为交通运输中 SO_2 排放的生态足迹，hm^2；EF_{TN} 为交通运输中 NO_x 排放的生态足迹，hm^2；J 为交通车辆分类数；L_i 为第 i 类交通车辆的年行驶总里程，$10^6 \, km/a$；ζ_i 为第 i 类交通车辆的 SO_2 排放系数，g/km；ρ_i 为第 i 类交通车辆的 NO_x 排放系数，g/km；其他符号同前。

一些研究得出了不同类型车辆的 SO_2 和 NO_x 排放系数。大气污染的生态足迹的土地类型为固碳地。

水和土壤污染物排放的生态足迹还没有合适的计算方法。一种思路是将污染物排放量换算为使当地水体或土壤的相应污染物含量升高一个标准等级，或换算为使之超标的水体或土壤面积。这种换算需要知道相应污染物在当地水体和土壤中的背景值、水体的深度、污染物在土壤剖面的分布特征、相关国家标准等，其估算比较困难。更直接的估计方法是收集、测算类似矿山的水体和土壤的污染面积。水污染足迹的占地类型为水产地；土壤污染足迹的土地类型可视为林地，因为金属矿山大都地处山区，其植被多为林地。

4) 携带足迹

携带足迹是矿山生产中消耗的辅助材料（钢材、水泥、木材等）和设备在其生产过程中的各种消耗和排放的足迹。例如，对于矿山消耗的钢材，其携带足迹应包括铁矿石开采与加工、钢铁冶炼、钢材加工等各个工序中的直接土地占用、能耗、废弃物排放等的生态足迹。这类足迹虽然发生在矿山以外，但确实是由矿山生产引起的生态压力，是由矿山所消耗材料或设备"携带而来"，故称之为携带足迹。携带足迹的计算需要从辅助材料和产品一直追踪到原料开采，需要大量的相关数据。

从理论上讲，应计算矿山生产的每一项土地占压和破坏、能耗、材料和设备消耗以及各种废弃物排放的生态足迹，以全面揭示矿山生产的生态压力。但在实际计算中往往受到相关数据的可获得性的限制，一些足迹项目无法计算。有关研究表明，土地直接占用足迹和能耗足迹是矿山生态压力的主导部分，而且其计算所需要的数据易于获得，所以一般只计算这两部分足迹。

为了比较不同矿山或开采方案的生态压力，一般把矿山生产的各项生态足迹换算为生产单位产品量的生态足迹。对于没有选矿厂的矿山，产品为原矿，生态足迹不包含选矿流程的生态足迹；对于有选矿厂的矿山，产品为精矿，生态足迹应包含选矿流程的生态足迹。为了消除矿石品位的影响，也可把生态足迹换算为单位金属含量的生态足迹。当在不同矿山间进行比较时，应注意将参与比较的矿山的生态足迹都计算到同一产品(原矿或精矿)上。

在不同矿山间(尤其是不同区域的矿山间)进行生态压力比较时，各项生态足迹应根据其占用的土地类型，正确应用等量因子和产量系数换算为全球公顷，以便使计算结果具有可比性。上述模型中已经把生态足迹的单位换算为全球公顷。

如果计算生态足迹的目的是为了把它作为生态成本的估算依据，此时就不一定需要把计算结果换算为全球公顷。不进行换算时(相当于计算公式中的产量系数和等量因子全为1)，生态足迹中各类土地都具有当地生产能力，即土地直接占用足迹是占压和破坏的当地土地的实际面积，能耗足迹与空气污染物足迹是吸收 CO_2 等废气需要的当地林地面积(计算公式中采用本地林木的 CO_2 吸收能力)。这样，生态足迹中各类土地具有当地的价值和复垦条件，更便于生态成本的估算。

6.2　矿山生产的生态成本

6.2.1　矿区生态系统及其生态功能

简言之，矿产开采的生态成本的主体是对遭到破坏的生态系统的功能损失的经济度量。因此，必须首先确定生态系统的分类以及不同生态系统的生态功能。

1)矿区生态系统分类

我国的金属矿山一般地处山区(包括丘陵)，按照我国生态学界对此类地区生态系统的分类，分为森林生态系统、草地生态系统和农耕生态系统三个大类。这三类生态系统恰好与生态足迹对生态生产性土地分类中的林地、牧草地和农耕地相对应。

森林生态系统又细分为 10 个亚类：寒温带落叶松林，温带常绿针叶林，温带亚热带落叶阔叶林，温带落叶小叶疏林，亚热带常绿落叶阔叶混交林，亚热带常绿阔叶林，亚热带、热带常绿针叶林，亚热带竹林，热带雨林、季雨林，红树林。不同类型的森林生态系统具有不同的生物生产能力(称为"年净初级生产力"，NPP)，因此具有不同的经济价值和生态价值。

草地生态系统又细分为 18 个亚类：温性草甸草原、温性草原、温性荒漠草原、温性草原化荒漠、温性荒漠、高寒草甸、高寒草甸草原、高寒草原、高寒荒漠草原、高寒荒漠、暖性灌草丛、暖性草丛、热性草丛、热性灌草丛、干热稀树灌草丛、山地草甸、低地草甸、沼泽，外加未划分的零星草地。不同类型的草地的经济价值和生态价值不同。

农耕地是一种特殊的人工生态系统，一般分为旱田和水田两大亚类。不同自然条件的农耕地适合于种植的农作物不同，产量不同，农产品的市场价格不同，具有不同的经济价值和生态价值。

2)不同生态系统的生态功能

由于生态系统功能的复杂性，到目前为止，人类对各类生态系统的客观功能尚未有一个全面的认识。然而，可以肯定的是，生态系统各种功能的正常运行对人类的生存和福祉至关重要。根据国内外生态学界的研究，从为人类提供各种生态服务的角度出发，人类已经认识到不同生态系统的主要生态功能可归纳为以下几个方面。

森林生态系统的主要生态功能：木材生产、涵养水源、防风固沙、净化环境、气候调节、光合固碳、释放氧气、土壤保持、养分循环、维持生物多样性、景观、旅游、文化等。

草地生态系统的主要生态功能：草料生产（畜牧生产）、光合固碳、释氧、气候调节、涵养水源、侵蚀控制和沉积物保存、土壤形成、营养循环、废物处理、空气污染物吸收和滞尘、授粉、维持生物多样性等。

农耕生态系统的主要生态功能：首先，为人类提供生活必需的粮食和基于粮食的其他生物质。其次，提供一种新的生物生存环境，形成耕地生态系统特有的生物种群结构和食物链。耕地与林地或草地生态系统相比有一个明显的区别，即人类通过耕作不断作用于这一系统。就植被（包括根系）的生态功能而言，耕地与林地和草地生态系统是类似的，具有固定 CO_2、释放 O_2、土壤蓄水、减少土壤流失量、养分循环等功能。但人的不断干预对这一系统的生态功能也有负面影响。一方面，为了生产粮食而对草地或林地的开垦会降低生态系统的外部服务能力，例如把森林开垦为耕地会引起大量的碳重新回到大气，并增加土壤侵蚀和养分流失；另一方面，开垦草地也会使草地中存储的大量的碳释放到大气，并引起 N_2O 的显著增加，使土壤对 CH_4 的吸收量减半。

6.2.2　矿山生态成本的构成

概括地讲，矿山生产的生态成本包括：矿山生产对生态系统的破坏和损害所造成的生态功能的价值损失，以及矿山企业为恢复生态功能而支出的各种费用。对生态功能的价值损失的计量，首先需要找到对生态系统的性质的表征和对生态功能损失的计量基础。这里，以生态足迹中对生态生产性土地的分类作为对生态系统的性质的表征，以生态足迹指标中各类土地的需求面积（即对应于各土地类型的足迹分量）作为生态系统的功能损失的计量。为了体现不同类型土地的当地经济价值和生态价值，各类土地的面积均为生态足迹中同类土地的当地面积，即不换算为全球公顷。

本着界限清晰和易于计算的原则，把某类土地的生态成本划分为：直接生态价值损失、复垦成本、环境治理成本、外部生态价值损失、能耗生态成本五大部分。

直接生态价值损失：对于以生物质生产为目的的土地，其直接生态价值是能够提供的生物产品（粮食、肉类、奶类、林产品等）在特定市场条件下的价值。除市场价格外，这一经济价值取决于土地的生物质生产力（生态系统的主要功能之一）。矿山对土地的直接占压和挖损造成土地直接经济价值的损失，因此把它纳入生态成本是完全合理与必要的。地价是土地能够在未来为拥有者或使用者带来的直接经济价值在当时当地市场条件下的一种体现。

复垦成本：复垦成本是把矿山生产所破坏的土地恢复到破坏前或期望的生态状态需要的费用。由于这部分费用是为恢复或重建生态功能的支出，故它自然是生态成本的组成部分。

环境治理成本：环境治理成本是矿山生产过程中复垦以外的与环境治理有关的费用，环境治理的目的是防止对生态系统造成污染和对人体健康造成损害，因此也是生态成本的一部分。环境治理成本主要是污染治理、检测、监测等的费用。

外部生态价值损失：外部生态价值是指土地可提供的除了带来直接生态价值的生态服务

之外的其他生态服务的价值，这些生态服务没有直接进入经济系统或矿山企业的财务核算体系，故称为"外部生态价值"。不同类型土地的生态服务功能不同，其外部生态价值也不同。土地及其上的植被被破坏后，可以认为生态系统失去了提供生态服务的功能，也就失去了这部分价值，所以它是生态成本的重要组成部分。

能耗生态成本：矿山生产中化石能源的消耗会向大气排放以 CO_2 为主的气体，导致温室效应和大气污染，要抵消这些气体的生态冲击就需要有足够面积的植物通过光合作用来吸收温室气体，这一需求对应的土地在生态足迹中称为"固碳地"或"化石能源地"。能耗的固碳地面积用吸收废气排放需要的林地面积表示。矿山生产中并没有直接破坏此类土地，固碳地是生态压力中的间接土地需求。因此，固碳地的生态成本是从生态补偿的角度，而不是从生态价值损失的角度考虑的。

6.2.3 直接生态价值损失

根据所述定义，直接生态价值是给定的生态系统能够提供的生物产品（粮食、肉类、奶类、林产品等）在特定市场条件下的价值，可用收益法计算。对于任意一个土地破坏单元（独立计价的地块），其价值等于净收益的资本化：

$$z = \frac{V - C}{r} \tag{6-14}$$

式中：z 为直接生态价值，元/hm^2；V 为单位面积的年总收益，元/（$hm^2 \cdot a$）；C 为单位面积的年总费用，元/（$hm^2 \cdot a$）；r 为还原年利率。

年总收益和总费用可以通过实地调查获得，也可根据土地产品和副产品的生产能力、价格及其生产成本计算。

对于森林生态系统、草地生态系统和农耕生态系统所对应的林地、草地和农耕地，土地价格是被占用土地的直接生态价值的一种综合体现，因此，用土地价格度量这三类生态系统的直接生态价值是合理的。不同地区、不同类型的土地的价格不同，在同一地区，同一类型、不同植物种类（如不同林种的林地、不同作物的农耕地）或不同生态条件下，土地的价格也不同。可视具体情况，根据当地同类土地和类似生态条件的土地价格、与土地所有权（或使用权）人的协商价格、政府的征地补偿费指导价格等来确定。

6.2.4 复垦成本

复垦成本是指把矿山生产所破坏的各类土地，按复垦方案中确定的复垦方向，恢复到具有破坏前或期望的生态生产力所需要的费用，包括复垦工程结束后一个时期的养护费用。

矿山某一年的复垦成本按照复垦作业单元及其复垦和养护的单位成本计算：

$$C_{rt} = \sum_{i=1}^{m} a_i c_{ri} \tag{6-15}$$

式中：C_{rt} 为计算年 t 的复垦和养护总成本，元；m 为该年复垦的复垦单元数；a_i 为复垦单元 i 的面积，hm^2；c_{ri} 为该年花费在复垦单元 i 上与复垦或养护相关的单位面积的费用，元/hm^2。

各年的复垦单元及其面积可从《矿山复垦方案》查得，单位面积费用可根据方案中的复垦概算数据计算。

6.2.5 环境治理成本

矿山生产中发生的环境治理成本主要是污染治理(如水处理)和检测、监测(如水质检测、尾矿坝变形监测等)费用。复垦过程中为达到复垦目的进行的污染物治理的费用可归到复垦成本中。

对于生产矿山,该项成本可从企业的财务账目中查得,对新建矿山可参照类似矿山的相应成本估算。某年 t 的环境治理总成本记为 C_{vt}。

6.2.6 外部生态价值损失成本

根据前述定义,外部生态价值损失是由于土地及其上的植被被破坏后,土地可提供除了带来直接生态价值的生态服务之外的其他生态服务的价值。

人类活动对生态系统服务功能的影响机制、在不同干扰方式与干扰程度下生态系统的结构与生态过程的变化、生态系统服务功能对干扰的响应特征、生态系统在不同的空间单元具有的不同生态功能、生态调节功能与空间单元的自然环境条件和生态系统结构过程之间的关系等,尚不明了。生态服务功能评价中的评价方法和相关参数的测定是一个需要长期研究的重要课题。

由于生态系统功能的上述复杂性以及人们对生态资产在价值认识上的局限性和不统一,从不同的视角建立的模型及其估算结果会存在较大的差异。而且,量化生态价值目前在很大程度上还受到相关数据的可获得性的限制。本研究综合并借鉴相关研究成果中较合理和实用的方法,建立估算外部生态价值的数学模型。所列数据是直接引用有关文献中数据或根据文献中的数据整理所得。

另外,下面对外部生态价值的估算中所考虑的生态功能没有包括许多人类已经认识到的但不易量化的功能(如景观、旅游、文化等),更没有涵盖人类尚未意识到的功能。在这一意义上,这里的方法和模型估算的结果可能在一定程度上低估了其实际价值。

1)林地的外部生态价值

林地的外部生态价值是指林地可提供的除了生产具有直接经济价值的林产品及林副产品的生态服务之外的其他生态服务的价值。根据人类到目前为止对森林系统的生态服务功能的了解,其外部生态价值主要体现在涵养水源、防风固沙、净化环境、气候调节、光合固碳、释放氧气、土壤保持、养分循环、维持生物多样性等。表6-3~表6-10中的数据是根据赵同谦等的数据整理而得。

在矿山生态成本计算中,参与该项价值计算的林地是矿山生产直接占压、挖损、塌陷的林地以及土壤被污染的林地,即矿山生态足迹构成中的直接林地足迹,不包括固碳地。

(1)固碳价值。森林通过光合和呼吸作用与大气进行 CO_2 和 O_2 交换,固定大气中的 CO_2,释放 O_2。森林的年固碳价值可用下式估算:

$$V_{fC} = \sum_{i=1}^{F} \frac{A_{fi} Q_{fi} \phi_{CO_2}}{\alpha} c_C \tag{6-16}$$

式中:V_{fC} 为林地的年固碳价值,元;F 为占用的林地的林种数;A_{fi} 为占用的第 i 林种的林地面积,hm^2;Q_{fi} 为第 i 林种的净初级生产力(net primary productivity, NPP),$t/(hm^2 \cdot a)$;ϕ_{CO_2}

为 CO_2 固定系数，即单位净初级生产量能够固定的 CO_2 量，根据光合作用反应式，$\phi_{CO_2}=1.62$；α 为碳到二氧化碳的转换系数，3.6667；c_C 为碳成本，即固定每吨碳的成本，元/t。

我国主要类型森林生态系统的年净初级生产力总量如表 6-3 所示，据此可计算出所列森林类型的 NPP（公式 6-16 中的 Q_{fi}）。关于碳成本，有的研究者取固定每吨碳的造林成本（如在赵同谦等的森林固碳价值计算中取 260.90 元/t C），有的取碳税；Fankhauger 和 Pearce（1994）研究了温室气体释放的社会成本，也可作为碳成本的取值依据。

表 6-3　我国主要类型森林生态系统的年净初级生产力总量

森林类型	寒温带落叶松林	温带常绿针叶林	温带、亚热带落叶阔叶林	温带落叶小叶疏林	亚热带常绿落叶阔叶混交林
面积 /(10^8 hm²)	0.125	0.043	0.295	0.117	0.238
净生产量 /(10^8t·a⁻¹)	1.04	0.318	1.691	0.901	0.884
森林类型	亚热带常绿阔叶林	亚热带、热带常绿针叶林	亚热带竹林	热带雨林、季雨林	红树林
面积 /(10^8 hm²)	0.108	0.537	0.009	0.09	0.001
净生产量 /(10^8t·a⁻¹)	1.865	5.309	0.255	1.765	0.026

需要指出的是，林木枝叶在腐烂过程中会释放 CO_2、CH_4 等温室气体，其释放量难以估计。但在总体上能使林地发挥不可替代的碳汇和减缓温室效应的作用。

（2）释氧价值。森林的释氧价值的估算与固碳价值类似，以净初级生产力及其释氧系数计算释氧量，再用氧气成本计算价值。估算式为：

$$V_{fO_2} = \sum_{i=1}^{F} A_{fi} Q_{fi} \phi_{O_2} c_{O_2} \qquad (6-17)$$

式中：V_{fO_2} 为林地的年释氧价值，元/a；ϕ_{O_2} 为释氧系数，即单位净初级生产量能够释放的 O_2 量，根据光合作用反应式，$\phi_{O_2}=1.20$；c_{O_2} 为氧气成本，元/t，可以取氧气的工业成本（如在赵同谦等的森林释氧价值计算中取 400 元/t O_2）；其他符号同式（6-16）。

（3）涵养水源价值。用森林生态系统的蓄水效应来衡量其涵养水分的功能，其价值用其降水贮存量的价值估算：

$$V_{fH_2O} = \sum_{i=1}^{F} 10 A_{fi} JKR_{fi} c_{H_2O} \qquad (6-18)$$

式中：V_{fH_2O} 为林地的涵养水源价值，元/a；J 为计算区多年平均降雨量，mm；K 为计算区产流降雨量占降雨总量的比例（根据赵同谦等的研究成果，北方约 0.4、南方约 0.6）；R_{fi} 为第 i 林种的林地与裸地（或皆伐迹地）比较，减少径流的系数（见表 6-4）；c_{H_2O} 为水源单价，元/m³，可采用替代工程法估价，如取水库蓄水成本。

表 6-4 我国主要类型森林生态系统的径流减少系数

森林类型	寒温带 落叶松林	温带常绿 针叶林	温带、亚热带 落叶阔叶林	温带落叶 小叶疏林	亚热带常绿 落叶阔叶混交林
径流减少系数 R_f	0.21	0.24	0.28	0.16	0.34
森林类型	亚热带常 绿阔叶林	亚热带、热带 常绿针叶林	亚热带竹林	热带雨林、 季雨林	—
径流减少系数 R_f	0.39	0.36	0.22	0.55	—

（4）土壤保持价值。我国自然因素土壤侵蚀类型主要包括水力侵蚀、风力侵蚀、冻融侵蚀和重力侵蚀，其中水力侵蚀和风力侵蚀所占比例最大。森林生态系统的土壤保持功能主要体现在抵御风力和水力侵蚀。因此，林地的土壤保持量可取其抵御风力与水力侵蚀的土壤保持量之和。林地抵御风力（水力）侵蚀的土壤保持量等于潜在的风力（水力）土壤侵蚀量与林地的现实风力（水力）土壤侵蚀量之差。潜在的土壤侵蚀量取土壤侵蚀等级分类中的相应强度等级对应的风蚀模数和水蚀模数，现实土壤侵蚀量可参照全国土壤侵蚀普查数据。根据赵同谦等的研究成果，整理得出我国主要类型森林生态系统的土壤保持能力（单位面积土壤保持量）如表 6-5 所示。

表 6-5 我国主要类型森林生态系统的土壤保持能力　　　　　单位：t/(hm²·a)

森林类型	寒温带 落叶松林	温带常 绿针叶林	温带、亚热带 落叶阔叶林	亚热带常绿 落叶阔叶混交林
抵御水蚀土壤保持能力	25.021	51.982	56.158	61.226
抵御风蚀土壤保持能力	0.127	7.186	5.257	0.013
土壤保持能力合计 S_f	25.147	59.168	61.415	61.238
森林类型	亚热带常 绿阔叶林	亚热带、热 带常绿针叶林	亚热带竹林	热带雨林、 季雨林
抵御水蚀土壤保持能力	76.594	61.221	73.913	66.480
抵御风蚀土壤保持能力	0.284	0.191	0.000	0.035
土壤保持能力合计 S_f	76.879	61.412	73.913	66.514

土壤保持的经济价值可用机会成本法，即因控制土壤侵蚀而减少土地废弃所产生的经济效益，如把土壤保持量换算为农田面积，再根据农田收益计算其价值。因此，林地的土壤保持价值可用下式估算：

$$V_{fSOIL} = \sum_{i=1}^{F} \frac{A_{fi} S_{fi}}{10000 \rho h} v \qquad (6-19)$$

式中：V_{fSOIL} 为林地的土壤保持价值，元/a；S_{fi} 为占用的第 i 林种的土壤保持能力，t/(hm²·a)；

ρ 为土壤容重，t/m^3，农田的土壤容重一般为 $1.1 \sim 1.4$；h 为与机会成本计算中虚拟土地用途对应的土壤厚度，m，农田的土壤厚度一般取 $0.5\ m$；v 为假设把保持的土壤转换为某种用地（如农田）的年收益，元$/hm^2$。

土壤保持的价值还体现在减少泥沙在河流、湖泊、水库等地表水体的淤积，以及随土壤侵蚀而流失的养分。前者的价值可通过估算减少的泥沙淤积量、水库的蓄水成本或清淤成本来量化；后者可通过估算减少的主要养分（N、P、K）的流失量和化肥价格来量化。

（5）SO_2 净化价值。森林净化 SO_2 的价值可根据净化量和 SO_2 处理成本估算：

$$V_{fSO_2} = \sum_{i=1}^{F} A_{fi} Y_{SO_2i} c_{SO_2} \tag{6-20}$$

式中：V_{fSO_2} 为林地的 SO_2 净化价值，元$/a$；Y_{SO_2i} 为占用的第 i 林种的 SO_2 吸收能力，$t/(hm^2 \cdot a)$；c_{SO_2} 为 SO_2 的处理成本，元$/t$。

据测定，阔叶林的 SO_2 吸收能力为 $0.08865\ t/(hm^2 \cdot a)$；柏类林为 $0.4116\ t/(hm^2 \cdot a)$，杉类林和松林为 $0.1176\ t/(hm^2 \cdot a)$，针叶林（柏、杉、松）平均为 $0.2156\ t/(hm^2 \cdot a)$。在赵同谦等的计算中，处理 SO_2 的成本取 600 元$/t$。

（6）NO_x 净化价值。NO_x 是温室效应很强的大气污染物，研究表明，NO_x 的温室效应潜能值（global warming potential，GWP）为 296，即 1 t NO_x 的温室效应潜力是 CO_2 的 296 倍。森林具有一定的 NO_x 净化能力。由于缺乏处理 NO_x 的成本或其他关于净化 NO_x 的数据，这里用森林净化的 NO_x 价值相当于吸收同等温室效应的 CO_2 的价值估算：

$$V_{fNO_x} = \sum_{i=1}^{F} \frac{A_{fi} Y_{NO_{xi}} \chi_{CN}}{\alpha} c_C \tag{6-21}$$

式中：V_{fNO_x} 为林地的 NO_x 净化价值，元$/a$；$Y_{NO_{xi}}$ 为占用的第 i 林种的 NO_x 吸收能力，$t/(hm^2 \cdot a)$；χ_{CN} 为 NO_x 的温室效应潜能，296；α 为碳到二氧化碳的转换系数，3.6667；c_C 为碳成本，元$/t$。

（7）滞尘价值。森林滞尘价值与上述 SO_2 净化价值的估算类似，估算公式为：

$$V_{fD} = \sum_{i=1}^{F} A_{fi} Y_{Di} c_D \tag{6-22}$$

式中：V_{fD} 为林地的滞尘价值，元$/a$；Y_{Di} 为占用的第 i 林种的滞尘能力，$t/(hm^2 \cdot a)$；c_D 为除尘成本，元$/t$。

有关研究表明，松林的滞尘能力为 36 $t/(hm^2 \cdot a)$，杉林的滞尘能力为 30 $t/(hm^2 \cdot a)$，栎类林的滞尘能力为 67.5 $t/(hm^2 \cdot a)$；一般，针叶林的滞尘能力为 33.2 $t/(hm^2 \cdot a)$，阔叶林的滞尘能力为 10.11 $t/(hm^2 \cdot a)$。在赵同谦等的计算中，除尘成本取 170 元$/t$。

（8）养分循环价值。森林的养分循环价值可依据其参与循环的营养元素量及其价格估算。根据森林养分循环功能的服务机制，可以认为构成森林净初级生产力的营养元素量即为参与循环的养分量。氮、磷、钾是森林植物体含量较高的营养元素，所以只估算这三种营养元素量，其价值可用化肥价格计算。据此，林地的养分循环价值的估算式为：

$$V_{fNPK} = \sum_{i=1}^{F} A_{fi} Q_{fi} (k_{Ni} p_N + k_{Pi} \beta p_P + k_{Ki} p_K) \tag{6-23}$$

式中：V_{fNPK} 为林地的养分循环价值，元$/a$；Q_{fi} 为第 i 林种的净初生产力（NPP），$t/(hm^2 \cdot a)$；k_{Ni}、k_{Pi}、k_{Ki} 分别为第 i 林种净初生产量中的氮、磷、钾元素含量比例（见表 6-6）；β 为 P 到

P_2O_5 的转换系数，2.2903；p_N、p_P、p_K 分别为氮肥、磷肥（P_2O_5）、钾肥的价格，元/t。

我国主要类型森林生态系统的年净初级生产力总量见表 6-3，氮、磷、钾元素含量比例见表 6-6。

表 6-6　我国主要类型森林生态系统植物体的氮、磷、钾元素含量比例

森林类型	寒温带落叶松林	温带常绿针叶林	温带、亚热带落叶阔叶林	亚热带常绿落叶阔叶混交林	亚热带常绿阔叶林
N 含量/%	0.400	0.330	0.531	0.456	0.826
P 含量/%	0.085	0.036	0.042	0.032	0.035
K 含量/%	0.227	0.231	0.201	0.221	0.633
森林类型	亚热带、热带常绿针叶林	亚热带竹林	热带雨林、季雨林	红树林	—
N 含量/%	0.420	0.651	1.020	0.750	—
P 含量/%	0.075	0.079	0.108	0.450	—
K 含量/%	0.213	0.550	0.538	0.410	—

注：此处含量为质量分数。

（9）维持生物多样性价值。森林维持生物多样性的价值，记为 V_{fWL}，由使用价值和非使用价值两部分构成。前者包括直接使用价值和间接使用价值；后者包括选择价值、遗产价值和存在价值等。非使用价值很难量化，且随着眼点不同，其估算方法也不同。这里介绍两种估算生物多样性价值的思路。

一种是以森林的机会成本、政府为维持生物多样性的投入、公众支付意愿之和作为森林生态系统维持生物多样性功能的价值的估计。

机会成本是森林生态系统因维持生物多样性而丧失的林业开发的机会成本，可按林业用地的产值计算；政府为维持生物多样性的投入可按政府对森林自然保护区的投入计算；公众支付意愿可以通过调查获得，根据《中国生物多样性国情研究报告》中的调查，全民每人每年捐赠支付金额为 10 元。

另一种思路是用野生动物的个体司法价格作为其价值，称为"司法价格法"。

该方法只考虑国家重点保护野生动物和国家保护的有益野生动物两大类，前者包括列入《国家重点保护野生动物名录》和《濒危野生动植物种国际贸易公约》（简称 CITES）附录 I、附录 II 的种类，后者指列入《国家保护的有益的或者有重要经济、科学研究价值的陆生野生动物名录》的种类。

对于国家重点保护野生动物，野生动物的个体司法价格为：

$$v_{fWL} = c_{WL} \chi_p \chi_1 \chi_m \qquad (6-24)$$

式中：v_{fWL} 为某种野生动物个体的经济价值，元/个；c_{WL} 为该种野生动物的资源保护管理费，可按《陆生野生动物资源保护管理费收费办法》的通知中的《捕捉、猎捕国家重点保护野生动物资源保护管理费收费标准》确定，元/个；χ_p 为该种野生动物的违法处罚系数，可取《中华人民共和国陆生野生动物保护实施条例》中规定的猎物价值的最高倍数；χ_1 为该种野生动物

的司法价值系数，可依据《关于在野生动物案件中如何确定国家重点保护野生动物及其产品价值标准的通知》的有关标准确定，是 c_{WL} 的倍数；χ_m 为该种野生动物的季节性迁移系数，根据野生动物季节迁徙特征分为四季定居型、繁殖迁移型、非繁殖迁移型、旅游或迷途型，其季节性迁移系数分别为 2、1、0.5 和 0.25。

对于国家保护的有益野生动物，式（6-24）中的 c_{WL} 为该种野生动物的市场价格，若某种野生动物没有市场价格，则参照相近分类阶层的野生动物的市场价格；违法处罚系数 χ_p 比国家重点保护野生动物低一些，如国家重点保护野生动物取 10，国家保护的有益野生动物可取 6.5；司法价值系数 χ_l 为 1。

可见，用司法价格法计算林地的维持生物多样性价值 V_{WL} 需要知道研究区域的野生动物种类及其数量。

人类已经认识到保护生物多样性的重要性，而且为此正在付出巨大的努力。但对生物多样性在人类整个生存环境中所扮演的角色价值究竟体现在哪些具体方面，还远远没有比较全面和清晰的认识。可以肯定，依据上述思路估计的维持生物多样性的价值在很大程度上低于其实际价值。

（10）外部生态总价值。综合以上各项，得出矿山直接占用林地的年外部生态总价值 V_{fEE} 为：

$$V_{fEE} = V_{fC} + V_{fO_2} + V_{fH_2O} + V_{fSOIL} + V_{fSO_2} + V_{fNO_x} + V_{fD} + V_{fNPK} + V_{fWL} \qquad (6-25)$$

需要说明的是，面积为 A_{fi} 的林地一旦被破坏，从破坏到其生态功能完全恢复的时间段里，其每年都会损失以上所估算的外部生态价值。在矿山，一些土地被占压和挖损的面积是随着生产的进行逐步扩大的，如排土场、尾矿库和露天采场等。如果有详细的采剥（采掘）计划，则可以较准确地统计或计算每一年的新增面积。为简化计算，可以假设设计方案中需要破坏的土地是在矿山达产时就发生的，在上述外部生态价值计算中某种土地的面积 A_{fi} 是矿山设计方案测得的该种土地的总面积。这样做虽高估了矿山生产前期年份的土地破坏面积，但因为在上述估算中，许多生态功能价值，如景观价值、动植物的存在价值、人类尚未理解的生态功能价值等没有被计算在内，外部生态价值计算中取每种土地的设计破坏总面积有其合理性。

2）草地的外部生态价值

草地的外部生态价值是草地可提供的除了生产具有直接经济价值的牧草（及其支撑的畜牧产品）的生态服务之外的其他生态服务的价值。根据人类目前为止对草地系统的生态服务功能的了解，其外部生态价值主要体现在固碳、释氧、涵养水源、土壤保持、营养循环、空气净化、废弃物降解及养分归还、维持生物多样性等方面。

一个矿山地处草原，其面积也不太可能跨越不同亚类的草地，所以在计算中假设所占用的是某一亚类草地。

（1）固碳价值。草地生态系统的碳素平衡是一个动态过程。在每年的 10 月到次年的 4 月，植物处于枯死阶段，草地生态系统在碳素循环中只起到碳源的作用；在 5—9 月生长季内，由于光合作用固定二氧化碳，使草地主要表现为碳汇作用。在总体上就年变化的总体结果而言，草地具有汇碳功能。

草地生态系统中的碳蓄积主要分布在土壤碳库中，其次是在草地的植物群落中，这是草地生态系统与森林生态系统的一个不同之处。草地一旦受到破坏，草地中存储的大量的碳将重新回到大气中。

因此，这里的固碳量只估算土壤的碳积累量，估算思路是根据土壤单位质量的有机质含量来计算土壤的有机质总量，再根据有机质的含碳比例，算出碳积累总量。单位固碳价值取碳成本。土壤的碳积累不是一年的固碳增量，而是积累的总量，所以其价值相当于现值。可以根据折现率和从破坏到复垦恢复其生态功能的时间跨度，计算等价的年价值。

基于以上讨论，草地的总固碳价值为：

$$V_{gC} = \chi_C (10000 A_g h \rho \varphi_0) c_C \qquad (6-26)$$

式中：V_{gC} 为草地的年固碳价值，元/a；χ_C 为有机质的含碳比例，取 0.58；A_g 为占用的草地面积，hm^2；h 为草地的平均土壤深度，m；ρ 为草地的平均土壤容重，t/m^3；φ_0 为土壤单位质量的有机质含量比例，可以通过测定或参照土壤调查的有机质分布资料确定；c_C 为碳成本，元/t。

（2）释氧价值。草地通过光合作用和呼吸作用与大气进行 CO_2 和 O_2 的交换，释放 O_2。草地的年释氧价值记为 V_{gO_2}，其估算可以采用与林地的释氧价值相同的方法，只是在计算中用到了草地的破坏面积和草地的净初级生产力（NPP）。根据相关研究，草地的净初级生产力见表 6-7。

（3）涵养水源价值。完好的天然草地不仅具有截留降水的功能，而且比裸地有较高的渗透性和保水能力，在调控径流方面发挥重要作用。据测定，相同的气候条件下草地土壤含水量较裸地高出 90% 以上。

草地的年涵养水源价值记为 V_{gH_2O}，可以采用与林地的涵养水源价值相同的方法估算，只是在计算中用草地的破坏面积和草地的径流减少系数。根据相关研究成果，我国主要类型草地生态系统的径流减少系数如表 6-8 所示。

表 6-7 我国各类草地生态系统的净初级生产力

草地生态系统类型	单位面积干草产量 （地上 NPP）/（kg · hm^{-2} · a^{-1}）	地下 NPP 与地上 NPP 比值
温性草甸草原	1293	2.46
温性草原	831	2.46
温性荒漠草原	482	2.47
温性草原化荒漠	404	2.48
温性荒漠	318	2.46
高寒草甸	1342	2.31
高寒草甸草原	427	2.31
高寒草原	301	2.31
高寒荒漠草原	187	2.31
高寒荒漠	128	2.31
暖性灌草丛	1554	2.46
暖性草丛	1991	2.46

续表 6-7

草地生态系统类型	单位面积干草产量 （地上 NPP）/(kg·hm⁻²·a⁻¹)	地下 NPP 与地上 NPP 比值
热性草丛	2824	2.46
热性灌草丛	2088	2.46
干热稀树灌草丛	2283	2.52
山地草甸	1643	2.46
低地草甸	2066	2.46
沼泽	2170	2.47
未划分的零星草地	2793	2.45

表 6-8　我国主要类型草地生态系统的径流减少系数

草地类型	温性草原	温性草甸草原	暖性草丛	暖性灌草丛	热性草丛
径流减少系数 R_g	0.15	0.18	0.20	0.20	0.35
草地类型	热性灌草丛	山地草甸	低地草甸	沼泽	
径流减少系数 R_g	0.35	0.25	0.20	0.40	

（4）土壤保持价值。与森林生态系统的土壤保持功能类似，草地生态系统的土壤保持功能主要表现在抵御风力和水力侵蚀上。草地的年土壤保持价值记为 V_{gSOIL}，可以采用与林地的土壤保持价值相同的方法估算，在计算中用草地的潜在和现实的风蚀和水蚀模数估算草地的土壤保持能力。根据相关研究成果整理出我国各类草地的土壤保持能力，见表 6-9。

（5）养分循环价值。草地植被在土壤表层下面具有稠密的根系，残遗大量的有机质。这些物质在土壤微生物的作用下，促进土壤团粒结构的形成，改良土壤结构，增加土壤肥力。参与生态系统维持养分循环的物质种类有很多，其中含量较大的营养元素有氮、磷、钾。

表 6-9　我国各类草地生态系统的土壤保持能力　　　　单位：t/(hm²·a)

草地生态系统类型	抵御风蚀土壤保持能力	抵御水蚀土壤保持能力	土壤保持能力合计
温性草甸草原	16.654	47.226	63.880
温性草原	40.647	22.547	63.194
温性荒漠草原	42.224	18.586	60.810
温性草原化荒漠	9.095	39.673	48.768
温性荒漠	3.159	22.917	26.076
高寒草甸	1.283	25.443	26.726
高寒草甸草原	0.769	3.251	4.020

续表 6-9

草地生态系统类型	抵御风蚀土壤保持能力	抵御水蚀土壤保持能力	土壤保持能力合计
高寒草原	3.612	4.901	8.513
高寒荒漠草原	8.749	2.617	11.366
高寒荒漠	0.610	3.819	4.429
暖性灌草丛	0.010	51.765	51.775
暖性草丛	0.027	32.847	32.874
热性草丛	0.016	71.239	71.255
热性灌草丛	0.011	54.270	54.281
干热稀树灌草丛	0.060	2.404	2.464
山地草甸	2.562	53.333	55.895
低地草甸	36.380	39.030	75.410
沼泽	16.231	35.879	52.110

根据营养物质循环功能的服务机制,可以认为构成草地净初级生产量的营养元素量为参与循环的养分量。草地生态系统净初级生产力包括地上、地下两个部分:地上部分为干草的生产力;地下部分为根系的干物质生产力。根据赵同谦等的研究成果整理出我国各类草地的净初级生产力,如表 6-7 所示。如果有草地净初级生产量的营养成分含量比例数据,其养分循环价值可参照林地的养分循环价值的估算方法进行估算。草地的年养分循环价值记为 V_{gNPK}。

根据不同草地生态系统的植物体的磷、粗蛋白质含量估算磷、氮含量,其中氮含量根据粗蛋白质中氮元素比例计算。据相关研究成果整理得到我国各类草地的 P、N 含量和净初级生产量中含 P、N 比,见表 6-10。

表 6-10　我国各类草地的 P、N 含量和净初级生产量中含 P、N 比

草地生态系统类型	P、N 含量 /(kg·hm^{-2})		净初级生产量中含 P、N 比/%	
	P	N	P	N
温性草甸草原	6.713	65.343	0.150	1.461
温性草原	8.329	50.045	0.290	1.742
温性荒漠草原	4.180	31.874	0.250	1.907
温性草原化荒漠	3.382	29.456	0.240	2.093
温性荒漠	1.651	19.691	0.150	1.789
高寒草甸	9.772	90.831	0.220	2.045
高寒草甸草原	4.093	26.916	0.290	1.904
高寒草原	1.792	20.325	0.180	2.040

表 6-10

草地生态系统类型	P、N 含量 /(kg · hm⁻²)		净初级生产量中含 P、N 比/%	
	P	N	P	N
高寒荒漠草原	0.930	15.210	0.150	2.457
高寒荒漠	0.717	10.614	0.169	2.505
暖性灌草丛	10.219	70.455	0.190	1.310
暖性草丛	8.958	67.396	0.130	0.978
热性草丛	11.709	92.911	0.120	0.952
热性灌草丛	8.660	38.681	0.120	0.536
干热稀树灌草丛	2.433	65.344	0.030	0.813
山地草甸	8.523	96.340	0.150	1.696
低地草甸	9.279	121.519	0.130	1.702
沼泽	15.067	134.492	0.200	1.784
未划分的零星草地	16.398	159.283	0.170	1.651

（6）空气净化价值。草地具有吸收 SO_2 和滞尘等空气净化功能。据测定，每千克干草叶每天可吸收 1 g 的 SO_2，牧草生长期若以每年 150 d 计，每千克干草叶每年可吸收约 150 g 的 SO_2；草地每年的滞尘量约为 1.2 t/hm²。其价值估算可参照前述林地的相应估算方法和公式。草地的年空气净化总价值记为 V_{gAP}。

（7）废弃物降解及养分归还价值。草地生态系统通过其淋滤、生物碎裂和微生物分解等功能，能够降解有机废弃物（如牲畜的排泄物），把废弃物中的养分归还给草原生态系统，同时净化水源。草地的该项价值记为 V_{gWD}。

有的研究者通过估算草地的载畜量、牲畜个体的粪便排泄量、粪便中的营养物质（主要为 N 和 P_2O_5）量、粪便归田率等，估算散落在草地部分的营养成分总量，然后以化肥价格估算草地废弃物降解及养分归还的价值。这种估算方法对大面积的草地生态系统有其合理性。

对于矿山开采破坏的小范围草地，草地的破坏并不意味着原来所承载的牲畜的排泄物就全部转移到了不具有降解功能的土地上；也许被破坏的草地上原来的牧畜转移到了其他草地（排泄物被其他草地降解），也许变为圈养（排泄物用于有机肥或丢弃）；也许受影响的农（牧）户干脆放弃牲畜养殖（不再产生牲畜排泄物）。究竟草地被矿山的占用对该项功能如何影响，只有通过实地调查才能弄清楚。因此，这里不给出任何估算公式。

（8）维持生物多样性价值。草地生态系统也是大量动物和微生物的重要栖息地，保存了大量的有价值的物种，是生物多样性的重要载体之一。草地生态系统在生物多样性方面为人类提供的功能主要表现为：不仅为人类提供一个储存大量基因物质的基因库，而且是作物和牲畜的主要起源地。草地的该项价值记为 V_{gWL}。

估算草地维持生物多样性的价值十分困难。有的研究者估算草地自然保护区的机会成本、经费投入和全民支付意愿，并将这些作为草地生态系统维持生物多样性功能的生态经济价值。这种估计方法显然低估了这一价值。

(9) 外部生态总价值。综合以上各项，得出矿山直接占用的草地的年外部生态总价值，记为 V_{gEE}。在实际估算中，基于上述关于林地破坏面积的同样讨论，可以不考虑草地各部分的破坏时间的差异，以拟破坏草地的总面积进行计算。

3) 农耕地的外部生态价值

农耕地是一种特殊的人工生态系统，这一系统的首要功能是为人类提供生活必需的粮食和经济作物以及以粮食为饲料的生物产品。破坏这一产品生产功能的生态成本是其农作物及副产品生产的经济价值，体现在直接生态价值之中。

这一生态系统在供给人类稳定的粮食和其他生物产品的同时，还提供了一种新的生物生存环境，形成耕地生态系统特有的生物种群结构和食物链。耕地与林地或草地生态系统相比有一个明显的区别，即人类通过耕作不断作用于这一系统。就植被(包括根系)的生态功能而言，耕地与林地和草地生态系统是类似的，具有固定 CO_2、释放 O_2、土壤蓄水、减少土壤流失量、养分循环等功能，但人的不断干预对这一系统的生态功能也有负面影响。一方面，为了粮食生产对草地或林地的开垦本身会降低生态系统的外部服务能力，例如把森林开垦为耕地会导致大量的碳重新回到大气，增加土壤侵蚀和养分流失；开垦草地也会使草地中存储的大量的碳释放到大气中，并引起 N_2O 的显著增加，使 CH_4 被土壤的吸收量大约减半。这可能是在 Costanza 等所估算的世界生态系统的生态价值中耕地的生态价值很低的缘故。另一方面，不良的耕作方式、化学肥料的施用和过度耕种会导致土壤退化和水污染。我国实行的退耕还林、退耕还草政策，就是为了降低耕作对生态功能的影响，提高整个生态系统的功能。因此，耕地的外部生态价值的估算方法以及估算中相关参数的选取或测定需要考虑耕作的各种"生态副作用"。

对矿山破坏的耕地而言，植被和土壤的破坏确实损失了其固定 CO_2、释放 O_2、促进养分循环等功能，也降低了其蓄水能力，使土壤流失加剧，应该把这些功能的价值损失作为农耕地的外部生态价值。可参照上述林地或草地的相应生态功能的价值估算方法估算农耕地的生态价值，这里不给出详细的计算公式。需要注意的是，在估算中相应数据的选取应尽量考虑上述的耕地特殊性。

6.2.7　能耗生态成本

矿山生产中化石能源的消耗，会向大气排放以 CO_2 为主的气体，导致温室效应和大气污染，能耗的生态压力用吸收这些气体需要的林地面积表示，称为"固碳地"或"化石能源地"。矿山生产中并没有直接破坏此类土地。既然该类土地不是被破坏的林地，那么就没有造成上述林地的各项外部生态价值的损失，不应把这些外部生态价值记入固碳地的生态成本。虽然大气污染肯定会直接或间接地影响生物的生长(如温室效应引发的气候变化对生物的影响)，但这种影响很难直接计量。另外，由于该类土地并没有被破坏，也就不发生复垦成本。

因此，矿山能耗的生态成本可从生态补偿的角度，以用于吸收大气污染物所需要的林地的成本(即虚拟造林成本)估算。如果在第 i 年，矿山生产的固碳地生态足迹为 EF_{ci}，这并不意味着每一年都需要造面积为 EF_{ci} 的林地来吸收该年的大气污染物排放量，因为已经成林的林地在以后许多年里都将发挥空气净化功能。因此，依据各年的固碳地足迹总量计算年平均足迹，即 EF_{ca}，在矿山项目的基建期虚拟这一面积的造林，其成本可认为发生在矿山项目的开始时间(时间零点)。因此，假设林木的寿命不小于矿山开采寿命，则固碳地的生态成本的现值为：

$$C_c = \frac{\sum_{i=1}^{L} EF_{ci}}{L} c_f \qquad (6-27)$$

式中：C_c 为固碳地生态成本，元；EF_{ci} 为矿山第 i 年的固碳地面积，即能源消耗排放的大气污染物的生态足迹，hm^2；c_f 为造林成本，元/hm^2；L 为矿山开采寿命，a。

解决化石能源消耗中 CO_2 排放的另一个更直接的途径，是碳捕捉和贮存（carbon capture and storage，CCS）。一些国家正在进行火电厂 CCS 的实验，国际能源署（International Energy Agency，IEA）也在对 CCS 的成本和效率进行评估。所以，能耗的生态成本可以依据能耗的碳排放量和碳捕捉与贮存成本来计算。

6.2.8 生态成本的综合

矿山生态总成本可以用各项生态成本的现值之和表示。

对于矿山生产直接破坏的林地、草地和农耕地，生态成本由直接生态成本、环境治理成本、复垦与养护成本和外部生态价值损失四大部分构成。

直接生态成本的总现值 C_z 为：

$$C_z = \sum_{i=1}^{n} \frac{A_i z_i}{(1+d)^t} \qquad (6-28)$$

式中：n 为破坏土地单元数；A_i 为第 i 土地单元的面积，hm^2；z_i 为第 i 土地单元的当时地价或资本化净收益，元/hm^2；t 为从项目时间 0 点算起，第 i 土地单元的征地或破坏时间（年份）；d 为折现率。

矿山环境治理成本的现值 C_v 为：

$$C_v = \sum_{t=1}^{L} \frac{C_{vt}}{(1+d)^{t-1}} \qquad (6-29)$$

式中：L 为矿山生产寿命，a；C_{vt} 为第 t 年的环境治理当时成本（假设发生在年初），元。

矿山的复垦与养护成本的现值 C_r 为：

$$C_r = \sum_{t=t_r}^{L+L_r} \frac{C_{rt}}{(1+d)^{t-1}} \qquad (6-30)$$

式中：L_r 为矿山生产结束后需要的复垦和养护年数，a；t_r 为从项目时间 0 点算起开始有复垦作业的年份；C_{rt} 为第 t 年复垦与养护的当时成本（假设发生在年初），元。

矿山破坏的林地、草地和农耕地的外部生态价值损失的现值 C_E 为：

$$C_E = (V_{fEE} + V_{gEE} + V_{cEE}) \frac{(1+d)^N - 1}{d(1+d)^N} \qquad (6-31)$$

式中：V_{fEE}、V_{gEE}、V_{cEE} 分别为矿山破坏的林地、草地和农耕地的年外部生态价值；N 为从时间 0 点起到全部恢复被破坏土地的生态功能的时间，a。

式（6-31）中，把年外部生态价值（V_{fEE}、V_{gEE}、V_{cEE}）作为年金处理。在前述每一项外部生态价值的计算中，价值指标的取值一般是评价时的指标值，为了体现其动态性，应按照一定的升值率进行换算。

矿山生态成本的总现值(包括直接生态成本、环境治理成本、复垦与养护成本、外部生态价值损失以及固碳地生态成本)为:

$$C = C_z + C_v + C_r + C_E + C_c \qquad (6-32)$$

比较不同矿山或不同开采方式的生态成本时,如果生产规模不同,比较总生态成本没有意义,应比较单位最终产品(原矿或精矿)的生态成本。如果比较对象之间的产品的品位有较大差异,应比较单位回收金属量的生态成本。

6.3　矿山生态成本计算案例应用

某露天铁矿地处辽宁境内,根据该矿的初步境界设计,境界中废石量为 6.725×10^7 t,矿石量为 4.692×10^7 t,预计开采 10 年,年均采矿量为 4.692×10^6 t。根据采剥计划优化结果,十年的剥岩量分别为 6.30×10^6 t、8.82×10^6 t、6.88×10^6 t、6.77×10^6 t、6.43×10^6 t、6.82×10^6 t、9.80×10^6 t、6.00×10^6 t、5.45×10^6 t、3.98×10^6 t;年均剥岩量为 6.725×10^6 t;尾矿总量为 1.960×10^7 t。采场年均消耗汽油 47 t、柴油 6468 t、电 1.370×10^7 kW·h,选矿厂年均用电 1.3372×10^8 kW·h。

6.3.1　矿山生态足迹计算

从理论上讲,应计算矿山生产的每一项土地的占压和破坏、能源、材料和设备消耗以及各种废弃物排放的生态足迹,以全面揭示矿山生产的生态压力。在实际计算中,往往受相关数据的可获得性的限制,使得一些足迹项目无法计算。有关研究表明,土地直接占用足迹和能耗足迹是矿山生态压力的主导部分,而且其计算所需要的数据易于获得,故一般只计算这两部分足迹。

为了比较不同矿山或开采方案的生态压力,一般把矿山生产的各项生态足迹换算为生产单位产品量的生态足迹。对于没有选矿厂的矿山,产品为原矿,生态足迹不包含选矿流程的生态足迹;对于有选矿厂的矿山,产品为精矿,生态足迹应包含选矿流程的生态足迹。为了消除矿石品位的影响,也可把生态足迹换算为单位金属含量的生态足迹。当在不同矿山间进行比较时,应注意将参与比较的矿山的生态足迹都计算到同一产品(原矿或精矿)上。

在不同矿山间(尤其是不同区域的矿山间)进行生态压力比较时,各项生态足迹应根据其占用的土地类型,正确应用等量因子和产量系数将其换算为全球公顷,以便使计算结果具有可比性。

如果计算生态足迹的目的是为了把它作为生态成本的估算依据,则不一定需要将计算结果换算为全球公顷。不进行换算时(相当于计算公式中的产量系数和等量因子全为1),生态足迹中各类土地都具有当地生产能力,即土地直接占用足迹是占压和破坏的当地土地的实际面积,能耗足迹与空气污染物足迹是吸收 CO_2 等废气需要的当地林地面积(计算公式中采用本地林木的 CO_2 吸收能力)。这样,生态足迹中各类土地具有当地的价值和复垦条件,也许更便于生态成本的估算。

(1)直接占用足迹

露天采场足迹:对于露天矿,采场足迹(面积)可以通过软件在图纸上直接量取,为 52 hm²。

排土场足迹:根据排土场足迹计算公式[式(6-4)],结合该露天矿实际情况,取废石沉实后的膨胀系数为 1.25，废石的平均原地容重为 2.7 t/m³，排土场高度 50 m，排土场形态系数为 1.8。境界中废石量为 6.725×10^7 t，则排土场足迹为 112 hm²。

尾矿库足迹：根据尾矿库足迹计算公式[式(6-5)和式(6-6)]，结合该露天矿实际情况，取尾矿沉实后的容重为 1.75 t/m³，尾矿库深度为 70 m，尾矿库形态系数为 1.5。尾矿总量为 1.960×10^7 t(根据采出矿石量、入选矿石品位、选矿回收率、尾矿品位等计算)，则尾矿库足迹为 24 hm²。

矿山专用道路、选矿厂和办公区等占地取 4 hm²。

因此，该矿直接用地面积(直接占用足迹)为 192 hm²。单位矿石的直接足迹为 4.09×10^{-6} hm²/t，这里的单位矿石指的是单位原矿，也可以根据采出矿石品位和选矿回收率计算矿山精矿产量，得到单位精矿的直接足迹。

(2)能耗足迹

一次化石能源消耗的生态足迹：根据一次化石能源消耗的生态足迹计算公式[式(6-7)]，汽油和柴油的热值分别取 10300 kcal/kg 和 10200 kcal/kg，汽油和柴油的二氧化碳排放系数分别为 2.9251 kg/kg 和 3.0959 kg/kg(表6-2)，当地林地的 CO_2 吸收能力为 10.627 t/(hm²·a)，碳到 CO_2 的转换系数为 3.6667。采场年均消耗汽油 47 t、柴油 6468 t，则一次化石能源消耗的生态足迹为 1953 hm²。

电力消耗的生态足迹：标准煤的热值为 7000 kcal/kg，原煤二氧化碳排放系数 1.9003 kg/kg，单位原煤(折算为标准煤)为 0.7143 kg/kg(表6-2)，单位发电量的标准煤消耗量为 0.404 kg/(kW·h)(根据国家统计局数据，火力发电量占总发电量的比例为 0.8)，则可计算出单位发电量的 CO_2 排放量为 1302.42 t/(GW·h)。采场年均耗电量为 1.370×10^7 kW·h，选矿厂年均用电量为 1.3372×10^8 kW·h，结合式(6-8)，得电力消耗的能耗生态足迹为 12256 hm²。

因此，能源消耗总足迹为 14209 hm²。单位矿石的能源消耗足迹为 3.03×10^{-4} hm²/t，这里的单位矿石指的是单位原矿，也可以根据采出矿石品位和选矿回收率计算矿山精矿产量，得到单位精矿的能耗足迹。

6.3.2　矿山生态成本计算

基于上述得到的矿山直接占用足迹和能源消耗足迹，取折现率为 7%，计算案例矿山的生态成本。

直接经济损失：直接经济损失是由直接占用足迹所造成的，这里以矿山征地成本作为衡量矿区土地被占用后的经济损失来计算。根据矿山调研可知，矿山目前征地价格大概为 2.40×10^6 元/hm²，而矿山的直接占用足迹为 192 hm²，假设矿山在开采初期一次性完成所有征地，即征地时间为 0，所以不用考虑折现率。根据式(6-28)，矿山直接经济损失为 4.61 亿元。

复垦成本：复垦主要是针对矿山所征土地，即占用的直接足迹进行。如前所述，矿山主要占用的是林地，所以这里研究的复垦主要考虑林地复垦，在开采结束后用两年复垦(矿山开采寿命为 10 年，则复垦发生在第 11 年和第 12 年)，每年复垦 96 hm²，林地的平均单位复垦成本为 4×10^5 元/hm²。结合式(6-15)和式(6-30)，总复垦成本现值为 0.38 亿元。

外部生态价值损失：矿区土地的直接压占和破坏(直接占用足迹)使区域地表植被遭到破坏，丧失生态功能。假设在矿山开采初期，直接足迹就已产生，即在开采时间零点，所需排土场、尾矿库、工业场地等已平整好，且该露天矿采用全境界开采，即开采初期采场地表就推进到最终境界线。所以，上述计算的矿山直接占用足迹所对应的外部生态价值损失在矿山开采初期就发生了，而且这样的损失从开采初期一直到矿山生态功能恢复前，都一直存在。

林地外部生态价值的损失主要是由于矿山直接足迹的占用所造成的林地自身功能的损失。不同的林种，其自身的生态功能存在一定的差异。计算中的基础数据主要来自《国家统计局》《辽宁省统计年鉴》及相关的学术论文，部分数据从有关专业网站得到，如高校财经数据库（www. bijnfobank. com）、国际粮农组织（www. fao. org）等。此外，还有一小部分数据是通过调研所得。案例矿山所处地区的林种为温带常绿针叶林和落叶阔叶林，所以其净初级生产力取两种林地的平均值为 6. 56 t/（hm² · a），CO_2 固定系数为 1. 62，CO_2 处理成本为 441 元/t，林地面积为 192 hm²（直接占用足迹）；释氧系数为 1. 2，氧气成本取氧气的工业成本 701. 4 元/t；区域年平均降雨量为 800 mm，产生径流降雨量占降雨总量的比例为 0. 4（北方约为 0. 4，南方约为 0. 6），与裸地（或皆伐迹地）比较林地减少径流的系数为 0. 26，水源蓄水成本取 1. 25 元/m³；土壤保持能力为 60. 2915 t/（hm² · a），林地保持的土壤转换为农田的单位面积收益估计为 22655. 56 元/hm²，农田的土壤厚度取 0. 6 m，土壤容重取 1. 3 t/m³；SO_2 吸收能力为 0. 1521 t/（hm² · a），SO_2 处理成本为 1116. 1767 元/t，NO_x 吸收能力为 0. 38 t/（hm² · a），NO_x 的处理成本根据汽车尾气脱氮处理成本为 1. 6 万元；林地的滞尘能力为 21. 655 t/（hm² · a），除尘成本为 316. 25 元/t；P 到 P_2O_5 的转换系数为 2. 2903，林地净初级生产量中的氮、磷、钾元素含量（w_B）分别为 0. 33%、0. 036%、0. 231%，氮肥、磷肥（P_2O_5）、钾肥的价格分别为 2200 元/t、650 元/t、2259 元/t；折现率取 7%；根据植物的生长周期，假设露天开采结束后 5 年时间恢复生态能力，该案例中矿山总共开采 10 年，即生态功能损失一直要延续到第 15 年才能恢复。

基于以上参数设置，结合式（6-16）~式（6-25）可以得出该案例矿山的固碳价值为 89. 98 万元，释氧价值为 106. 01 万元，涵养水价值为 19. 97 万元，土壤保持价值为 3. 36 万元，SO_2 净化价值为 3. 26 万元，NO_x 净化价值为 116. 74 万元，滞尘价值为 131. 49 万元，养分循环价值为 1. 64 万元。考虑到维持生物多样性价值，在计算过程中，由于数据可获取性较差，参数值的设置比较困难，所以没有在本案例中进行计算。最终得到，每年总的外生生态价值损失为 472. 45 万元，根据式（6-31），可得外部生态价值损失的净现值为 0. 46 亿元。

能源消耗的生态成本（简称能耗成本）：能耗成本计算是基于能耗的生态足迹，根据虚拟大小等于能耗生态足迹的林地面积来吸收能源消耗所排放的大气污染物，该案例矿山的能耗足迹为 14209 hm²，造林成本为 22500 元/hm²。在应用式（6-27）计算能源消耗的生态成本时，由于这里计算的能源足迹 14209 hm² 是年均足迹，所以在计算的过程中，不用再除以矿山开采寿命（目的是得到年均能源消耗的生态成本），最终计算得到能耗的生态成本为 3. 20 亿元。

矿山生态成本总现值为上述各计算成本之和，包括直接经济损失、复垦成本、外部生态价值损失和能源消耗的生态成本，总计 8. 64 亿元。所以单位矿石的生态成本为 18. 41 元/t。这里的单位矿石指的是单位原矿，也可以根据采出矿石品位和选矿回收率计算矿山精矿产量，得到单位精矿的生态成本。

参考文献

[1] 刘秀丽，张勃，杨艳丽，等. 五台山地区森林生态系统服务功能价值评估[J]. 干旱区研究，2017，34（3）：76-80.

［2］ 张锐, 罗红霞, 张茹蓓, 等. 重庆市植被净初级生产力估算及其生态服务价值评价［J］. 西南大学学报（自然科学版）, 2015, 37(12)：40-46.

［3］ 柳碧晗, 郭继勋. 吉林省西部草地生态系统服务价值评估［J］. 中国草地, 2005, 27(1)：12-16.

［4］ 赵金龙, 王泺鑫, 韩海荣, 等. 森林生态系统服务功能价值评估研究进展与趋势［J］. 生态学杂志, 2013, 32(8)：2229-2237.

［5］ 宋明华, 刘丽萍, 陈锦, 等. 草地生态系统生物和功能多样性及其优化管理［J］. 生态环境学报, 2018, 27(6)：1179-1188.

［6］ 谢高地, 张钇锂, 鲁春霞, 等. 中国自然草地生态系统服务价值［J］. 自然资源学报, 2001, 16(1)：47-53.

［7］ 王青, 胥孝川, 顾晓薇, 等. 金属矿床露天开采的生态足迹和生态成本［J］. 资源科学, 2012, 34(11)：2133-2138.

［8］ 肖骁, 穆治霖, 赵雪雁, 等. 基于 RS/GIS 的东北地区森林生态系统服务功能价值评估［J］. 生态学杂志, 2017(11)：306-312.

［9］ 张宏武. 我国的能源消费和二氧化碳排出［J］. 山西师范大学学报（自然科学版）, 2001, 15(4)：64-69.

［10］ 赵同谦, 欧阳志云, 贾良清, 等. 中国草地生态系统服务功能间接价值评价［J］. 生态学报, 2004, 24(6)：1101-1110.

［11］ 赵同谦, 欧阳志云, 郑华, 等. 中国森林生态系统服务功能及其价值评价［J］. 自然资源学报, 2004, 19(4)：480-491.

第 7 章

矿山环境影响评价

7.1 概述

7.1.1 环境影响评价工作程序

1）矿山建设项目环境影响评价介入时机

建设项目的环境影响评价阶段与建设项目可行性研究阶段相对应。建设项目可行性研究报告或开发利用方案是环境影响评价工作的基础，可为评价单位提供建设项目的工艺及设备装备水平、原辅材料消耗、污染物治理措施、生态保护措施等基本情况。因此，矿山建设项目的环境影响评价工作通常在项目可行性研究或开发利用方案编制阶段介入。

2）矿山建设项目环境影响评价工作程序

（1）环境影响评价的委托

建设单位可以采取直接委托的方式选择环境影响评价单位，对建设项目进行环境影响评价，建设单位对环境影响报告书负责。

（2）环境影响评价工作程序

分析判定建设项目选址选线、规模、性质和工艺路线等与国家和地方有关环境保护法律法规、标准、政策、规范、相关规划、规划环境影响评价结论及审查意见的符合性，并与生态保护红线、环境质量底线、资源利用上线和环境准入负面清单进行对照，作为开展环境影响评价工作的前提和基础。

环境影响评价工作一般分三个阶段，即前期准备、调研和工作方案阶段，分析论证和预测评价阶段，环境影响评价文件编制阶段。具体流程见图7-1。

①第一阶段：前期准备、调研和工作方案阶段

评价单位在接受项目委托后，须安排环评工程师为项目负责人，并组成课题组。

课题组首先应研究项目的可行性研究报告或矿山开发利用方案，重点研究项目的建设内容、建设地点、采矿工艺和设备装备水平、原辅材料消耗等基本内容，并进行初步的工程分析，重点分析工程各项目组成内容中可能产生的污染源和生态环境影响因素。

在了解项目的基本情况的前提下，课题组再结合项目所在地地形图有目的地初步查看项目现场环境概况。

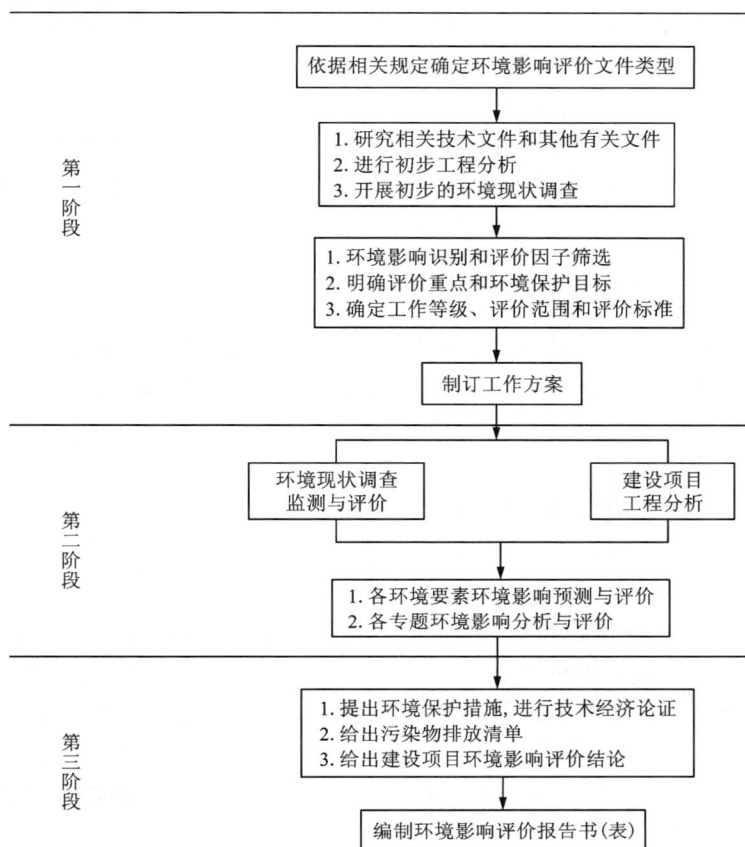

图 7-1　矿山环境影响评价工作程序图

　　课题组根据项目的工程特性和项目所在的环境概况进行环境影响因素识别和评价因子的筛选。环境影响因素识别应充分考虑建设项目生产全过程对环境可能产生影响的因素。具体应对正常生产和非正常工况两种状态,非污染生态影响因素和污染影响因素两种类型,建设期、生产营运期和退役期三个时段进行充分的识别。

　　根据环境影响因素识别的结果确定项目的评价重点和环境保护目标。按照大气、地表水、地下水、声环境、生态环境、土壤环境、环境风险等各环境影响评价技术导则的要求确定各环境影响因素的评价等级和评价范围,明确评价标准。

　　上述基础工作完成后,评价单位须制定项目的环境影响评价工作方案,重点包括环境质量现状调查方案和环境影响评价工作实施方案。在此阶段,评价单位可咨询行业内相关专家的意见,以便更好地开展环境影响评价工作。

　　②第二阶段:分析论证和预测评价阶段

　　该阶段需根据第一阶段确定的环境质量现状调查方案开展环境质量现状调查、监测和评价,并结合进一步的工程分析,开展各环境影响因素的影响预测和评价。矿山的环境影响分析和预测也应包括正常生产和非正常工况两种状态,建设期、生产营运期和退役期三个时段,全面反映建设项目对评价区的环境影响。

③第三阶段：环境影响评价文件编制阶段

该阶段主要工作是汇总、分析第二阶段工作所得到的各种资料、数据，得出结论，完成环境影响报告书的编制。

（3）环境影响评价文件编制阶段

矿山建设项目的环境影响报告书，由建设单位报有审批权的环境保护行政主管部门，由生态环境主管部门或其委托的技术评估单位组织专家评审，审查通过后由环保主管部门批准实施。

7.1.2　矿山环境影响报告书编制要点

矿山环境影响报告书的编制内容和格式主要以环境现状调查、环境影响预测及评价分章编排，或者按照环境要素分章编排。以下是典型的以环境现状调查、环境影响预测及评价分章编排的报告书格式。

1）概述

概述可简要说明建设项目的特点、环境影响评价的工作过程、分析判定相关情况、关注的主要环境问题及环境影响、环境影响评价的主要结论等。

2）总则

（1）编制依据：包括建设项目应执行的相关法律法规、政策及规划、导则及技术规范、与矿山建设项目有关的技术文件和工作文件等。

（2）环境影响因素识别与评价因子筛选：列表说明矿山建设项目环境影响因素识别和评价因子筛选的过程，给出现状评价因子和预测评价因子，分析项目评价重点。

（3）相关规划及环境功能区划：附图列表说明建设项目所在区域的环境保护规划、生态保护规划、环境功能区划或保护区规划等。

（4）评价标准：结合各环境要素的环境功能区划，给出各评价因子所执行的环境质量标准、污染物排放标准、其他有关标准及具体限值。

（5）评价等级和范围：根据各环境要素的评价技术导则要求，确定各环境因素的评价等级和评价范围，附图列表说明。

（6）环境保护目标：根据确定的环境影响评价范围，附图列表给出评价范围内各环境要素环境保护目标名称、与建设项目的位置关系、规模、功能等。

3）建设项目概况

采用图表与文字结合的方式，概要说明建设项目的基本情况、项目组成、主要工艺路线、工程布置以及与原有工程、在建工程的关系。

4）工程分析

对矿山建设项目的全部项目组成，建设期、生产营运期、退役期等所有时段的全部过程的环境影响因素，及其影响特征、程度、方式等进行详细分析与说明，包括从生态完整性和资源分配的合理性角度，对项目建设可能造成生态环境影响的活动（影响源或影响因素）的强度、范围、方式进行分析，给出污染物产生、治理与排放清单，以及非正常工况下污染物的排放情况。

5）环境现状调查与评价

根据当地环境特征、矿山开发的特点和专项评价设置情况，从自然环境、环境质量和区域污染源等方面进行现状调查与评价。

6）环境影响预测与评价

给出预测时段、预测内容、预测范围、预测方法及预测结果，并根据环境质量标准或评价指标对建设项目的环境影响进行评价。

7）环境风险评价

根据建设项目环境风险识别、分析情况，给出环境风险评估后果、环境风险的可接受程度，提出具体可行的风险防范措施和应急预案要求。

8）环境保护措施及其经济、技术论证

明确提出矿山建设项目建设阶段、生产营运阶段和服务期满后拟采取的具体污染防治、生态保护、环境风险防范等环境保护措施；分析论证拟采取措施的技术可行性、经济合理性、长期稳定运行和达标排放的可靠性、满足环境质量改善和排污许可要求的可行性、生态保护和恢复效果的可达性。

各类措施的有效性判定应以同类或相同措施的实际运行效果为依据，没有实际运行经验的，可提供工程化实验数据。

9）总量控制

根据主要污染物排放量，提出污染物排放总量控制指标建议和满足指标要求的环境保护措施。除国家规定的总量控制指标外，矿山环境影响评价还应关注重金属指标是否符合国家和地方提出的重金属污染防治规划的指标要求。

10）项目选址、产业政策分析

从建设项目是否违反法规要求、是否与规划相协调、是否满足环境功能区要求、是否影响敏感的环境保护目标或造成重大资源和社会文化损失等方面，进行项目选址的环境合理性论证。如进行多个厂址或选线方案的优选时，应对各选址或选线方案的环境影响进行全面比较，提出选址、选线意见。明确项目与国家产业政策、行业规范条件、环境功能区划和相关规划的符合性。

11）环境影响经济损益分析

以矿山建设项目实施后的环境影响预测与环境质量现状进行比较，从环境影响的正负两个方面，以定性与定量相结合的方式，对矿山建设项目的环境影响后果（包括直接和间接影响、不利和有利影响）进行货币化经济损益核算，估算矿山建设项目环境影响的经济价值。

12）环境管理与环境监测

根据建设项目环境影响情况，提出设计阶段、施工期、运营期的环境管理及监测计划要求，包括环境管理制度、机构、人员，监测点位、监测频次和监测因子等。

13）环境影响评价结论

在概括全部评价工作的基础上，简洁、准确、客观地总结建设项目实施过程各阶段对环境的影响，规定采取的环境保护措施，从环境保护角度分析，得出建设项目是否可行的结论。

14）附件和附图

将建设项目依据文件、评价标准和污染物排放总量确认文件等必要的有关文件附在环境影响报告书后。

7.1.3 矿山环境影响评价基础资料要求

矿山环境影响评价基础资料主要分为两个部分，一部分是工程技术资料，另一部分为环境资料，具体见表7-1。

表7-1 矿山环境影响评价基础资料汇总表

资料类别	资料名称	备注
工程技术资料	可行性研究报告及图件	利用内容包括项目建设地点、规模、产品方案、项目投资、工作制度、劳动定员、项目建设内容组成、总平面布置方案、主要工业场地选址方案、矿山生产工艺、原辅材料消耗、给排水、供电、生产生活辅助设施、工程技术经济指标、项目污染物的产生、污染物的治理与排放、矿山拟采取的生态保护措施以及相关附图、附件等。 如属于技术改造或扩建项目，还需收集现有工程的上述资料及实际运行数据
	储量核实报告或矿山地质勘探报告	利用内容包括矿区范围、地层、矿体分布、矿石储量及可利用储量、矿石性质及矿石成分、矿石的可选性、矿区的工程地质条件、水文地质条件、环境地质条件、地勘钻孔资料以及相关的附图等
	水资源论证报告及其批复	利用内容包括矿区相关水体的水文资料、评价区水资源状况及开发利用分析、项目取水和排水的可行性结论、水资源保护措施等
	水文地质调查报告	利用内容包括区域水文地质概述、矿区的水文地质概述、地下水类型、地下水补给、径流和排泄条件、水文地质钻孔资料、地下水资源利用现状及规划、环境水文地质问题、水文地质相关的图件以及项目地下水评价所要求的其他基础资料
	水土保持方案及其批复	利用内容包括矿区水土流失类型、水土流失现状、项目土石方平衡、水土流失预测、水土保持措施及投资、水土保持方案结论以及相关图件等
	土地复垦报告及其批复	利用内容包括项目土地利用类型、项目需复垦土地预测、土地复垦措施、土地复垦投资以及相关图件等
	其他工程技术资料	包括但不限于矿区地质环境影响评价报告、地质灾害危险性评估报告、安全预评价报告、放射性环境影响评价报告、社会稳定性评价报告等

续表 7-1

资料类别	资料名称	备注
环境资料	基础环境资料	项目地理位置、交通、水文、气象、矿产资源、土壤资源、动植物资源、历史环境质量监测资料等
	环境规划资料	评价区地表水水系分布及水域功能区划、环境空气功能区划、声环境功能区划、地下水功能区划、生态功能区划、水土保持规划等。涉及饮用水源保护区、自然保护区、风景名胜区、地质公园等环境敏感区的应收集相关规划资料。项目所在地区的生态红线、环境质量底线、资源利用上线和环境准入负面清单等资料
	气象资料	一般收集距离评价区 50 km 范围内气象站的名称、坐标、近 20 年的风玫瑰图、年平均风速、最大风速、年平均气温、极端气温、年平均湿度、年均降水量、降水量极值、年均蒸发量、日照、冻土深度等
	重金属指标	收集区域重金属产能及分布情况，重金属污染物的产生与排放量，用于分析项目与当地重金属防治规划的符合性
	总量控制指标	收集当地县市总量控制指标及分配情况，用于分析项目总量控制指标来源
其他资料	相关规划及规划环评	城乡总体规划、矿产资源开发规划及规划环评、重金属污染防治规划
	居民搬迁安置方案	涉及环保搬迁的应收集企业或地方政府提供的居民搬迁安置方案
	基础图件	包括但不限于工程总平面布置图、评价区 1∶50000 地形图、土地利用现状图、土地利用规划图、植被分布图、相关环境功能区划图、1∶200000 区域水文地质平面和剖面图、评价区 1∶50000 或 1∶10000 水文地质平面和剖面图等

7.2　常用的法律法规和评价标准

7.2.1　法律法规要求

金属矿山环境影响评价的法律法规大体上可分为三类：一是环境保护类法律法规，特别是《中华人民共和国环境影响评价法》，具体规定了规划和建设项目环境影响评价的相关法律要求；二是矿产资源类法律法规，比如《中华人民共和国矿产资源法》等；三是与矿山环境影响评价相关的法律法规，如《中华人民共和国水土保持法》等。在金属矿山环境影响评价中常用的相关法律法规见表 7-2。

表 7-2　金属矿山环境影响评价主要法律依据一览表

序号	类别	常用法律法规名称
1	环境保护类 法律法规	中华人民共和国环境保护法 中华人民共和国环境影响评价法 中华人民共和国水污染防治法 中华人民共和国大气污染防治法 中华人民共和国环境噪声污染防治法 中华人民共和国固体废物污染环境防治法 建设项目环境保护管理条例 规划环境影响评价条例
2	矿产资源类 法律法规	中华人民共和国矿产资源法 中华人民共和国矿产资源管理法 中华人民共和国矿产资源法实施细则
3	与矿山环境影响评价 相关的法律法规	中华人民共和国水法 中华人民共和国水土保持法 中华人民共和国土地管理法 中华人民共和国森林法 中华人民共和国野生动物保护法 中华人民共和国野生植物保护条例 中华人民共和国清洁生产促进法 中华人民共和国循环经济促进法 土地复垦条例

7.2.2　环境标准

1) 环境标准体系的组成

环境标准体系从级别上分为国家环境标准、地方环境标准和环境保护部门标准。

国家环境标准是国家依据有关法律规定, 对全国环境保护工作范围内需要统一的各项技术规范和技术要求所做的规定, 包括国家环境质量标准、国家污染物排放(控制)标准、国家环境监测方法标准、国家环境标准样品标准和国家环境基础标准。

地方环境标准是由省、自治区、直辖市人民政府制定, 是对国家环境标准的补充和完善。地方环境标准包括地方环境质量标准和地方污染物排放(控制)标准。针对国家环境质量标准中未做出规定的项目, 可以制定地方环境质量标准。国家污染物排放标准中未做出规定的项目, 可以制定地方污染物排放标准; 国家污染物排放标准已做出规定的项目, 可以制定严于该标准的地方污染物排放标准。

环境保护部门标准是指国家在环境保护工作中对需要统一的技术要求所制定的标准, 包括技术导则、规范等。

环境标准体系的组成见图 7-2。

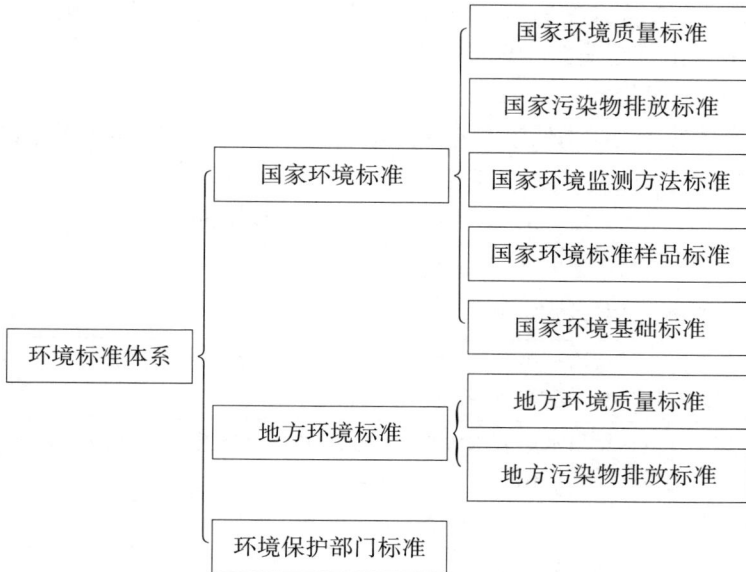

图 7-2 环境标准体系图

环境影响评价具体执行环境标准时，地方环境标准优先于国家环境标准。污染物排放标准分为跨行业综合排放标准和行业排放标准，有行业标准的项目执行行业排放标准，没有行业排放标准的项目执行综合排放标准。

2）常用环境质量标准

一个国家或地区通常依据本国或本地区的社会经济发展需要，根据环境结构、状态和使用功能的差异，对不同区域进行合理划分，形成不同类别的环境功能区。环境质量标准与环境功能区类别一一对应。

我国常用的环境质量标准见表 7-3。

表 7-3 我国常用的环境质量标准

环境要素	标准名称		标准号
环境空气	环境空气质量标准		GB 3095
地表水	地表水环境质量标准		GB 3838
地下水	地下水质量标准		GB/T 14848
海水	海水水质标准		GB 3097
声	声环境质量标准		GB 3096
土壤	土壤质量标准	农用地土壤污染风险管控标准	GB 15618
	土壤质量标准	建设用地土壤污染风险管控标准	GB 36600

（1）环境空气质量标准

我国环境空气功能区分为两类：一类区为自然保护区、风景名胜区和其他需特殊保护的地区；二类区为居住区、商业交通居民混合区、文化区、工业区和农村地区。

一类区适用一级浓度限值，二类区适用二级浓度限值。

（2）地表水环境质量标准

依据地表水水域环境功能高低依次划分为五类，分别对应五级质量标准，具体见表7-4。

表7-4　地表水质量标准分类及适用范围

水域功能	适用范围	执行标准级别
Ⅰ类	源头水、国家自然保护区	Ⅰ级标准
Ⅱ类	集中式生活饮用水地表水源地一级保护区、珍稀水生生物栖息地、鱼虾类产卵场、仔稚幼鱼的索饵场	Ⅱ级标准
Ⅲ类	集中式生活饮用水地表水源地二级保护区、鱼虾类越冬场、洄游通道、水产养殖区等渔业水域及游泳区	Ⅲ级标准
Ⅳ类	一般工业用水及人体非直接接触的娱乐用水区	Ⅳ级标准
Ⅴ类	农业用水区及一般景观要求水域	Ⅴ级标准

对于金属矿山环境影响评价，还可能涉及铁、锰、钼、钴、铍、锑、镍、钡、钒、钛、铊等污染因子，该标准的基本项目中没有限值要求，仅在集中式生活饮用水地表水源地的标准限值中有规定。若评价对象属于集中式生活饮用水地表水源地，可直接执行该标准中集中式生活饮用水地表水源地的标准限值；若评价对象不属于集中式生活饮用水地表水，参照执行集中式生活饮用水地表水源地的标准限值时，须征得相关生态环境主管部门的书面同意。

（3）地下水环境质量

依据我国人体健康基准值及地下水质量保护目标，并参考生活饮用水、工业、农业用水水质的最高要求，将地下水质量划分为五类，分别对应五级质量标准，具体见表7-5。

表7-5　地下水质量标准分类及适用范围

水域功能	适用范围	执行标准级别
Ⅰ类	反映地下水化学组分的天然低背景含量，适用于各种用途	Ⅰ级标准
Ⅱ类	反映地下水化学组分的天然背景含量，适用于各种用途	Ⅱ级标准
Ⅲ类	以人体健康基准值为依据，主要适用于集中式生活饮用水水源及工、农业用水	Ⅲ级标准
Ⅳ类	以农业和工业用水要求为依据，除适用于农业和部分工业用水外，适当处理后可作为生活饮用水	Ⅳ级标准
Ⅴ类	不宜饮用，其他用水可根据使用目的选用	Ⅴ级标准

（4）海水水质标准

按照海域使用功能和保护目标的不同，可将海水水质分为四类，分别对应四类质量标准，具体见表7-6。

表 7-6　海水水质标准分类及适用范围

水域功能	适用范围	执行标准级别
第一类	海洋渔业水域、海上自然保护区和珍稀濒危海洋生物保护区	一类标准
第二类	水产养殖区、海水浴场、人体直接接触海水的海上运动或娱乐区、与人类食用直接有关的工业用水区	二类标准
第三类	一般工业用水区、滨海风景旅游区	三类标准
第四类	海洋港口水域、海洋开发作业区	四类标准

（5）声环境质量标准

依据区域的使用功能特点和环境质量要求，声环境功能区分为五类，分别对应五级质量标准，具体见表 7-7。

表 7-7　声环境质量标准分类及适用范围

声功能区		适用范围	执行标准级别
0 类		康复疗养区等特别需要安静的区域	0 类标准
1 类		以居民住宅、医疗卫生、文化教育、可研设计、行政办公为主要功能，需要保持安静的区域	1 类标准
2 类		以商业金融、集市贸易为主要功能，或者居住、商业、工业混杂，需要维护住宅安静的区域	2 类标准
3 类		以工业生产、仓储物流为主要功能，需要防止工业噪声对周围环境产生严重影响的区域	3 类标准
4 类	4a 类	高速公路、一级公路、二级公路、城市快速路、城市主干路、城市次干路、城市轨道交通（地面段）、内河航道两侧，需要防止交通噪声对周围环境产生严重影响的区域	4a 类标准
	4b 类	铁路干线两侧需要防止交通噪声对周围环境产生严重影响的区域	4b 类标准

（6）土壤环境质量标准

依据土壤使用功能，国家分别颁布实施了农用地和建设用地的土壤质量标准，其中《土壤环境质量标准 农用地土壤污染风险管控标准》（GB 15618）中规定了耕地、园地、草地等农用地的土壤污染风险筛选值和管控值；《土壤环境质量标准 建设用地土壤污染风险管控标准》（GB 36600）中规定了城乡住宅和公共设施用地、工矿用地、交通水利设施用地、旅游用地、军事设施用地等建设用地的土壤污染风险筛选值和管控值。具体适用范围见表 7-8。

表 7-8 土壤环境质量标准分类及适用范围

用地类型	适用范围	执行标准
农用地	GB/T 21010 中的 01 耕地（0101 水田、0102 水浇地、0103 旱地），02 园地（0201 果园、0202 茶园）和 04 草地（0401 天然牧草地、0403 人工牧草地）	GB 15618
建设用地	GB 50137 规定的城市建设用地中的居住用地（R），公共管理与公共服务用地中的中小学用地（A33），医疗卫生用地（A5）和社会福利设施用地（A6）以及公园绿地（G1）中的社区公园和儿童公园用地等	GB 36600 第一类用地标准
	GB 50137 规定的城市建设用地中的工业用地（M）、物流仓储用地（W）、商业服务业设施用地（B）、道路与交通设施用地（S）、公共设施用地（U）、公共管理和公共服务用地（A，其中 A33、A5、A6 除外）以及绿地和广场用地（G，其中 G1 中的社区公园和儿童公园用地除外）等	GB 36600 第二类用地标准

3）常用污染物排放（控制）标准

（1）标准执行原则

金属矿山项目水型和气型污染物排放标准分为综合排放标准和行业排放标准。标准执行时遵循"地方标准优先于国家标准，行业标准优先于综合标准"的原则。即若有地方排放标准，应优先执行严格的地方污染物排放标准；有行业标准的金属矿山项目执行行业排放标准；没有行业排放标准的金属矿山项目执行综合排放标准。此外，附属于矿山项目的锅炉大气污染物排放执行《锅炉大气污染物排放标准》（GB 13271）。

金属矿山项目环境影响评价常用的污染物排放（控制）标准见表 7-9。

表 7-9 金属矿山项目环境影响评价常用的污染物排放（控制）标准

环境要素	类别	执行标准
废气、废水	铁矿	《铁矿采选工业污染物排放标准》（GB 28661）
	铝土矿	《铝工业污染物排放标准》（GB 25465）
	铅锌矿山	《铅、锌工业污染物排放标准》（GB 25466）
	铜、镍、钴矿山	《铜、镍、钴工业污染物排放标准》（GB 25467）
	镁、钛矿山	《镁、钛工业污染物排放标准》（GB 25468）
	锡、锑、汞矿山	《锡、锑、汞工业污染物排放标准》（GB 30770）
	稀土矿山	《稀土工业污染物排放标准》（GB 26451）
	其他金属矿山	《大气污染物综合排放标准》（GB 16297）《污水综合排放标准》（GB 8978）
噪声	所有金属矿山	《工业企业厂界环境噪声排放标准》（GB 12348）《建筑施工场界环境噪声排放标准》（GB 12523）
固废	所有金属矿山	《危险废物贮存污染控制标准》（GB 18597）《一般工业固体废物贮存、处置场污染控制标准》（GB 18599）

（2）综合排放标准应用时应注意的问题

①《大气污染物综合排放标准》（GB 16297）

排气筒高度除须遵守标准中的排放限值外，还应高出周围 200 m 半径范围内建筑物高度 5 m 以上。不能达到该要求的排气筒，应按其高度对应的表中所列排放速率的标准值的 50% 执行。

②《污水综合排放标准》（GB 8978）

第一类污染物，不分行业和污水排放方式，不分受纳水体的功能类别，不分年限，一律在车间或车间处理设施排放口采样，其最高允许排放浓度必须达到标准要求。

第二类污染物，在排污单位排放口采样，其最高允许排放浓度按年限执行标准的相应要求。

（3）行业污染物排放标准应用时应注意的问题

①气型污染物排放注意的问题

为进一步加强大气污染防治工作，落实国务院批复实施的重点区域大气污染防治规划相关要求，在已颁布实施的相关行业污染物排放标准中规定，在国土开发密度较高、环境承载能力开始减弱，或大气环境容量较小、生态环境脆弱，容易发生严重大气环境污染问题并需要采取特别保护措施的地区，或地方人民政府特别划定的区域，应严格控制企业的污染物排放行为，规定在上述地区的企业大气污染物特别排放限值。

②水型污染物排放注意的问题

在已颁布实施的与金属矿山相关的行业污染物排放标准中均没有对采矿的单位产品基准排放量做出规定，采矿水污染物排放以实测浓度作为判定排放是否达标的依据。

《铁矿采选工业污染物排放标准》（GB 28661）、《铝工业污染物排放标准》（GB 25465）、《铅、锌工业污染物排放标准》（GB 25466）、《铜、镍、钴工业污染物排放标准》（GB 25467）、《稀土工业污染物排放标准》（GB 26451）、《锡、锑、汞工业污染物排放标准》（GB 30770）中均对选（洗）矿的单位产品基准排放量做出了规定。水污染物排放浓度限值适用于单位产品实际排水量不高于单位产品基准排水量的情况。若单位产品实际排水量超过单位产品基准排水量，须按公式（7-1）将实测水污染物浓度换算为水污染物基准排水量排放浓度，并以水污染物基准排水量排放浓度作为判定排放是否达标的依据。产品产量和排水量统计周期为一个工作日。

在企业的生产设施同时生产两种以上产品、可适用不同排放控制要求或不同行业国家污染物排放标准，且在生产设施产生的污水混合处理排放的情况下，应执行排放标准中规定的最严格的浓度限值，并按公式（7-1）换算水污染物基准排水量排放浓度。

$$\rho_{基} = \frac{Q_{总}}{\sum Y_i \cdot Q_{i基}} \cdot \rho_{实} \tag{7-1}$$

式中：$\rho_{基}$ 为水污染物基准排水量排放浓度，mg/L；$Q_{总}$ 为排水总量，m³；Y_i 为第 i 种产品产量，t；$Q_{i基}$ 为第 i 种产品的单位产品基准排水量，m³/t；$\rho_{实}$ 为实测水污染物浓度，mg/L。

若 $Q_{总}$ 与 $\sum Y_i \cdot Q_{i基}$ 的比值小于 1，则以水污染物实测浓度作为判定排放是否达标的依据。

根据环境保护工作的要求，在国土开发密度已经较高、环境承载能力开始减弱，或环境容量较小、生态环境脆弱，容易发生严重大气环境污染问题而需要采取特别保护措施的地区，应严格控制企业的污染物排放行为，规定在上述地区的企业大气污染物特别排放限值。

4)《环境影响评价技术导则》

《环境影响评价技术导则》是环境影响评价行业应遵循的行业标准，此类标准规定了建设项目环境影响评价的一般性原则、内容、工作程序、方法及要求。

环境影响评价技术导则体系由《环境影响评价技术导则　总纲》《专项环境影响评价技术导则》《行业建设项目环境影响评价技术导则》构成。总纲对后两项导则有指导作用，后两项导则的制定要遵循总纲总体要求。要素类专项环境影响评价技术导则包括《环境影响评价技术导则　大气环境》《环境影响评价技术导则　地表水环境》《环境影响评价技术导则　地下水环境》《环境影响评价技术导则　声环境》《环境影响评价技术导则　生态影响》《环境影响评价技术导则　土壤环境》《建设项目环境风险评价技术导则》等环境影响评价技术导则，以及《环境影响评价公众参与办法》。

《环境影响评价技术导则　总纲》主要对环境影响评价工作程序、环境影响评价原则、环境影响评价各工作阶段、环境影响评价报告书的编制内容等进行规定。

要素类专项环境影响评价技术导则详细规定了各环境要素的工作程序，评价工作等级和评价范围的确定方法和要求，环境现状调查评价方法和要求，环境影响预测方法和要求，环境影响评价方法和要求，环境保护措施和生态影响防护、恢复、补偿和替代方案，各要素的环境影响评价专题文件的编写要求等。

金属矿山项目常用的环境影响评价技术导则见表7-10。

表 7-10　金属矿山项目常用的环境影响评价技术导则

类别	导则名称	标准号
总纲	环境影响评价技术导则　总纲	HJ 2.1
环境要素	环境影响评价技术导则　大气环境	HJ 2.2
	环境影响评价技术导则　地表水环境	HJ 2.3
	环境影响评价技术导则　声环境	HJ 2.4
	环境影响评价技术导则　生态影响	HJ 19
	环境影响评价技术导则　地下水环境	HJ 610
	环境影响评价技术导则　土壤环境	HJ 964
	建设项目环境风险评价技术导则	HJ 169
公众参与	环境影响评价公众参与办法	

环境影响评价作为一种科学的评价方法和技术手段，在理论研究和实际应用过程中不断改进和完善，《环境影响评价技术导则》也在陆续更新，在应用过程中须执行现行版本。

7.3　矿山环境影响评价技术要点

7.3.1　矿山工程环评重点

矿山项目环境影响评价相比其他项目的环评有其自身特点。首先，由于各矿山项目开采矿种以及所处地质环境等的差异性，使矿山环评具有相当的复杂性。其次，除与一般建设项目一样会造成地表水、环境空气、声环境、土壤环境影响以及生态环境影响外，矿山项目还多伴随着地下水、地质环境甚至振动环境影响等，使得矿山环评必须综合而全面。再次，矿山项目的环境影响不仅产生于施工期和运营期，还包括退役期，因此矿山环评必须针对矿山开发全过程，同时也要考虑环境影响在时间上的累积性。最后，矿山项目产生的很多环境问题是间接的、潜在的，因此矿山环境影响具有不确定性，环评时需特别关注其带来的风险。

由于矿山环评具有上述特点，因此，矿山工程环评的重点可以概括为以下几个方面：

1）对建设项目进行工程分析，根据项目特点及污染物排放情况，在满足"清洁生产""循环经济""达标排放""总量控制"各项要求的基础上，核定污染物产生量及排放量，预测工程对评价区环境质量产生影响的程度和范围。切实贯彻矿山生态环境保护与污染防治技术政策，提出可行的污染防治措施。

2）对评价区的环境质量现状进行评价，结合污染源调查，分析评价区存在的主要环境问题，依据重金属污染控制等相关规划的要求，提出区域环境综合治理建议。

3）通过生态环境现状评价，阐明生态系统整体质量状况、生态类型及特点，明确主要生态环境问题；分析项目引起的土地利用类型变化、地貌破坏、水土流失、植被破坏、区域水文地质改变等环境问题，分时段提出切实可行的生态保护或修复计划。

4）通过对矿山周边评价范围内地表水资源调查及工程水量平衡，分析项目建设之后，对周边地表水的影响，提出减缓或避免不利影响的措施。

5）根据评价区水文地质报告，了解矿山所在水文单元内地下水补给、径流及排泄的关系，预测和评价项目建设对地下水环境质量的影响，提出减缓或避免不利影响的措施。

6）对项目建设范围及附近敏感点进行大气环境、地面水环境、地下水环境、声环境、土壤环境等进行现状监测评价，预测项目建设对周围环境的影响。如开采过程中需要爆破时，应分析爆破振动对区域民居、道路和野生动物的影响。

7）对施工期、退役期及其环境风险进行评价，提出施工期、退役期的环境保护措施，针对废石场、炸药库、油库等提出切实可行的风险防范措施和应急预案。

8）优化环保措施，给出明确完整的污染防治、生态环境保护措施，并论证其技术经济可行性。从环境保护角度论证项目工业场地、废石场的规模、选址及总体布局的合理性和建设的环境可行性，为主管部门提供决策依据。

7.3.2　矿山工程分析

矿山项目环境影响评价中的工程分析，简单地讲就是对矿山开发的工程方案和整个工程活动进行分析，从环境保护角度分析项目性质、工艺设备水平、清洁生产水平、工程环境保护措施方案，以及总图布置、选址选线方案等，提出要求和建议，确定项目在建设期、运营期以及服务期满后的主要污染源强、生态影响等环境影响因素。

工程分析贯穿于整个环境影响评价工作的全过程，从宏观上可以掌握矿山建设项目与区域环境保护的关系，在微观上可以为环境影响预测、评价提供基础数据。

1）工程分析的作用

工程分析的作用主要体现在以下几点：

（1）工程分析是项目决策的重要依据之一

在一般情况下，对于矿山建设项目，工程分析需从环境保护角度详细描述项目建设性质、产品结构、生产规模、原料组成、工艺技术、设备选型、能源结构和排放状况、技术经济指标、总图布置方案、清洁生产水平、环保措施方案、规划方案、选线选址、施工工艺、运行方式等，从法律法规和产业政策符合性、污染物达标排放的可行性、总图布置及选址选线合理性等方面进行论证，为项目的决策提供依据性意见。

（2）为各专题预测评价提供基础数据

在工程分析中，需要对各个生产工艺的产污环节进行详细分析，对各个产污环节的排污源强进行仔细核算，从而为水、气、固体废物和噪声的环境影响预测、污染防治对策及污染物排放总量控制提供可靠的基础数据。

（3）为环境保护设计提供优化建议

矿山开发项目的环境保护设计需要以环境影响评价为指导，尤其是改、扩建项目，要想通过"以新带老"的方式，把历史积累下来的环境保护"欠账"加以解决，就需要通过工程分析从环境保护全局要求和环境保护技术方面提出具体意见。工程分析应对生产工艺进行优化论证，提出符合环境保护要求的生产工艺建议，指出工艺设计上应该重点考虑的防污、减污问题。此外，工程分析对于环境保护措施方案中的拟选工艺、设备及其先进性、可靠性、实用性所提出的剖析意见也是优化环保设计不可缺少的资料。

（4）为项目的环境管理提供建议指标和科学依据

工程分析筛选的主要污染因子是项目建设单位和环境管理部门日常管理的对象，所提出的环境保护措施是工程验收的重要依据。

2）工程分析的方法

建设项目的工程分析都应根据项目规划、可行性研究和设计方案等技术资料进行。目前可供选用的方法有类比法、物料衡算法和资料复用法。

（1）类比法

类比法是用与拟建矿山项目类型相同的现有项目的设计资料或实测数据进行工程分析的常用方法。采用此法时，为提高类比数据的准确性，应充分注意分析对象与类比对象之间的相似性和可比性。如：

①工程一般特征的相似性。一般特征包括建设项目的性质、建设规模、产品结构、开采工艺、原料、燃料成分与消耗量、用水量和设备类型等。

②污染物排放特征的相似性。包括污染物排放类型、浓度、强度与数量，排放方式与去向，污染方式与途径等。

③环境特征的相似性。包括气象条件、地貌状况、生态特点、环境功能以及区域污染情况等方面的相似性。因为在生产建设中常会遇到这种情况，即某污染物在甲地是主要污染因素，在乙地则可能是次要因素，甚至是可被忽略的因素。

类比法也常用单位产品的经验排污系数去计算污染物排放量。但是采用此法时必须注意，一定要根据生产规模等工程特征、生产管理水平，以及外部因素等实际情况进行必要的修正。

经验排污系数法公式：

$$A = A_D \times M \tag{7-2}$$

$$A_D = B_D - (a_D + b_D + c_D + d_D) \tag{7-3}$$

式中：A 为某污染物的排放总量；A_D 为单位产品某污染物的排放定额；M 为产品总产量；B_D 为单位产品投入或生成的某污染物量；a_D 为单位产品中某污染物的量；b_D 为单位产品所生成的副产物、回收品中某污染物的量；c_D 为单位产品分解转化掉的污染物量；d_D 为单位产品被净化处理掉的污染物量。

采用经验排污系数法计算污染物排放量时，必须对生产工艺、化学反应、副反应和管理等情况进行全面了解，掌握原料、辅助材料、燃料的成分和消耗定额。一些项目计算结果可能与实际存在一定的误差，在实际工作中应注意结果的一致性。

（2）物料衡算法

物料衡算法是用于计算污染物排放量的常规方法。此法的基本原则是依据质量守恒定律，即在生产过程中投入系统的物料总量必须等于产出的产品量和物料流失量之和。其计算通式如下：

$$\sum G_{投入} = \sum G_{产品} + \sum G_{流失} \tag{7-4}$$

式中：$\sum G_{投入}$ 为投入系统的物料总量；$\sum G_{产品}$ 为产出产品总量；$\sum G_{流失}$ 为物料流失总量。

工程分析中常用的物料衡算有：①总物料衡算；②有毒有害物料衡算；③有毒有害元素物料衡算。

（3）资料复用法

此法是利用同类工程已有的环境影响评价资料或可行性研究报告等资料进行工程分析。虽然此法较为简便，但所得数据的准确性很难保证，所以只能在评价工作等级较低的建设项目工程分析中使用。

3）工程分析的工作内容

矿山建设项目工程分析的主要工作内容为：建设项目概况、工艺流程及产污环节分析、污染源分析、环境保护措施方案分析、总图布置方案分析。

在上述内容中，五张表格[项目组成表、原辅材料消耗表、污染源强表、新(改、扩)建项目污染物排放量统计表、环境保护投资表]要交代清楚；三个图(总平面布置图、工艺流程图和物料平衡图)要交代清楚。

（1）建设项目概况

建设项目概况包括主体工程、辅助工程、公用工程、环保工程、储运工程以及依托工程等。

①介绍项目的基本情况，包括工程名称、建设性质、建设地点、项目组成、占地面积、建设规模、产品方案、施工方式、施工时序、建设周期和运行方式、总投资及环境保护投资等。

②根据工程组成和工艺，明确项目消耗的原料、辅料、燃料、水资源等种类、构成和数量，给出主要原辅材料及其他物料的理化性质、毒理特征，产品及中间体的性质、数量等。对于含有毒、有害物质的原辅材料还应给出组分。

③列出项目组成表和原辅材料消耗表，并附工程总平面布置图。

（2）工艺流程及产污环节分析

绘制生产工艺污染流程图，在工艺流程中标明污染物的产生位置和污染物类型，不产生污染物的过程和装置可以简化。

（3）污染源强分析与核算

污染源和污染物类型统计排放量是各专题评价的基础资料，必须根据污染物产生环节（包括生产、装卸、储存、运输）、产生方式和治理措施，核算建设项目在有组织与无组织、正常工况与非正常工况下的污染物产生和排放强度，给出污染因子及其产生和排放的方式、浓度、数量等。

核算时，应根据生产工艺污染流程图中的排放点分类编号，标明污染物排放部位，然后列表逐点统计各种污染因子的排放强度、浓度及数量。对于最终排入环境的污染物，确定其是否为达标排放。

污染物排放量的统计，对于新建项目要求清算两本账：一是工程工艺过程中污染物产生量，另一个则是按治理规划和评价规定措施实施后能够实现的污染物削减量。两本账之差才是评价所需要的污染物最终排放量。对于改、扩建项目和技术改造项目的污染物排放量统计则要求清算三本账：技改扩建前污染物排放量、技改扩建项目污染物排放量、技改扩建完成后污染物排放量（包括"以新带老"污染物削减量），其相互关系为：

技改扩建前污染物排放量－"以新带老"污染物削减量＋技改扩建项目污染物排放量＝技改扩建项目完成后污染物排放量

对于废气可按点源、面源、线源进行分析，说明源强、排放方式和排放高度及存在的有关问题。对废水应说明有害成分，对固体废物应说明溶出物浓度、数量、转运方式、固废属性、处理和处置方式及储存方法，对噪声和放射性应列表说明源强、剂量及分布。

（4）环境保护措施方案分析

环境保护措施方案分析包括两个方面：首先对项目可行性研究报告提供的污染防治措施进行技术先进性、经济合理性及运行可靠性评价；若所提措施不能完全满足环境保护要求，则须提出改进的建议，包括替代方案。分析要点如下：

①分析建设项目可行性研究阶段的环境保护措施方案，并提出改进意见。根据建设项目产生的污染物特点，充分调查同类企业现有的环境保护处理方案，分析建设项目可行性研究阶段所采用的环境保护设施的先进水平和运行可靠程度，并提出进一步改进的意见，包括替代方案。

②分析污染物处理工艺，排放污染物达标的可靠性。根据现有同类环境保护设施运行的技术经济指标，结合建设项目环境保护设施的基本特点，分析论证建设项目环境保护设施的技术经济参数的合理性，并提出进一步改进的意见。

③分析环境保护设施投资构成及其在总投资中所占的比例。汇总建设项目环境保护设施的各项投资，分析其投资结构，并计算环境保护投资在总投资中所占的比例。对于技改扩建项目，其中还应包括"以新带老"的环境保护投资内容。

④依托环保设施的可行性分析。对于改、扩建项目，原有工程的环保设施有相当一部分是可以利用的，但能否满足改、扩建后的要求，须分析其依托的可行性。

（5）总图布置方案分析

①分析环境防护距离的保证性。参考国家的有关环境防护距离规范，调查、分析场址与

周围环境保护目标之间所定的防护距离的可靠性，合理布置建设项目的各建筑物及生产设施，给出总图布置方案与外环境关系图。图中应标明环境敏感点与建设项目的方位、距离和环境敏感的性质。

②分析工业场地布置的合理性。在充分掌握项目建设地点的气象、水文和地质资料等条件下，认真考虑这些因素对污染物污染特性的影响，减少不利影响，合理布置工业场地。

③分析场址周边村镇居民拆迁及防护的必要性。分析项目所产生的污染物的特点及其污染特征，结合现有的有关资料，确定建设项目对附近村镇的影响，分析村镇居民拆迁及防护的必要性。

4）工程分析要点

矿山开发项目环境影响评价的工程分析一般要把握如下几个要点：

（1）工程组成完全。即把所有工程活动都纳入分析中，一般矿山建设项目的工程组成有：主体工程（如采场、工业场地、废石堆场等），配套辅助工程（如炸药库、材料库、油库及加油站、机修车间、变配电站等），公用工程（如给排水工程、拦水调节工程、采暖供热工程、供气供电工程等），环保工程（如废气、废水、固废、降噪处理措施，事故处理设施，厂区绿化等）。工程分析必须将所有的工程建设活动，无论临时的、永久的，施工期的或运营期的，直接的或相关的，都考虑在内，且应有完善的项目组成表，明确占地、规模、技术标准等主要内容。

（2）重点工程明确。主要造成环境影响的工程应作为重点的工程分析对象（采场、废石堆场等），明确其名称、位置、规模、建设方案、施工方案、运营方式等。一般还应将其所涉及的环境作为分析对象，因为同样的工程发生在不同的环境中，其影响和作用是不相同的。

（3）全过程分析。矿山项目的环境影响在不同时期有不同的问题需要解决，因此必须做全过程分析。一般可将全过程分为建设期、运营期和退役期（服务期满、闭矿、设备退役和废石场封闭等）。

（4）污染源分析。明确主要产生污染物的源，污染物类型、源强、排放方式和纳污环境等。污染源可能发生于施工建设期，亦可能发生于运营期，甚至可能发生于退役期。污染源的控制要求与纳污的环境功能密切相关，因此必须同纳污环境联系起来进行分析。

（5）其他分析。施工建设方式、运营期方式不同，都会对环境产生不同影响，需要在工程分析时给予考虑。有些发生可能性不大，但一旦发生将会产生重大影响者，则可作为风险问题考虑。

7.3.3　矿山环境影响因素分析

1）环境影响因素识别

环境影响因素识别就是指通过系统地检查拟建项目的各项活动与各环境要素之间的关系，识别可能的环境影响，包括环境影响因子、影响对象、环境影响程度和环境影响的方式。

按照拟建项目的活动对环境要素的作用属性，环境影响可以划分为有利影响、不利影响，直接影响、间接影响，短期影响、长期影响，可逆影响、不可逆影响等。

环境影响的程度和显著性与拟建项目的活动特征、强度以及相关环境要素的承载能力有关。有些环境影响可能是显著或非常显著的，在对项目做出决策之前，需要进一步了解其影响的程度，了解所需要或可采取的减缓、保护措施以及防护后的效果等，有些环境影响可能是不重要的，或者说对项目的决策、项目的管理没有什么影响的。环境影响识别的任务就是要区分、筛选出显著的、可能影响项目决策和管理的、需要进一步评价的主要环境影响。

在矿山开采项目环境影响因素识别中，一般应考虑以下问题：

（1）项目的特性，如项目类型、规模等。

（2）项目涉及的当地环境特性及环境保护要求，如自然环境、环境保护功能区划、环境保护规划等。

（3）识别主要的环境敏感区和环境敏感目标。

（4）开展自然环境和社会环境识别。

自然环境要素可划分为地形、地貌、地质、水文、气候、地表水质、空气质量、土壤、森林、草场、陆生生物、水生生物等。社会环境要素可以划分为城市（镇）、土地利用、人口、居民区、交通、水利设施、文物古迹、风景名胜、自然保护区、健康以及重要的基础设施等。

（5）突出对重要的或社会关注的环境要素的识别。

这包括自然保护区、风景名胜区、世界文化和自然遗产地、海洋特别保护区、饮用水源保护区、基本农用保护区、基本草原、森林公园、地质公园、重要湿地、天然林、野生动物重要栖息地、重点保护野生植物生长繁殖地、重要水生生物自然产卵场、索饵场、越冬场和洄游通道、天然渔场、水土流失重点防治区、沙化土地、封禁保护区、封闭及半封闭海域，以居住、医疗卫生、文化教育、科研、行政办公等为主要功能的区域，以及文物保护单位。

矿山开采项目需要根据采矿工艺和污染物排放特点，结合评价区的环境特征，对按不同时段产生的主要环境影响因素、影响类型和影响程度进行识别。矿山类项目一般可分为施工期、营运期和退役期三个阶段。

环境影响因素识别的任务就是根据项目对环境影响的识别，找出对环境可能造成不利影响、直接影响、长期影响和不可逆影响的因子作为评价的重点。

矿山开采项目在施工期、运营期、退役期的主要环境影响因素见表7-11。

表7-11　矿山开采项目主要环境影响因素识别

评价阶段	生态	自然景观	地表水环境	地下水环境	大气环境	声环境	重要环境要素
施工期	√	√	√	√	√	√	√
运营期	√	√	√	√	√	√	√
退役期	√	√	√	√	√	—	√

矿山开发过程中，将或多或少破坏地表的土层和植被，产生的废石也将占用土地，对生态和自然景观产生影响。金属矿山，尤其是大型露天开采的金属矿山可能会造成生态系统结构产生重大变化、重要生态功能改变或生物多样性明显减少。采矿过程中排放的废水对水环境影响较大，因此，矿山开发建设项目的环境影响重点因素是生态环境和水环境。

同时，采矿过程中排放废气对大气环境也将造成影响；采矿生产使用的设备大多为高噪声设备，噪声对环境的影响不容忽视。

2）评价因子筛选

（1）生态评价

生态评价因子主要为植物、动物、土壤、景观。

（2）大气环境评价

①废气来源和种类

采矿工业废气指在矿山开采过程中，因凿岩、爆破、破碎和运输，燃料燃烧等产生的含污染物质的有毒有害气体。主要污染物为粉尘、炮烟、柴油机尾气等，主要来源为采矿凿岩、爆破、破碎，矿石装运作业工作面、露天矿采矿场和运输扬尘，排土场扬尘等。

②大气污染因子及评价因子的筛选

大气污染因子主要为粉尘。

现状评价因子一般为 TSP、PM_{10}、SO_2、NO_2 以及与项目相关的重金属污染物。

（3）水环境评价

①废水来源和种类

采矿废水是指矿山开采过程中形成的废水。通常地下采掘工程废水主要来源于蓄水层涌入或渗入井下的水和地表降水、采矿工艺过程产生的废水、废石堆场径流和渗漏水。露天采掘废水主要来源于采场排水和废石堆场排水等。

②水评价污染因子及评价因子的筛选

采矿废水中矿坑或井下涌水、废石场淋溶水等一般含有多种重金属，因此，采矿废水的主要污染因子一般为 pH、COD、SS、氨氮、石油类和重金属等。

（4）土壤环境

矿山开采在剥离地表土层、废水排放、粉尘无组织排放、废石堆存等过程中都将对矿区土壤环境产生影响。

金属矿山开采项目土壤环境评价因子重点关注重金属。

（5）噪声和振动

金属矿开采中产生噪声的设备主要为各类钻机、电铲、推土机、破碎机以及运输设备等；开采时如需进行爆破作业，则应考虑爆破噪声。

评价因子主要为设备噪声、交通运输噪声和爆破噪声。

矿山开采进行爆破作业时将造成振动，应评价振动可能产生的影响，尤其是露天采矿。

（6）放射性

如矿石伴生放射性元素，则应进行矿区及周围土壤的放射环境现状调查，了解土壤放射本底水平，为工程建成投产后的可能影响提供对照数据。同时监测或类比分析矿样、废石的辐射水平。

监测和评价因子一般为：天然铀含量、天然钍含量，以及总 α 放射性水平、总 β 放射性水平。

7.3.4　矿山环境影响评价技术要点

1）矿山环境现状调查

矿山环境现状调查是环境影响评价的重要组成部分，一般情况下应根据建设项目所在地区的环境特点，结合环境要素影响评价的工作等级，确定各环境要素的现状调查范围，并筛选出应调查的有关参数。其调查目的就是为了掌握环境质量现状或背景，为环境影响预测、评价和累积效应分析以及投产运行进行环境管理提供基础数据。

在矿山项目环境现状调查中，对环境中与评价项目有密切关系的部分，如生态、大气、地面水、地下水、声环境、土壤等，应全面、详细地进行调查，对这些部分的环境质量现状应有定量的数据并做出分析或评价；对一般自然环境与社会环境的调查，应根据评价地区的实际情况进行调查。

环境现状调查的方法主要有三种，即收集资料法、现场调查法和遥感的方法。收集资料法应用范围广、收效大，比较节省人力、物力和时间，但此方法只能获得第二手资料，而且往往不全面，不能完全符合要求，需要其他方法补充；现场调查法可以针对使用者的需要，直接获得第一手的数据和资料，以弥补收集资料法的不足；遥感的方法可从整体上了解一个区域的环境特点，可以弄清人类无法到达地区的地表环境情况，如一些大面积的森林、草原、荒漠等。针对矿山项目，在大气、地表水、地下水、声环境、土壤等环境要素的现状调查中，通常采用收集资料法和现场调查法相结合的方式，但在调查生态环境现状时，由于矿山建设周期较长，生态破坏力大，特别是在露天开采时，一般通过三种方法的有机结合来进行调查。

2）矿山环境影响预测

（1）预测的原则。预测的范围、时段、内容及方法应按相应评价工作等级、工程与环境特性、当地的环境要求而定。同时应考虑预测范围内规划的建设项目可能产生的环境影响。

（2）预测的方法。通常采用的预测方法有数学模式法、物理模型法、类比调查法和专业判断法。预测时应按照环评技术导则要求，尽量选用通用、成熟、简便并能满足准确度要求的方法。

（3）预测阶段和时段。矿山开发建设项目的环境影响分为三个阶段，即建设阶段、生产运营阶段、退役阶段，以及两个时段，即冬、夏两季或丰、枯水期。所以预测工作在原则上也应与此相对应。同时，由于一般情况下矿山项目污染物排放种类较多、影响时期较长，影响范围较广，因此，除预测正常排放情况下的影响外，还应预测各种不利条件下的影响，包括事故排放的环境影响。

（4）预测的范围和内容。为全面反映评价区内的环境影响，预测点的位置和数量除应覆盖现状监测点外，还应根据工程和环境特征以及环境功能要求而设定。预测范围应等于或略小于现状调查的范围。

预测的内容依据评价工作等级、工程与环境特征及当地环保要求而定，重点考虑污染物在环境中的污染途径及其对环境的影响。

3）矿山环境影响评价

（1）生态环境影响评价

①施工期生态环境影响评价

矿山项目开发建设过程中，采场基建工程、工业场地、废石场以及运输道路等设施的建设，将长期或永久占用大量土地，改变土地的原有使用功能，破坏地表植被，改变地貌形态，甚至导致区域内生态景观类型与格局发生变化；同时，区域植被覆盖面积的减少，以及人类活动的干扰，会影响野生动物的活动范围，从而导致区域内生物量的减少。除此之外，基建活动的表土剥离、开挖、场地平整等活动也会对地表土壤产生扰动，造成区域内的水土流失。

施工期环境影响评价应分析施工期的施工活动对野生动植物（重点是国家与省级保护、珍稀、濒危、特有动植物）和生态景观（包括风景名胜区、名胜古迹、旅游景区等）的影响范围、影响程度及后果等，并对其不利影响提出减免和保护、恢复措施。

②运营期生态环境影响评价

在运营期，矿山开采、废石堆放等都将破坏地表植被，改变地表形态和面貌，使原有的自然景观变为工矿景观，并导致区域内生物量的减少；废石堆存经雨水淋溶形成的浊流，进入周边的水域后，影响水质，从而造成对水生生物的影响；爆破烟尘、运输扬尘、堆场风力扬尘等也会给周围植被带来一定的污染影响；地下开采导致的地表沉降也会对生态环境造成影响等。

运营期环境影响评价应分析上述影响的范围、程度及后果等，并根据当地环境特征，对不利影响提出减免和保护、恢复措施，制定生态补偿、替代方案和生态恢复计划。

③退役期生态环境影响评价

矿山在开采过程中，其地形、地貌和植被种类、覆盖率均发生变化。一般来说，矿山服务期满并经采取生态恢复措施后，呈现在人们面前的是什么样的景观，环境影响评价应予以预测描述。有条件的最好附上服务期满后生态恢复效果彩图。

（2）水环境影响评价

金属矿开采过程中带来的水环境污染问题也十分严重，地表水的环境影响评价应结合工程的排污情况，预测分析正常工况下对本地区地表水环境的影响；同时分析可能发生事故排放的情况和概率，预测事故排放对地表水环境的影响范围和程度，提出具体的预防事故发生的措施及发生事故后的应急预案。根据项目对地表水影响程度、影响范围和水环境功能的要求，提出减缓地表水环境影响，使地表水质达到水环境功能要求的对策和建议。

环境影响评价应充分重视地下水评价工作，收集水文、地质资料。通过水文地质调查，阐明矿区地表水系水文特征和地下水含（透）水层、隔水层分布情况及岩溶发育、水位、流向等，并绘制相应图件，根据项目所在区域水文地质条件，确定地下水评价深度和重点。

水环境评价还要重视地下水和地表水的相互转换问题，如地下水以泉的方式涌出地表，以及地表水补给地下水的方式等。尤其应关注矿山给排水对地下水和地表水环境造成的水质和水量变化，可能对当地生产用水和居民用水安全产生的影响。

（3）固体废物处置评价

调查废石堆场地质、工程设计资料，分析堆场选址的合理性，废石排放的安全性和稳定措施的有效性，废石淋溶水的产生量、处理措施，对地表水、地下水环境的影响，废石运输和堆存产生的二次扬尘对周边大气环境及生态环境的影响，同时还应根据当地环境特征提出逐步复垦的方案。

在评价中，首先应根据《危险废物鉴别标准浸出毒性鉴别》（GB 5085.3），做废石毒性浸出试验，判别废石性质。然后确定废石场底部和边坡是否需采取防渗措施或采取哪种防渗措施。必须注意的是，评价提出过严或过松的防渗措施都是不妥的，应结合国内外的实际工程经验，提出经济投入与环境效益相匹配的污染防治措施。

4）项目选址的合理性

重点分析矿山开发项目的选址与国家"三线一单"的符合性，即生态保护红线、环境质量底线、资源消耗上线和环境准入负面清单；同时分析矿山项目与城市总体规划、矿山资源规划、环境保护规划，以及相关的自然保护区、风景名胜区等敏感目标的规划符合性。

废石场（排土场）选址是矿山环评重点关注的工程设施选址，应从地形地貌、水文地质、自然环境敏感程度、社会环境敏感程度、环境风险敏感程度、规划符合性、污染控制条件、建设费用、运输条件、移民搬迁等方面分析废石场选址的环境合理性，必要时可进行多场址方案比选，选出综合条件最优的场址，然后对选出的最优场址进行合理性分析。

5) 国家相关政策的符合性

项目与产业政策的符合性是环评审批的主要内容之一。矿产资源开发应符合国家产业政策要求，选址、布局应符合所在地的区域发展规划。

与矿山开发项目相关的宏观产业政策主要有《产业结构调整指导目录》《矿山生态环境保护与污染防治技术政策》《外商投资产业指导目录》《部分工业行业淘汰落后生产工艺装备和产品指导目录》《矿产资源节约与综合利用鼓励、限制和淘汰技术目录》等。《产业结构调整指导目录》将各类产业分为鼓励类、限制类和淘汰类三大类，与金属矿山有关的主要是钢铁、有色金属和黄金等；《矿山生态环境保护与污染防治技术政策》主要是对矿产资源的开发规划与设计、矿山基建、采矿和废弃地复垦等阶段的生态保护与污染防治提出了明确的要求和技术方向，规定了禁采、限采范围，并提出了阶段性目标和考核指标体系；《外商投资产业指导目录》直接罗列了采矿业鼓励、限制、禁止外商投资的产业项目；《部分工业行业淘汰落后生产工艺装备和产品指导目录》则直接明确了钢铁和有色金属行业中，哪些工艺和装备在现阶段属于落后淘汰类；《矿产资源节约与综合利用鼓励、限制和淘汰技术目录》从采矿综合技术，矿产资源利用技术，矿业固体废弃物、废水、废气利用技术，矿山环境修复技术等方面列出了各类鼓励、限制和淘汰的工艺。

矿山开发项目除了不能违反上述的国家宏观产业政策外，还应满足各行业的规范条件、准入条件、发展规划等，如《铝行业规范条件》《铜冶炼行业规范条件》《铅锌行业规范条件》《稀土行业规范条件》等，主要从企业布局和生产规模，质量、工艺和装备，能源消耗，资源消耗及综合利用，环境保护，安全生产与职业病防治，规范管理等方面分析项目与行业规范条件、准入条件和行业发展规划的符合性。

由于矿山项目涉及重金属污染，因此，环评过程中，还需要分析项目与国家重金属污染防治方面的政策和规划，如《重金属污染综合防治规划》等。除此之外，还应收集项目所在地方的城市总体规划、土地利用规划、工业发展规划、环境保护规划、矿产资源利用规划等，分析其符合性。

6) 环境风险评价

矿山环境风险分析的内容主要包括：环境风险的识别与筛选；确定危害范围及风险程度分析；环境风险影响分析；风险防护措施和应急预案。

采矿活动中可能产生的环境风险因素包括工程风险因素、人为环境因素和自然环境因素。采矿活动的环境风险识别见表 7-12。

表 7-12　采矿活动的环境风险识别

类别	环境风险
露天矿山	开采造成地质环境改变，将导致采场边坡存在失稳的风险；岩爆可能引发的意外事故；排土场的压缩沉降变形和失稳可能进一步导致滑坡、泥石流等灾害；因人为原因或电线短路等引起火灾导致的油库泄露及爆炸、炸药库爆炸等事故
井下开采矿山	塌方事故；工作面的冒顶和突水淹面事故；井下巷道的粉尘污染；排土场的压缩沉降变形和失稳可能进一步导致滑坡、泥石流等灾害；因人为原因或电线短路等引起火灾导致的油库泄露及爆炸、炸药库爆炸等事故

环境风险评价的一项基础工作是确定项目的重大危险源。我国目前还没有适用于采掘项目的重大危险源识别标准，但国家安监局在 2004 年颁布的《关于开展重大危险源监督管理工作的指导意见》中指出：金属、非金属地下矿山中的瓦斯矿井、水文地质条件复杂的矿井、有自燃发火危险的矿井以及有冲击地压危险的矿井须申报为重大危险源。

采矿环境风险影响的控制措施主要包括以下几个方面：

（1）通过改革生产工艺或改进生产设备，减轻环境风险。

（2）加强人员培训，提高安全生产水平。

（3）编制风险应急预案，建立风险应急体系和应急救援行动的方案，并在风险识别、风险估测、风险评价、风险管理中体现 ISO9000 和 ISO14000 体系的思想。

（4）与保险业合作承担风险管理，以经济手段强化企业抗事故风险能力。

7）总量控制

总量控制是在污染严重、污染集中的区域或重点保护的区域范围内，通过有效的措施，把排入这一区域的污染物总量控制在一定的数量，使其达到预定环境目标的一种控制手段。

实施污染物总量控制是我国环境保护管理的一项基本制度，通过行政干预的办法，以控制污染物排放总量的方式来有效控制环境污染，达到保护环境、维持生态平衡的目的，并通过允许排放总量的合理分配，形成环境资源有偿使用的合理格局，提高企业污染治理的积极性。

矿山环境影响评价应通过对项目的主要污染源分析，在弄清楚项目建设前后污染物排放总量的前提下，提出该项目主要污染物的总量控制目标和要求，然后由矿山建设单位向环境保护主管部门申请总量指标。企业的总量控制目标应满足国家污染物总量控制计划和区域污染物总量控制计划的要求。

根据总量控制的要求，项目应通过实施污染防治措施，开展区域综合整治，以及通过"以新带老"等积极有效的手段来开展环境治理工作，从而削减污染物的排放，保证项目的排污总量控制在当地环境承载力允许的范围内。

矿产资源开发项目的总量控制指标一般包括 COD、氨氮、SO_2、NO_x，以及与项目相关的重金属污染物（如 Pb、Hg、As、Cr、Cd 等）。

8）环境影响的经济损益

矿山环境经济损益分析就是对矿山建设项目可预见的生态环境问题，通过补偿原则，提出防治、恢复的若干方案，并对各方案的费用与效益进行评价，通过比较，从中选出净效益最大的方案。

（1）矿山环境经济损益分析的作用

进行矿山环境经济损益分析，以选择保护矿山环境的最优工程方案和对策，可以减少建设单位在项目施工期和运营期为保护环境所带来的额外费用支付，从而取得最佳的经济效益、社会效益和环境效益。

（2）矿山环境经济损益分析的内容

①经济效益

主要通过分析矿山的投资成本、运行成本、正常年营业收入、正常年税后净利润、投资利润率、收益率、项目投资回收期等内容来度量项目的建设是否具有良好的经济效益。

②社会效益

主要通过分析项目产品的功能用途和市场前景需求，企业对当地经济发展的贡献，对国家和当地的税收贡献，对相关产业的影响程度，以及创造的劳动就业机会等方面，来度量项目创造的社会效益。

③环境效益

环境效益包括直接环境效益和间接环境效益两个方面，直接环境效益主要是物料流失的减少，资源、能源利用率的提高，废物综合利用，废物资源化等效益；间接环境效益主要是环境污染或破坏造成经济损失的减少。

④环境经济损益指标分析

通过估算污染控制及废弃物处理、生态环境治理、"以新带老"治理设施、区域综合整治工程等的环保投资费用和环保运行费用，以及环保设施运行过程中带来的直接和间接的环境收益，基于环保消耗费用系数、产值环境系数、环境经济损益系数等指标来分析项目环境经济效益是否合理。

9）环境管理与环境监测

（1）环境管理

环境管理体系是企业生产管理体系的重要组成部分，建立环境管理体系可使企业在发展生产的同时控制污染物总量的排放，减少对环境的影响，提高企业的清洁生产水平，为企业创造更好的经济效益和环境效益，树立良好的社会形象。在矿山环境影响评价中，要求提出环境管理的建议，建立一套基于 ISO14000 系列标准的管理体系。

矿山项目环境管理的内容包括：环境管理机构设置与人员配备，环境管理制度、环境保护管理实施办法的建立与执行，环境管理机构的职责，施工期、投产前期、运营期和退役期的环境管理内容，施工期、运营期、退役期的环境监管计划、排污口管理、"三同时"验收计划等。

矿山环境影响评价中环境管理应遵循以下原则：

①对各个部门应负的环境保护的法律责任，给予的权限、义务均加以明确，并配以必要的资源；

②对有关人员，尤其是涉及重大环境因素的人员进行培训，使之有能力胜任工作，并使所有人员具有环境保护的意识；

③对所有的规章制度、记录、文件等，均应进行有效的管理，以备查询；

④加强企业内部及外部有关环境保护方面的信息交流；

⑤建立运行控制程序，使所有操作按规程进行，包括应急响应措施；

⑥制定内部与委托外部监测计划，确保对企业生产经营活动的控制；

⑦充分体现公众参与和社会磋商；

⑧及时预防与纠正违章情况，并不断改进矿山环境管理机制。

（2）环境监测

环境监测是在调查研究的基础上，监视、检测代表环境质量的各种数据的活动的全过程。环境监测是一项科学性很强的工作，它的直接产品是监测数据，环境监测质量的好坏集中反映在数据上。环境影响评价所涉及的主要监测工作包括评价区域的环境质量现状监测、污染源的污染排放监测和生态影响监测等。

环境影响评价的监测内容除常规监测项目外，也应对矿山的酸碱、重金属等特征性物质进行监测；既包括对现状和项目建成运行后的环境影响的监测调查，也含有对项目施工期间造成的环境影响的监测；还要在拟定项目建成后，对污染源的排污状况及其对环境的影响制定长期监测计划，建立环境监测制度。

国家环境保护标准中对不同矿山行业的主要污染源提出了不同的污染控制要求，矿山环境监测项目要以国家标准规定为依据，根据各个矿山企业的具体条件选择确定。矿山环境监测应进行的基本项目如表 7-13 所示。

表 7-13　矿山环境监测基本项目

监测对象	监测项目
废水监测	流量、pH、水温、COD、NH_3-N、Pb、Zn、Cu、Cd、Cr^{6+}、As、Hg、Ni、Mo、Ag、Sb、Co、Tl、总磷、挥发酚、石油类、硫化物、氟化物、氰化物等
废气监测	颗粒物、SO_2、NO_2 等
固体废物监测	固体废物有害特性(腐蚀性、易燃性、爆炸性、毒害性)判定、浸出毒性、处置场粉尘；处置场地下水、地表水监测项目同废水监测
噪声监测	企业厂界噪声、工业设备噪声及频谱分析、环境噪声
空气质量监测	SO_2、NO_2、CO、臭氧、TSP、PM_{10}
地表水监测	pH、水温、SS、COD、NH_3-N、Pb、Zn、Cu、Cd、Cr^{6+}、As、Hg、Ni、Mo、Ag、Sb、Co、Tl、总磷、总氮、石油类、硫化物、氟化物、氰化物等
地下水监测	K^++Na^+、Ca^{2+}、Mg^{2+}、CO_3^{2-}、HCO_3^-、Cl^-、SO_4^{2-}、pH、溶解性总固体、COD、NH_3-N、Pb、Zn、Cu、Cd、Cr^{6+}、As、Hg、Ni、Mo、Ag、Sb、Co、Tl、总磷、硝酸盐氮、亚硝酸盐氮、硫化物、氟化物、氰化物等
土壤监测	pH、Pb、Zn、Cu、Cd、Cr、As、Hg、Ni

7.4　大气环境影响评价

7.4.1　工作程序

大气环境影响评价工作可分为三个阶段。

第一阶段主要工作包括：研究有关文件，调查项目污染源，调查环境空气保护目标，筛选评价因子与确定评价标准，调查区域气象与地表特征，收集区域地形参数，确定评价等级和评价范围等。

第二阶段主要工作依据评价等级要求开展，包括：调查与核实与项目评价相关的污染源，选择适当的预测模型，调查环境质量现状和补充监测，收集建立模型所需气象、地表参数等基础数据，确定预测内容与预测方案，开展大气环境影响预测与评价工作等。

第三阶段主要工作包括：制定环境监测计划，明确大气环境影响评价结论与建议，完成环境影响评价文件的编写等。

大气环境影响评价工作程序示于图 7-3 中。

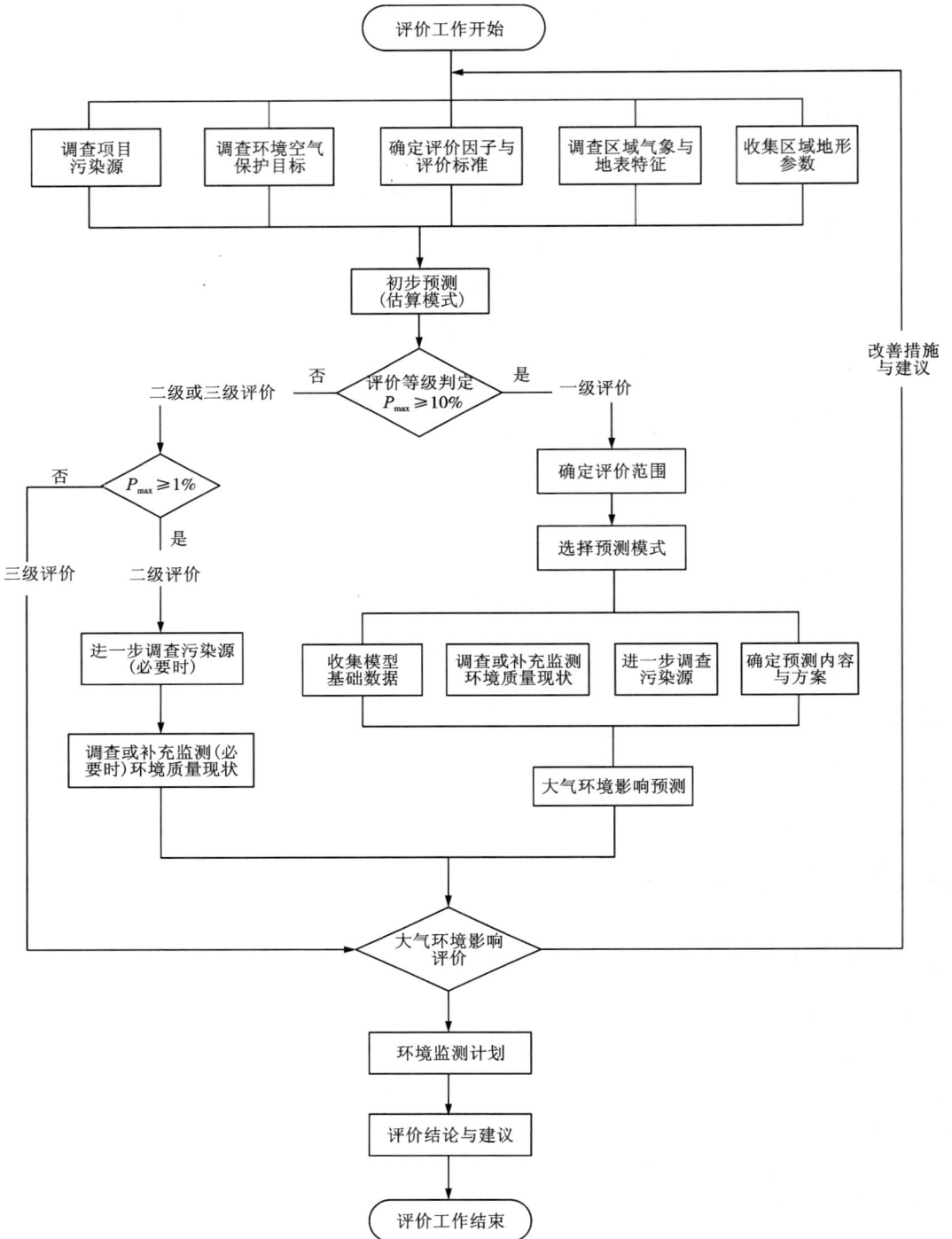

图 7-3 大气环境影响评价工作程序

7.4.2　评价因子的筛选

评价因子的筛选主要考虑矿山项目的特点、当地大气污染状况和敏感目标的分布状况。首先应选择拟建项目等排放量较大的污染物作为主要污染因子,其次还应考虑在评价区内已造成严重污染的污染物,以及列入国家主要污染物总量控制指标的污染物。

对于矿山项目来说,主要大气环境评价因子有总悬浮颗粒物(TSP)、可吸入颗粒物(PM_{10})、二氧化硫(SO_2)、二氧化氮(NO_2)。此外,金属矿山排放的粉尘中常含有 Pb、Zn、Cu 等重金属,其种类及含量与矿石成分有关。重金属具有毒性,随粉尘进入大气后对环境造成污染。近年来我国针对防治重金属污染出台了一系列政策,在选择评价因子时应关注重金属污染物。

7.4.3　评价等级与评价范围

1)评价等级判定

采用《环境影响评价技术导则　大气环境》推荐模式中的估算模型计算各污染物的最大地面浓度占标率(P_i),以及各污染物的地面浓度达到标准值 10% 时所对应的最远距离($D_{10\%}$),当污染物数 i 大于 1 时,取 P 值中最大者 P_{max}。然后按分级判据将评价工作等级划分为一级、二级、三级。

2)评价范围的确定

一级评价项目根据建设项目排放污染物的最远影响距离($D_{10\%}$)确定大气环境影响评价范围。即以项目厂址中心区域,自厂界外延 $D_{10\%}$ 的矩形区域作为大气环境影响评价范围;当 $D_{10\%}$ 超过 25 km 时,评价范围为边长 50 km 的矩形区域;当 $D_{10\%}$ 小于 2.5 km 时,评价范围边长取 5 km。

二级评价项目大气环境影响评价范围边长取 5 km。

三级评价项目不需要设置大气环境影响评价范围。

实际评价工作中,当评价范围外有自然保护区、风景名胜区、人群较集中的居民区等环境空气敏感区时,评价范围应适当外延。

7.4.4　大气环境质量现状调查与评价

1)调查内容和目的

调查项目所在区域环境质量达标情况,作为项目所在区域是否为达标区域的判断依据,以及进行大气环境质量预测和评价所需的背景数据。

2)数据来源

优先采用国家或地方生态环境主管部门公开发布的评价基准年环境质量公告或环境质量报告中的数据或结论。

采用评价范围内国家或地方环境空气质量监测网中评价基准年连续 1 年的监测数据,或采用生态环境主管部门公开发布的环境空气质量现状数据。

评价范围内没有环境空气质量监测网数据或公开发布的环境空气质量现状数据的,可选择符合《环境空气质量监测点位布设技术规范(试行)》(HJ 664)规定,并且与评价范围地理位置邻近,地形、气候条件相近的环境空气质量区域点或背景点监测数据。

没有以上相关监测数据或监测数据不能满足评价要求时，应按有关规定进行补充监测。

3）评价内容与方法

根据调查结果，判断项目所在区域是否属于达标区。

对于长期监测数据的现状评价，按《环境空气质量评价技术规范（试行）》（HJ 663）中的统计方法对各污染物的年评价指标进行现状评价；对于补充监测数据的现状评价，分别对各监测点位不同污染物的短期浓度进行环境质量现状评价。对于超标的污染物，计算其超标倍数和超标率。

7.4.5　大气污染源调查

对于较大规模的矿山建设项目，一般应进行以下调查：

（1）污染流程：按车间或按生产工艺流程绘制污染流程图。

（2）排放量：统计各有组织和无组织排放源的主要污染物排放量。

（3）对于改扩建、扩建项目还应调查本项目现有污染源。本项目污染源调查包括正常排放和非正常排放。

（4）调查本项目所有拟被替代的污染源（如有）。

（5）调查评价范围内与评价项目排放污染物有关的其他在建项目、已批复环境影响评价文件的拟建项目等污染源。

以上污染源调查内容可根据评价等级的不同适当选取。

7.4.6　大气环境影响预测与评价

大气环境影响预测用于判断项目建成后对评价范围大气环境影响的程度和范围。预测的基本方法是通过建立数学或物理模型来模拟各种气象条件、地形条件下污染物在大气中输送、扩散、转化和清除等的物理、化学机制。

1）一般性要求

一级评价项目应采用进一步预测模型开展预测与评价。二级评价项目不进行进一步预测与评价，只对污染物排放量进行核算。三级评价项目不进行进一步预测与评价。

2）预测因子

预测因子应结合工程分析的污染源分析，选取有环境质量标准的评价因子作为预测因子。应充分考虑项目的特征污染物，并区别正常排放、非正常排放情况下的污染因子。

3）预测范围

预测范围至少包括评价范围，并覆盖各污染物短期浓度贡献值占标率大于10%的区域。还应考虑污染源的排放高度、评价范围的主导风向、地形和周围环境空气敏感区的位置等，并进行适当调整。

4）预测模型

大气导则推荐模型清单中给出了 AERMOD、ADMS 和 CALPUFF 等几种进一步预测模型。预测时应结合模型的适用条件和对参数的要求进行合理选择，以预测建设项目对预测范围不同时段的大气环境影响。

预测模型所需的气象、地形、地表参数等基础数据应优先使用国家发布的标准化数据。

5）预测内容与评价内容

预测内容和评价内容见表7-14。

表 7-14　预测内容和评价内容

评价对象	污染源	污染源排放形式	预测内容	评价内容
达标区评价项目	新增污染源	正常排放	短期浓度长期浓度	最大浓度占标率
	新增污染源-"以新带老"污染源(如有)-区域削减污染源(如有)+其他在建、拟建污染源(如有)	正常排放	短期浓度长期浓度	叠加环境质量现状浓度后的保证率,日平均质量浓度和年平均质量浓度的占标率,或短期浓度的达标情况
	新增污染源	非正常排放	1小时平均质量浓度	最大浓度占标率
不达标区评价项目	新增污染源	正常排放	短期浓度长期浓度	最大浓度占标率
	新增污染源-"以新带老"污染源(如有)-区域削减污染源(如有)+其他在建、拟建污染源(如有)	正常排放	短期浓度长期浓度	叠加达标规划目标浓度后的保证率,日平均质量浓度和年平均质量浓度的占标率,或短期浓度的达标情况,评价年平均质量浓度变化率
	新增污染源	非正常排放	1小时平均质量浓度	最大浓度占标率
大气环境防护距离	新增污染源-"以新带老"污染源(如有)+项目全厂污染源	正常排放	短期浓度	大气环境防护距离

6)评价方法

对于达标区域的环境影响评价,预测评价项目建成后各污染物对预测范围的环境影响时,应用本项目的贡献值,减去区域削减污染源,叠加其他在建、拟建项目污染源环境影响,并叠加环境质量现状浓度。

对于不达标区域的环境影响评价,应在各预测点上叠加达标规划中达标年的目标浓度,分析达标规划年的主要污染物保证率日平均质量浓度和年平均质量浓度的达标情况。叠加方法可用达标规划方案中的污染源清单参与影响预测,也可以直接用达标规划模拟的浓度场进行叠加计算。

以评价基准年为计算周期,统计各网格点的短期浓度或长期浓度的最大值,所有最大浓度超过环境质量标准的网格,即为该污染物浓度超标范围。

预测内容依据评价等级和项目的特点来确定。一级评价项目规定预测的内容包括运营期正常排放(小时、日均、年均浓度)预测和非正常排放(小时浓度)预测、施工期浓度预测;二级评价项目只进行运营期正常排放(小时、日均、年均浓度)预测和非正常排放(小时浓度)预测;三级项目可不进行上述预测,直接以估算模式的计算结果进行简单估算预测。

7)评价结果表达

预测评价结果可以用图件、表格来表达,包括基本信息底图、项目基本信息图、达标评价结果表、网格浓度分布图、大气环境防护区域图,污染治理设施、预防措施及方案比选结果表,污染物排放量核算表等。

7.4.7 大气环境防护距离

对于项目厂界浓度满足大气污染物厂界浓度限值，但厂界外大气污染物短期贡献浓度超过质量浓度限值的，可以自厂界向外设置一定范围的大气环境防护区域。对于项目厂界浓度超过大气污染物浓度限值的，按要求削减排放权强或调整工程布局满足厂界浓度限值后，再核算大气环境防护距离。

在大气环境防护距离内不应有长期居住的人群。如果大气环境防护区域内存在长期居住的人群，应给出相应的优化调整项目选址、布局或搬迁的建议。

7.5 地表水环境影响评价

7.5.1 工作程序

1）基本内容

地表水环境影响评价的基本内容包括：

（1）对拟建项目做工程分析，识别水环境影响因素和污染因子；

（2）地表水系调查、水文调查与水文测量；

（3）对评价水域的污染源进行调查与评价；

（4）对地表水水质进行调查与监测，并评价水质现状；

（5）选择适用于评价水体及污染物的水质模型，确定预测参数，预测不同控制断面的主要污染物浓度；

（6）评价预测结果，得出地表水环境影响评价的结论；

（7）提出减轻和消除负面影响的对策和建议。

2）工作程序

地表水环境影响评价的工作程序如图 7-4 所示。

7.5.2 评价因子筛选

矿山水环境影响评价因子的筛选应遵循以下原则：

（1）按照污染源源强核算技术指南，开展建设项目污染源与水污染因子的识别，结合建设项目所在水环境控制单元或区域水环境质量现状，筛选出水环境现状调查评价与影响预测评价的因子；

（2）行业污染物排放标准中涉及的水污染物应作为评价因子；

（3）在车间或车间处理设施排放口排放的第一类污染物应作为评价因子；

（4）水温应作为评价因子；

（5）面源污染所含的主要污染物应作为评价因子；

（6）建设项目排放的，且为建设项目所在控制单元的水质超标因子或潜在污染因子（指近三年来水质浓度值呈上升趋势的水质因子），应作为评价因子。

对于矿山建设项目，常用的评价因子有 pH、水温、悬浮物、化学需氧量、氨氮、总氮、总磷、硫化物、氰化物、石油类、氟化物、铜、铅、锌、镉、汞、砷、镍、总铬、六价铬、锡、锑、铊等，可根据上述原则适当选取。

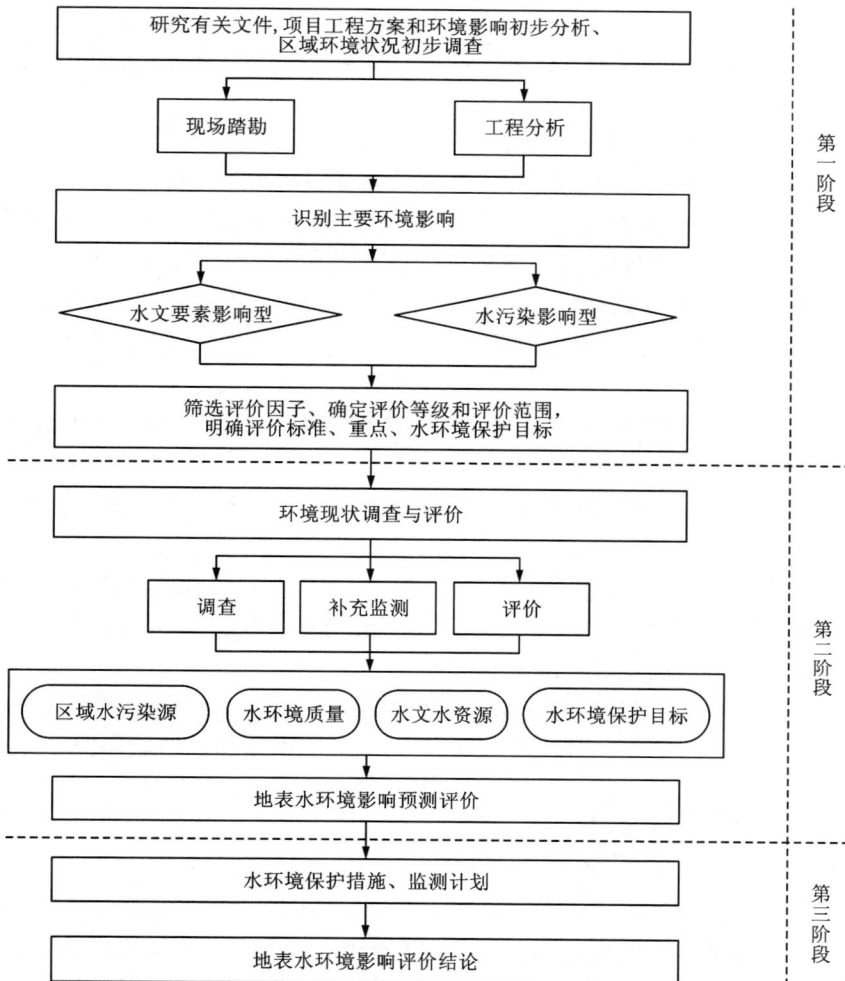

图 7-4　地表水环境影响评价的工作程序

7.5.3　评价等级与评价范围

1）评价等级确定

根据《环境影响评价技术导则 地表水环境》（HJ 2.3），采矿项目地表水环境影响评价等级按照影响类型、排放方式、排放量或影响情况、受纳水体环境质量现状、水环境保护目标等方面综合确定。其中废水直接排放的建设项目评价等级分为一级、二级和三级 A，根据废水排放量、水污染物污染当量数确定；废水排入有城镇污水处理厂的间接排放建设项目评价等级为三级 B。同时，建设项目直接排放第一类污染物的，其评价等级为一级；建设项目直接排放的污染物为受纳水体超标因子的，评价等级不低于二级；直接排放受纳水体影响范围涉及饮用水水源保护区、饮用水取水口、重点保护与珍稀水生生物的栖息地、重要水生生物的自然产卵场等保护目标时，评价等级不低于二级；依托现有排放口，且对外环境未新增排放污染物的直接排放建设项目，评价等级参照间接排放，定为三级 B；建设项目生产工艺中有废水产生，但作为回水利用，不排放到外环境的，按三级 B 评价。

251

2）评价范围

采矿项目评价范围根据评价等级、工程特点、影响方式及程度、地表水环境质量管理要求等确定。

（1）一级、二级及三级 A，其评价范围应符合以下要求：

①应根据主要污染物迁移转化状况，至少需覆盖建设项目污染影响所及水域；

②受纳水体为河流时，应满足覆盖对照断面、控制断面与消减断面等断面的要求；

③受纳水体为湖泊、水库时：一级评价，评价范围宜不小于以入湖（库）排放口为中心、半径为 5 km 的扇形区域；二级评价，评价范围宜不小于以入湖（库）排放口为中心、半径为 3 km 的扇形区域；三级 A 评价，评价范围宜不小于以入湖（库）排放口为中心、半径为 1 km 的扇形区域；

④受纳水体为入海河口和近岸海域时，评价范围按照《海洋工程环境影响评价技术导则》（GB/T 19485）执行；

⑤影响范围涉及水环境保护目标的，评价范围至少应扩大到水环境保护目标内受到影响的水域；

⑥同一建设项目有两个及两个以上废水排放口，或排入不同地表水体时，按各排放口及所排入地表水体分别确定评价范围；有叠加影响的水域应作为重点评价范围。

（2）三级 B，其评价范围应符合以下要求：

①满足其依托污水处理设施环境可行性分析的要求；

②涉及地表水环境风险的，应覆盖环境风险影响范围所及的水环境保护目标水域。

7.5.4　地表水环境现状调查

1）调查内容

地表水环境现状的调查内容包括建设项目及区域水污染源调查、受纳或受影响水体水环境质量现状调查、区域水资源与开发利用状况、水文情势与相关水文特征值调查，以及水环境保护目标、水环境功能区或水功能区、近岸海域环境功能区及其相关的水环境质量管理要求等。

2）调查范围和时期

地表水环境的现状调查范围应覆盖评价范围，应以平面图的方式表示，并明确起、止断面的位置及涉及范围。

水环境现状调查的时期与水期的划分相对应。河流、湖泊和水库一般按丰水期、平水期、枯水期划分。评价等级不同，各类水域调查时期的要求也不同，如对于河流、湖泊和水库，一般情况下，一级评价调查一个水文年的丰水期、平水期、枯水期三期（至少丰水期和枯水期），二级评价调查枯水期和平水期（至少枯水期），三级 A 评价至少调查枯水期，三级 B 评价可不考虑评价时期。

3）污染源调查

在开展拟建项目评价前，应了解评价水域现有污染源的分布、排放的污染物种类及浓度、水质污染原因等，作为估计拟建项目对水域污染的分担率以及评价工作的依据。

污染源调查方法以收集利用已建项目的排污许可证登记数据、环评及环保验收数据及既有实测数据为主，并辅以现场调查及现场监测。

三级 A 评价主要收集利用与建设项目排放口的空间位置和所排污染物的性质关系密切

的污染源资料，可不进行现场调查及现场监测。

三级 B 评价可不开展区域污染源调查，主要调查依托污水处理设施的日处理能力、处理工艺、设计进水水质、处理后的废水稳定达标排放情况，同时应调查依托污水处理设施执行的排放标准是否涵盖建设项目排放的有毒有害的特征水污染物。

4）水文调查与水文测量

水文调查主要采用向水文测量和水质监测等部门收集资料的方法，当现有资料不足时，才进行水文测量。水文调查与水质调查原则上在一个时期内进行。水文测量的内容应满足拟采用的水环境影响预测模型对水文参数的要求。

一般应调查的河流水文特征值包括河宽水深、水位、流速、流量、坡度、水温、糙率、河流弯曲系数；环境水力学参数主要有迁移、扩散、混合系数等水质模式参数。

5）地表水环境质量现状调查与评价

矿山建设项目水环境影响评价应优先采用国务院生态环境保护主管部门统一发布的水环境状况信息；当现有资料不能满足要求时，应按照不同等级对应的评价时期要求开展现状监测；一级、二级评价时，应调查受纳水体近三年的水环境质量数据，分析其变化趋势，同时开展内源污染调查或底泥污染补充监测。

（1）补充监测布点及频次

在常规监测断面的基础上，重点针对对照断面、控制断面以及环境保护目标所在水域的监测断面开展水质补充监测。每个水期可监测一次，每次同步连续调查取样 3~4 d，每个水质取样点每天至少取一组水样。在水质变化较大时，每间隔一定时间取一次样。水温观测频次，应每间隔 6 h 观测一次水温，统计计算日平均水温。

（2）水质现状评价

在水质调查和监测的基础上对地表水水质进行评价，分析各水质因子的达标或超标情况，给出超标率、超标倍数等结果，分析可能的超标原因。

水质现状评价通常采用单项水质参数评价方法，评价标准选用国家的《地表水环境质量标准》（GB 3838）或相应地方标准。

标准指数的计算公式如下：

①一般水质因子的标准指数：

$$S_{i,j} = \frac{c_{i,j}}{c_{s,i}} \tag{7-5}$$

式中：$S_{i,j}$ 为评价因子 i 在 j 点的标准指数；$c_{i,j}$ 为评价因子 i 在 j 点的实测浓度，mg/L；$c_{s,i}$ 为评价因子 i 的评价标准限值，mg/L。

②溶解氧（DO）的标准指数：

$$S_{DO,j} = \frac{|DO_f - DO_j|}{DO_f - DO_s}, \ DO_j \geqslant DO_s \tag{7-6}$$

$$S_{DO,j} = 10 - 9\frac{DO_j}{DO_s}, \ DO_j < DO_s \tag{7-7}$$

式中：$S_{DO,j}$ 为 DO 的标准指数；DO_f 为某水温某气压条件下的饱和溶解氧浓度，mg/L，对于河流，$DO_f = 468/(31.6+T)$，T 为水温，℃；DO_j 为在 j 点的溶解氧实测浓度，mg/L；DO_s 为溶解氧的评价标准限值，mg/L。

③pH 的标准指数：

$$S_{\text{pH}, j} = \frac{7.0 - \text{pH}_j}{7.0 - \text{pH}_{\text{sd}}}, \quad \text{pH} \leqslant 7.0 \tag{7-8}$$

$$S_{\text{pH}, j} = \frac{\text{pH}_j - 7.0}{\text{pH}_{\text{su}} - 7.0}, \quad \text{pH} > 7.0 \tag{7-9}$$

式中：$S_{\text{pH}, j}$ 为 pH 的标准指数；pH_j 为 pH 的实测值；pH_{sd} 为评价标准中 pH 的下限值；pH_{su} 为评价标准中 pH 的上限值。

7.5.5 地表水环境影响评价

1）地表水环境影响预测

（1）预测条件的确定

预测因子：预测因子应根据评价因子确定，重点选择与建设项目水环境影响关系密切的因子。金属矿山项目重点关注重金属指标，尤其是一类污染物中的重金属。

拟预测的排污状况：矿山建设项目可分为建设阶段、生产运行阶段、退役期三个阶段，根据项目的特点、评价等级、水环境特点和当地环保要求，预测项目实施各阶段对地表水体的影响，分正常排污和非正常排污两种情况进行预测。两种排放情况均须确定污染物排放源强、排放位置和排放方式。对受纳水体环境质量不达标区域，应考虑区（流）域环境质量改善目标要求情境下的模拟预测。

预测的设计水文条件：河流不利枯水条件宜采用 90% 保证率为最枯月流量或近十年最枯月平均流量；流向不定的河网地区和潮汐河段，宜采用 90% 保证率流速为零时的低水位相应水量作为不利枯水水量；湖库不利枯水条件应采用近十年最低月平均水位或 90% 保证率最枯月平均水位相应的蓄水量，水库也可采用死库容相应的蓄水量；其他水期的设计水量则应根据水环境影响预测需求确定。受人工调控的河段，可采用最小下泄流量或河道内生态流量作为设计流量。根据设计流量，采用水力学、水文学等方法确定水位、流速、河宽、水深等其他水力学数据。

水动力及水质模型参数：水动力及水质模型参数包括水文及水力学参数、水质（包括水温及富营养化）参数等。其中水文及水力学参数包括流量、流速、坡度、糙率等；水质参数包括污染物综合衰减系数、扩散系数、耗氧系数、复氧系数、蒸发散热系数等。模型参数的确定可采用类比、经验公式、实验室测定、物理模型试验、现场实测及模型率定等方法，也可以采用多类方法比对的方式来确定。采用数值解模型时，宜采用模型率定法核定模型参数。应对模型参数的确定与模型验证的过程和结果进行分析说明，并以河宽、水深、流速、流量以及主要预测因子的模拟结果作为分析依据，当采用二维或三维模型时，应开展流场分析。模型验证应分析模拟结果与实测结果的拟合情况，阐明模型参数取值的合理性。

（2）预测模型选择

预测模型按照时间可分为稳态模型与非稳态模型；按照空间分为零维、一维（包括纵向一维及垂向一维，纵向一维包括河网模型）、二维（包括平面二维及立面二维）以及三维模型；按照是否需要采用数值离散方法，分为解析解模型与数值解模型。水动力模型及水质模型的选取根据建设项目的污染源特性、受纳水体类型、水力学特征、水环境特点及评价等级等要求，选取适宜的预测。

（3）常用的河流水质模型

混合过程段长度的计算公式如下：

$$L_m = 0.11 + 0.7 \times \left[0.5 - \frac{a}{B} - 1.1 \times \left(0.5 - \frac{a}{B} \right)^2 \right]^{1/2} \frac{uB^2}{E_y} \tag{7-10}$$

式中：L_m 为混合过程段长度，m；B 为河流宽度，m；a 为排放口距岸边的距离，m；u 为河流断面平均流速，m/s；E_y 为污染物横向扩散系数，m^2/s。

①完全混合模型。

对于点源排放持久性污染物，河水和污水完全混合，则混合后的污染物浓度采用下式计算：

$$c = \frac{c_p Q_p + c_h Q_h}{Q_p + Q_h} \tag{7-11}$$

式中：c 为完全混合后的污染物浓度，mg/L；c_p 为废水中的污染物浓度，mg/L；Q_p 为废水排放量，m^3/s；c_h 为河流上游来水中的污染物浓度，mg/L；Q_h 为河流上游来水流量，m^3/s。

河流完全混合模型的适用条件：河流充分混合段、持久性污染物、河流为恒定流动、废水连续稳定排放。

②一维稳态水质模型。

废水连续稳定排放时，根据河流纵向一维水质模型方程的简化、分类判别条件（即 O'Connor 数 α 和贝克来数 Pe 的临界值），选择相应的解析解公式。

$$\alpha = \frac{kE_x}{u^2} Pe = \frac{uB}{E_x} \tag{7-12}$$

式中：α 为 O'Connor 数，表征物质离散降解通量与移流通量的比值，量纲为 1；Pe 为贝克来数，表征物质移流通量与离散通量的比值，量纲为 1；E_x 为污染物纵向扩散系数，m^2/s；B 为河流宽度，m；u 为河流断面平均流速，m/s；k 为污染物综合衰减系数，1/s。

当 $\alpha \leq 0.027$，$Pe \geq 1$ 时，适用对流降解模型：

$$c = c_0 \exp\left(-\frac{kx}{u} \right) \quad x \geq 0 \tag{7-13}$$

当 $\alpha \leq 0.027$，$Pe < 1$ 时，适用对流扩散降解简化模型：

$$c = c_0 \exp\left(\frac{ux}{E_x} \right) \quad x < 0 \tag{7-14}$$

$$c = c_0 \exp\left(-\frac{kx}{u} \right) \quad x \geq 0 \tag{7-15}$$

$$c_0 = (c_p Q_p + c_h Q_h)/(Q_p + Q_h) \tag{7-16}$$

当 $0.027 < \alpha \leq 380$ 时，适用对流扩散降解模型：

$$c(x) = c_0 \exp\left[\frac{ux}{2E_x}(1 + \sqrt{1 + 4a}) \right] \quad x < 0 \tag{7-17}$$

$$c(x) = c_0 \exp\left[\frac{ux}{2E_x}(1 - \sqrt{1 + 4a}) \right] \quad x \geq 0 \tag{7-18}$$

$$c_0 = (c_p Q_p + c_h Q_h)/[(Q_p + Q_h)\sqrt{1 + 4a}] \tag{7-19}$$

当 $\alpha > 380$ 时，适用扩散降解模型：

$$c = c_0 \exp\left(x\sqrt{\frac{k}{E_x}}\right) \quad x < 0 \tag{7-20}$$

$$c = c_0 \exp\left(-x\sqrt{\frac{k}{E_x}}\right) \quad x \geqslant 0 \tag{7-21}$$

$$c_0 = (c_p Q_p + c_h Q_h)/(2A\sqrt{kE_x}) \tag{7-22}$$

2）地表水环境影响评价

矿山项目地表水环境影响评价主要包括水污染控制和水环境影响减缓措施有效性评价，以及水环境影响评价。

（1）水污染控制和水环境影响减缓措施有效性评价应满足以下要求：

①污染控制措施及各类排放口排放浓度限值等应满足国家和地方相关排放标准，以及符合有关标准规定的排水协议中关于水污染物排放的条款要求；

②涉及面源污染的，应满足国家和地方有关面源污染控制治理要求；

③受纳水体环境质量达标区的建设项目选择废水处理措施或多方案比选时，应满足行业污染防治可行技术指南要求，确保废水稳定达标排放，且环境影响可以接受；

③受纳水体环境质量不达标区的建设项目选择废水处理措施或多方案比选时，应满足区（流）域水环境质量限期达标规划和替代源的削减方案要求、区（流）域环境质量改善目标要求及行业污染防治可行技术指南中最佳可行技术要求，确保废水污染物达到最低排放强度和排放浓度，且环境影响可以接受。

（2）水环境影响评价应满足以下要求：

①排放口所在水域形成的混合区，应限制在达标控制（考核）断面以外水域，且不得与已有排放口形成的混合区叠加，混合区外水域应满足水环境功能区或水功能区的水质目标要求；

②考虑叠加影响的情况下，评价建设项目建成以后各预测时期水环境功能区或水功能区、近岸海域环境功能区达标状况；

③评价水环境保护目标水域各预测时期的水质（包括水温）变化特征、影响程度与达标状况；

④在考虑叠加影响的情况下，评价建设项目建成以后水环境控制单元或断面在各预测时期的水质达标状况；

⑤满足重点水污染物排放总量控制指标要求，重点行业建设项目主要污染物排放满足等量或减量替代要求；

⑥满足区（流）域水环境质量改善目标要求；

⑦满足生态保护红线、水环境质量底线、资源利用上线和环境准入清单管理要求。

3）污染源排放量核算

对改建、扩建项目，除应核算新增源的污染物排放量外，还应核算项目建成后矿山的污染物排放量，污染源排放量为污染物的年排放量。直接排放建设项目的污染源排放量，根据建设项目达标排放的地表水环境影响、污染源源强核算技术指南及排污许可申请与核发技术规范进行核算，并从严要求，且遵循以下原则：

（1）污染源排放量的核算水体为有水环境功能要求的水体；

（2）建设项目排放的污染物属于现状水质不达标的，包括本项目在内的区（流）域污染源

排放量应调减至满足区(流)域水环境质量改善目标要求;

（3）当受纳水体为河流时,不受回水影响的河段,建设项目污染源排放量核算断面位于排放口下游,与排放口的距离应小于 2 km;受回水影响河段,应在排放口的上下游设置建设项目污染源排放量核算断面,与排放口的距离应小于 1 km。建设项目污染源排放量核算断面应根据区间水环境保护目标位置、水环境功能区或水功能区及控制单元断面等情况调整。当排放口污染物进入受纳水体在断面混合不均匀时,应以污染源排放量核算断面污染物最大浓度作为评价依据;

（4）当受纳水体为湖库时,建设项目污染源排放量核算点位应布置在以排放口为中心、半径不超过 50 m 的扇形水域内,且扇形面积占湖库面积比例不超过 5%,核算点位应不小于3 个。建设项目污染源排放量核算点应根据区间水环境保护目标位置、水环境功能区或水功能区及控制单元断面等情况调整;

（5）遵循地表水环境质量底线要求,主要污染物(化学需氧量、氨氮、总磷、总氮)需预留必要的安全余量。安全余量可按地表水环境质量标准、受纳水体环境敏感性等确定:受纳水体为 GB 3838 标准中Ⅲ类水域,以及涉及水环境保护目标的水域,安全余量按照不低于建设项目污染源排放量核算断面(点位)处环境质量标准的 10% 确定(安全余量≥环境质量标准×10%);受纳水体水环境质量标准为 GB 3838 Ⅳ、Ⅴ类水域,安全余量按照不低于建设项目污染源排放量核算断面(点位)环境质量标准的 8% 确定(安全余量≥环境质量标准×8%);地方如有更严格的环境管理要求,按地方要求执行。

7.6　地下水环境影响评价

7.6.1　工作程序和内容

地下水环境影响评价工作可分为准备、现状调查与工程分析、影响预测与评价报告编写四个阶段。

各阶段主要工作内容为:

1）准备阶段

搜集和分析有关国家和地方地下水环境保护的法律、法规、政策、标准及相关规划等资料;了解建设项目工程概况,进行初步工程分析,识别建设项目对地下水水质可能产生的影响;开展现场踏勘工作,识别地下水环境敏感程度;确定评价工作等级、评价范围、评价重点。

2）现状调查与工程分析阶段

开展现场调查、勘探、地下水监测、取样、分析、室内外试验和室内资料分析等工作,进行现状评价。

3）影响预测阶段

进行地下水环境影响预测,依据国家、地方有关地下水环境的法规及标准,评价建设项目对地下水环境的直接影响。

4）评价报告编写阶段

综合分析各阶段成果,提出地下水环境保护措施与防控措施,制定地下水环境影响跟踪监测计划，给出评价结论，完成地下水环境影响评价。

地下水环境影响评价工作程序见图7-5。

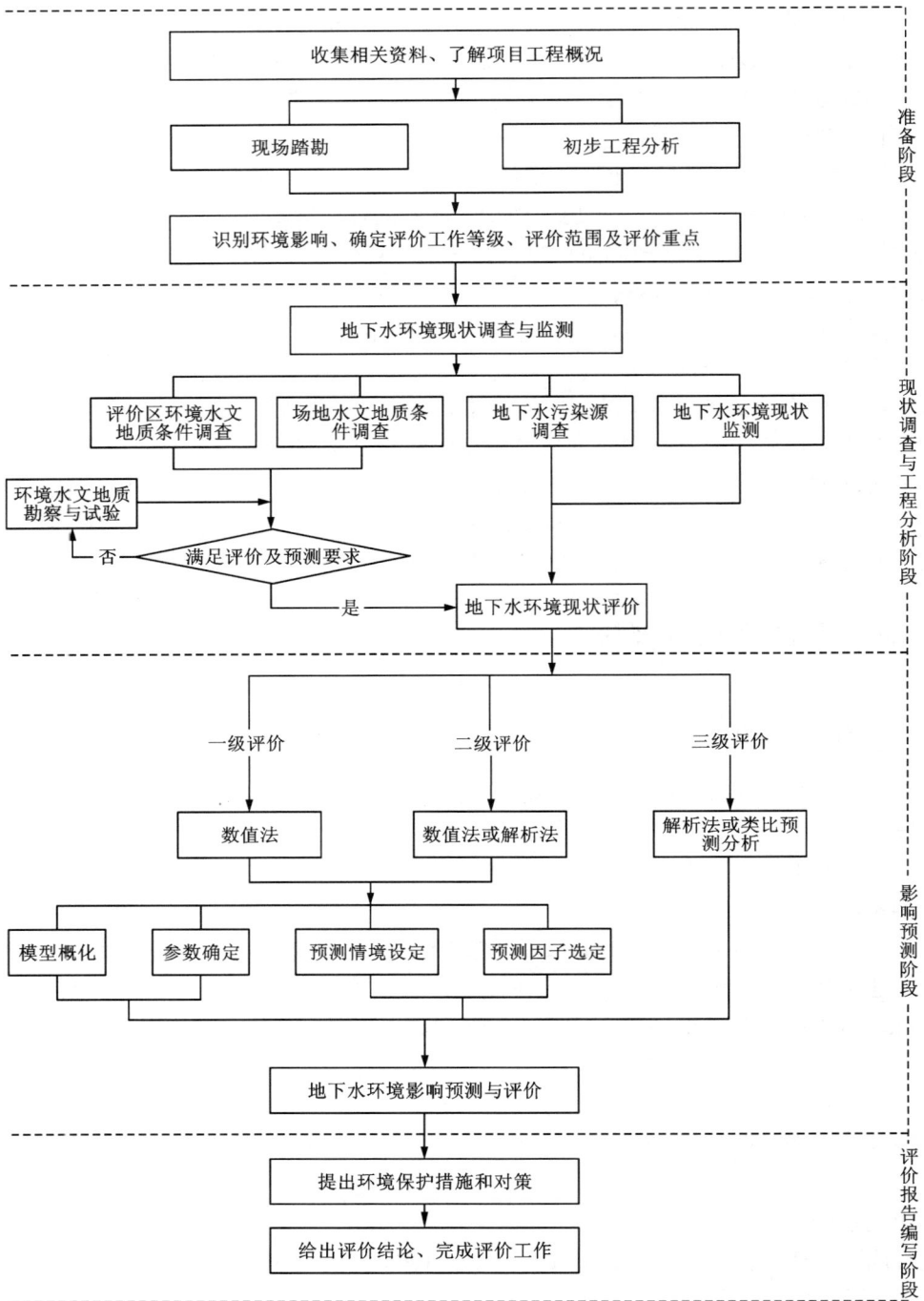

图7-5 地下水环境影响评价工程程序框图

7.6.2 评价等级、技术要求与评价范围

1）评价等级划分

（1）评价工作等级划分原则

按照地下水环境影响评价类别和项目所在地敏感程度，分别对矿山建设项目的采场、工业场地、排土场等场地进行地下水环境影响评价工作等级划分，并按照相应的工作等级对各场地分别开展评价工作。

（2）建设项目分类

根据《环境影响评价技术导则 地下水环境》附录 A，金属矿山项目地下水环境影响评价类别的划分见表 7-15。

表 7-15 金属矿山项目地下水环境影响评价类别

项目类别	地下水环境影响评价类别
黑色金属采选	排土场、尾矿库 I 类，选矿厂 II 类，其余 IV 类
有色金属采选	排土场、尾矿库 I 类，选矿厂 II 类，其余 III 类

对于 I 类、II 类、III 类建设项目按照《环境影响评价技术导则 地下水环境》的要求开展地下水环境影响评价，IV 类建设项目可不开展地下水环境影响评价。

（3）敏感程度的划分原则

矿山建设项目的地下水环境敏感程度可分为敏感、较敏感、不敏感三级，分级原则见表 7-16。

表 7-16 地下水环境敏感程度分级表

敏感程度	地下水环境敏感特征
敏感	集中式饮用水水源（包括已建成的在用、备用、应急水源，在建和规划的饮用水水源）准保护区；除集中式饮用水水源以外的国家或地方政府设定的与地下水环境相关的其他保护区，如热水、矿泉水、温泉等特殊地下水资源保护区
较敏感	集中式饮用水水源（包括已建成的在用、备用、应急水源，在建和规划的饮用水水源）准保护区以外的补给径流区；未划定准保护区的集中式饮用水水源，其保护区以外的补给径流区；分散式饮用水水源地；特殊地下水资源（如矿泉水、温泉等）保护区以外的分布区等其他未列入上述敏感分级的环境敏感区
不敏感	上述地区之外的其他地区

注："环境敏感区"是指《建设项目环境影响评价分类管理名录》中所界定的涉及地下水的环境敏感区。

（4）评价等级的划分

矿山建设项目的地下水评价等级的确定依据见表7-17。

表 7-17　金属矿山项目地下水环境影响评价等级划分依据

敏感程度	Ⅰ类项目	Ⅱ类项目	Ⅲ类项目
敏感	一级	一级	二级
较敏感	一级	二级	三级
不敏感	二级	三级	三级

2）技术要求

（1）一级评价要求

一级评价的地下水环境现状调查，应详细掌握调查评价区环境水文地质条件，主要包括含（隔）水层结构及分布特征、地下水补径排条件、地下水流场、地下水动态变化特征、各含水层之间以及地表水与地下水之间的水力联系等；详细掌握调查评价区内地下水开发利用现状与规划；基本查清场地环境水文地质条件，有针对性地开展现场勘察试验，确定场地包气带特征及其防污性能；开展地下水环境现状监测，详细掌握调查评价区地下水环境质量现状和地下水动态监测信息，进行地下水环境现状评价。

一级评价的地下水环境影响预测，应采用数值法进行地下水环境影响预测，对于不宜概化为等效多孔介质的地区，可根据自身特点选择适宜的预测方法。预测评价应结合相应环保措施，针对可能的污染情景，预测污染物运移趋势，评价建设项目对地下水环境保护目标的影响。同时，根据预测评价结果和场地包气带特征及其防污性能，提出切实可行的地下水环境保护措施与地下水环境影响跟踪监测计划，制定应急预案。

（2）二级评价要求

二级评价的地下水环境现状调查，应基本掌握调查评价区的环境水文地质条件，主要包括含（隔）水层结构及其分布特征、地下水补径排条件、地下水流场等。了解调查评价区地下水开发利用现状与规划；根据场地环境水文地质条件的掌握情况，有针对性地补充现场勘察试验；开展地下水环境现状监测，基本掌握调查评价区地下水环境质量现状，进行地下水环境现状评价。

二级评价的地下水环境影响预测，应根据建设项目特征、水文地质条件及资料掌握情况，选择采用数值法或解析法进行影响预测。主要预测污染物运移趋势和对地下水环境保护目标的影响，并提出切实可行的环境保护措施与地下水环境影响跟踪监测计划。

（3）三级评价要求

三级评价的地下水环境现状调查，应调查了解评价区和场地环境水文地质条件，基本掌握调查评价区的地下水补径排条件和地下水环境质量现状。

三级评价的地下水环境影响预测，可采用解析法或类比分析法进行地下水影响分析与评价，并提出切实可行的环境保护措施与地下水环境影响跟踪监测计划。

（4）其他技术要求

一级评价要求场地环境水文地质资料的调查精度应不低于 1：10000 比例尺，评价区的环境水文地质资料的调查精度应不低于 1：50000 比例尺。

二级评价环境水文地质资料的调查精度要求能够清晰反映建设项目与环境敏感区、地下水环境保护目标的位置关系，并根据建设项目特点和水文地质条件复杂程度确定调查精度，建议一般以不低于 1：50000 比例尺为宜。

3）评级范围

地下水环境现状调查评价范围应包括与建设项目相关的地下水环境保护目标，以能说明地下水环境的现状，反映调查评价区地下水基本流场特征，满足地下水环境影响预测和评价的技术要求。具体的调查评价范围可采用公式计算法、查表法和自定义法确定。

当建设项目所在地水文地质条件相对简单，且所掌握的资料能够满足公式计算法的要求时，应采用公式计算法确定；当不满足公式计算法的要求时，可采用查表法确定。当计算或查表范围超出所处水文地质单元边界时，应以所处水文地质单元边界为宜。

（1）公式计算法

$$L = \alpha \times K \times I \times T/ne \tag{7-23}$$

式中：L 为下游迁移距离，m；α 为变化系数，$\alpha \geqslant 1$，一般取 2；K 为渗透系数，m/d；I 为水力坡度，量纲为 1；T 为质点迁移天数，取值不小于 5000；n 为有效孔隙度，量纲为 1。

采用该方法时应包含重要的地下水环境保护目标，所得的调查评价范围如图 7-6 所示。

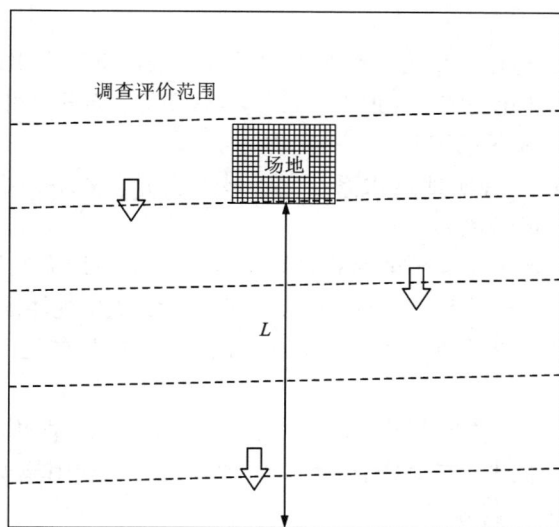

虚线表示等水位线；空心箭头表示地下水流向；
场地上游距离根据评价需求确定，场地两侧距离不小于 $L/2$。

图 7-6　地下水环境影响评价调查评价范围示意图

（2）查表法

具体参照表 7-18。

表 7-18　金属地下水环境现状调查评价范围参照表

评价等级	调查评价面积/km²	备注
一级	≥20	应包括重要的地下水环境保护目标，必要时可适当扩大范围
二级	6~20	
三级	≤6	

（3）自定义法

可根据建设项目所在地水文地质条件自行确定，需说明理由。

7.6.3　地下水环境现状调查与评价

1）调查方法

地下水赋存、运动在地下岩石空隙中，既受地质环境制约又受水循环系统控制，影响因素复杂多变，因此，地下水环境现状调查是一项复杂的工作，需要采用种类繁多的调查方法，既要采用地质调查方法，还要采用地表水环境调查方法。

最基本的调查方法有：地下水环境地面调查（又称水文地质测绘）、钻探、物探、野外试验、室内分析、检测、模拟试验及地下水动态均衡研究等。随着现代科学技术的发展，不断产生新的地下水环境现状调查技术方法，包括航卫片解释技术、地理信息系统（GIS）技术、同位素技术、直接寻找地下水的物探方法及测定水文地质参数的技术方法等。

2）调查内容

地下水环境现状调查的目的是为了查明天然及人为条件下地下水的形成、赋存和运移特征，地下水水量、水质的变化规律，为地下水环境影响评价和合理、可行、操作性强的地下水污染防控措施的提出提供所需的资料。

地下水环境现状调查应查明地下水系统的结构、边界、水动力系统及水化学系统的特征，具体包括以下五个方面的内容：

（1）水文地质条件。查明地下水的赋存条件、含水介质的特征及埋藏分布情况；地下水的补给、径流、排泄条件；地下水的运动特征及水质、水量变化规律。

（2）地下水水质特征。查明地下水的化学成分，以及地下水化学成分形成条件和影响因素。

（3）地下水污染源分布。查明与建设项目污染特征相关的污染源分布。

（4）地下水开发利用情况。查明分散、集中式地下水开发利用规模、数量、位置等，收集集中式饮用水水源地保护区划分资料。

3）水文地质条件调查

水文地质条件资料可以通过城市规范、国土资源部、城市建设部门、水资源管理部门等，搜集相关工程地质勘探资料和水文地质勘探资料获得。环评需调查的主要水文地质资料包括：气象、水文、土壤和植被状况，如降水量、蒸发量、地表水、水文站；地层岩性、地质构造、地貌特征与矿产资源；包气带岩性、结构、厚度、分布及垂向渗透系数等；含水层岩性、分布、结构、厚度、埋藏条件、渗透性、富水程度；隔水层（弱透水层）的岩性、厚度、渗透性；地下水类型、地下水补给、径流和排泄条件；地下水水位、水质、水温、地下水化学类型；泉的成因类型、出露位置、形成条件及泉水流量、水质、水温，开发利用情况；集中供水水源地和水源井的分布情况，即开采层的成井密度、水井结构、深度以及开采历史；地下水现状监测井的深度、结构以及成井历史、使用功能；地下水环境现状值或地下水污染对照值等。

4）环境水文地质勘查与试验

环境水文地质勘查与试验是在充分收集已有资料和地下水环境现状调查的基础上，针对需要进一步查明的地下水含水层特征和为获取预测评价中必要的水文地质参数而进行的工作。

除一级评价应进行必要的环境水文地质勘查与试验外，对环境水文地质条件复杂且资料缺少的地区，二级、三级评价也应在区域水文地质调查的基础上对场地进行必要的水文地质勘查。

环境水文地质勘查可采用钻探、物探和水土化学分析以及室内外测试、试验等手段开展。环境水文地质试验的种类通常有抽水试验、注水试验、渗水试验、浸溶试验及土柱淋滤试验等。在地下水环境影响评价工作中可根据评价等级及资料占有程度等实际情况选用。

5）敏感保护目标

地下水环境现状调查的敏感目标主要是集中式饮用水水源地，包括在用、备用、应急水源地，在建和规划的水源地，以及水源地的准保护区及准保护区以外的补给径流区；另外，还有除集中式饮用水水源地以外的国家或地方政府设定的与地下水环境相关的其他保护区，如热水、矿泉水、温泉等特殊地下水资源保护区，以及特殊地下水资源保护区以外的分布区以及分散式居民饮用水水源等环境敏感区。

（1）集中式饮用水水源地

集中式饮用水水源地是指通过输水管网送到用户，且供水人口数量一般大于 1000 人的饮用水水源地。

集中式饮用水水源地的调查内容包括：查明集中供水水源地和水源井的分布情况，包括水源井的数量、开采层的成井密度、水井结构、深度、开采历史，以及地下水开发利用规模，并收集集中式饮用水水源地水源保护区划分资料。

（2）分散式居民饮用水水源

分散式居民饮用水水源调查内容包括：水井的分布、数量、水井结构、井深、水质、水位标高或埋深，动态特征、水井的出水层位、含水层类型、结构和地下水开发利用等情况。

（3）泉

泉是地下水的天然露头，也是地下水环境保护目标之一、水文地质条件调查的主要内容之一。环评应查明评价区泉水出露的地质条件，特别是出露的地层层位和构造部位，补给的含水层，确定泉的成因类型和出露高程；观测泉水的流量、涌势和高度，水质和泉水的动态特征，现场测定泉水的物理特征，包括水温、沉淀物、色、味和有无气体逸出等；调查泉水的开发利用情况及居民长期饮用后的反应；对于评价区内的矿泉和温泉，还应查明其含有的特殊组分、出露条件及其与周围地下水的关系。

6）地下水污染源调查

（1）调查原则

调查评价区内具有与建设项目产生或排放同种特征因子的地下水污染源。对于一级、二级的改、扩建项目，应在可能造成地下水污染的主要装置或设施附近开展包气带污染现状调查,对包气带进行分层取样,一般在 0 至 20 cm 埋深范围内取一个样品,其他取样深度应根据污染源特征和包气带岩性、结构特征等确定,并说明理由。对样品进行浸溶试验,测试分析浸溶液成分。

(2)调查对象

矿山建设项目地下水污染源主要包括工业污染源和生活污染源。调查重点主要包括废水排放口、矿坑水、废石等固废堆放场等。

7)地下水环境现状监测

建设项目地下水环境现状监测应通过对地下水水质、水位的监测,了解或掌握评价区地下水水质现状及地下水流场,为地下水环境现状评价提供基础资料。

(1)监测井点的布设原则

地下水环境现状监测点采用控制性布点与功能性布点相结合的布设原则。监测点应主要布设在建设项目场地、周围环境敏感点、地下水污染源以及对于确定边界条件有控制意义的地点。当现有监测点不能满足监测位置和监测深度要求时,应布设新的地下水现状监测井,现状监测井的布设应兼顾地下水环境影响跟踪监测计划。

监测层位应包括潜水含水层、可能受建设项目影响且具有饮用水开发利用价值的含水层。一般情况下,地下水水位监测点数宜大于相应评价级别地下水水质监测点数的 2 倍。管道型岩溶区等水文地质条件复杂的地区,地下水现状监测点应视情况确定,并说明布设理由。在包气带厚度超过 100 m 的评价区或监测井较难布置的基岩山区,地下水质监测点数无法满足前述监测布点要求时,可视情况调整数量,并说明调整理由。一般情况下,该类地区的一级、二级评价项目应至少设置 3 个监测点,三级评价项目根据需要设置一定数量的监测点。

地下水水质监测点布设的具体要求如下:

①监测点的布设应尽可能靠近矿山的工业场地、采场、废石场等,监测点数应根据评价等级和水文地质条件确定。

②一级评价项目潜水含水层的水质监测点应不少于 7 个,可能受矿山影响且具有饮用水开发利用价值的含水层 3~5 个。原则上场地上游和两侧的地下水水质监测点均不得少于 1 个,场地及其下游影响区的地下水水质监测点不得少于 3 个。

③二级评价项目潜水含水层的水质监测点应不少于 5 个,可能受矿山影响且具有饮用水开发利用价值的含水层 2~4 个。原则上场地上游和两侧的地下水水质监测点均不得少于 1 个,场地及其下游影响区的地下水水质监测点不得少于 2 个。

④三级评价项目潜水含水层水质监测点应不少于 3 个,可能受矿山影响且具有饮用水开发利用价值的含水层 1~2 个。原则上场地上游及下游影响区的地下水水质监测点各不得少于 1 个。

(2)监测点的取样要求

地下水水质取样应根据特征因子在地下水中的迁移特性选择适当的取样方法。一般情况下,只取 1 个水质样品,取样点深度宜在地下水位以下 1 m 左右。

(3)监测项目

地下水现状调查应监测地下水环境中 K^+、Na^+、Ca^{2+}、Mg^{2+}、CO_3^{2-}、HCO_3^-、Cl^-、SO_4^{2-} 的浓度,同时监测基本水质因子和特征因子。基本水质因子以 pH、氨氮、硝酸盐、亚硝酸盐、挥发性酚类、氰化物、砷、汞、六价铬、总硬度、铅、氟、镉、铁、锰、溶解性总固体、高锰酸盐指数、硫酸盐、氯化物、总大肠菌群数、细菌总数等及背景值超标的水质因子为基础，可根据区域地下水类型、污染源状况适当调整。特征因子根据环境影响评价识别结果确定，可根据区域地下水化学类型、污染源状况适当调整。

（4）现状监测频率要求

矿山建设项目地下水现状监测的频率见表 7-19。

表 7-19　金属矿山项目地下水环境现状监测频率参照表

分布区	水位监测频率			水质监测频率		
	一级	二级	三级	一级	二级	三级
山前冲(洪)积	枯平丰	枯丰	一期	枯丰	枯	一期
滨海(含填海区)	二期[a]	一期	一期	一期	一期	一期
其他平原区	枯丰	一期	一期	枯	一期	一期
黄土地区	枯平丰	一期	一期	二期	一期	一期
沙漠地区	枯丰	一期	一期	一期	一期	一期
丘陵山区	枯丰	一期	一期	一期	一期	一期
岩溶裂隙	枯丰	一期	一期	枯丰	一期	一期
岩溶管道	二期	一期	一期	二期	一期	一期

注：a 表示二期的间隔有明显水位变化，其变化幅度接近年内变幅。

评价等级为一级的建设项目，若掌握近三年内至少一个连续水文年的枯水期、平水期、丰水期地下水位动态监测资料，则评价期内至少开展一期地下水水位监测；若无上述资料，依据表 7-13 开展水位监测。

评价等级为二级的建设项目，若掌握近三年内至少一个连续水文年的枯、丰水期地下水位动态监测资料，则评价期可不再开展现状地下水位监测；若无上述资料，依据表 7-13 开展水位监测。

评价等级为三级的建设项目，若掌握近三年内至少一期的监测资料，则评价期内可不再进行现状水位监测；若无上述资料，依据表 7-13 开展水位监测。

基本水质因子的水质监测频率应参照表 7-13，若掌握近三年至少一期水质监测数据，基本水质因子可在评价期补充开展一期现状值监测；特征因子在评价期内至少开展一期现状值监测。

在包气带厚度超过 100 m 的评价区或监测井较难布置的基岩山区，若掌握近三年内至少一期的监测资料，则评价期内可不进行现状水位、水质监测；若无上述资料，至少开展一期现状水位、水质监测。

（5）样品采集与现场测定

地下水水质样品应采用自动式采样泵或人工活塞闭合式与敞口式定深采样器进行采集。样品采集前，应先测量井孔地下水水位(或地下水水位埋藏深度)并做好记录，然后采用潜水泵或离心泵对采样井(孔)进行全井孔清洗，抽汲的水量不得小于 3 倍的井筒水(量)体积。

地下水水质样品的管理、分析化验和质量控制按照《地下水环境监测技术规范》(HJ/T 164)执行，pH、E_h、DO、水温等不稳定项目应在现场测定。

8) 环境水文地质勘查与试验

环境水文地质勘查与试验是在充分收集已有资料和地下水环境现状调查的基础上，针对需要进一步查明的地下水含水层特征和为获取预测评价中必要的水文地质参数而进行的工作。

除一级评价应进行必要的环境水文地质勘查与试验外，对环境水文地质条件复杂且资料缺少的地区，二级、三级评价也应在区域水文地质调查的基础上对场地进行必要的水文地质勘查。

环境水文地质勘查可采用钻探、物探和水土化学分析以及室内外测试、试验等手段开展，具体参见相关标准与规范。

环境水文地质试验项目通常有抽水试验、注水试验、渗水试验、浸溶试验及土柱淋滤试验等，有关试验原则与方法参见《环境影响评价技术导则　地下水环境》(HJ 610)附录C。

9) 地下水环境现状评价

对属于《地下水质量标准》(GB/T 14848)水质指标的评价因子，应按其规定的水质分类标准值进行评价；对于不属于《地下水质量标准》(GB/T 14848)水质指标的评价因子，可参照国家(或行业、地方)相关标准[如《地面水环境质量标准》(GB 3838)、《生活饮用水卫生标准》(GB 5749)、《地下水水质标准》(DZ/T 0290)等]进行评价。根据现状监测结果进行最大值、最小值、均值、标准差、检出率和超标率的分析。

地下水水质现状评价应采用标准指数法进行评价。标准指数大于1，表明该水质因子已超过了规定的水质标准，指数值越大，超标越严重。标准指数计算公式分为以下两种情况：

(1) 对于评价标准为定值的水质因子，其标准指数计算公式为：

$$P_i = \frac{C_i}{C_{si}} \tag{7-24}$$

式中：P_i 为第 i 个水质因子的标准指数，量纲为1；C_i 为第 i 个水质因子的监测浓度值，mg/L；C_{si} 为第 i 个水质因子的标准浓度值，mg/L。

(2) 对于评价标准为区间值的水质因子(如 pH)，其标准指数计算公式为：

$$P_{pH} = \frac{7.0 - pH_i}{7.0 - pH_{su}} \quad pH > 7 \text{ 时} \tag{7-25}$$

$$P_{pH} = \frac{7.0 - pH_i}{7.0 - pH_{sd}} \quad pH \leqslant 7 \text{ 时} \tag{7-26}$$

式中：P_{pH} 为 pH_i 的标准指数；pH_i 为 i 点实测 pH；pH_{su} 为标准中 pH 的上限值；pH_{sd} 为标准中 pH 的下限值。

评价工作等级为一级、二级的改、扩建矿山项目，应开展包气带污染现状调查，分析包气带污染状况。

7.6.4　地下水环境影响预测与评价

1) 预测原则

采矿项目地下水环境影响预测应遵循《环境影响评价技术导则　总纲》(HJ 2.1)中确定的

原则。考虑到地下水环境污染的复杂性、隐蔽性和难恢复性，还应遵循保护优先、预防为主的原则，预测应为评价各方案的环境安全和环境保护措施的合理性提供依据。

预测的范围、时段、内容和方法均应根据评价工作等级、工程特征与环境特征，结合当地环境功能和环保要求确定，应预测采矿项目对地下水水质产生的直接影响，重点预测采矿项目对地下水环境保护目标的影响。

在结合地下水污染防控措施的基础上，对工程设计方案或可行性研究报告推荐的选址方案可能引起的地下水环境影响进行预测。

2）预测范围

地下水环境影响预测范围一般与调查评价范围一致。预测层位应以潜水含水层或污染物直接进入的含水层为主，兼顾与其水力联系密切且具有饮用水开发利用价值的含水层。当建设项目场地天然包气带垂向渗透系数小于 1×10^{-6} cm/s 或厚度超过 100 m 时，预测范围应扩展至包气带。

3）预测时段

地下水环境影响预测时段应选取可能产生地下水污染的关键时段，至少包括污染发生后100 d、1000 d，服务年限或能反映特征因子迁移规律的其他重要的时间节点。

4）预测情境设置

一般情况下，矿山建设项目须分别对正常状况和非正常状况的情境进行预测。

正常状况是指矿山建设项目的工艺设备和地下水环境保护措施（如排土场的防渗措施、生产废水处理措施等）均达到设计要求条件下的运行状况。已依据《危险废物贮存污染控制标准》（GB 18597）、《危险废物填埋场污染控制标准》（GB 18598）、《一般工业固体废物贮存、处置场污染控制标准》（GB 18599）设计的地下水污染防渗措施，可不进行正常状况情境下的预测。正常状况下，预测源强应结合矿山建设项目工程分析和相关设计规范［如《给水排水构筑物工程施工及验收规范》（GB 50141）、《给水排水管道工程施工及验收规范》（GB 50268）等］确定。

非正常状况是指矿山建设项目的工艺设备或地下水环境保护措施因系统老化、腐蚀等原因不能正常运行或保护效果达不到设计要求时的运行状况。非正常状况地下水污染物的渗漏量应不小于正常状况下渗漏量的 10 倍，渗漏面积应不小于防渗面积的 1‰。

5）预测因子

根据地下水环境影响识别出的特征因子，按照重金属、持久性有机污染物和其他类别进行分类，并对每一类别中的各项因子采用标准指数法进行排序，分别取标准指数最大的因子作为预测因子。现有工程已经产生的，且改、扩建后将继续产生的特征因子，改、扩建后应新增加特征因子。此外，预测因子还应包括污染场地已查明的主要污染物，以及国家或地方要求控制的污染物。

6）预测方法

项目地下水环境影响预测方法包括数学模型法和类比分析法。其中，数学模型法包括数值法、解析法等。常用的地下水预测模型参见《环境影响评价技术导则 地下水环境》（HJ 610）附录 D。

预测方法的选取应根据矿山建设项目工程特征、水文地质条件及资料掌握程度来确定，当数值方法不适用时，可用解析法或其他方法预测。一般情况下，一级评价应采用数值法，不宜概化为等效多孔介质的地区除外；二级评价中水文地质条件复杂且适宜采用数值法时，建议优先采用数值法；三级评价可采用解析法或类比分析法。

（1）数值法

数值法适用于复杂边界条件、含水层非均质、多个含水层的地下水系统，但不适用于管道流（如岩溶暗河系统等）的模拟评价。采用数值法预测前，应先进行参数识别和模型验证。模型应用的过程见图7-7。

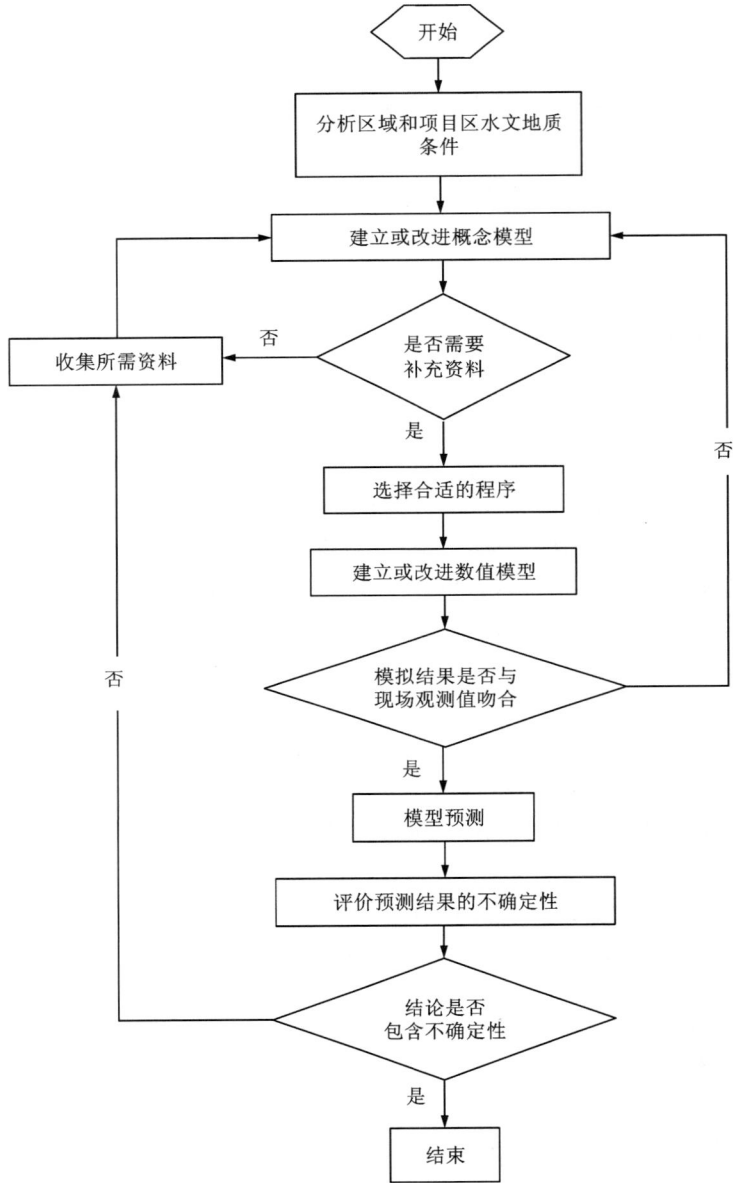

```
                          ┌─────────┐
                          │  开始   │
                          └────┬────┘
                               │
                  ┌────────────┴────────────┐
                  │ 分析区域和项目区水文地质  │
                  │           条件           │
                  └────────────┬────────────┘
                               │
                  ┌────────────┴────────────┐
          ┌──────→│     建立或改进概念模型    │←──────┐
          │       └────────────┬────────────┘       │
          │                    │                     │
          │               ╱────┴────╲                │
   ┌──────┴──────┐  否  ╱  是否需要   ╲              │
   │ 收集所需资料 │←─────  补充资料     │             │
   └──────┬──────┘      ╲            ╱               │
          │               ╲────┬────╱                │
          │                  是 │                     │
          │        ┌───────────┴──────────┐          │
          │        │     选择合适的程序     │          │
          │        └───────────┬──────────┘          │ 否
          │        ┌───────────┴──────────┐          │
          │        │    建立或改进数值模型   │          │
          │        └───────────┬──────────┘          │
          │                    │                     │
          │               ╱────┴────╲                │
        否│         否   ╱ 模拟结果是否 ╲             │
          └────────────  与现场观测值吻合  ────────────┘
                          ╲            ╱
                           ╲────┬────╱
                              是 │
                     ┌──────────┴─────────┐
                     │     模型预测        │
                     └──────────┬─────────┘
                     ┌──────────┴─────────┐
                     │  评价预测结果的不确定性 │
                     └──────────┬─────────┘
                           ╱────┴────╲
                          ╱ 结论是否    ╲
                          │ 包含不确定性  │
                          ╲            ╱
                           ╲────┬────╱
                              是 │
                          ┌─────┴─────┐
                          │   结束    │
                          └───────────┘
```

图7-7 模型应用过程

数值法预测需要进行预测模型概化，概化内容包括水文地质条件概化和污染源概化。水文地质条件概化主要是根据调查评价区和场地环境水文地质条件，对边界性质、介质特征、水流特征和补径排等条件进行概化。污染源概化包括排放形式与排放规律的概化，主要根据污染源的具体情况，将污染源排放形式概化为点源、线源或面源，将污染源排放规律概化为连续恒定排放或非连续恒定排放以及瞬时排放。

　　预测所需的包气带垂向渗透系数、含水层渗透系数、给水度等参数初始值的获取应以收集评价范围内已有水文地质资料为主，不满足预测要求时需通过现场试验获取，如抽水试验、注水试验、渗水实验等，主要水文地质参数经验值详见表7-20、表7-21。

表 7-20　渗透系数经验值

岩性名称	主要颗粒粒径/mm	渗透系数/(m·d⁻¹)	渗透系数/(cm·s⁻¹)
轻亚黏土	—	0.05~0.1	$5.79 \times 10^{-5} \sim 1.16 \times 10^{-4}$
亚黏土	—	0.1~0.25	$1.16 \times 10^{-4} \sim 2.89 \times 10^{-4}$
黄土	—	0.25~0.5	$2.89 \times 10^{-4} \sim 5.79 \times 10^{-4}$
粉土质砂	—	0.5~1	$5.79 \times 10^{-4} \sim 1.16 \times 10^{-3}$
粉砂	0.05~0.1	1~1.5	$1.16 \times 10^{-3} \sim 1.74 \times 10^{-3}$
细砂	0.1~0.25	5~10	$5.79 \times 10^{-3} \sim 1.16 \times 10^{-2}$
中砂	0.25~0.5	10~25	$1.16 \times 10^{-2} \sim 2.89 \times 10^{-2}$
粗砂	0.5~1	25~50	$2.89 \times 10^{-2} \sim 5.78 \times 10^{-2}$
砾砂	1~2	50~100	$5.78 \times 10^{-2} \sim 1.16 \times 10^{-1}$
圆砾	—	75~150	$8.68 \times 10^{-2} \sim 1.74 \times 10^{-1}$
卵石	—	100~200	$1.16 \times 10^{-1} \sim 2.31 \times 10^{-1}$
块石	—	200~500	$2.31 \times 10^{-1} \sim 5.79 \times 10^{-1}$
漂石	—	500~1000	$5.79 \times 10^{-1} \sim 1.16 \times 10^{0}$

注：摘自《环境影响评价技术导则　地下水环境》(HJ 610)附录 B。

表 7-21　松散岩石给水度参考值

岩石名称	给水度变化区间	平均给水度
砾砂	0.2~0.35	0.25
粗砂	0.2~0.35	0.27
中砂	0.15~0.32	0.26
细砂	0.1~0.28	0.21
粉砂	0.05~0.19	0.18
亚黏土	0.03~0.12	0.07
黏土	0~0.05	0.02

注：摘自《环境影响评价技术导则　地下水环境》(HJ 610)附录 B。

数值法预测要用到地下水水流模型和地下水水质模型。

①地下水水流模型

地下水水流控制方程见公式(7-27):

$$\mu_{\mathrm{s}} \frac{\partial h}{\partial t} = \frac{\partial}{\partial x}\left(K_x \frac{\partial h}{\partial x}\right) + \frac{\partial}{\partial y}\left(K_y \frac{\partial h}{\partial y}\right) + \frac{\partial}{\partial z}\left(K_z \frac{\partial h}{\partial z}\right) + W \tag{7-27}$$

式中:μ_{s} 为贮水率,1/m;h 为水位,m;K_x、K_y、K_z 分别为 x、y、z 方向上的渗透系数,m/d;t 为时间,d;W 为源汇项,1/d。

该控制方程的初始条件见公式(7-28):

$$h(x, y, z, t) = h_0(x, y, z) \quad (x, y, z) \in \Omega, \ t = 0 \tag{7-28}$$

式中:$h_0(x, y, z)$ 为已知水位分布;Ω 为模型模拟区域。

该控制方程的边界条件如下:

a. 第一类边界

$$h(x, y, z, t)\big|_{\Gamma_1} = h_0(x, y, z, t) \quad (x, y, z) \in \Gamma_1, \ t \geqslant 0 \tag{7-29}$$

式中:Γ_1 为一类边界;$h(x, y, z, t)$ 为一类边界上的已知水位函数。

b. 第二类边界

$$k \frac{\partial h}{\partial \vec{n}}\bigg|_{\Gamma_2} = q(x, y, z, t) \quad (x, y, z) \in \Gamma_2, \ t > 0 \tag{7-30}$$

式中:Γ_2 为二类边界;k 为三维空间上的渗透系数张量;$\vec{n}$ 为边界 Γ_2 的外法线方向;$q(x, y, z, t)$ 为二类边界上已知流量函数。

c. 第三类边界

$$\left[k(h - z) \frac{\partial h}{\partial \vec{n}} + \alpha h\right]\bigg|_{\Gamma_3} = q(x, y, z) \tag{7-31}$$

式中:α 为已知函数;Γ_3 为三类边界;k 为三维空间上的渗透系数张量;$\vec{n}$ 为边界 Γ_3 的外法线方向;$q(x, y, z)$ 为三类边界上已知流量函数。

②地下水水质模型

水是溶质运移的载体,地下水溶质运移数值模拟应在地下水流场模拟基础上进行。因此,地下水溶质运移数值模型包括水流模型和溶质运移模型两个部分。

地下水水质模型控制方程见公式(7-32):

$$R\theta \frac{\partial C}{\partial t} = \frac{\partial}{\partial x_i}\left(\theta D_{ij} \frac{\partial C}{\partial x_j}\right) - \frac{\partial}{\partial x_i}(\theta v_i C) - WC_{\mathrm{s}} - WC - \lambda_1 \theta C - \lambda_2 \rho_{\mathrm{b}} \overline{C} \tag{7-32}$$

式中:R 为迟滞系数,量纲为 1;$R = 1 + \dfrac{\rho_{\mathrm{b}}}{\theta} \dfrac{\partial \overline{C}}{\partial C}$;$\rho_{\mathrm{b}}$ 为介质密度,kg/dm³;θ 为介质孔隙度,量纲为 1;C 为组分的浓度,g/L;$\overline{C}$ 为介质骨架吸附的溶质浓度,g/kg;t 为时间,d;x、y、z 为空间位置坐标,m;D_{ij} 为水动力弥散系数张量,m²/d;v_i 为地下水渗流速度张量,m/d;W 为水流的源汇项,1/d;C_{s} 为组分的浓度,g/L;λ_1 为溶解相一级反应速率,1/d;λ_2 为吸附相反应速率,1/d。

该控制方程的初始条件见公式(7-33):

$$C(x, y, z, t) = C_0(x, y, z) \quad (x, y, z) \in \Omega, \ t = 0 \tag{7-33}$$

式中：$C_0(x, y, z)$为已知浓度分布；Ω为模型模拟区域。

该控制方程的定解条件如下：

a. 第一类边界——给定浓度边界

$$C(x, y, z, t)\big|_{\Gamma_1} = c(x, y, z, t) \quad (x, y, z) \in \Gamma_1, t \geq 0 \tag{7-34}$$

式中：Γ_1为给定浓度边界；$c(x, y, z, t)$为给定浓度边界上的浓度分布。

b. 第二类边界——给定弥散通量边界

$$\theta D_{ij}\frac{\partial C}{\partial x_j}\bigg|_{\Gamma_2} = f_i(x, y, z, t) \quad (x, y, z) \in \Gamma_2, t \geq 0 \tag{7-35}$$

式中：Γ_2为通量边界；$f_i(x, y, z, t)$为边界Γ_2上已知的弥散通量函数。

c. 第三类边界——给定溶质通量边界

$$\left(\theta D_{ij}\frac{\partial C}{\partial x_j} - q_i C\right)\bigg|_{\Gamma_3} = g_i(x, y, z, t) \quad (x, y, z) \in \Gamma_3, t \geq 0 \tag{7-36}$$

式中：Γ_3为混合边界；$g_i(x, y, z, t)$为边界Γ_3上已知的对流-弥散总的通量函数。

（2）解析法

求解复杂的水动力弥散方程定解问题非常困难，实际问题中多靠数值方法求解。但可以用解析解对照数值解法进行检验和比较，并用解析解去拟合观测资料以求得水动力弥散系数。

采用解析模型预测污染物在含水层中的扩散时，一般应满足以下条件：污染物的排放对地下水流场没有明显的影响；评价区内含水层的基本参数（如渗透系数、有效孔隙度等）不变或变化很小。

预测所需的含水层渗透系数、纵向弥散系数等参数的获取应以收集评价范围内已有水文地质资料为主，不满足预测要求时需通过现场试验获取，如抽水试验、注水试验、弥散试验等。

①一维稳定流动一维水动力弥散问题

一维无限长多孔介质柱体，示踪剂瞬时注入，采用公式（7-37）进行计算：

$$C_{(x, t)} = \frac{m/w}{2n_e\sqrt{\pi D_L t}}\mathrm{e}^{-\frac{(x-ut)^2}{4D_L t}} \tag{7-37}$$

式中：x为距注入点的距离，m；t为时间，d；$C_{(x, t)}$为t时刻x处的示踪剂浓度，g/L；m为注入的示踪剂质量，kg；w为横截面面积，m^2；u为水流速度，m/d；n_e为有效孔隙度，量纲为1；D_L为纵向弥散系数，m^2/d；π为圆周率。

一维半无限长多孔介质柱体，一端为定浓度边界，采用公式（7-38）进行计算：

$$\frac{C}{C_0} = \frac{1}{2}\mathrm{erfc}\left(\frac{x - ut}{2\sqrt{D_L t}}\right) + \frac{1}{2}\mathrm{e}^{\frac{ux}{D_L}}\mathrm{erfc}\left(\frac{x + ut}{2\sqrt{D_L t}}\right) \tag{7-38}$$

式中：x为距注入点的距离，m；t为时间，d；$C_{(x, t)}$为t时刻x处的示踪剂浓度，g/L；C_0为注入的示踪剂浓度，g/L；u为水流速度，m/d；D_L为纵向弥散系数，m^2/d；erfc( )为余误差函数。

②一维稳定流动二维水动力弥散问题

瞬时注入示踪剂——平面瞬时点源，采用公式（7-39）进行计算：

$$C_{(x, y, t)} = \frac{m_M/M}{4\pi nt\sqrt{D_L D_T}}\mathrm{e}^{-\left[\frac{(x-ut)^2}{4D_L t} + \frac{y^2}{4D_T t}\right]} \tag{7-39}$$

式中：(x,y) 为计算点处的位置坐标；t 为时间，d；$C_{(x,y,t)}$ 为 t 时刻 (x,y) 处的示踪剂浓度，g/L；M 为承压含水层的厚度，m；m_M 为长度为 M 的线源瞬时注入的示踪剂质量，kg；u 为水流速度，m/d；n 为有效孔隙度，量纲为 1；D_L 为纵向弥散系数，m^2/d；D_T 为横向 y 方向的弥散系数，m^2/d；π 为圆周率。

连续注入示踪剂—平面连续点源，采用公式(7-40)和公式(7-41)进行计算：

$$C_{(x,y,t)} = \frac{m_t}{4\pi M n \sqrt{D_L D_T}} e^{\frac{ux}{2D_L}} \left[2K_0(\beta) - W\left(\frac{u^2 t}{4D_L}, \beta\right) \right] \qquad (7\text{-}40)$$

$$\beta = \sqrt{\frac{u^2 x^2}{4D_L^2} + \frac{u^2 y^2}{4D_L D_T}} \qquad (7\text{-}41)$$

式中：(x,y) 为计算点处的位置坐标；t 为时间，d；$C_{(x,y,t)}$ 为 t 时刻 (x,y) 处的示踪剂浓度，g/L；M 为承压含水层的厚度，m；m_t 为单位时间注入的示踪剂质量，g；u 为水流速度，m/d；n 为有效孔隙度，量纲为 1；D_L 为纵向弥散系数，m^2/d；D_T 为横向 y 方向的弥散系数，m^2/d；π 为圆周率；$K_0(\beta)$ 为第二类零阶修正贝塞尔函数（可查《地下水动力学》获得）；$W\left(\frac{u^2 t}{4D_L}, \beta\right)$ 为第一类越流系统井函数，可查《地下水动力学》获得。

（3）类比分析法

采用类比分析法时，应给出类比条件。类比分析对象与拟预测对象之间的环境水文地质条件、水动力场条件相似，且两者的工程类型、规模及特征因子对地下水环境的影响具有相似性。

7.6.5　地下水环境保护措施与对策

1）基本要求

（1）地下水环境保护措施与对策应符合《中华人民共和国水污染防治法》和《中华人民共和国环境影响评价法》的相关规定，按照"源头控制、分区防控、污染监控、应急响应"，重点突出饮用水水质安全的原则确定。

（2）地下水环境环保对策措施建议根据矿山建设项目特点、调查评价区和场地环境水文地质条件，在矿山建设项目可行性研究提出的污染防控对策的基础上，根据环境影响预测与评价结果，提出需要增加或完善的地下水环境保护措施和对策。

（3）改、扩建矿山项目应针对现有工程引起的地下水污染问题，提出"以新带老"的对策和措施，有效减轻污染程度或控制污染范围，防止地下水污染加剧。

（4）给出各项地下水环境保护措施与对策的实施效果，列表给出初步估算的各措施的投资概算，并分析其技术、经济可行性。

（5）提出合理、可行、操作性强的地下水污染防控的环境管理体系，包括地下水环境跟踪监测方案和定期信息公开等。

2）矿山建设项目污染防治对策

（1）源头控制措施

矿山建设项目地下水污染源主要包括废水排放口、矿坑水、矿石淋溶水、废石堆放场等，应针对废水和固废，提出循环利用的具体方案，减少污染物的排放量；参照《给水排水构筑物工程施工及验收规范》(GB 50141)、《给水排水管道工程施工及验收规范》(GB 50268)、《地下工程防水技术规范》(GB 50108)等相关设计规范,提出工艺、管道、设备、污水储存及处理构筑物应采取的污染控制措施,将污染物"跑、冒、滴、漏"现象降到最低限度。

(2)分区防控措施

在矿山建设项目的总体布局上,将项目区划分为简单污染防治区、一般污染防治区和重点污染防治区。简单污染防治区主要指没有重金属物料或有机污染物泄漏,不会对地下水环境造成污染的区域或部位,主要包括配电室(除配电室事故油池)、变压器室、内部道路、绿化区、管理区等。一般污染防治区指无毒性或毒性小的生产装置区或重金属、持久性有机污染物的控制程度较易,主要指生产装置(单元)的设备区,包括塔、罐、机泵区等或地面、明沟、架空管道等区域或部位,当污染物泄漏后,容易发现且便于及时处理。重点污染防治区是指物料危害性大、对地下水环境隐患大的生产区域,指危害性大、毒性较大的生产装置设备区、物料储罐区、化学品库及固体废物暂存区等。

结合地下水环境影响评价结果,对工程设计或可行性研究报告提出的地下水污染防控方案提出优化调整的建议,给出不同分区的具体防渗技术要求。一般情况下,应以水平防渗为主。对难以采取水平防渗措施的场地,可采用垂向防渗为主、局部水平防渗为辅的防控措施。

已颁布污染控制国家标准或防渗技术规范的行业,水平防渗技术要求按照相应标准或规范执行,如《危险废物贮存污染控制标准》(GB 18597)、《危险废物填埋污染控制标准》(GB 18598)、《一般工业固体废物贮存、处置场污染控制标准》(GB 18599)等。未颁布相关标准的行业,根据预测结果和场地包气带特征及其防污性能,提出防渗技术要求;或根据矿山项目场地天然包气带防污性能、污染控制难易程度和污染物特性提出防渗技术要求。其中污染控制难易程度的分级和天然包气带防污性能的分级可分别参照表 7-22 和表 7-23,防渗技术要求参照表 7-24。

表 7-22　污染控制难易程度分级参照表

污染控制难易程度	主要特征
难	对地下水环境有污染的物料或污染物泄漏后,不能及时发现和处理
易	对地下水环境有污染的物料或污染物泄漏后,可及时发现和处理

表 7-23　天然包气带防污性能分级参照表

分级	包气带岩土的渗透性能
强	岩(土)层单层厚度 $Mb \geqslant 1$ m,渗透系数 $K \leqslant 10^{-6}$ cm/s,且分布连续、稳定
中	岩(土)层单层厚度 0.5 m$\leqslant Mb < 1$ m,渗透系数 $K \leqslant 10^{-6}$ cm/s,且分布连续、稳定;岩(土)层单层厚度 $Mb \geqslant 1$ m,渗透系数 10^{-6} cm/s$< K \leqslant 10^{-4}$ cm/s,且分布连续、稳定
弱	岩(土)层不满足上述"强"和"中"条件

表 7-24 地下水污染防渗分区参照表

防渗分区	天然包气带防污性能	污染控制难易程度	污染物类型	防渗技术要求
重点防渗区	弱	难	重金属、持久性有机污染物	等效黏土防渗层 $Mb \geq 6.0\,m$，$K \leq 1 \times 10^{-7}\,cm/s$；或参照《危险废物填埋场污染控制标准》(GB 18598) 执行
	中-强	难		
	弱	易		
一般防渗区	弱	易-难	其他类型	等效黏土防渗层 $Mb \geq 1.5\,m$，$K \leq 1 \times 10^{-7}\,cm/s$；或参照《生活垃圾填埋场污染控制标准》(GB 16889) 执行
	中-强	难		
	中	易	重金属、持久性有机污染物	
	强	易		
简单防渗区	中-强	易	其他类型	一般地面硬化

根据非正常状况下的预测评价结果，在矿山项目服务年限内个别评价因子超标范围超出厂界时，应提出优化总图布置的建议或地基处理方案。

3）地下水环境监测与管理

矿山的地下水环境跟踪监测计划应根据环境水文地质条件和矿山项目特点制定，矿山环境影响评价应明确地下水跟踪监测点与矿山项目的位置关系，给出点位、坐标、井深、井结构、监测层位、监测因子及监测频率等相关参数，并明确跟踪监测点的基本功能，如背景值监测点、地下水环境影响跟踪监测点、污染扩散监测点等，必要时，明确跟踪监测点兼具的污染控制功能。

矿山的地下水环境跟踪监测点可按采场、工业场地、排土场等不同场地分别进行布设。对一级、二级评价项目，一般各场地的跟踪监测点不少于 3 个，应至少在各场地上、下游各布设 1 个。一级评价项目，应在项目总图布置基础之上，结合预测评价结果和应急响应时间要求，在重点污染风险源处增设监测点。三级评价项目，一般各场地不少于 1 个，应至少在各场地下游布置 1 个。

企业还应按照环境信息的公开要求，将地下水环境跟踪监测结果进行信息公开。公开的信息应至少包括有色金属矿山项目特征污染物的地下水环境监测值。

4）应急响应

制定地下水污染应急响应预案，明确污染状况下应采取的控制污染源、切断污染途径等措施。

7.6.6 地下水环境影响评价

评价应以地下水环境现状调查和地下水环境影响预测结果为依据，对矿山项目建设期、运营期及退役期几个阶段的不同环节、不同污染防控措施下的地下水环境影响进行评价。地下水环境影响预测未包括环境质量现状值时，应叠加环境质量现状值后再进行评价。评价重点应为评价其对地下水水质的直接影响，特别是对地下水环境保护目标的影响。

地下水评价应采用标准指数法进行评价。对属于《地下水质量标准》(GB/T 14848) 水质指标的评价因子，应按其规定的水质分类标准值进行评价；对不属于《地下水质量标准》（GB/T 14848）水质指标的评价因子，可参照国家、行业、地方相关标准的水质标准值进行评价。

矿山项目各个不同阶段，除场界内小范围以外地区，均能满足《地下水质量标准》（GB/T 14848）或国家、行业、地方相关标准要求的；或者在矿山项目实施的某个阶段，有个别评价因子出现较大范围超标，但采取环保措施后，可满足《地下水质量标准》（GB/T 14848）或国家、行业、地方相关标准要求的，应得出可以满足标准要求的结论。

新建项目排放的主要污染物，改、扩建项目已经排放的及将要排放的主要污染物在评价范围内地下水中已经超标的；环保措施在技术上不可行，或在经济上明显不合理的，应得出不能满足标准要求的结论。

7.7 声环境影响评价

7.7.1 工作程序和特点

声环境影响评价是建设项目环境影响评价的重要组成部分，其基本任务是评价建设项目实施对声环境质量的影响；提出合理可行的噪声防治措施，将噪声污染降低到允许水平；从声环境影响角度评价建设项目实施的可行性；为建设项目优化选址、选线、合理布局及噪声污染防治设施的布设提供指导性文件，为项目的环境管理和环境监测提供科学依据。

声环境影响评价的工作程序见图 7-8。

针对矿山项目的声环境影响评价，其特点主要表现在以下几个方面：

（1）矿山企业的噪声污染主要来源于各种操作设备，如穿孔机、凿岩机、挖掘机、推土机、破碎机、铲装机、风机、空压机，以及自卸汽车、电机车等运输设备。

（2）矿山开采过程中，爆破所引发的噪声持续时间短，但影响范围大，尤其是露天爆破影响范围更大，而且还伴随着影响较大的空气冲击波和振动。

（3）矿石、废石等运输频繁，运输车辆产生的噪声对道路沿线的居民影响较大。

（4）采用井下开采方式时，噪声经地面阻隔后，虽然对外环境的影响较小，但对井下作业的岗位工人仍然存在一定的影响。

7.7.2 声环境影响评价工作内容和要求

1）评价基本内容和要求

针对矿山项目的环境影响评价，声环境影响评价的基本内容和要求包括以下几个方面：

（1）评价项目建设前环境噪声现状。

（2）根据噪声预测结果和相关环境噪声标准，评价建设项目在建设期、运营期、退役期噪声影响的程度、超标范围及超标状况，重点关注对敏感目标的环境影响。

（3）按场址周围敏感目标所处的环境功能区类别评价噪声影响的范围和程度，分析受影响人口的分布状况。

（4）分析主要影响的噪声源，如采矿机械设备噪声、爆破噪声等的分布和特点，说明引起超标的主要噪声源或主要超标原因。

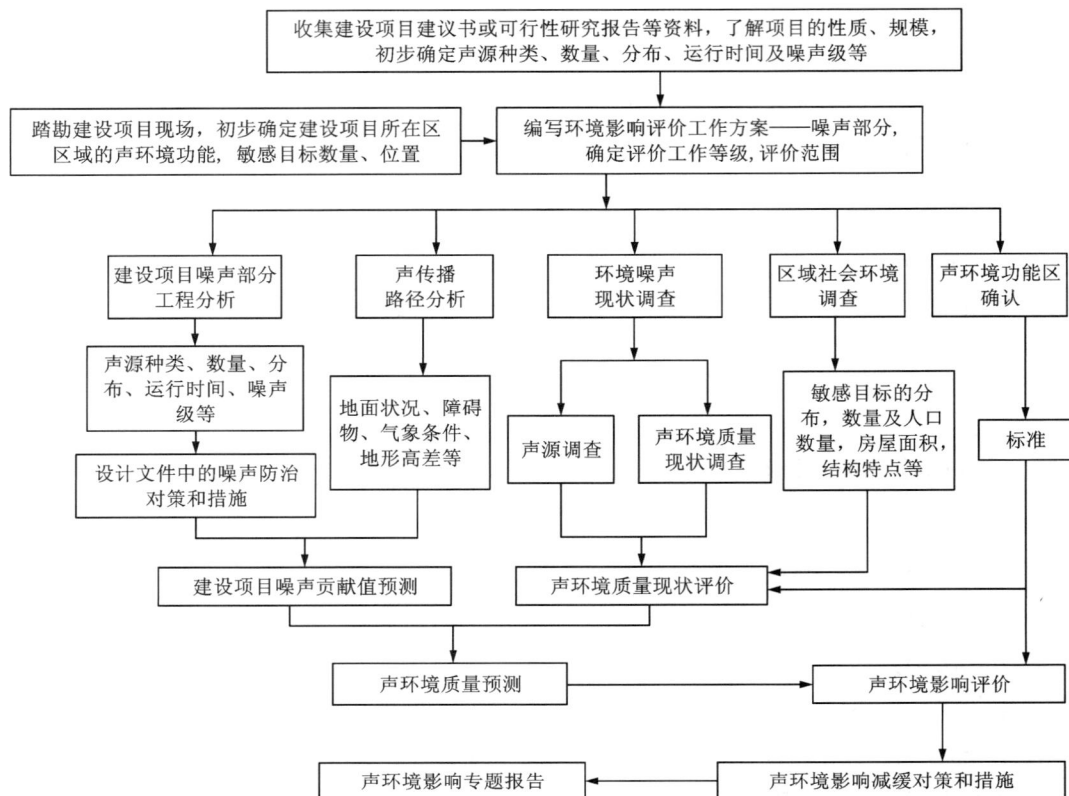

图 7-8　声环境影响评价工作程序图

（5）分析建设项目工业场地、废石堆场等的选址、工程布置或设备布局的合理性，分析项目设计中已有的噪声防治措施的适用性和防治效果。

（6）为使环境噪声达标，评价必须增加或调整适用本工程的噪声防治措施或对策，分析其经济、技术的可行性。

（7）提出针对该项工程有关环境噪声监督管理、环境监测计划和环境保护规划方面的建议。

2）施工期声环境影响评价

矿山项目施工期声环境影响评价还需着重分析说明以下问题：

（1）分析不同种类施工机械设备的噪声源和特点，说明施工场界和功能区超标原因。

（2）针对不同施工阶段计算出不同施工设备的噪声影响范围，估算出施工噪声可能影响的居民点数，以便施工单位在施工时结合实际情况采取适当的噪声污染防治措施。

（3）评价场界控制噪声措施方案的合理性与可行性，以及其降噪效果。

3）运输道路声环境影响评价

矿山开发项目一般都建有专属的矿石、废石运输道路，针对运输道路的声环境影响评价，除上述评价基本内容和要求外，还需着重分析说明以下问题：

（1）针对运输道路的建设期和运营期，评价道路沿线评价范围内城镇、学校、医院、集中生活区等各敏感目标，按标准要求预测声级的达标及超标情况，并分析受影响人口的分布情况。

（2）对运输道路沿线两侧的城镇规划受到噪声影响的范围绘制等声级曲线，明确合理的噪声控制距离和规划建设控制要求。

（3）结合运输道路选线和建设方案布局，评述其合理性和可行性，必要时可提出环境替代方案。

（4）对提出的各种噪声防治措施进行经济技术论证，在多方案比选后再规定应采取的措施并说明措施的降噪效果。

7.7.3　评价等级与评价范围

1）评价等级划分

按照《环境影响评价技术导则　声环境》的要求，矿山建设项目声环境影响评价的工作等级可划分为三个等级：一级要求最高，为详细评价；二级为一般性评价；三级要求最低，为简要评价。声环境影响评价工作等级确定的主要依据有：建设项目所在区域的声环境功能区类别；项目建设前后所在区域的声环境质量变化程度；受建设项目影响人口的数量。

评价范围内有适用于《声环境质量标准》（GB 3096）规定的 0 类声环境功能区域，以及对噪声有特别限制要求的保护区等敏感目标，或建设项目建设前、后评价范围内敏感目标噪声级增高量达 5 dB（A）以上［不含 5 dB（A）］，或受影响人口数量显著增多时，应按一级评价进行工作。

建设项目所处的声环境功能区为《声环境质量标准》（GB 3096）规定的 1 类、2 类地区，或项目建设前后评价范围内敏感目标噪声级增高量达 3~5 dB（A）［含 5 dB（A）］，或受噪声影响人口数量增加较多时，应按二级评价进行工作。

建设项目所处的声环境功能区为《声环境质量标准》（GB 3096）规定的 3 类、4 类地区，或建设项目建设前后评价范围内敏感目标噪声级增高量在 3 dB（A）以下［不含 3 dB（A）］，且受影响人口数量变化不大时，应按三级评价进行工作。

在确定评价工作等级时，如建设项目同时符合两个以上级别的划分原则，应按较高级别的评价等级评价。

2）评级范围

声环境影响评价范围根据项目特点和评价工作等级确定。

矿山开发项目的噪声源主要是设备噪声，可视为固定噪声源。在《环境影响评价技术导则　声环境》中对"一级"评价有明确规定，对于以固定声源为主的建设项目，评价范围为该项目边界向外 200 m。

技术导则对二级、三级评价范围并没有具体规定，只在原则上要求"可根据建设项目所在区域和相邻区域的声环境功能区类别及敏感目标等实际情况适当缩小"。

如依据建设项目声源计算得到的贡献值到 200 m 处，仍不能满足相应功能区标准值时，应将评价范围扩大到满足标准值的距离。

矿山建设项目除建设工业场地外，还要建设专用运输道路和生活区，因此运输道路两侧噪声敏感点和生活区也应纳入评价范围。运输道路评价范围的确定可根据技术导则中对于公路、城市道路、铁路等建设项目的要求进行确定：一级评价范围为路中心线两侧各 200 m；二级、三级评价范围可根据建设项目所在区域和相邻区域的声环境功能区类别及敏感目标等实际情况适当缩小。生活区的评价范围一般为用地范围。

3）评价工作深度

一级评价的环境噪声现状应实测；噪声预测要覆盖全部敏感目标，给出各敏感目标的预测值及场界噪声值；固定声源评价和运输道路经过城镇建成区或规划区路段的评价绘出等声级图，当敏感目标高于(含)三层建筑时，还应绘出垂直方向的等声级线图；给出项目建成后不同类别的声环境功能区内受影响的人口分布、噪声超标的范围和程度；对于噪声级变化可能出现几个阶段的情况(如建设期、运营期、退役期)，应分别给出其噪声级；对工程可行性研究和评价中提出的不同选址方案、建设布局方案，应根据不同方案噪声影响人口的数量和噪声影响的程度进行比选，并从声环境保护角度提出最终的推荐方案；必须针对建设项目工程特点和所在区域的环境特征提出噪声防治对策，并进行经济、技术可行性论证，明确防治措施的最终降噪效果和达标分析。

二级评价的环境噪声现状以实测为主，可适当利用当地已有的环境噪声监测资料；噪声预测应覆盖全部敏感目标，给出各敏感目标的预测值及场界噪声值，根据需要绘出等声级图；描述项目建成后不同类别的声环境功能区内受影响的人口分布、噪声超标的范围和程度；从声环境保护角度对工程可行性研究中提出的不同选址(选线)和建设布局方案的环境合理性进行分析；针对建设项目工程特点和所在区域的环境特征提出噪声防治对策，并进行经济、技术可行性论证，给出防治措施的最终降噪效果和达标分析。

三级评价的重点为调查评价范围内主要敏感目标的声环境质量现状，可利用评价范围内已有的声环境质量监测资料。若无现状监测资料时应进行实测，并对声环境质量现状进行评价；噪声预测应给出建设项目建成后各敏感目标的预测值及场界噪声值，分析敏感目标受影响的范围和程度；针对建设项目的工程特点和所在区域的环境特征提出噪声防治措施，并进行达标分析。

7.7.4　声环境质量现状调查

1）现状调查

（1）主要调查内容

调查建设项目所在区域的主要气象特征，包括年平均风速和主导风向、年平均气温、年平均相对湿度等；收集评价范围内 1：(2000～50000) 地理地形图，说明评价范围内声源和敏感目标之间的地貌特征、地形高差及影响声波传播的环境要素；调查评价范围内不同区域的声环境功能区划情况，调查各声环境功能区的声环境质量现状；调查评价范围内的敏感目标的名称、规模、人口的分布等情况，并以图、表相结合的方式说明敏感目标与建设项目的关系，如方位、距离、高差等；建设项目所在区域的声环境功能区的声环境质量现状超过相应标准要求或噪声值相对较高时，需对区域内主要声源的名称、数量、位置、影响的噪声级等相关情况进行调查；若改、扩建项目，应说明现有矿山场界噪声的超标、达标情况及超标原因。

（2）调查方法

环境现状调查的基本方法有收集资料法、现场调查法、现场测量法等。评价时，应根据评价工作等级的要求确定需采用的具体方法。

2）现状监测

（1）监测点位的布设

根据声环境现状监测的目的，现状监测点应包括评价声环境现状需要的测点、噪声预测必须有的测点、为提供噪声预测参数需要的测点。布点应覆盖整个评价范围，包括场界和敏感目标。当敏感目标高于(含)三层建筑时，还应选取有代表性的不同楼层设置测点。

评价范围内没有明显的工业噪声、交通运输噪声、建设施工噪声、社会生活噪声等声源，且声级较低时，可选择有代表性的区域布设测点。

评价范围内有明显的声源，并对敏感目标的声环境质量有影响，或建设项目为改、扩建工程时，应根据声源种类采取不同的监测布点原则。当监测工业场地的固定声源时，现状测点应重点布设在可能既受到现有声源影响，又受到建设项目声源影响的敏感目标处，以及有代表性的敏感目标处；为满足预测需要，也可在距离现有声源不同距离处设衰减测点。当监测运输道路沿线声环境时，现状测点位置的选取应兼顾敏感目标的分布状况、工程特点及线声源噪声影响随距离衰减的特点，布设在具有代表性的敏感目标处。

噪声监测点与测量方法是对应的，因此在测量时和报告书中必须明确测点性质，比如测量的点位是场界环境噪声测点还是区域环境噪声测点要交代清楚。

(2)声环境现状监测时段的选择

在一般的环境噪声测量中，要求昼间与夜间分别测量，但对具体什么时间测量并未规定，一般采取典型时段。如昼间只测量一次，则不应安排在午休时间测量。对于一个新建矿山工程，如果周围没有影响明显的噪声源，可按一般环境噪声测量方法进行。

对于矿山扩建工程或周围有影响明显的噪声源的新建工程项目，在环评的声环境现状监测中应慎重选择测量时段。首先要选择有代表性的工作日，避开节假日及设备检修期等特殊时段；其次要适当增加每天的测量次数，如果现状噪声起伏较大，昼间与夜间只各测一次，显然不足以表示噪声现状。现在许多声学测量仪器能够自动监测，所以最好能进行 24 h 或 48 h 连续监测，如果条件有限，可以一天测量 6 次，即在昼、夜的噪声最大值、最小值、一般值时段测量。

3)现状评价

环境噪声现状评价需要说明两个问题：一是对照环境噪声评价标准，说明声环境现状；二是分析和说明影响环境的主要噪声源。有些项目的噪声现状是超标的，则还应该对超标原因进行分析。特别是扩建项目，按照"以新带老"原则，环境影响报告需要提出相应的治理措施。

技术导则中，明确要求分析评价范围内现有主要噪声源种类、数量级相应的噪声级、噪声特性，主要噪声源分布；评价各敏感目标的超标、达标情况，受现有主要噪声源的影响状况；给出不同类别声环境功能区噪声超标范围内的人口数及分布情况。

在进行矿山项目评价时一般要用到《声环境质量标准》和《工业企业厂界环境噪声排放标准》两个评价标准，在进行现状评价时特别要注意现状监测与评价标准的对应关系。这两个标准各有自己的测量方法，既不能用厂界环境噪声的测量方法去测量区域环境噪声，也不能对厂界环境噪声的测量结果用《声环境质量标准》进行评价。

7.7.5　声环境影响预测与评价

1)预测方法及模式

噪声预测与评价是声环境影响评价的核心内容。采用正确的预测计算模式是进行噪声预测的基础。若选择的预测计算模式正确，但应用不当、参数选用不合理，则仍然会使预测结果与实际值偏差很大，未达到噪声预测的目的。

（1）开采机械设备噪声预测模式

矿山开采过程中，各类采掘机械设备噪声属于工业噪声，对该类噪声的预测应采用《环境影响评价技术导则　声环境》中工业噪声预测模式进行预测。

矿山开发项目中的噪声源可分为室外声源和室内声源两种，室外声源主要是凿岩机、挖掘机、推土机、破碎机等采掘设备，室内声源主要是空压机、风动机、水泵等设备。室外和室内两种声源应分别计算。由于室外噪声源的噪声直接影响预测点，故根据户外噪声衰减公式进行计算。室内噪声源有所不同，噪声要通过围护结构才能影响到预测点。由于墙体隔声量一般要比窗户、门、洞口隔声量高很多，因此，室内噪声源的噪声是通过隔声差的窗户、门、洞口等部位辐射到预测点的，这些部位可看作室外噪声源，然后再按室外噪声源进行衰减计算。最后将所有室外噪声源与等效室外噪声源在预测点的噪声值进行叠加得到预测点的声级。

①单个室外的点声源在预测点产生的声级基本计算公式

由于声波传播中，除发散衰减外，其他衰减都与频率有关，因此，计算需要从倍频带声压级开始。如果能获得噪声源的倍频带声功率级，则该声源在预测点的倍频带声压级 $L_p(r)$ 可按下式计算：

$$L_p(r) = L_w + D_c - A$$
$$A = A_{div} + A_{atm} + A_{gr} + A_{bar} + A_{misc} \tag{7-42}$$

式中：L_w 为倍频带声功率级，dB(A)；D_c 为指向性校正，dB(A)（具体含义见技术导则，一般可不考虑）；A 为倍频带衰减，dB(A)；A_{div} 为几何发散引起的倍频带衰减，dB(A)；A_{atm} 为大气吸收引起的倍频带衰减，dB(A)；A_{gr} 为地面效应引起的倍频带衰减，dB(A)；A_{bar} 为声屏障引起的倍频带衰减，dB(A)；A_{misc} 为其他多方面效应引起的倍频带衰减，dB(A)。

衰减项计算按《环境影响评价技术导则　声环境》（HJ 2.4）中相关模式计算。

如果能获得靠近噪声源的与预测点同方向某参考点的倍频带声压级 $L_p(r_0)$，则预测点的倍频带声压级还可通过下式求出：

$$L_p(r) = L_p(r_0) - A \tag{7-43}$$

预测点的 A 声级 $L_A(r)$，可利用 63~8000 Hz 的 8 个倍频声压级的叠加，得到该声源在预测点的 A 声级。

$$L_A(r) = 10\lg\left\{\sum_{i=1}^{8} 10^{\left[0.1L_{p_i}(r) - \Delta L_i\right]}\right\} \tag{7-44}$$

式中：$L_{pi}(r)$ 为预测点（r）处，第 i 倍频带声压级，dB(A)；ΔL_i 为 i 倍频带 A 计权网络修正值，dB(A)。

如果不能获得噪声源倍频带声功率值，只能获得 A 声功率级 L_{A_W} 值，则计算式为：

$$L_A(r) = L_{A_W} + D_c - A \tag{7-45}$$

同样，如果只能获得参考点的 A 声级 $L_A(r_0)$，可利用式（7-46）计算预测点 A 声级：

$$L_A(r) = L_A(r_0) - A \tag{7-46}$$

要注意的是式（7-45）和式（7-46）中的衰减值"A"也必须是 A 声级，如受条件所限不能得到 A 声级衰减值，可用 A 声级影响最大的那个倍频带的衰减值代替，一般可选中心频率为 500 Hz 的倍频带作估算。

为了提高计算精度，计算前应先建立三维坐标系，准确标明声源位置、预测点位置等。

为了减少计算工作量，对于较为集中的室外噪声源组，若其到预测点的距离大于包容噪声源组的最大几何尺寸的 2 倍, 可用一个等效点声源代替, 点声源位置在噪声源组中部, 声功率为各噪声源声功率的叠加值。

②室内声源等效为室外声源声功率级计算方法

如图 7-9 所示, 声源位于室内, 室内声源可采用等效室外声源声功率级法进行计算。设靠近开口处(或窗户)室内、室外某倍频带的声压级分别为 L_{P1} 和 L_{P2}。若声源所在室内声场为近似扩散声场, 则室外的倍频带声压级可按式(7-47)近似求出:

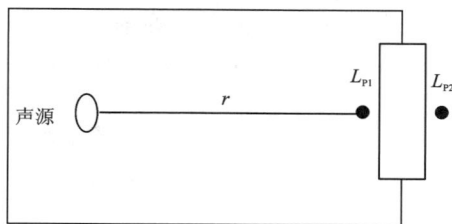

图 7-9　室内声源等效为室外声源图例

$$L_{P2} = L_{P1} - (TL + 6) \tag{7-47}$$

式中: TL 为隔墙(或窗户)倍频带的隔声量, dB(A)。

也可按式(7-48)计算某一室内声源靠近围护结构处产生的倍频带声压级:

$$L_{P1} = L_{w} + 10\lg\left(\frac{Q}{4\pi r^2} + \frac{4}{R}\right) \tag{7-48}$$

式中: Q 为指向性因数, 通常对无指向性声源, 当声源放在房间中心时, $Q=1$, 当放在一面墙的中心时, $Q=2$, 当放在两面墙夹角处时, $Q=4$, 当放在三面墙夹角处时, $Q=8$; R 为房间常数, $R=S\alpha/(1-\alpha)$, S 为房间内表面面积, m^2, α 为平均吸声系数; r 为声源到靠近围护结构某点处的距离, m。

然后按式(7-49)计算出所有室内声源在围护结构处产生的 i 倍频带叠加声压级:

$$L_{P1i}(T) = \lg\left(\sum_{j=1}^{N} 10^{0.1L_{P1ij}}\right) \tag{7-49}$$

式中: $L_{P1i}(T)$ 为靠近围护结构处室内 N 个声源 i 倍频带的叠加声压级, dB(A); L_{P1ij} 为室内 j 声源 i 倍频带的声压级, dB(A); N 为室内声源总数。

在室内近似为扩散声场时, 按式(7-50)计算出靠近室外围护结构处的声压级:

$$L_{P2i}(T) = L_{P1i}(T) - (TL_i + 6) \tag{7-50}$$

式中: $L_{P2i}(T)$ 为靠近围护结构处室外 N 个声源 i 倍频带的叠加声压级, dB(A); TL_i 为围护结构 i 倍频带的隔声量, dB(A)。

按式(7-51)将室外声源的声压级和透过面积换算成等效的室外声源, 计算出中心位置位于透声面积(S)处的等效声源的倍频带声功率级。

$$L_{w} = L_{P2}(T) + 10\lg S \tag{7-51}$$

然后按室外声源预测方法计算预测点处的 A 声级。

③预测点等效 A 声级的计算

将所有等效室外声源、原有室外声源在预测点的 A 声级叠加, 就得到预测点 A 声级, 并由此得到等效 A 声级(用 L_{eqg} 表示)。如果这些声源不是同时发声, 应分别就不同工况进行"叠加"。计算公式为:

$$L_{eqg} = 10\lg\left[\frac{1}{T}\left(\sum_{i=1}^{N} t_i 10^{0.1L_{Ai}} + \sum_{j=1}^{M} t_j 10^{0.1L_{Aj}}\right)\right] \tag{7-52}$$

式中: t_i 为在 T 时间内 i 声源工作时间, s; t_j 为在 T 时间内 j 声源工作时间, s; L_{Ai} 为第 i 个等效室外声源在预测点的 A 声级, dB(A); T 为用于计算等效声级的时间, s; N 为室外声源个数；M 为等效室外声源个数。

（2）运输道路噪声预测模式

矿山开采项目的矿石、废石等一般采用汽车进行运输，运输道路的预测模式应采用《环境影响评价技术导则　声环境》（HJ 2.4）中的公路交通噪声预测模式进行预测，模式如下：

$$\bar{L}_{eq}(h)_i = (L_{oE})_i + 10\lg\left(\frac{N_i}{V_i T}\right) + 10\lg\left(\frac{7.5}{r}\right) + 10\lg\left(\frac{\psi_1 + \psi_2}{\pi}\right) + \Delta L - 16 \qquad (7-53)$$

式中：$L_{eq}(h)_i$ 为第 i 类车的小时等效声级，dB（A）；$(L_{oE})_i$ 为第 i 类车速度为 V_i，km/h；水平距离为 7.5 m 处的能量平均 A 声级，dB（A）；N_i 为昼间、夜间通过某个预测点的第 i 类车平均小时车流量，辆/h；r 为从车道中心线到预测点的距离，m；式（7-53）适用于 $r > 7.5$ m 预测点的噪声预测；V_i 为第 i 类车的平均车速，km/h；T 为计算等效声级的时间，1 h；ψ_1、ψ_2 为预测点到有限长路段两端的张角、弧度，如图 7-10 所示。

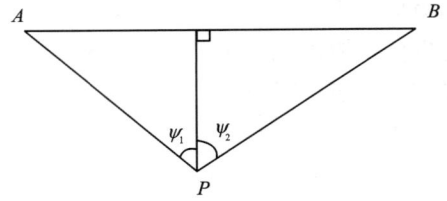

AB—路段；P—预测点。

图 7-10　有限路段的修正函数

ΔL 为由其他因素引起的修正量，dB（A）。可按下式计算：

$$\Delta L = \Delta L_1 - \Delta L_2 + \Delta L_3$$
$$\Delta L_1 = \Delta L_{坡度} + \Delta L_3$$
$$\Delta L_2 = A_{atm} + A_{gr} + A_{bar} + A_{misc} \qquad (7-54)$$

式中：ΔL_1 为线路因素引起的修正量，dB（A）；$\Delta L_{坡度}$ 为公路纵坡修正量，dB（A）；ΔL_2 为声波传播途径中引起的衰减量，dB（A）；ΔL_3 为由反射等引起的修正量，dB（A）。

2）预测内容

按《环境影响评价技术导则　声环境》中不同评价工作等级的基本要求，选择以下工作内容分别进行预测，给出相应的预测结果。

（1）场界噪声预测

预测场界噪声，给出场界噪声的最大值及位置。

（2）敏感目标噪声预测

预测敏感目标的贡献值、预测值，以及预测值与现状噪声值的差值，敏感目标所处声环境功能区的声环境质量变化，敏感目标所受噪声影响的程度，确定噪声影响的范围，并说明受影响人口分布情况。

当敏感目标高于（含）三层建筑时，还应预测有代表性的不同楼层所受的噪声影响。

（3）运输道路噪声预测

预测各预测点的贡献值、预测值、预测值与现状噪声值的差值，预测高层建筑有代表性的不同楼层所受的噪声影响。按贡献值绘制代表性路段的等声级线图，分析敏感目标所受噪声影响程度，确定噪声影响的范围，并说明受影响人口的分布情况。给出满足相应声环境功能区标准要求的距离。

（4）爆破振动影响预测

预测爆破振动对居民区等环境敏感点的影响。

3）预测结果的评价

（1）评价方法和评价量

根据噪声预测结果和环境噪声评价标准，评价建设项目在施工、运行期噪声的影响程度、影响范围，给出场界及敏感目标的达标分析。进行边界噪声评价时，新建建设项目以工程噪声贡献值作为评价量；改、扩建建设项目以工程噪声贡献值与受到现有工程影响的边界噪声值叠加后的预测值作为评价量。进行敏感目标噪声环境影响评价时，以敏感目标所受的噪声贡献值与背景噪声值叠加后的预测值作为评价量。

（2）影响范围、影响程度分析

给出评价范围内不同声级范围覆盖下的面积，主要建筑物类型、名称、数量及位置，影响的户数、人口数。

（3）噪声超标原因分析

分析建设项目场界及敏感目标噪声超标的原因，明确引起超标的主要声源。对于运输道路经过城镇建成区和规划区的路段，还应分析建设项目与敏感目标间的距离是否符合城市规划部门提出的防噪声距离的要求。

（4）对策建议

分析建设项目的选址（选线）、规划布局和设备选型等的合理性，评价噪声防治对策的适用性和防治效果，提出需要增加的噪声防治对策、噪声污染管理、噪声监测及跟踪评价等方面的建议，并进行技术、经济可行性论证。

7.8 土壤环境影响评价

7.8.1 工程程序

土壤环境影响评价工作可划分为准备、现状调查与评价、预测分析与评价，以及结论四个阶段。

1）准备阶段

收集分析国家和地方土壤环境相关的法律、法规、政策、标准及规划等资料；了解建设项目工程概况，结合工程分析，识别建设项目对土壤环境可能造成的影响类型，分析可能造成土壤环境影响的主要途径；开展现场踏勘工作，识别土壤环境敏感目标；确定评价等级、范围与内容。

2）现状调查与评价阶段

采用相应标准与方法，开展现场调查、取样、监测和数据分析与处理等工作，进行土壤环境现状评价。

3）预测分析与评价阶段

预测分析与评价建设项目对土壤环境可能造成的影响。

4）结论阶段

分析各阶段成果，提出土壤环境保护措施与对策，对土壤环境影响评价结论进行总结。

土壤环境影响评价工作程序见图 7-11。

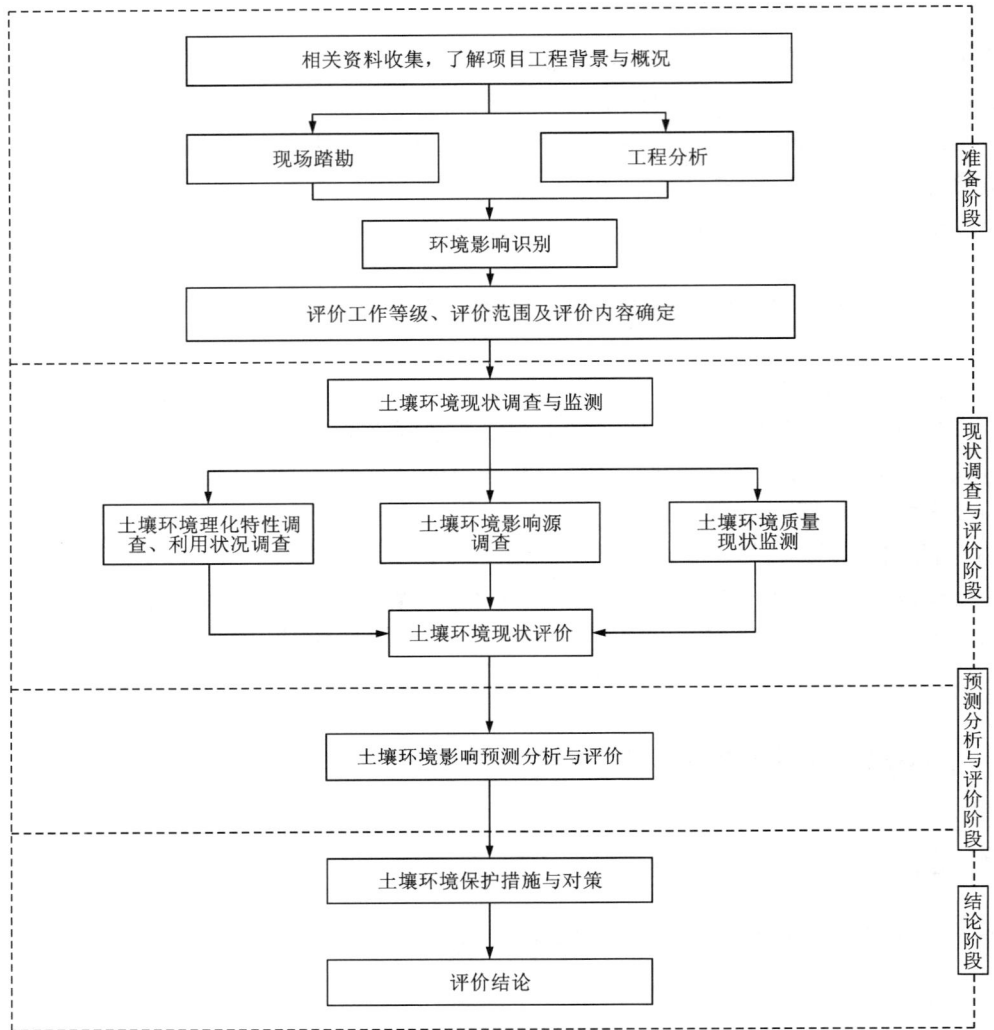

图 7-11 土壤环境影响评价工作流程图

7.8.2 评价等级与评价范围

金属矿山项目既存在因大气沉降、废水入渗等因素，影响周边土壤质量的污染影响型特征；又存在因矿山疏干排水，导致地下水水位下降或者酸性水排放，影响周边土壤盐碱化、酸化等生态影响型特征。因此矿山项目评价定级既要考虑污染影响型又要考虑生态影响型，分别判定评价工作等级，并按相应等级分别开展评价工作。

污染影响型评价等级主要依据永久占地规模和建设项目所在地周边土壤敏感程度确定评价等级。对于露天采场、地采污风井等周边 500 m 存在耕地、园地、牧草地、饮用水水源地或居民区、学校、医院、疗养院、养老院等土壤环境敏感目标的金属矿山项目，评价等级均为一级；对于较敏感地区的金属矿山项目且占地面积不超过 5 hm² 的，评价等级为二级，其余均为一级；对于不敏感地区的金属矿山项目且占地面积不小于 50 hm² 的，评价等级为一级，其余均为二级。

生态影响型评价等级主要是依据项目所在地盐化、酸化、碱化的敏感程度来定级，位于《建设项目环境影响评价分类管理名录》中规定的自然保护区、风景名胜区、世界文化和自然遗产地、饮用水源保护区、基本农田保护区、基本草原、森林公园、地质公园、重要湿地、天然林、珍稀濒危野生动植物天然集中区、水土流失重点防治区、沙化土地封禁保护区等敏感地区的矿山项目，评价等级为一级，其余地区评价等级为二级。

土壤环境影响现状调查评价范围可根据建设项目影响类型、污染途径、气象条件、地形地貌、水文地质条件等确定。污染影响型的矿山项目一级评价的评价范围为项目占地范围内及外围 1 km 的范围，二级评价的评价范围项目占地范围内及外围 0.2 km 的范围。生态影响型的矿山项目一级评价的评价范围为项目占地范围内及外围 5 km 的范围，二级评价的评价范围项目占地范围内及外围 2 km 的范围。

7.8.3　土壤现状调查与评价

1）基础资料调查

矿山土壤现状调查须有针对性地收集调查评价范围内的相关资料，包括土地利用现状图、土地利用规划图、土壤类型分布图、气象资料、地形地貌特征资料、水文及水文地质资料、土地利用历史情况等。

土壤理化性质现状调查内容主要包括土体构型、土壤结构、土壤质地、阳离子交换量、氧化还原电位、饱和导水率、土壤容重、孔隙度等；土壤环境生态影响型建设项目还应调查植被、地下水位埋深、地下水溶解性总固体等。

2）现状监测

（1）布点原则

矿山建设项目土壤环境现状监测点布设应根据建设项目土壤环境影响类型、评价工作等级、土地利用类型等确定，采用均布性与代表性相结合的原则，充分反映建设项目调查评价范围内的土壤环境现状，可根据实际情况优化调整。

①调查评价范围内的每种土壤类型应至少设置 1 个表层样监测点，应尽量设置在未受人为污染或相对未受污染的区域。

②考虑矿山疏干排水和酸性水排放可能引起的生态影响，应根据矿山所在地的地形特征、地面径流方向设置表层样监测点。

③考虑到矿山废石堆场可能产生的入渗影响，在废石场区域应设置柱状样监测点，采样深度应根据可能影响的深度适当调整。

④考虑到矿山破碎站有组织粉尘排放和废石堆场粉尘无组织排放时的大气沉降影响，应在占地范围外主导风向的上、下风向各设置 1 个表层样监测点，可在最大落地浓度点增设表层样监测点。

⑤考虑到矿山废石堆场淋溶水可能产生的地面漫流影响，应结合地形地貌，在废石的上、下游各设置 1 个表层样监测点。

⑥矿山改、扩建项目，应在现有工程厂界外可能产生影响的土壤环境敏感目标处设置监测点。

⑦历史资料表明，占地范围及其可能影响区域的土壤环境已存在污染风险的，应在可能受影响最重的区域布设监测点，取样深度根据其可能影响的情况确定。

矿山建设项目的土壤现状监测点位数不少于表7-25中的点位数。

表 7-25　土壤环境质量现状监测点位数

评价等级	土壤影响类型	占地范围内	占地范围外
一级评价	生态影响型	5个表层样点	6个表层样点
	污染影响型	5个柱状样点，2个表层样点	4个表层样点
二级评价	生态影响型	3个表层样点	4个表层样点
	污染影响型	3个柱状样点，1个表层样点	2个表层样点
三级评价	生态影响型	1个表层样点	2个表层样点
	污染影响型	3个表层样点	无

层样应在 0~0.2 m 取样，柱状样通常在 0~0.5 m、0.5~1.5 m、1.5~3 m 分别取样，3 m 以下每 3 m 取 1 个样，可根据基础埋深、土体构型适当调整。

（2）监测因子

土壤环境质量现状监测因子包括《土壤环境质量标准》（GB 15618）、《土壤环境质量建设用地土壤污染风险管控标准（试行）》（GB 36600）中规定的基本因子和特征因子，分别根据调查评价范围内的土地利用类型选取，特征因子为矿山建设项目特有因子，如重金属因子等，既是特征因子又是基本因子的，按特征因子对待。

矿山建设项目应对未受人为污染或相对未受污染的区域土壤表层样，以及可能已经受到污染风险的区域土壤样，监测所有基本因子，其他监测点位可只监测特征因子。

（3）现状评价

根据调查评价范围内的土地利用类型，分别选取《土壤环境质量标准》（GB 15618）、《土壤环境质量建设用地土壤污染风险管控标准（试行）》（GB 36600）等标准中的筛选值进行评价，土地利用类型无相应标准的可只给出现状监测值。土壤环境质量现状评价应采用标准指数法，并进行统计分析，给出样本数量、最大值、最小值、均值、标准差、检出率和超标率、最大超标倍数等；给出评价因子是否满足相关标准要求的结论；当评价因子存在超标时，应分析超标原因。

7.8.4　土壤环境影响预测与评价

1）预测内容及时段

矿山建设项目主要预测项目建设期、运营期和退役期，以及在不同环境影响防控措施下的土壤环境影响；重点预测矿山运营期对占地范围外土壤环境敏感目标的累积影响，并根据矿山建设特征兼顾对占地范围内的影响预测。

2）预测因子

矿山建设项目重点预测与矿石成分有关的重金属因子，如果矿山疏干排水或酸性水排放会产生盐碱化或酸性生态影响，则还需预测土壤盐分含量、pH。

3）预测方法

矿山项目土壤环境影响预测方法为：通过工程分析计算土壤中某种物质的输入量；涉及

大气沉降影响的，可根据大气预测方法计算出粉尘沉降量，再根据粉尘中重金属浓度换算出单位质量表层土壤中重金属的增量；土壤中某种物质的输出量主要包括淋溶或径流排出、土壤缓冲消耗两个部分；植物吸收量通常较小，不予考虑；计算大气沉降影响的，可不考虑输出量；比较输入量和输出量，计算土壤中某种物质的增量；再将土壤中某种物质的增量与土壤现状值进行叠加后，对比评价标准进行土壤环境影响预测。

单位质量土壤中某种物质的增量可用下式计算：

$$\Delta S = \eta(I_s - L_s - R_s)/(\rho_b \times A \times D) \tag{7-55}$$

式中：ΔS 为单位质量表层土壤中某种物质的增量，g/kg，或表层土壤中游离酸或游离碱浓度增量，mmol/kg；I_s 为预测评价范围内单位年份表层土壤中某种物质的输入量，g，或预测评价范围内单位年份表层土壤中游离酸、游离碱输入量，mmol；L_s 为预测评价范围内单位年份表层土壤中某种物质经淋溶排出的量，g，或预测评价范围内单位年份表层土壤中经淋溶排出的游离酸、游离碱的量，mmol；R_s 为预测评价范围内单位年份表层土壤中某种物质经径流排出的量，g，或预测评价范围内单位年份表层土壤中经径流排出的游离酸、游离碱的量，mmol；ρ_b 为表层土壤容重，kg/m^3；A 为预测评价范围，m^2；D 为表层土壤深度，一般取 0.2 m，可根据实际情况适当调整；n 为持续年份，a。

4) 土壤影响评价结论

矿山土壤影响评价重点评价矿山不同建设阶段，土壤环境敏感目标处且占地范围内各评价因子能否满足土壤质量标准要求；土壤环境敏感目标处或占地范围内有个别点位、层位评价因子出现超标，但采取必要措施后，是否能够满足《土壤环境质量标准》(GB 15618)、《土壤环境质量建设用地土壤污染风险管控标准(试行)》(GB 36600)或其他土壤污染防治相关管理规定的；矿山建设产生生态影响时，通过采取措施，土壤盐化、酸化、碱化等问题能否满足相关标准要求的。

7.9 生态环境影响评价

7.9.1 工作程序和特点

生态环境影响评价的工作程序应在充分调查区域自然资源、敏感目标和环境质量现状的基础上，深入分析矿山建设、开采、退役及恢复期的环境影响，提出避让、保护和补偿措施，必要时还需提出替代方案，主要工作程序见图 7-12。

金属矿山开采工程的生态环境影响评价的工作特点如下：

1) 金属矿山的建设一般具有建设周期长、生产前的基建剥离量和产生的废石量大，建设期对生态的破坏大于生产期等特点。

2) 开采过程一般具有持续破坏地表或地下环境、开采过程中的废土石等固废持续运出堆置、开采过程中产生的粉尘和废水等污染土壤环境、水环境，间接影响生态环境等特点。

3) 矿山开采完毕后，按要求闭矿和恢复植被，一般具有生态环境影响程度逐步下降，较之开采期有所改善，区域生态系统缓慢达到一种新的平衡等特点。

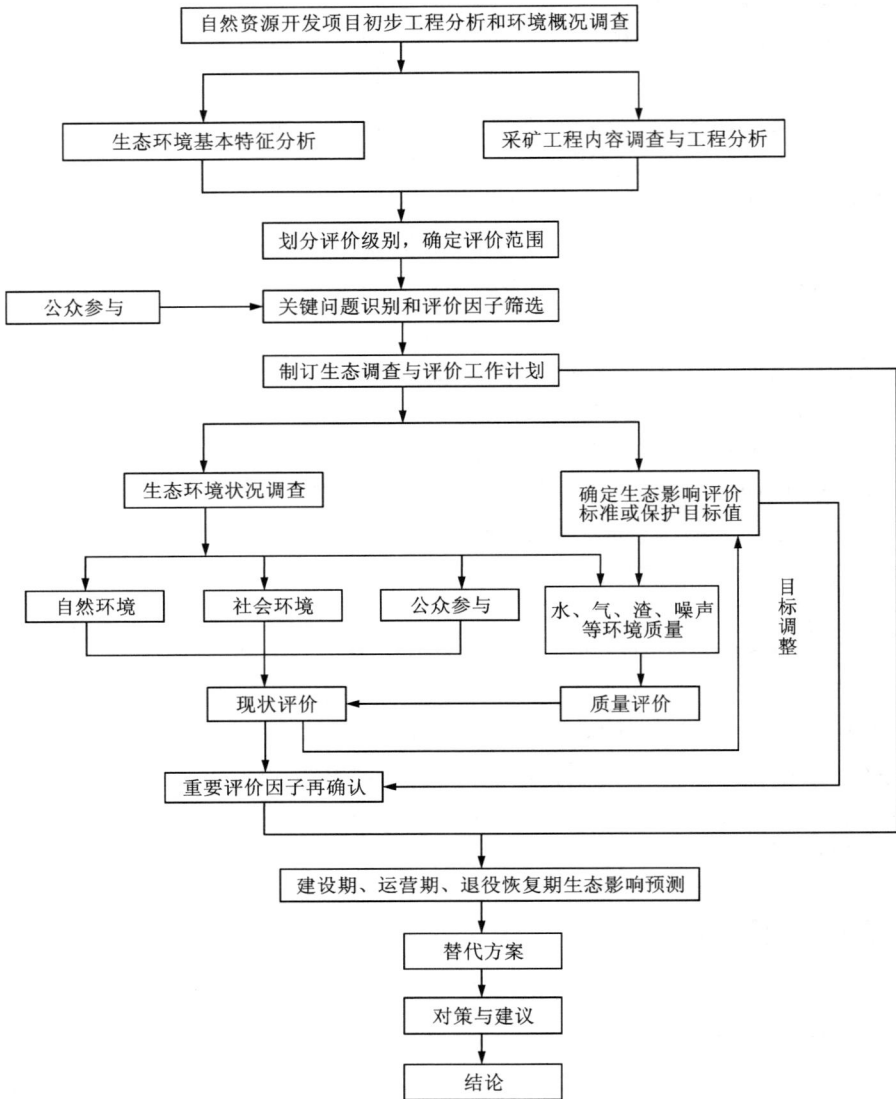

图 7-12 生态环境影响评价的工作程序

7.9.2 评价等级与评价范围

1)生态环境影响识别

根据采矿工程特点、区域环境特征以及工程对环境影响的性质与程度,对工程影响要素进行识别。识别内容包括如下几个方面:

(1)影响因素识别

主要识别影响作用的主体,包括矿山的主体工程、所有辅助工程、公用工程和配套设施等,识别的时段包括采矿工程的施工期、运营期和退役期。

(2)影响对象识别

主要识别区域敏感环境保护目标、生态系统及主要因子、主要自然资源等。

（3）影响效应识别

包括影响的性质，即正负影响，可逆与不可逆影响，可补偿或不可补偿影响，有替代方案或无替代方案、短期与长期影响，一次性或累积性影响等。

（4）重要生境识别

一些生境对生物多样性保护是至关重要的。许多生物从一定的地域内消失，就是因为人类侵占或破坏了它们的生境。生态影响识别和生态环境调查中，要认真识别这些重要的生境，并采取有效的措施加以保护。重要生境的识别原则如表 7-26 所示。

表 7-26　改扩建工程环境影响要素识别

生境性质	重要性比较
天然性	原始生境＞次生生境＞人工生境（如农田）
面积大小	同样条件下，面积大＞面积小
多样性	群落或生境类型多、复杂区域＞类型少、简单区域
稀有性	拥有稀有物种的生境＞没有稀有物种的生境
可恢复性	不易天然恢复的生境＞易于天然恢复的生境
完整性	完整性生境＞破碎性生境
生态联系	功能上相互连系的生境＞功能上孤立的生境
潜在价值	可发展为更具保护价值的生境＞无发展潜力的生境
功能价值	有物种或群落繁殖、生长者＞无此功能者
存在期限	存在历史悠久者＞新近形成者
生物丰度	生物多样性丰富者＞生物多样性贫乏者

2）评价等级划分

根据《环境影响评价技术导则　生态影响》（HJ 19），依据影响区域的生态敏感性和评价项目的工程占地（含水域）范围，包括永久占地和临时占地，将生态影响评价工作等级划分为一级、二级和三级，如表 7-27 所示。位于原厂界（或永久用地）范围内的工业类改扩建项目，可做生态影响分析。

表 7-27　生态影响评价工作等级划分表

影响区域生态敏感性	工程占地范围		
	面积 $S \geq 20$ km^2 或长度 $L \geq 100$ km	面积 S 为 $2 \sim 20$ km^2 或长度 L 为 $50 \sim 100$ km	面积 S 为 ≤ 2 km^2 或长度 $L \leq 50$ km
特殊生态敏感区	一级	一级	一级
重要生态敏感区	一级	二级	三级
一般区域	二级	三级	三级

（1）特殊生态敏感区

指具有极重要的生态服务功能，生态系统极为脆弱或已有较为严重的生态问题，如遭到占用、损失或破坏后所造成的生态影响后果严重且难以预防、生态功能难以恢复和替代的区域，包括自然保护区、世界文化和自然遗产地等。

（2）重要生态敏感区

具有相对重要的生态服务功能或生态系统较为脆弱，如遭到占用、损失或破坏后所造成的生态影响后果较严重，但可以通过一定措施加以预防、恢复和替代的区域，包括风景名胜区、森林公园、地质公园、重要湿地、原始天然林、珍稀濒危野生动植物天然集中分布区、重要水生生物的自然产卵场及索饵场、越冬场和洄游通道、天然渔场等。

（3）一般区域

即除特殊生态敏感区和重要生态敏感区以外的其他区域。

当工程占地(含水域)范围的面积或长度分别属于两个不同评价工作等级时，原则上应按其中较高的评价工作等级进行评价。改、扩建工程的工程占地范围以新增占地(含水域)面积或长度计算。在矿山开采可能导致矿区土地利用类型明显改变，或在拦河闸坝建设可能明显改变水文条件等情况下，评价工作等级应上调一级。

3）评价范围

生态影响评价应能够充分体现生态完整性，涵盖评价项目全部活动的直接影响区域和间接影响区域。评价工作范围应依据评价项目对生态因子的影响方式、影响程度和生态因子之间的相互影响和相互依存关系确定。可综合考虑评价项目与项目区的气候过程、水文过程、生物过程等生物地球化学循环过程的相互作用关系，以评价项目影响区域所涉及的完整气候单元、水文单元、生态单元、地理单元界限为参照边界。

按照上述要求初步确定生态影响评价范围，地下开采项目根据可能造成的地面沉陷、错动影响范围进一步合理确定生态评价范围；露天开采项目一般以采掘场、外排土场边界外扩1000~2000 m作为金属矿山采选工程生态评价范围。

7.9.3　生态现状调查与评价

1）调查方法

环境现状调查应遵循实事求是、全面系统、重点突出、时域特征显著的原则。环境现状调查范围应与各个环境要素的评价范围一致。

生态现状调查是生态现状评价、影响预测的基础和依据，调查的内容和指标应能反映评价工作范围内的生态背景特征和现存的主要生态问题。在有敏感生态保护目标(包括特殊生态敏感区和重要生态敏感区)或其他特别保护要求对象时，应做专题调查。生态现状调查应在收集资料的基础上开展现场工作，生态现状调查的范围应不小于评价工作的范围。

一级评价应给出采样地样方实测、遥感等方法测定的生物量、物种多样性等数据，给出主要生物物种名录、受保护的野生动植物物种等调查资料；

二级评价的生物量和物种多样性调查可依据已有资料推断，或实测一定数量的、具有代表性的样方予以验证；

三级评价可充分借鉴已有资料进行说明。

环境现状调查一般采用资料收集法、现场调查和现状环境监测法、遥感影像解译法等，这几种方法可以结合使用。采用遥感影像解译法时，遥感卫片获取时段应为近三年以内的有代表性意义的季节，图件的空间分辨率一般不得低于 15 m。

（1）资料收集法

资料收集法是收集现有的能反映生态现状或生态背景的资料的方法。从表现形式上分为文字资料和图形资料，从时间上可分为历史资料和现状资料，从收集行业类别上可分为农、林、牧、渔和环境保护部门，从资料性质上可分为环境影响报告书、有关污染源调查、生态保护规划、规定、生态功能区划、生态敏感目标的基本情况以及其他生态调查材料等。使用资料收集法时，应保证资料的现时性，引用资料必须建立在现场校验的基础上。

（2）现场勘查法

现场勘查应遵循整体与重点相结合的原则，在综合考虑主导生态因子结构与功能的完整性的同时，突出重点区域和关键时段的调查，并通过对影响区域的实际踏勘，核实收集资料的准确性，以获取实际资料和数据。

（3）专家和公众咨询法

专家和公众咨询法是对现场勘查的有益补充。通过咨询有关专家，收集评价工作范围内的公众、社会团体和相关管理部门对项目影响的意见，发现现场踏勘中遗漏的生态问题。专家和公众咨询应与资料收集和现场勘查同步开展。

（4）生态监测法

当资料收集、现场勘查、专家和公众咨询提供的数据无法满足评价的定量需要，或项目可能产生潜在的或长期累积效应时，可考虑选用生态监测法。生态监测应根据监测因子的生态学特点和干扰活动的特点确定监测位置和频次，有代表性地布点。生态监测方法与技术要求须符合国家现行的有关生态监测规范和监测标准分析方法；对于生态系统生产力的调查，必要时须现场采样、实验室测定。

（5）遥感调查法

当涉及区域范围较大或主导生态因子的空间等级尺度较大，通过人力踏勘较为困难或难以完成评价时，可采用遥感调查法。遥感调查过程中必须辅助必要的现场勘查工作。

2）调查内容

（1）区域自然资源调查

①地形地貌。调查建设项目所在区域的地形特征。

②地质与矿产资源。调查地层概况、地质构造、已探明或已开采的矿产资源；可能对建设项目产生影响的地质灾害和潜在因素，如采空区、崩塌、滑坡、泥石流等。

③气候与气象。调查建设项目所在区域的主要气候特征和常规气象参数。

④地表水水文特征。调查项目所在区域主要地表水体的水文特征、所属水系划分、水环境功能区划、水质和水资源利用；本项目取水、排水口位置与区域水系的关系，并附地表水水系图。

⑤地下水水文地质特征。依据煤田地质勘探报告，阐述评价范围内含水层、隔水层的主要特征以及地下水的补、径、排条件等，明确评价范围内集中供水水源地的位置，有供水意义的含水层及潜在供水意义的含水层。水文地质条件调查应利用评价区内已进行的水源水文地质勘查成果，在一级评价必要时应补充水文地质勘查。

⑥土地利用及水土流失概况。调查建设项目所在区域的主要土壤类型、土地利用情况、水土流失现状。

⑦生态功能区。说明项目所在地区生态功能区划及所在分区特征、保护与建设要求等内

容。生态脆弱区应说明植被变化、荒漠化、沙漠化、土地生产力变化、采矿可能导致的生态环境变化情况。

⑧动植物资源。项目所在区域的主要动植物资源、濒危珍稀野生动植物物种基本情况。

（2）生态环境现状调查内容

生态背景调查：根据生态影响的空间和时间尺度特点，调查影响区域内涉及的生态系统类型、结构、功能和过程，以及相关的非生物因子特征（如气候、土壤、地形地貌、水文及水文地质等），重点调查受保护的珍稀濒危物种、关键种、土著种、建群种和特有种，以及天然的重要经济物种等。如涉及国家级和省级保护物种、珍稀濒危物种和地方特有物种时，应逐个或逐类说明其类型、分布、保护级别、保护状况等；如涉及特殊生态敏感区和重要生态敏感区时，应逐个说明其类型、等级、分布、保护对象、功能区划、保护要求等。

主要生态问题调查：调查影响区域内已经存在的制约本区域可持续发展的主要生态问题，如水土流失、沙漠化、石漠化、盐渍化、自然灾害、生物入侵和污染危害等，指出其类型、成因、空间分布、发生特点等。

（3）采矿已造成的塌陷调查

技改及改扩建项目应进行移民安置情况调查及开采塌陷影响调查。移民安置情况调查内容应以涉及环境的相关内容为主，包括污水和垃圾处置情况、水土保持情况、移民搬迁前后变化情况等；开采塌陷区情况调查内容包括原有矿山开采（建设）造成的地表塌陷变形基本情况，如塌陷及裂缝深度、范围；受影响的建构筑物损害、耕地破坏、地表植被破坏、农业生产损失和其他损害情况等。

3）植物、动物物种和群落调查

（1）物种选择

物种选择的标准主要基于物种的经济价值、稀有程度（濒危程度）、维持其他重要物种的作用、维持生态系统功能的重要性等。一般来说，主要确定四种类别：

①公众高度关注的、具有经济价值的；

②已知对特定的土地利用活动敏感，可以作为受到影响的野生动植物群落早期预警或指示种的物种；

③在群落中具有重要作用（如在物质循环或能量流动中起重要作用）的物种；

④作为利用同一环境资源的物种群（同资源种团）的代表种的物种。

以上四种类别具体的选择标准主要为：对公众的号召力（具有吸引力和象征意义的物种）；经济重要性；保护地位；珍稀程度；濒危/保育状态；对特定影响的敏感性或响应性（作为指示种）；反映同资源种团响应的代表性（同资源种团指示种）；伞盖种；重要生态作用的物种（如在食物链中的位置、关键种）；可靠调查方法的可获得性；调查的方便性和易处理性等。具体标准应根据矿山的具体环境情况来选择。

（2）植物的样方调查和物种重要值

自然植被经常需进行现场的样方调查，样方调查中首先要确定样地大小，一般草本的样地在 1 m² 以上，灌木林样地在 1 m² 以上，乔木林样地在 100 m² 以上，样地大小依据植株大小和密度确定。其次要确定样地数目，样地的面积须包括群落的大部分物种，一般可用物种与面积和关系曲线确定样地数目。样地的排列有系统排列和随机排列两种方式。样方调查中"压线"植物的计量须合理。

在样方调查(主要是进行物种调查、覆盖度调查)的基础上,可依下列方法计算植被中物种的重要值。

①密度=个体数目/样地面积

相对密度=(一个种的密度/所有种的密度)×100%

②优势度=底面积(或覆盖面积总值)/样地面积

相对优势度=(一个种优势度/所有种优势度)×100%

③频度=包含该种样地数/样地总数

相对频度=(一个种的频度/所有种频度)×100%

④重要值=相对密度+相对优势度+相对频度

植物样方调查的表格建议形式见表7-28~表7-30。

表 7-28 乔木层

植物名称	优势树种	其他树种	其他说明(群落生态特征、立地条件特征、演替与发展前途、质量措施)
年龄/月			
平均高度/m			
平均直径/cm			
每公顷株树/株			
木材蓄积量/(m³·hm⁻²)			
林冠郁闭度/%			
分布状况			
生长情况			
样方位置与大小			

填表人:　　　　核查人:　　　　日期:　　　　编号:

表 7-29 灌木层

植物名称	优势树种	其他树种	其他说明(群落生态特征、立地条件特征、演替与发展前途、质量措施)
年龄/月			
多度			
平均高度/m			
盖度/%			
分布状况			
生长情况			
样方位置与大小			

填表人:　　　　核查人:　　　　日期:　　　　编号:

表 7-30　草本层

植物名称	优势种	其他种	其他说明(群落生态特征、立地条件特征、演替与发展前途、质量措施)
多度			
平均高度/m			
盖度/%			
分布状况			
生长情况			
样方位置与大小			

填表人：　　　　　核查人：　　　　　日期：　　　　　编号：

（3）动物物种调查

查清评价区域动物物种资源的种类、分布、数量、受威胁因素等，客观反映动物物种资源数量、利用和保护现状，分析与评价动物物种资源的数量消减动态及原因，提出动物物种资源利用与保护建议。

针对要进行调查的对象、范围或区域，收集整理现有相关资料，包括历史调查资料、行政区划、自然地理位置、地形地貌、土壤、气候、植被、农林业以及当地的社会人文、经济状况和影响生物物种生存的建筑设施等。

动物物种调查方法主要有以下几种：

①样线调查法。对于面积不大，行走方便的调查区域，宜采用本方法。

②样带调查法。每海拔高差 400~500 m 设一个样带，样带可宽可窄，视植被情况而定，以一定的时间作为基准尺度(时间可长可短)进行调查记录，一些高大的山脉适合用此方法。

③样方调查法。根据植被或生境选定样地，每个样地设 3 个以上面积为 1 m×1 m 的小样方(样方大小可调整)，调查记录种类、数量及来源(地表、土壤、植被)。

④访问调查法。对于一些特定的种类，结合具体情况，可采取访问调查的形式。通过访谈和实物指认，明确一些物种的地方名、分布、数量、用途及在当地被利用及保护的情况等。

4)重要生态敏感目标调查

主要分析矿区范围及主要开采活动、固废堆积等与下列主要敏感目标的位置关系，明确生态敏感目标的范围、保护内容、相关规划和保护要求、可能受到的影响等。尤其是自然保护区、世界文化和自然遗产地等特殊生态敏感区，以及风景名胜区、森林公园、地质公园、重要湿地、原始天然林、珍稀濒危野生动植物天然集中分布区、重要水生生物的自然产卵场及索饵场、越冬场和洄游通道、天然渔场等重要生态敏感区。

5)生态系统质量现状评价

（1）现状评价的内容

评价区生态系统质量现状评价内容包括生态完整性(生产能力和稳定状况)、敏感生态问题(根据因子的生态学特性采用不同方法)等。主要包括以下内容：

①区域生态体系的生产能力及稳定状况；

②区域内以生物为主体的自然组分的数量，在区域空间的布局以及连通状况；

③区域自然组分的历史演变、发展趋势以及对区域环境质量的调控能力；

④非生物组分与生物组分相辅相成，相互依赖和依存的关系，包括人类开发活动在内的内外干扰对区域生境的影响以及区域生态体系抗御内外干扰的能力；

⑤区域周边环境因素对区域生态体系的影响；

⑥敏感区域和敏感生态问题的质量现状等。

（2）物种评价

Perring 和 Farrell（1971）根据英国自然资源保护委员会生物记录中心评价野生植物种群的方法，用一个"危险序数"来表达物种的保护价值。

"危险序数" $TN = a + b + c + d + e + f$

a 表示物种在 10 年观察期间的退化速率；

b 表示生物记录中心已知的该物种存在地方数（可能生境数）；

c 表示对物种诱惑力的主观估计；

d 表示物种"保护指数"，指该物种所在地占自然区面积的比例（%）；

e 表示遥远性，指人类抵达该物种所在地的难易程度；

f 表示易接近性，指人类一旦抵达该物种所在地后，接近该物种的难易程度。

（3）群落评价

群落评价的目的是确定需要特别保护的种群及其生境。一般采用定性描述的方法。对个别珍稀而有经济价值的物种进行重点评价。

①对某项工程拟建场址 3 km 范围内不同栖息地（水体、农田、草原、湿地、森林）的主要动物按照丰度定为以下四类。

A——丰富类，当人们在适当季节来栖息地视察时，每次看到的数量都很多。

C——普遍类，人们在适当季节来访时，几乎每次都可以看到中等数量。

U——非普遍类，偶尔看到。

S——特殊关心类，珍稀的或者可能被管理部门列为濒危类的物种。

②对 3 km 范围内的哺乳动物、鸟类、两栖类和爬行动物按其处境的危险程度分为如下四类。

E——濒灭类，有成为灭绝物种可能的。

T——濒危类，物种的种群已经衰退，要求保护以防物种遭受危险。

S——特殊类，局限在极不平常的栖息地的物种，要特殊的管理以维持栖息地的完整和栖息地的物种。

B——由特别法律监督控制和保护的（如毛皮动物）。

（4）栖息地（生境）评价

①分类法。将评价区各种生境按自然保护区标准分类方法进行归类，列表表达。例如，英国自然资源保护委员会将不同栖息地按自然保护价值分为三类。

第一类：野生生物物种的最主要的栖息地；

第二类：对野生生物有中等意义的栖息地；

第三类：对野生生物意义不大的栖息地；

②相对生态评价图法。

③生态价值评价图法。

④扩展的生态价值评价法。

（5）生态完整性的评价

①生态完整性评价指标。包括植被连续性、生态系统组成完整性、生态系统空间结构完整性、生物多样性、生物量和生产力水平。

②景观生态学方法评价生态系统完整性。主要指标是生态系统（植被）净生产力和稳定性分析。系统净生产力高低的判别以实际的植被生产力与理论计算的生态净第一生产力（标准）做比较。稳定性分析包括恢复稳定性和阻抗稳定性两个方面。

7.9.4 生态环境影响评价

1）生态环境影响评价要求

生态影响预测与评价内容应与现状评价内容相对应，依据区域生态保护的需要和受影响生态系统的主导生态功能选择评价预测指标。

（1）评价工作范围内涉及的生态系统及其主要生态因子的影响评价。通过分析影响作用的方式、范围、强度和持续时间来判别生态系统受影响的范围、强度和持续时间；预测生态系统组成和服务功能的变化趋势，重点关注其中的不利影响、不可逆影响和累积生态影响。

（2）敏感生态保护目标的影响评价应在明确保护目标的性质、特点、法律地位和保护要求的情况下，分析评价项目的影响途径、影响方式和影响程度，预测潜在的后果。

（3）预测评价项目对区域现存主要生态问题的影响趋势。

2）评价方法

采矿工程生态环境影响评价常用的预测方法有系统分析法、质量指标法、景观生态学方法、类比法等。

（1）系统分析法

由于矿山的建设、生产和恢复是一个动态过程，运用系统分析法能妥善地解决一些多目标动态性问题，并因此得到广泛应用。在生态系统质量评价中使用系统分析的具体方法有专家咨询法、层次分析法、模糊综合评判法、综合排序法、系统动力学法、灰色关联法等方法，这些方法原则上都适用于矿山生态环境影响评价。

（2）质量指标法

质量指标法是通过对环境因子性质及变化规律的研究与分析，建立其评价函数曲线，通过评价函数曲线将这些环境因子的项目建设前现状值与项目建设后预测值转换为统一的无量纲的环境质量指标，由好至差用1~0表示。由此可计算出矿山建设前后、不同开采开拓年限及恢复期各因子环境质量指标的变化值。最后，根据各因子的重要性赋予权重，再将各因子的变化值综合起来，便得出项目对生态环境的综合影响。

环境质量指标法的基本公式是

$$\Delta E = \sum_{i=1}^{n} (E_{h_1} - E_{q_1}) \times W_1 \tag{7-56}$$

式中：ΔE 为项目建成前、后环境质量指标的变化值，即项目对环境的综合影响；E_{h_1} 为项目建成后的环境质量指标；E_{q_1} 为项目建设前的环境质量指标；W_1 为权值。

该方法的核心问题是建立环境因子的评价函数曲线，通常是先确定环境因子的质量标准，再根据不同标准规定的数值确定曲线的上、下限。对于已被国家标准或地方标准明确规定的环境因子,如水、大气等,可以直接用标准值确定曲线的上、下限;对于一些无明确标准的环境因子,需要对其开展大量工作,选择其相对的质量标准,再用以确定曲线的上、下限。权值的确定大多采用专家咨询法。

(3)景观生态学方法

景观生态学对生态环境质量状况的评判是通过两个方面进行的,一是空间结构分析,二是功能与稳定性分析。

空间结构分析基于景观是高于生态系统的自然系统,是一个清晰的和可度量的单位。景观由拼块、模地和廊道组成,其中模地是景观的背景地块,是景观中一种可以控制环境质量的组分。因此,模地的判定是空间结构分析的重要内容。判定模地有三个标准,即相对面积大、连通程度高、有动态控制功能。模地的判定多用于传统生态学中计算植被重要值的方法。决定某一拼块类型在景观中的优势,也称优势度值(D_0)。优势度值由密度(R_d)、频率(R_f)和景观比例(L_p)三个参数计算得出。其数学表达式如下:

$$R_d = (拼块\ i\ 的数目/拼块总数) \times 100\%$$
$$R_f = (拼块\ i\ 出现的样方数/总样方数) \times 100\%$$
$$L_p = (拼块\ i\ 的面积/样地总面积) \times 100\%$$
$$D_0 = 0.5 \times [0.5 \times (R_d + R_f) + L_p] \times 100\%$$

上述分析同时反映自然组分在区域生态环境中的数量和分布,因此能较准确地表示生态环境的整体性。

景观的功能和稳定性分析包括如下四个方面的内容:

①生物恢复力分析

分析景观基本元素的再生能力或高亚稳定性元素能否占主导地位。

②异质性分析

模地为绿地时,由于异质化程度高的模地很容易维护它的模地地位,故它能达到增强景观稳定性的作用。

③种群源的持久性和可达性分析

分析动、植物物种能否持久保持能量流、养分流,分析物种流可否顺利地从一种景观元素迁移到另一种元素,从而增强共生性。

④景观组织的开放性分析

分析景观组织与周边生境的交流渠道是否畅通。开放性强的景观组织可以增强抵抗力和恢复力。

(4)类比法

类比法可分成整体类比和单项类比。

整体类比是根据已建成的项目对植物、动物或生态系统产生的影响来预测拟建项目的影响。该方法需要被选中的类比项目在工程特性、地理地质环境、气候因素、动物和植物背景等方面都与拟建项目相似,并且项目建成已达到一定年限,其影响已基本趋于稳定。在调查类比项目的植被现状,包括个体、种群和群落的变化,以及动物、植物分布和生态功能的变化情况之后,根据类比项目的变化情况预测拟建项目对动物、植物和生态系统的影响。

由于自然条件千差万别,在进行生态环境影响评价时很难找到两个完全相似的项目,因此,单项类比或部分类比可能更实用一些。

3）主要预测评价内容

（1）分析采矿工程对主要土地利用类型、植被覆盖度与植被类型的影响范围及程度与生产力变化；重点关注耕地、基本农田、林地与草地，分析对农（牧）业经济及生态系统功能的影响；

（2）采矿工程对生态系统组成和功能的影响；有重要的生态敏感目标时，应对生物多样性和生态系统的稳定性进行分析；

（3）分析采矿工程导致的生态系统变化趋势，生态脆弱区应着重分析荒漠化、沙漠化与盐渍化发展趋势；

（4）分析因开采导致的居民搬迁等社会经济影响；

（5）采矿工程对地形地貌、生态景观的影响分析。

4）污染的生态效应评价

污染的生态效应主要是指矿山开采时带来的空气、地表水、地下水及土壤等污染输入至生态系统，从而带来的一系列生态变化。在矿山生态过程中的污染生态效应主要是采矿过程中产生的重金属和砷、磷等有害污染物输入到生态系统中，对土壤、水和大气带来的影响。

主要评价内容包括：

（1）污染的生态过程

当矿区所在区域的生态系统有重金属污染物输入时，生物个体或种群会发生响应，其结果是种群内对污染适应程度不同的个体在种群中的比率发生调整，伴随抗性个体比例的升高，种群的遗传结构也发生了变化。

生态过程的效应主要分为短期效应和长期效应。

①短期效应

短期效应包括污染物对生物的毒害作用和生物对污染物的抗性。

环境中污染物数量不断增加，生物体内的毒物含量也逐渐积累，当富集到一定数量后，生物就开始出现受害症状：生理、生化代谢受阻，生长发育停滞，个体死亡等。如废气中含重金属粉尘对植物光合作用、呼吸系统的危害等。

不同的物种受矿山开采过程产生的重金属污染物影响不同，对生态评价范围内不同物种对重金属污染物等的抗性进行分析，可识别出不同区域不同群落对污染影响产生的效应分析。

②长期效应

环境污染的长期效应，是指生物多样性和遗传多样性的丧失。主要包括遗传多样性丧失、物种多样性丧失、生态系统结构简单化等。

进行生态评价时，要重点判别长期影响和短期影响、可恢复影响和不可恢复影响，判断矿山生产带来的环境污染是否会造成长期影响，从而提出生产方案调整和采取避让、预防的措施。

（2）污染物在生态系统中的迁移与转化

污染物在生态系统中的迁移与转化是针对采矿工程重金属等持久性污染物的间接影响和转移影响的效应评价。

①污染物在环境中的迁移

迁移类型主要有机械迁移、物理-化学迁移和生物迁移。污染物在环境中的迁移受到两方面因素的制约，一是污染物自身的物理化学性质，二是外界环境理化条件和区域自然地理条件。

②植物对污染物的吸收与转移

根是植物吸收重金属的重要器官，大量的重金属分布在根部，流动性大的元素可向上运输到茎、叶和果实中。

③动物对污染物的吸收与迁移

动物对污染物的吸收一般通过呼吸道、消化道、皮肤等进行。

④微生物对污染物的吸收与迁移

大多数微生物都具有能结合污染物的细胞壁，细胞壁固定污染物的性质和能力与细胞壁的化学成分和结构有关。一些污染物可能随菌体代谢必需物进入微生物细胞。

污染生态效率的评价方法主要有：指示生物法，生物指数法，群落多样性指数法，生长量法，形态结构及症状法，生理、生化指标及细胞学方法等。

5) 生态环境影响综合分析与评价

根据主要预测评价内容结果和污染生态效应评价结果，整体分析矿山建设期、开采生产期和退役恢复期各个阶段对区域生态环境产生的影响，以及各阶段对生态敏感目标的影响程度；预测生态系统完整性受影响的程度、新的生态平衡水平，从而分析区域生态环境的承载力，判断本项目所带来的生态损失，指导生态避让、预防、保护、恢(修)复和补偿工作。

参考文献

[1] 姜建军. 矿山环境管理实用指南[M]. 北京：地震出版社，2004.
[2] 环境保护部环境影响评价工程师职业资格登记管理办公室. 采掘类环境影响评价[M]. 北京：中国环境科学出版社，2009.
[3] 马太玲，张江山. 环境影响评价[M]. 武汉：华中科技大学出版社，2009.
[4] 李淑芹，孟宪林. 环境影响评价[M]. 北京：化学工业出版社，2011.
[5] 李爱贞，周兆驹，林国栋，等. 环境影响评价实用技术指南[M]. 北京：机械工业出版社，2011.
[6] 建设项目环境影响评价技术导则　总纲(HJ 2.1)[S]. 北京：中国环境科学出版社，2016.
[7] 环境影响评价技术导则　大气环境(HJ 2.2)[S]. 北京：中国环境科学出版社，2018.
[8] 环境影响评价技术导则　地表水环境(HJ 2.3)[S]. 北京：中国环境科学出版社，2018.
[9] 环境影响评价技术导则　声环境(HJ 2.4)[S]. 北京：中国环境科学出版社，2009.
[10] 环境影响评价技术导则　生态影响(HJ 19)[S]. 北京：中国环境科学出版社，2011.
[11] 环境影响评价技术导则　地下水环境(HJ 610)[S]. 北京：中国环境科学出版社，2016.
[12] 环境影响评价技术导则　土壤环境(HJ 964)[S]. 北京：中国环境科学出版社，2018.
[13] 建设项目环境风险评价技术导则(HJ 169)[S]. 北京：中国环境科学出版社，2018.

第 8 章

矿山环境监管

8.1 矿山环境监管概况

矿山环境监管是指政府运用法律、技术、经济、行政、教育等手段，限制矿产资源勘查、开发对周围环境要素产生的破坏和污染，使矿业与环境和谐发展。

8.1.1 国外矿山环境监管

1）国外矿山环境监管体系

国外环境监管体系分为三种模式：环境部门主导型，环境、矿业及其他部门分工协作型和矿业部门主导型。

（1）环境部门主导型

环境管理部门在矿山环境管理的各个阶段发挥主要作用。菲律宾、印度、巴西、马来西亚等国大致属于此种类型。这些国家的环保部门统一负责监管企业环境影响评价、环境保护与管理制度、矿山土地复垦、生态修复等行为。

（2）环境、矿业及其他部门分工协作型

环境管理部门、矿业主管部门、土地管理及规划部门在环境管理流程中实行分工协作管理。例如加拿大、南非、澳大利亚。

加拿大矿业管理部门分为联邦和省级，两级分工协作。矿山环境立法多在省级，各省按照各自立法管理权限履行职责。在加拿大安大略省的矿山环境管理中，环境影响评价、排污许可、监测检查均由该省环境主管部门负责，而矿地恢复则由矿业管理部门负责。

南非是以国家能源矿业部为主的多部门协议式管理，矿山环境保护制度贯穿于整个矿业活动中，主要包括环境影响评价制度、保证金制度、环境监督制度。

澳大利亚的矿山环境管理体制由中央确定立法框架，各州相对有较大权限来自己制定执法条例。基本的管理制度有开采计划与开采环境影响评价报告、抵押金制度、年度环境执行报告书、矿山监察员巡回检查制度等。澳大利亚昆士兰州，工业部负责审批矿业项目的环境影响研究报告并管理矿地恢复工作与保证金。而水资源委员会及环境与遗产部负责颁发有关水许可证及排污许可证，对许可证执行情况进行检查、批准延期并将违反的情况通知工业部。

（3）矿业部门主导型

该类型是指矿业主管部门在矿山环境管理的主要环节发挥重要作用，例如美国等。

美国国家层面立法健全，矿山环境标准由联邦层次制定。国家设立了专门机构统筹管理矿山和环境保护与治理工作，州政府有对应的执行机构。环保部门和矿山环境监督管理部门建立经常性联系制度。

总而言之，各国或地区选择何种管理模式是由政府、经济、历史及其他多种因素决定的。但通过上述分类我们不难看出，矿业主管部门在许多国家的矿山环境管理中发挥了十分重要的作用。

2）国外矿山环境管理制度

发达国家于 20 世纪 70 年代开始注重矿山环境的治理和防治，已形成一套完善的法规和管理制度。

国外矿山环境管理制度分为直接管制和经济手段两种。直接管制包括矿山环境影响评价制度、矿山闭坑计划、环境许可证制度、矿山环境监督检查制度；经济手段包括环境恢复保证金制度和排污许可证制度等。

环境许可证制度是美国矿山环境保护管理体系中的一项重要内容，许可证附有文件，明确了矿业主在矿山环境保护和土地复垦方面的主要责任，对废物排放、矿山环境整治、土地复垦都有明确要求，并附有相关图件。

矿山"闭坑计划"体现了国外矿山环境监管的全生命周期特点。美国规定环境影响评估过程必须包括关闭选项，且闭矿计划必须符合露天采矿和复垦法案中的复垦计划，并于 1977 年颁布《露天采矿控制和复垦法案》，要求申请露天采矿许可证时必须提交采矿后的复垦规划。加拿大安大略省在矿法中明确规定，"所有正在开采的矿山必须递交闭坑计划"。该计划须包括复垦目标、可选用的复垦工程和技术、复垦时间进度表及各阶段使用资金情况、闭坑后影响评价等内容，并制定了闭矿技术文件《矿区修复导则》。澳大利亚于 2006 年发布了《矿山闭坑与善终手册》，其主要矿产区西澳政府矿山石油部和环保局于 2011 年发布了《矿山闭坑规划指南》。

8.1.2　我国矿山环境监管

我国采矿历史悠久，矿业在国民经济和社会发展中发挥着重要的基础性作用，但在长期的矿山开发利用过程中，由于法制、体制、管理等多方面的原因，矿山环境未得到有效的保护，对各环境要素（大气、水、声、土壤、生态）造成了极其严重的影响。随着人民环保意识的增强以及环境容量的限制，环境保护行政主管部门制定的各项环境标准要求也越来越严格。为了搞好矿山环境保护，促进合理开发利用矿产资源，必须不断加强矿山环境监管。

1）我国矿山环境监管体系

目前我国环境监管体系为生态环境部、自然资源部、水利部分工协作型。生态环境部负责监管企业环境影响评价、竣工环境保护验收、环境保护与管理制度、日常检查等行为；自然资源部负责监管矿山地质环境保护与土地复垦行为；水利部门负责水土保持等行为。

2）生态环境部环境监管内容

《中华人民共和国环境保护法》第三十条规定："开发利用自然资源，应当合理开发，保护生物多样性，保障生态安全，依法制定有关生态保护和恢复治理方案并予以实施"。

为了最大限度地保护自然资源和环境,最大限度地统筹发挥自然资源和环境的各项作用,防止各部门的行政监管出现缺位、越位和不到位现象,还需要有一个机构来统筹、协调各部门的分工及职责。因此,《中华人民共和国环境保护法》第十条明确规定:"国务院环境保护主管部门,对全国环境保护工作实施统一监督管理;县级以上地方人民政府环境保护主管部门,对本行政区域环境保护工作实施统一监督管理"。

《中华人民共和国环境保护法》第四十一条规定:"建设项目中防治污染的设施,应当与主体工程同时设计、同时施工、同时投产使用",简称"三同时"制度。

环境影响评价文件的审批,设计、施工阶段环保措施的落实及监督,竣工环境保护验收、环境影响后评价,环保部门跟踪检查,日常环保监督工作构成了建设项目的全过程环境监管。监管过程见图 8-1。

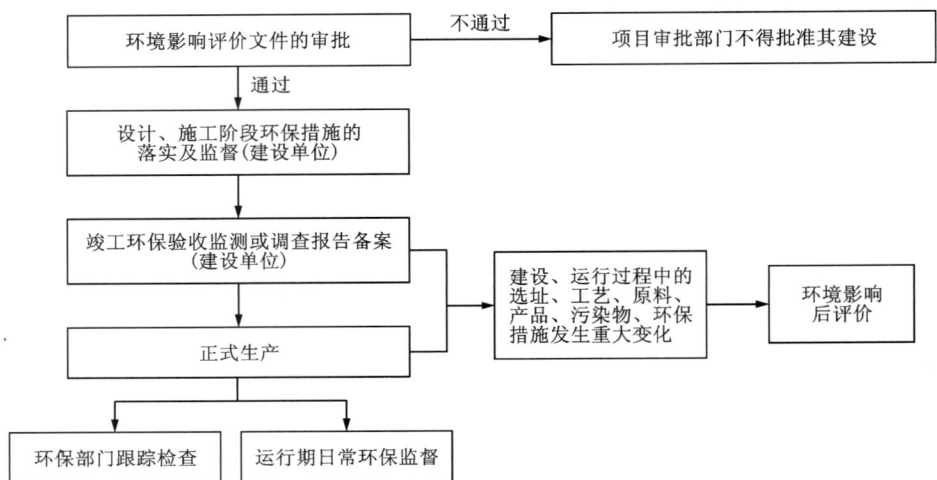

图 8-1 环境全过程监管图

(1)环境影响评价

根据《中华人民共和国环境影响评价法》要求,建设项目的环境影响评价文件未经法律规定的审批部门审查或审查后未予批准的,该项目审批部门不得批准其建设,建设单位不得开工建设。

另外,根据"关于印发《环境保护部建设项目'三同时'监督检查和竣工环保验收管理规程(试行)》的通知"第七条规定:环境影响评价审批文件抄送项目所在区域的环境保护督查中心和省、市、县级环境保护行政主管部门,为实现建设项目"三同时"监管做好准备。

2018 年,生态环境部印发《关于生态环境领域进一步深化"放管服"改革,推动经济高质量发展的指导意见》,同时调整《生态环境部审批环境影响评价文件的建设项目目录》,深化"放管服"改革,落实机构改革。

(2)设计、施工

环境影响评价报告审批后,建设项目需要配套建设的环境保护设施,必须与主体工程同时设计、同时施工、同时投产使用。建设项目的初步设计,应当按照环境保护设计规范的要求,编制环境保护篇章,落实防治环境污染和生态破坏的措施以及环境保护设施投资概算。建设单位应当将环境保护设施建设纳入施工合同,保证环境保护设施建设进度和资金,并在项目建设过程中同时组织实施环境影响报告书、环境影响报告表及其审批部门审批决定中提出的环境保护对策措施。

（3）竣工环境保护验收

编制环境影响报告书（表）的建设项目竣工后，建设单位作为竣工环境保护验收的责任主体，应当按照国务院环境保护行政主管部门规定的程序和标准，自主对配套建设的环境保护设施进行验收，编制验收报告。建设单位在环境保护设施验收过程中，应当如实查验、监测、记载建设项目环保设施的建设和调试情况，并对验收内容、结论和所公开信息的真实性、准确性和完整性负责，不得弄虚作假。除按照国家规定需要保密的情形外，建设单位应当依法向社会公开验收报告。

（4）环境影响后评价

《中华人民共和国环境影响评价法》第二十七条规定：在项目建设、运行过程中产生不符合经审批的环境影响评价文件的情形的，建设单位应当组织环境影响后评价，采取改进措施，并报原环境影响评价文件审批部门和建设项目审批部门备案，原环境影响评价文件审批部门也可以责成建设单位进行环境影响后评价，采取改进措施。

（5）环保部门跟踪检查

环境保护行政主管部门应当对建设项目投入生产或者使用后所产生的环境影响进行跟踪检查，对造成严重环境污染或者生态破坏的，应当查清原因、查明责任。对属于为建设项目环境影响评价提供技术服务的机构编制不实的环境影响评价文件的，依照《中华人民共和国环境影响评价法》第三十二条的规定追究其法律责任；属于审批部门工作人员失职、渎职，对依法不应批准的建设项目环境影响评价文件予以批准的，依照《中华人民共和国环境影响评价法》第三十四条的规定追究其法律责任。

（6）环保日常环境监管

针对企业日常运行中的环境管理，我国已建立起排污收费制度、环境保护目标责任制、排污申报与排污许可证制度、污染集中控制以及限期治理等制度，以监督企业的日常环保工作。

2018 年，生态环境部发布《关于进一步强化生态环境保护监管执法的意见》（环办环监〔2018〕28 号），全面推行以"双随机一公开"监管为基本手段，以重点监管为补充的新型监管机制。一般企业落实"双随机"抽查，发挥"双随机"抽查对各个行业领域、各种规模类型企业的执法震慑作用。探索建立政府部门间"随机联查"制度，减轻分散检查对企业造成的负担。重点企业实现"全覆盖"排查，电力、钢铁、冶金、石化、焦化等行业企业，各类工业园区和产业集聚区等重点区域内的生产企业，应当纳入重点监管范围。

（7）公众监督

公众对企业的环境行为也起到监督作用。2014 年，原环境保护部印发《关于推进环境保护公众参与的指导意见》。2015 年，原环境保护部颁布《环境保护公众参与办法》。2019 年，生态环境部施行《环境影响评价公众参与办法》。这一系列文件的颁布与施行，对畅通并发挥电话热线、微信、网络等投诉渠道的作用，积极回应群众，保障公众环境保护知情权、参与权、表达权和监督权，具有极大的意义。

3）其他职能部门环境监管内容

为加强矿山环境监管，自然资源部、水利部等有关部门出台了各项法规和政策。例如：

①矿山地质环境保护与土地复垦。2009 年，国土资源部出台了《矿山地质环境保护规

定》；2011 年，国土资源部公布施行《土地复垦条例》，促进了矿山企业做好矿山地质环境保护、土地复垦的相关工作。

②绿色矿山建设。2010 年，国土资源部下发《关于贯彻落实全国矿产资源规划发展绿色矿业建设绿色矿山的指导意见》。2017 年，国土资源部等六部门联合印发《关于加快建设绿色矿山的实施意见》。2018 年 6 月，自然资源部发布了 9 项绿色矿山的行业标准，其中包括《黄金行业绿色矿山建设规范》（DZ/T 0314）、《有色金属行业绿色矿山建设规范》（DZ/T 0320），以推进绿色矿山建设。

③水土保持。国务院发布《中华人民共和国水土保持法》《中华人民共和国水土保持法实施条例》《开发建设项目水土保持方案编报审批管理规定》等规定，水利部负责项目水土保持方案的编报审批，监管水土流失防治措施的落实，推进矿山水土保持工作。

8.2 矿山施工期环境监管

8.2.1 矿山施工期环境监管的意义

矿山施工期环境监管是环境影响评价和竣工环境保护验收的重要辅助手段，规范建设方的环保行为，实现工程建设中环境最低程度的破坏，实现工程经济效益、社会效益和环境效益的统一，有利于实现建设项目环境管理由事后管理向生命周期全过程管理转变，强化建设单位环境保护自律行为的有效措施。施工期环境监管是环境影响评价文件中措施得到落实的保障，也为后期的环保验收特别是施工期环境影响和隐蔽工程的验收提供依据。

8.2.2 矿山施工期环境监管与工程监理区别

矿山施工期环境监管与工程监理的工作对象、工作内容各有侧重。工程监理的工作内容主要是规范参建单位各方的建设行为，把握质量、进度、投资的控制等。施工期环境监管工作内容是规范参建单位各方的环保行为，监督工程施工过程中环境污染和生态保护措施是否满足相关要求，主体工程配套环保措施的实际落实情况，协调好工程建设与环境保护的关系。两者之间存在一定区别，如表 8-1 所示。在具体实施过程中，两者应相互配合、互为补充。施工期环境监管应借鉴工程监理成熟的方法体系和工作制度，协调好工程建设与环境保护的相关关系。

表 8-1　工程监理与施工期环境监管区别

	工程监理	施工期环境监管
目的和作用	规范参建各方的建设行为，提高工程质量、工程投资效益，有效控制工程建设工期，实现工程项目的经济效益和社会效益，促进工程建设管理水平的提高	规范参建各方的环保行为，实现工程建设中对环境最低程度的破坏、最大限度的保护、最强力度的恢复、实现工程经济效益、社会效益和环境效益的统一，完善建设项目环境管理体系，促进人与自然的和谐发展
工作对象	主体工程本身及工程质量、进度、投资等相关要素	主体工程中的环保工程以及受工程影响的外部环境

续表 8-1

	工程监理	施工期环境监管
工作内容	"三控制、二管理、一协调"及质量、进度、投资控制、合同管理和信息的收集、分类、处理、反馈和储存的管理;对业主和承包商之间、业主与设计单位之间及工程建设各部门之间的协调组织工作	主体工程、临时工程、生态环境和施工行为及施工污染控制、环境保护措施的落实等,协调好工程建设与环境保护以及业主、承包商及社会和公众的利益
工作范围	工程施工区域	工程施工区域及其邻近受影响地带
工作依据	有关建设项目的政策、法律法规、标准、合同、设计文件	有关环保法律法规、标准、合同、设计文件、环境影响报告书和水土保持方案报告书及行政主管部门的批复文件

8.2.3 矿山施工期环境监管重点

1)矿山施工期环境监管时段和范围

(1)施工期环境监管工作范围

施工期环境监管涉及工程所在区域和工程影响区域,主要包括两个方面:

①施工行为环保达标监管。监督建设项目建设工程中各种污染因子达到了环境保护标准要求。

②施工期环保工程监管。监督建设项目环境污染治理设施、环境风险防范设施按照环境影响评价及批复要求建设,确保各项环保工程的有效实施。

(2)施工期环境监管时间范围

施工期环境监管时间范围包括设计、施工两个阶段。

2)矿山施工期环境监管重点

矿山施工期环境监管重点内容包括以下方面:

(1)设计阶段

本阶段工作内容是审查经批准的环境影响报告书提出的环境保护措施在工程初步设计、施工图设计中的落实情况。重点关注工程内容和位置是否变化、环境保护目标是否变更、环保设施是否变更。

(2)施工阶段

①施工行为环保达标监管。确保项目建设过程中,各种污染因子包括施工废水、弃渣、泥浆、粉尘、噪声、生活垃圾等的排放满足环境影响评价文件、国家和地方环保要求;植被的恢复工作落实到位。具体关注重点如表 8-2 所示。

②建设项目环保工程监管。监督项目建设过程中,环境污染治理设施包括生态环境、废水、废气、声环境、环境风险防范设施的工艺、设备、能力、规模、进度等按照环境影响评价及批复文件的要求得到落实。若项目周边存在生态环境敏感区,应对照环境影响评价文件检查保护措施的落实情况。具体关注重点见表 8-3。

③系统巡视、记录工程施工环境影响,环境保护措施效果,环境保护工程施工质量,尤其是临时工程和隐蔽工程。

表 8-2 施工期施工行为监管重点内容

工业场地	生态环境	废水	废气	噪声	固体废物
露天开采	矿山开挖对周边生态环境影响，临时占地规模是否严格遵照环境评价要求，是否将表土资源进行保护性堆存	施工过程中钻井泥浆处理回用情况	土石方开挖，爆破、凿岩形成的废气和粉尘是否得到有效控制	各类施工机械对周边敏感点的影响	露天开采产生渣土和废石是否得到妥善处置
地下开采	井口工业场地占地对周边生态环境的影响		井巷开凿时产生的废气和粉尘		井下掘进废石是否得到妥善处置
施工生活营地	施工结束后，施工营地是否进行生态恢复	施工人员生活废水是否得到妥善处理	临时生活炉灶排放烟气是否得到妥善处理		施工人员生活产生的生活垃圾是否得到妥善处置

表 8-3 施工期建设项目环保工程监管重点内容

工业场地	生态环境	废水	废气	噪声	固体废物	风险应急
露天开采	施工迹地和临时占地的恢复，采取的水保持措施。排土场边开采边复垦	周边清污分流、矿坑疏干水回用系统的建设，包括排水沟、水仓、管线等	土石方开挖、爆破、凿岩扬尘抑制措施落实情况；粗碎、转载点除尘系统建设	高噪声设备采取消声、隔声、减震措施	剥离表土处理措施落实情况	厂区事故池。各防渗工业场地基处理方法、防渗材料铺设结构、防渗膜的接缝处搭接方式、宽度等落实情况
废石场	边坡和平台复垦面积、物种、植被覆盖度	废石淋溶水收集及回用设施建设情况，包括淋溶水收集池容积、防渗、回水等	土石方开挖扬尘、废石场扬尘、抑尘措施落实情况		废石场拦挡措施落实情况	
地下开采	地表错动位移监测	井下涌水回用系统的建设，包括水仓、管线等	井下粗碎除尘系统，污风井（平硐）除尘建设情况		—	
生活区	场地绿化	生活污水的处理及回用措施落实情况，包括生活污水处理工艺、规模、回水管线等	锅炉脱硫除尘系统		生活垃圾收集箱、中转站	

④根据具体情况，组织环境监测；根据监测结果，进行相应整改，并关注施工阶段是否发生环境污染事故等。具体监测要求见表 8-4。

⑤配合项目竣工环境保护验收。

表 8-4　施工阶段环境监测内容

环境要素	施工阶段环境监测
水	结合环境影响评价报告中监测计划进行废水监测，或使用竣工环境保护验收调查废水排放监测数据，评价水污染防治措施效果，并分析监测因子超标原因，提出改进措施
大气	结合环境影响评价报告中监测计划进行废气监测，或使用竣工环境保护验收调查废气排放监测数据，评价大气污染防治措施效果，并分析监测因子超标原因，提出改进措施
声	结合环境影响评价报告中监测计划进行噪声监测，或使用竣工环境保护验收调查噪声监测数据，评价噪声污染防治措施效果，并分析监测因子超标原因，提出改进措施
固体废物	固体废物性质、处理处置方法、各固废堆场最大堆置容积、最大堆置标高、已使用容积、已堆置标高、剩余容积
生态	监管施工临时迹地恢复物种、植被覆盖度；露天采场边坡稳定化、绿化位置和面积、绿化选用物种、植被覆盖度；地下采场地表塌陷、裂隙情况；废石场（排土场）边坡和平台复垦面积、复垦物种、植被覆盖度
工业场地防渗	查看防渗材料防渗系数检测报告，必要时可在工业场地下游设置地下水质监测点进行地下水质监测，结合地下水质评价结果分析防渗工程是否可行。若不可行，应查找原因，提出改进措施
环境风险	监管炸药爆炸、废石场滑坡等风险防范措施的落实情况，环境风险应急预案的备案情况。若项目建设过程中发生环境污染事故，应说明事故的发生原因、处置过程和对周边环境的影响等

8.3　矿山竣工环境保护验收

8.3.1　竣工环境保护验收体系

1）竣工环境保护验收意义

建设项目竣工环境保护验收是环境影响评价的延续，是检验环境保护措施是否落实的重要手段；同时也是对建设项目投入生产或运行后，对环境产生实际影响的调查。

通过竣工环境保护验收调查，可在一定程度上避免项目出现新的环保问题，将项目建设对环境的影响控制在可接受程度内。

2）竣工环境保护验收标准

竣工环境保护验收工作中会涉及三类环境保护标准，包括环境影响评价阶段执行的标准、环境保护工程设计文件中采用的标准，竣工环境保护验收时现行的环境标准。当三类标准出现矛盾时，应按照下列原则确定验收标准：

（1）竣工环境保护验收标准原则上采用项目环境影响评价阶段经环境保护部门确认的环境保护标准进行验收。如果有新修订颁布的环境保护标准，原则上按照环境影响评价阶段标准验收，但应建议验收后按照新标准进行达标考核。

（2）环境影响评价文件、环境影响评价审批文件中没有明确规定的，应根据污染物实际排放和受纳环境功能，依据相关法律法规要求提出执行现行的国家或地方环境标准建议，经有审批权的环境保护行政主管部门同意后，以现行环境标准作为验收标准。

（3）验收调查工作中涉及我国环境标准中尚未列入的污染因子，可参考其他行业标准或国外有关标准。

8.3.2　矿山竣工环境保护验收调查

1）矿山竣工环境保护验收依据

矿山竣工环境保护验收调查是以环境影响评价文件和环境影响评价审批文件为基础，以施工期环境监管、现场调查和环境监测数据等为依据，综合考虑公众参与意见，客观、公正地评价环境保护设施和措施的效果，并及时提出环境保护的整改手段和补救措施。

2）矿山竣工环境保护验收运行工况要求

一般情况下，项目应在工况稳定、生产负荷达到近期预测能力75%以上的情况下进行验收调查。对于矿山采选可按其行业特征执行，在工程正常运行的情况下即可开展验收调查工作。对于分期建设、分期投入的项目应分阶段开展验收调查工作。

3）矿山竣工环境保护验收调查时段和范围

（1）时段

根据矿山采选工程的建设过程，矿山竣工环境保护验收调查可以划分为工程前期、施工期、运行期三个时段。

①工程前期

该阶段重点调查设计文件中项目环境影响评价制度的执行情况，以及环境影响评价文件和审批文件中环境保护对策措施的落实情况。

②施工期

该阶段重点调查施工活动对生态环境的影响、环境影响评价文件和审批文件对施工期的相关环境保护要求的落实情况和施工期的环境监测等情况。

③运行期

该阶段重点调查工程运行后，对环境产生的实际影响；各项污染防治设施和生态措施的运行情况及其效果；核实环境影响评价文件和审批文件提出的相关环境保护要求的落实情况。

（2）调查范围

①调查地理范围

验收调查地理范围原则上与环境影响评价范围一致，涵盖项目所有的工程区域及其影响区域，同时根据项目运行后的实际影响情况进行调整。矿山项目地理范围应包括矿山、矿区工业场地、道路、生活区等及其所涉及的影响区域。

②调查工作范围

《建设项目竣工环境保护验收管理办法》第四条规定，建设项目竣工环境保护验收范围包括：①与建设项目有关的各项环境保护设施，包括为防治污染和保护环境所建成或配备的工程、设备、装置和监测手段，各项生态保护设施；②环境影响报告书（表）或者环境影响登记表和有关项目设计文件规定应采取的其他各项环境保护措施。矿山项目竣工环境保护验收调查工作范围见表8-5。

表 8-5 矿山项目竣工环境保护验收调查工作范围

要素	调查工作范围
生态环境	采矿工业场地、地表错动范围、施工营地、生活区等生态恢复措施、水保措施、绿化工程
土壤环境	项目周边土壤跟踪监测
水环境	地表水：项目所有的污水处理设施、污水排放口及与工程有关的水域
大气环境	各工艺环节有组织排放源(破碎、筛分、锅炉等工艺环节)和无组织排放源(采场、废石堆场等)；工艺中涉及的除尘、脱硫等设备
声环境	厂(矿)区和道路周边 200 m 范围声环境敏感点及噪声防治措施
固体废弃物	废石场(排土场)、工业场地垃圾及处置措施
环境振动	矿山露天开采爆破
环境风险	炸药库的环境风险；环境风险应急预案及应急物资储备
文物	工程影响范围内的重要文物古迹
移民安置	工程影响范围内涉及的移民搬迁
公众参与	工程影响区域内直接影响的居民以及地方环保、规划、林业等部门有关工作人员

4)矿山竣工环境保护验收调查重点

一般而言，矿山环境影响评价工作的重点就是竣工环境保护验收调查的重点。矿山竣工环境保护验收调查重点包括如下内容：

(1)工程建设情况

将工程实际建设情况与环境影响评价报告书进行对比，确定工程建设内容是否存在变更，分析其变化的原因及其对环境的影响。

(2)环境影响评价报告书与环境影响评价批复的落实情况

重点调查环境影响评价提出的环保措施的落实情况，尤其是环评批复要求的环保措施落实情况的调查，应逐条逐句核实实际落实情况；未能落实的应说明原因或理由，落实不到位的，提出整改要求。

(3)生态环境影响调查重点

矿山生产过程中大面积地清除植被、剥离土壤导致地表植被破坏、水土流失加剧或荒漠化。因此，生态环境影响调查重点主要是生态保护措施落实情况调查和生态保护措施有效性分析，具体包括以下内容：

①施工迹地的生态恢复措施与效果。

②矿山地下开采导致的矿区地表沉陷问题。

③各场地，包括采场、排土场等，占地带来的生态影响，试生产期间采取的恢复措施及效果。特别关注表土的剥离和堆存；排土场等场地是否按照边开采边复垦原则；永久性边坡一旦形成是否及时覆土复垦。

④取水管线工程等临时占地开挖后是否及时回填复垦。

⑤矿区道路两侧和工业场地是否有绿化。

⑥按照批复水土保持方案,检查矿区的水保措施如拦截水沟、挡水坝、护坡等是否得到落实。

(4)土壤环境影响调查重点

对项目周边土壤进行跟踪监测,监测点位布设在重点影响区,如排土场、采矿工业场地。

(5)水环境影响调查重点

①地表水

水污染源情况。矿坑涌水、各堆场废水(排土场和矿石堆场)、生活污水等产生环节、收集和产生量、主要污染物、重复利用情况。应特别关注硫化矿面源的酸性废水的收集和处理问题。

污染源治理情况。各堆场废水、生活污水等处理工艺和流程、设备型号对照清单,各池体容积和尺寸等。污染物去除效率、污水排放去向和达标排放情况。

受纳水体情况。污水受纳水体特别是敏感水体环境质量变化趋势及原因分析。

②地下水

关注采场周边地下水水位变化,是否存在地下水疏干导致的地下水水位下降、地面沉降或塌陷问题。

关注排土场周边地下水环境质量现状和变化,是否存在地下水水质污染问题。

矿山开采可能导致的地下水水位和水质的变化对周边居民生活用水的影响。

关注地下水长期观测井设置。按照《一般工业固体废物贮存、处置场污染控制标准》(GB 18599)要求,排土场周边至少设置3口地下水质监控井。第一口沿地下水流向设在贮存、处置场上游,作为对照井;第二口沿地下水流向设在贮存、处置场下游,作为污染监视监测井;第三口设在最可能出现扩散影响的贮存、处置场周边,作为污染扩散监测井。

(6)大气环境影响调查重点

①大气污染源及治理措施。需关注各生产工段的除尘设备、锅炉脱硫除尘设备污染物排放浓度、速率、除尘效率、设备型号,排气筒高度和内径。同时,还需关注收集尘的去向,湿式除尘器除尘废水的去向。

②采场、排土场、堆场等无组织排放防治措施,如洒水降尘、防风抑尘网等;企业边界大气污染物浓度达标分析。

③矿山周边环境敏感点的环境空气质量。

(7)声环境影响调查重点

①厂界噪声达标情况。项目运行时对周边200 m范围内声环境敏感点的影响。

②采矿爆破对周边敏感点的振动影响。

(8)固体废物环境影响调查重点

①按照危险废物鉴别标准(GB 5085.1)要求,核实矿山企业废石等固体废物是否属于危险废物;按照固体废物浸出毒性浸出方法(GB 5086.1、HJ 557)要求,核实固体废物属于第Ⅰ类还是第Ⅱ类一般工业固体废物。竣工环境保护验收时,各固体废物采样和测试一般不少于6个。

②将排土场作为调查重点。核实固体废物的种类和属性,主要来源、排放量、转运和处置方式,综合利用情况,防渗措施及渗滤液的收集等。

③若项目中涉及危险废物,应重点关注其收集、贮存、运输等过程。

④注意固体废物可能造成的大气环境、水环境、土壤等二次污染。

（9）环境风险防范及应急预案

①环境应急预案备案。按照《突发环境事件应急预案管理暂行办法》（环发〔2010〕113号）要求，企业事业单位编制的环境应急预案，应当在本单位主要负责人签署实施之日起 30日内报所在地环境保护主管部门备案。国家重点监控企业的环境应急预案，应当在本单位主要负责人签署实施之日起 45 日内报所在地省级人民政府环境保护主管部门备案。

②调查运营期采取的环境风险防范及预案，应重点关注其可操作性和应急预案的对接联动，事故发生后，是否可立即启动应急预案，实施污染控制。同时关注风险应急物资、设施（管线、厂区事故池）等落实情况。

③调查日常应急演练内容，做好日常演练影像资料档案保存工作。

④调查施工及运营期是否发生过环境风险事故，包括事故类型、事故影响范围、影响程度，应急措施及效果等内容。

5）矿山竣工环境保护验收调查报告主要内容

矿山竣工环境保护验收调查报告一般要求具备以下主要内容：

（1）前言

前言部分主要内容包括以下方面：

①综述。项目概要和建设过程，环境影响评价制度执行情况，竣工环境保护验收调查任务的委托情况等。

②编制依据。项目执行的法律法规、环境保护规划、可研和设计、环境影响评价文件及审批文件等。

③调查目的及原则。本工程提出调查工作应实现的目标和遵循的原则。

④调查方法。调查中拟采取的工作方法和手段。

⑤调查范围、因子及标准。确定验收具体工程内容，明确验收调查地理范围和工作范围。同时筛选各环境要素的调查因子，明确各因子采用的环境标准。

⑥调查重点。明确各环境要素的调查重点，反映矿山主要环境影响及污染特征。同时关注项目影响区域各要素涉及的环境敏感目标。

（2）项目工程概况

①工程建设过程。说明项目立项时间和审批部门，初步设计完成及批复时间、环境影响评价及审批时间，工程开工建设时间，环境保护设施设计、施工、监理单位，投入运行时间等。

②工程概况。说明建设项目地理位置、项目组成、工程规模、工程量、主要生产工艺及流程、投资等，改扩建工程还应说明新老工程之间的关系。当工程建设内容或方案发生变更时，将变更情况和原因列为调查的主要内容。

（3）环评摘要及批复要求

环境保护行政主管部门对建设项目环境保护的有关要求，主要体现在环境影响评价文件及审批文件、地方环境保护部门审查意见中，验收调查阶段将对文件中要求的落实情况作为重点进行调查。

（4）环评及环评批复中环保措施落实情况调查

这是竣工环境保护验收调查工作的重点，主要包括两大部分：一是环境影响报告书及审批意见中提出的环保措施落实情况；二是项目实际采取环保措施的对比变化情况。

（5）施工期环境影响调查

主要调查施工期环境保护措施的落实情况，主要依据环境监管的结果。

（6）生态环境影响调查与分析

生态影响调查内容包括工程占地情况及其变化情况。

运行阶段。矿山外部道路沿线生态恢复措施落实情况及植被类型、数量、覆盖率等的变化情况。

运行阶段。采矿工业场地的生态恢复和水环境保护措施落实情况，特别是形成稳定边坡的露天采场、排土场等采取的生态恢复措施。工程影响区域内植被类型、数量、覆盖率等的变化情况。

工程影响区域内的生态敏感目标生态保护措施落实情况，所采取的措施是否有效，评价其生态功能、生物多样性等的变化情况。

在工程建设过程中改变周围水系时，应做水文情势变化情况调查，必要时进行水生生态调查。

（7）土壤环境影响调查

工程影响范围内土壤环境质量调查与监测。重点关注排土场、工业场地周边土壤环境质量变化情况。

（8）地表水环境影响与总量控制调查与分析

水环境影响调查内容包括：

①采场、排土场（废石场）等污染源调查与监测；工程影响范围内地表水环境质量调查与监测。

②工程正常工况和非正常工况下水污染控制措施落实情况。

③总量实际排放情况调查。

（9）地下水环境影响调查

工程影响范围内地下水水量与水质调查与监测。重点关注采场影响范围内地下水水位变化情况；排土场地下水水质变化情况，环境敏感目标的地下水水位和水质变化情况。

（10）大气环境影响与总量控制调查与分析

大气环境影响调查内容包括：

①采场、排土场（废石场）等大气污染源的调查与监测；工程影响范围内空气环境质量尤其是敏感点的调查与监测。

②工程正常工况和非正常工况下大气污染控制措施落实情况。

③总量实际排放情况调查。

（11）声环境影响调查

声环境影响调查内容包括：

①采场、外运道路等噪声污染源调查与实际效果监测；工程厂界、周边 200 m 范围内敏感点的调查与监测。

②工程噪声污染控制措施落实情况。

（12）固体废物环境影响调查

固体废物环境影响调查内容包括：

①排土场(废石场)废石腐蚀性和浸出毒性鉴别。

②生活垃圾、煤渣、施工建筑垃圾等固体废物来源、种类、数量、防治措施落实情况调查。若项目涉及危险废物,则将其列为调查重点。

(13)环境风险调查

环境风险环境影响调查内容包括:

①工程施工期和运行期实际存在的环境风险因素调查。

②工程环境风险防范措施和应急预案的制定和落实情况;应急设施和物资配备情况,应急队伍培训和演练情况。

③应急管理机构的设置情况。

(14)清洁生产

矿山开发项目必须进行清洁生产调查,清洁生产调查的主要内容包括:

①调查生产工艺与采矿大型装备、资源能源利用指标、污染物产生指标、废物回收利用指标、环境管理等清洁生产指标的实际落实情况。

②核实实际清洁生产指标与环境影响评价设计指标之间的符合度,分析工程清洁生产水平。

(15)环境管理及监测计划调查

环境管理及监测计划调查内容包括:

①工程施工期和运行期环境监测计划落实情况。

②建设单位环境保护管理机构及规章制度制定和执行情况,相关人员的设置情况。

(16)公众意见调查

可采用询问、问卷调查、座谈会、媒体公示等方法,对工程实际建设过程中影响的人群,开展公众意见调查。

(17)调查结论与建议

调查结论与建议概括和全部工作总结为:

①总结建设项目环境影响评价文件及审批文件要求的落实情况。

②概括项目建成后产生的主要环境问题、环保措施的有效性,并在此基础上提出改进措施和建议。

③根据调查和分析结果,从技术角度论证工程是否符合建设项目竣工环境保护验收条件,是否建议通过竣工环境保护验收。

8.3.3　矿山竣工环境保护验收案例

以某铜钼矿的竣工环境保护验收调查为例,对矿山类验收调查的总体情况和重点进行说明。

1)工程基本情况

铜钼矿,采选规模为 30000 t/d,服务年限为 20 年。工程包括主体工程(采矿工程区)、公辅工程(供热、供排水、供电、运输、办公生活区、油库等)、环保工程(废水处理设施、废气处理设施、噪声防治、固废处理、生态恢复等)三大部分,具体工程组成见表 8-6。

表 8-6 工程组成

项目		环评报告表述
采矿工程	露天采场	半环状的露天矿,封闭圈全长 780 m,山坡露天高度为 84 m,凹陷露天高度为 180 m,面积为 102 hm²。采用组合台阶陡帮剥离工艺和逐台阶平行作业形式的缓帮采矿工艺
	排土场	1#排土场位于采矿区南部,面积为 130 hm²;2#排土场位于采矿区西部,面积为 150 hm²;两个排土场距采矿场出入沟口平均距离为 2 km。采用自卸汽车加推土机自下而上分阶段从各阶段顶一次推排方式
	采剥运输系统	生产初期汽车运输距离缩短 1000 m(粗碎站—选厂),此段改为密闭皮带廊运输
	采矿工业场地	在露天矿采矿场东侧出入沟东南侧为采矿辅助工程区域,布置汽车维修站、机修车间、加油站、材料库等采矿附属设施
	低品位矿石堆场	位于西区尾矿库库尾,矿石堆场面积为 4.47 hm²,高度为 6 m,堆存量为 18.4 万 m³。目前已覆土并撒播草籽复垦
	矿石周转场	位于粗碎站西北侧,堆场面积为 1.8 hm²,堆存高度为 5 m,堆存量为 6 万 m³
供热	生活区锅炉房	一台 4 t 热水锅炉,一台 4 t 蒸汽锅炉。烟气除尘后由合用 35 m 高砖排气筒排入大气
供排水	自来水管线	生活用水采用市自来水供水解决,与中水管线并行
	生产高位水池	厂区内设三座高位水池(合计容积为 2 万 m³)
	生活高位水池	容积为 1000 m³ 的生活高位水池 1 座
供电		矿区新建一座 220 kV 总降压变电站,总降压变电站与 220 kV 电网相连采用外桥结线系统,以 10 kV 向选矿厂高压配电室、车间变电所等配电。外部供电由当地政府负责建设
运输	外运道路	外部运输与满西公路连接道路长度为 10.8 km。利用现有草原便道和沥青混凝土路面
	厂内道路	内部运输道路长度为 14 km,沥青混凝土路面
办公生活区		矿部办公楼、招待所、职工宿舍、职工食堂、浴池
炸药库		按照当地政府要求,矿山不建炸药库

验收调查期间采矿生产规模已达到 30000 t/d,达到工况负荷 100%。

2)调查重点

本次调查的重点是工程建设造成的生态影响、土壤环境影响、水环境影响、大气环境影响。

(1)生态影响

①调查工业场地施工期间临时占地情况、生态恢复措施及恢复效果、水土保持措施及效果。

②调查露天采场、排土场对地表生态的破坏程度及减缓措施。

③调查生态治理计划及相关的移民搬迁计划落实情况。

（2）土壤环境影响

重点调查矿区周边土壤环境质量现状，重点关注排土场、采矿工业场地。

（3）水环境影响

重点调查选矿废水产生和利用情况，调查生产废水、生活污水处理措施是否按环境影响报告书的要求落实，调查生活污水处理、回用及排放情况。

露天采场周边地下水环境质量影响状况。

（4）大气环境影响

重点调查环境影响报告书提出的在破碎站、中转站、储矿仓、锅炉等处采取除尘或抑尘措施的实施情况及效果。

3）验收标准

采用环评批复标准，参照最新标准校核。

4）环评批复中环保措施落实情况调查

工程落实环评批复要求的情况见表 8-7。

表 8-7　工程环评批复的落实情况

批复要求	落实情况
（1）项目所在地以草原生态系统为主，应建立有效的生态综合整治机制，设立生态综合整治专款，及时做好排土场的生态恢复，对露采边坡实施喷播加固和区域典型草原种群植物护坡，尽可能减少对区域草原景观的影响，设置排水沟将汇水引入矿山排水系统。矿区施工场地设置于永久占地范围内，永久性道路应先于矿山建设；集中堆存表层熟化土，施工结束后用于排土场生态恢复	落实。 （1）矿区施工场地设置于永久占地范围内，尽量减少对区域草原景观的影响，永久性道路先于矿山建设。 （2）表土就近堆存，共设置 5 个表土堆场。 （3）目前，露天采场未形成封闭圈，也未形成永久性边坡。因此，露天采场未设置排水沟，也未进行生态恢复。 （4）排土场边堆存边复垦，对于已经具备复垦条件的永久性边坡，采取撒草籽和移栽草苗的方式实现边坡复垦。排土场东北侧永久性边坡已覆土播草，进行了复垦。 （5）矿山建立了生态综合整治机制。①以观赏植物群落为主落实了工业场地、道路的绿化工作；②管线开挖后及时回填和复垦，已恢复为草地；③工业场地、道路、排土场等已开展边坡和综合水土流失治理工作；④排土场复垦工作遵循边堆存边复垦的原则，形成永久边坡和台阶后，立即恢复为草地。建立了土地复垦专项资金账户，做好矿区生态恢复工作。 （6）生态综合整治专款，基建期预提了专款，用于排土场、表土堆场、管线工程、采矿场地和道路的复垦或绿化工作，并安排了生产期土地复垦资金提取计划

续表 8-7

批复要求	落实情况
(2)采取有效措施保护地下水资源。加强地表截排和采坑涌水观测,对矿区范围及矿区临近区域,特别是排土场周界应根据矿区地下水流向制定并落实地下水常年监测计划,以在发现问题时及时采取补救措施,确保周边牧民用水	落实。 (1)目前,露天采场无矿坑涌水出现; (2)已制定地下水常年监测计划
(3)封闭厂内、露天矿破碎及物料输送廊道,在卸料、受料、转运点均采用布袋除尘。排土场采取分片、分层方式,实施机械压实,定期洒水,降低扬尘污染。锅炉采用脉冲布袋除尘	落实。 (1)物料输送均采用密闭皮带廊道; (2)卸料、受料、转运点均采用湿式除尘; (3)排土场采用分层、分片方式,机械压实,定时洒水; (4)生活区锅炉采用 STC-H-4 湿式脱硫除尘,选矿区锅炉采用 XJ-Ⅲ-20 高效湿式脱硫除尘器+DR20 陶瓷多管除尘器二级除尘措施
(4)根据固体废物的属性严格按要求进行贮存、处置,提高综合利用率。废石、燃煤灰渣按一般工业固体废物处置	基本落实。 (1)废石送排土场; (2)燃煤灰渣由 XX 综合厂承揽除渣、运渣工作
(5)采取措施控制噪声。优化工业场地布局,高噪声设备采取消声、隔声等措施,保证各厂界噪声达标	落实。 (1)高噪声设备采取消声、隔声等措施; (2)高噪声设备设有工人隔声操作间
(6)初步设计阶段中应进一步细化环境保护设施,根据"不欠新账,多还旧账"的原则,在环保篇章中落实防止生态破坏和环境污染的各项措施及投资。开展工程环境监理工作,在施工招标文件、施工合同和工程监理招标文件中明确环保条款和责任,定期向当地环保部门提交工程环境监理报告	落实。 在施工招标文件、施工合同和工程监理招标文件中明确环保条款和责任

5)环评报告书环保措施落实情况调查

根据原环境影响报告书提出的施工期环保措施,某铜钼矿在施工期间认真进行落实,施工期环保措施的具体落实情况见表 8-8。

表 8-8　施工期环境保护措施落实情况

专题	环评要求	实际建设情况
生态保护	(1)剥离表土生态防护措施：所有占地都必须首先剥离和保存其上层表土资源，剥离的表土应设置临时堆土场集中堆放，临时堆土场外侧边坡采取草袋临时挡护，其他裸露面采用苫布覆盖措施，施工结束后及时用于边坡种草的覆土。 (2)道路建设生态防护措施：外部道路应在施工期早期进行修建，以减少施工车辆对草原的碾压。不在道路两侧种植高大乔木。草原道改道区段应进行生态恢复，不得再作为草原道使用。 (3)采矿场生态防护措施：用水泥柱和定型网片将露天采掘坑外 200 m 爆破飞石界线范围内的草场进行围封，设置网围栏时，按照牧场围栏的样式，每隔 10 m 建 1 根围栏柱。 (4)排土场生态防护措施：建设期为 2 年，排土场还未形成稳定边坡和平台，在建设期暂不进行土地复垦，仅为运营期排土场土地复垦工作进行准备工作。 (5)工业场地及附属设施区生态防护措施：在施工场地内布设临时简易排水沟。临时堆放土体，修筑成梯形断面，采取临时防护和排水措施，以纤维布覆盖并在堆土两侧修筑临时排水沟。简易排水沟在施工完毕后应及时填平，并进行植被绿化。 (6)其他生态防护措施：利用开采的废石修筑尾矿库干堆场初期坝、石砌挡墙、矿区道路路基等；工程施工营地、施工便道等临时用地设置在征用的永久占地范围内	落实。 (1)所有占地表土根据施工进度进行单独剥离，表土就近堆存于采矿区表土堆场、尾矿区表土堆场，并撒播草籽。 (2)外部道路先于主体工程修建完成。路面已硬化，道路两侧已绿化。 (3)采场外已修建封闭式草围栏。封闭圈全长 32558 m，高度为 1.3 m，柱间隔为 7 m，柱间使用钢丝网和刺线。 (4)建设期，排土场表土单独剥离，堆存在采矿区表土堆场，为运营期土地复垦工作做准备。 (5)在施工场地内布设临时简易排水沟。地基开挖产生的临时堆放土体，修筑成梯形断面，采取临时防护和排水措施，以纤维布覆盖并在堆土两侧修筑临时排水沟。简易排水沟在施工完毕后已填平，并植被绿化。 (6)采场剥离废石修筑东西区尾矿库初期坝、石砌挡墙、矿区道路路基等；工程施工营地、施工便道等临时用地设置在征用的永久占地范围内
大气环境	(1)施工扬尘防治措施：土石方开挖作业避免在大风天气进行，完工后及时回填、平整场地；做好路面硬覆盖；易产生扬尘的建筑材料采用封闭车辆运输；设置围布、挡板，禁止高空抛撒建筑垃圾和渣土外溢。 (2)外包驻地采暖烟尘防治措施：采用环保型的立式简易煤气锅炉。 (3)道路运输扬尘治理：配置洒水车，定时对采矿场、运输道路及排土场进行洒水。 (4)排土场扬尘治理：在排弃过程中及时推平，压实，稳定地段覆土绿化	落实。 (1)土石方开挖完工后及时回填、平整场地；内部道路与外部道路都已硬化；易产生扬尘的建筑材料采用封闭车辆运输；设置围布、挡板。 (2)外包驻地锅炉采用环保型的立式简易煤气锅炉。 (3)配置洒水车，定时对采矿场、运输道路及排土场进行洒水。 (4)排土场及时推平、压实，稳定地段已及时覆土绿化
水环境	(1)建议采用移动式卫生厕所对施工人员产生的粪便水进行收集，由环卫部门集中处置。 (2)其他生活污水通过沉淀池沉淀处理达到农田灌溉水质标准后，直接用于绿化	落实。 (1)施工营地设防渗消毒旱厕； (2)施工营地设化粪池用以收集食堂和洗漱排水，处理后用于绿化

续表 8-8

专题	环评要求	实际建设情况
声环境	(1)采用微差爆破、压渣爆破、松动爆破等先进的爆破控制技术; (2)建筑施工噪声控制重点是严格管理,禁止夜间施工	落实。 (1)采用微差控制爆破技术; (2)建筑施工噪声严格管理,禁止夜间施工
固体废物	(1)土岩剥离物和建筑垃圾运输至排土场; (2)施工队伍生活垃圾定期收集,排至某市政环卫部门指定的地点,掩埋处理; (3)施工区的表土应统一分类堆放,用于施工结束后绿化、植被恢复或土地复垦使用	落实。 (1)土岩剥离物和建筑垃圾已运至排土场; (2)生活垃圾定期由环境卫生管理处清运; (3)共设置5个表土场,用于就近表土堆存

设计单位根据原环境影响评价报告书和批复中提出的运行期的环保措施,在修改设计阶段对相关的环保措施进行设计和优化,基本落实了环评的相关要求。具体落实情况见表 8-9。

表 8-9　环评报告书中提出的运行期环境保护措施落实情况

专题	环评要求	实际建设情况
生态整治	(1)露天采场生态恢复措施:实施工程和植物护坡措施,如喷浆、削坡、减载等加固护坡工程措施。露采边坡形成后,设置排水沟。 (2)排土场生态恢复措施:在形成排土场稳定的平台与边坡的同时及时完成表土覆盖工作,选择速生耐旱、适宜当地环境的草木种类,将保土植物与经济植物种植有机地结合起来。植被恢复以草、灌复合型植被结构为主;根据不同地形,种植不同特征的植物;不影响排土作业情况下及时绿化;当排土场达到服务年限后,及时进行表土覆盖和绿化。 (3)工业场地与道路园林绿化:以观赏植物群落和抗逆植物群落相结合的方式来组建矿区人工植物群落	落实。 (1)目前,露天采场未形成永久性边坡,未设置排水沟,生态恢复措施也未到实施阶段。 (2)排土场边堆存边复垦,东北侧永久性边坡已覆土播草,进行了复垦。 (3)采用"乔灌草结合"和"物种本土化"的原则对工业场地与道路进行绿化
土壤环境	制订跟踪监测计划,对周边土壤进行跟踪监测	落实。 制订土壤跟踪监测计划。环保验收时,对周边土壤进行监测

续表 8-9

专题	环评要求	实际建设情况
大气环境	(1)地面输送、破碎系统的防尘措施：皮带廊道等构筑物均为封闭式钢筋混凝土结构，将露天矿地面输送、破碎系统局部密闭，采用干式除尘。在卸料点、胶带机受料点及给料点设干式除尘措施；粗碎间回旋破碎机胶带机给料处采用局部密闭，设干式除尘系统；粗矿堆胶带机给料处采用局部密闭，设干式除尘系统。工业场地外部道路路面为沥青混凝土路面，采用清扫、洒水措施。 (2)扬尘治理：排土场定期碾压，降低起尘；运营期设计配置 15 t 洒水车 3 台；已经结束排弃的排土场平台，及时覆土绿化；排土场周围种植防风林带。 (3)锅炉烟尘治理：锅炉均采用脉冲式布袋除尘器，除尘器效率大于 95%	落实。 (1)皮带廊道等构筑物均为封闭式钢筋混凝土结构。粗碎间回旋破碎机胶带机给料处采用局部密闭，设高效湿式除尘系统；在卸料点、胶带机受料点及给料点设高效湿式除尘；储矿堆胶带机给料处采用局部密闭，设高效湿式除尘系统。工业场地外部道路路面为沥青混凝土路面，采用定期清扫、洒水措施。 (2)排土场定期碾压，配置 15 t 洒水车 3 台；排土场永久性边坡已及时覆土绿化。 (3)锅炉采用高效湿式脱硫除尘器
水环境	生活污水经厂区排水管网收集至污水处理站，污水处理站采用"沉淀+SBR+过滤+消毒"的处理工艺。出水水质达到杂用水水质标准，处理后的出水进露天矿加水站，用于道路除尘洒水及绿化等用水	落实。 已建生产区生活污水处理站，生活区污水处理站
声环境	(1)锅炉房鼓风机、引风机均设在封闭建筑物内，同时尽可能减小门窗面积。 (2)选矿厂、露天采矿区、排土场周围，矿区运输主、干道两侧栽植的林带。 (3)对噪声超标的设备采取消声措施。 (4)对爆破噪声及振动污染控制措施同建设期	落实。 (1)锅炉房鼓风机、引风机均设在封闭建筑物内。 (2)已在矿区主干道两侧栽植林带。当地风大，为草原生态系统，且乔木栽植后的成活率、生长效果较差、管护成本高，选矿厂、露天采矿区、排土场周围未设置林带。 (3)对噪声超标设备采取消声措施。 (4)采用微差控制爆破技术
固体废物	(1)土岩剥离物排入 1# 排土场，其使用年限为建设期至生产第 5 年，自第 6 年起排入 2# 排土场。 (2)锅炉除尘灰和炉底炉渣收集后统一将灰渣送至室外灰渣仓，用于矿区铺路或冬季道路防滑。 (3)生活垃圾，污水处理系统脱水污泥均排至市政环卫部门指定的地点，卫生掩埋处理。	落实。 (1)目前，土岩剥离物排入 1# 排土场，2# 排土场未启用。 (2)锅炉除尘灰和炉底炉渣收集后送至室外灰渣仓，由某厂承揽除渣、运渣相关工作。 (3)生活垃圾和生活污水处理污泥收集后，由某环境卫生管理处统一清运处理。

6) 生态影响调查

(1) 生态保护措施调查

① 表土剥离与堆存

本项目开采时对露采区、排土场、工业场地进行表土剥离，剥离的表土存放在表土存放区，供基建终了时所有非原状地表且未采用人工护砌的地面覆土绿化及排土场恢复植被使用。

将露天采矿场、排土场、工业场地上层 20~50 cm 表土单独剥离，集中贮存。表土堆场的防护措施是撒播克氏针茅和羊草草籽等，诱导自然恢复植被。

试生产期间，主要内容是采矿工业区的生态恢复、附属工业区绿化、行政生活区和道路绿化、排土场平台及边坡复垦。

② 排土场生态恢复工程

运行期间，排土场永久平台通过土地平整、覆盖表层剥离表土、移栽或撒播克氏针茅、羊草草籽等一系列措施实行排土场分区复垦；截至验收时，排土场已复垦两层边坡，植被覆盖率达到 60%。同时，在坡脚处修筑排水沟，及时导出地面径流。复垦进度随排土进度推进。

③ 管线工程生态恢复措施

管线工程沿草原路地埋式铺设，遵循输送距离最短，铺设最方便，对草原生态环境影响最小，管线维护管理便利等原则。管线开挖按设计断面进行，控制开挖宽度，采取开挖堆土拍实、拦挡等临时防护措施。敷设完成后，立即回填开挖土方；对于管线周边退化草地，遵循"人工诱导自然恢复"原则，撒播草籽进行复垦。

④ 道路绿化

永久性道路(连接矿区与外界)先于矿山建设，避免了矿区施工时在草原中随意行驶，减少了施工车辆对草原的碾压。永久性道路和矿区内道路都进行了硬化，路边种植杨树作为行道树，同时以本区域典型草原的建群种——克氏针茅和羊草为主复垦路基护坡；道路三角地带种植云杉、矮牵牛、万寿菊等植物。

⑤ 草围栏

为有效防止牛羊进入矿区，矿区占地边界外扩 100 m 修建草围栏封闭区生态防护措施(不允许牛羊进入)，同时再外扩 500 m 草围栏缓冲区。草围栏封闭圈高度为 1.3 m，柱间隔为 7 m，柱间使用钢丝网和刺线。

(2) 生态补偿和整治基金情况

矿区对永久占地和临时占地均进行了生态补偿，向草原监督管理局缴纳草原植被恢复费。按照土地复垦方案要求，公司建立了矿山环境治理恢复基金，用于排土场、表土堆场、管线、工业场地和道路等的复垦或绿化，并纳入矿山生产成本。

(3) 水土保持措施调查

① 排土场

根据现场调查结果，对排土场表层土进行了分块表土剥离，剥离厚度为 50 cm；对台阶平台和固定边坡分植草皮的区域采取了覆土措施；在排土场的北侧修建了土质截水沟，截水沟长 450 m，平台周边截水沟长 980 m，平台挡水埂长 980 m。

②行政生活区

行政生活区实施了护坡、雨水排水暗管、剥离表土和覆土工程，护坡长 801 m。对道路两侧、建筑物周边空地进行绿化。

（4）生态环境影响调查

①矿山采选生产区生态环境现状调查

项目所占地区土地利用类型以中覆盖度草地为主。所占地区内无珍稀植物分布，主要分布有羊草、克氏针茅、糙隐子草等物种。项目建设及运营使露天矿占地范围内的原有土地利用类型遭到破坏、区域植被覆盖率降低。本项目占用草地区域，在征地前已办理手续及施行了补偿措施。项目建设与运行期间，原有植被虽遭到局部损失，但矿区周边植物群落的种类组成未发生变化，也未见某一物种消失。

②动物现状调查

根据现场调查，矿区周边常见的动物有鼠、牛、羊（牧民养殖）等动物，未发现珍稀濒危野生动物。矿区的建设，不仅会破坏地表植被，还缩小了野生动物的栖息空间，对其生存与繁衍产生一定的不利影响。但试生产期间野生动物栖息地环境破坏具有渐近性质，且栖息地的减少对动物影响并非伤害性的，对栖息环境的干扰将导致动物迁移出该区域。

③土壤侵蚀现状调查

矿区的建设仅改变占地范围的土地利用类型，未改变周边植被覆盖情况，因此，矿区的建设未加剧周边土壤的侵蚀程度。

④景观生态现状调查

矿区和永久道路的建设使矿区原有的草原景观发生变化，出现异质斑块和廊道，减少了区域景观的连通性和美学价值。但矿区场地设施安排紧凑，施工后立即组织开展了生态恢复工作。

⑤中水管线工程周边生态现状调查

管线工程沿路土地利用类型以中、低覆盖草地为主，占地区内无珍稀植物分布，主要分布有羊草、克氏针茅、糙隐子草等草原优势物种。管线工程的铺设使得管线周边约 20 m 范围内的植被被破坏，地表生物量减少。但施工结束后，立即采取撒播克氏针茅和羊草草籽的措施恢复植被，复垦效果较好。

⑥道路工程周边生态现状调查

永久道路沿路周边土地利用类型以中、低覆盖草地为主，占地区内无珍稀植物和动物分布，主要分布有羊草、克氏针茅、隐子草等物种。

7）土壤环境影响调查

对排土场周边土壤进行采样监测，根据土壤监测报告，矿区范围内各取样点土壤均能满足《土壤环境质量　建设用地土壤污染风险管控标准》（GB 36600）风险筛选值要求，占地范围外各取样点土壤均能满足《土壤环境质量　农用地土壤污染风险管控标准》（GB 15618）风险筛选值要求。

8）地表水环境影响调查

（1）水污染防治措施

①生活污水、冲洗废水。生活污水、冲洗废水和锅炉房冲洗废水分别经管道收集后进入

污水处理站，主要污染物为 COD、SS，采用 MBR-5 一体化工艺处理。

②生活区污水。行政生活区所产生的生产生活污水分别经管道收集后进入污水处理站，主要污染物为 COD、SS，采用 SEJ-6 一体化工艺处理。

（2）污废水综合利用情况调查与分析

目前本项目无露天矿坑涌水。

（3）污废水排放监测与达标分析

对生活污水进出口水质进行监测，根据监测报告分析，生活区污水处理站出水水质指标均能满足《污水综合排放标准》（GB 8978）一级标准。

9）地下水环境影响调查

（1）地下水水质监测

按照环境影响报告书要求，在采场周边及下游布设若干地下水水质监测点进行监测。分析监测数据的达标性，并与环评时监测数据对比以分析其变化趋势。

（2）地下水水位变化分析

按照环境影响报告书要求，在采场周边及下游布设若干地下水水位监测点，并对其进行监测。将监测结果与环评时地下水水位监测数据进行对比，分析其变化趋势。

10）环境空气影响调查与总量分析

（1）大气污染源防治措施调查

①锅炉房

生活区锅炉房设 DZW2.8-0.7/95/70-AII 热水锅炉 1 台，年运行 240 天；设 DZW4-1.26-AII 蒸汽锅炉 1 台，全年运行。分别采用 STC-H-4 型高效湿式脱硫除尘器除尘，由 1 根高 35 m、内径为 1.2 m 的高砖结构排气筒排放。

②储煤场扬尘

厂区储煤场采用露天堆存，煤场四周设防风抑尘网（高 6 m，长 210 m），并设有洒水装置。生活区不设置储煤堆场，锅炉房外水泥空地上临时堆存从选厂储煤场运来的煤炭，用苫布盖住防止扬尘。

③排土场扬尘

排土场定期碾压，配置 15 t 洒水车 3 台；排土场永久性边坡已及时覆土绿化，以减少扬尘。

④交通运输扬尘

工业场地外部道路路面为沥青混凝土路面，采取定期清扫、洒水等措施。

（2）大气污染源监测与达标分析

在所有点源污染源排放点布设监测点位（锅炉监测在采暖季进行），分析监测结果的达标性、除尘和脱硫效率。

在企业边界布设无组织源大气监测点，分析监测结果的达标性。

按照环境影响报告书，在周边环境空气敏感点布设监测点位，分析监测结果的达标性。

（3）污染物实际排放总量相符性分析

根据实测监测数据，计算实际工况下矿区的二氧化硫年排放量，并分析与内蒙古自治区环境保护局总量要求的相符性。

11）固体废物影响调查

（1）固废产生量与处理处置情况

本项目产生的固体废物主要有露天采场废石、锅炉灰渣、生活污水处理站污泥、生活垃圾等。

试生产期间，部分废石用于西区尾矿库初期坝，413 万 m³ 废石用于筑东区尾矿库初期坝，2748.4 万 m³ 废石排于排土场。

锅炉灰渣临时堆存在灰渣场，由某厂承揽除渣、运渣相关工作。

生活污水处理站污泥用于矿山排土场复垦工程。

生活垃圾收集后，由某环境卫生管理处统一清运处理。

（2）固废性质

在试生产期间，建设方委托某市环境监测中心站在矿区废石场采集了 6 个固废样品，进行浸出毒性和腐蚀性鉴别试验。根据监测结果，矿区的废石判别为第 I 类一般工业固体废物。

（3）固废贮存、处置措施调查

①排土场

露天采场剥离的岩土堆存在排土场，矿区现有排土场位于采场南侧，堆存高度约为 8 m，堆存量约为 2748.4 万 m³。排土场采取的环保措施主要是：

排土场在排土前将表土有计划地单独剥离，堆存在表土场。

排土场根据排土计划进行排土，平台及时进行碾压。

根据天气和排土场运输道路路面情况，对运输道路及时进行洒水。

排土场坡脚处修筑排水沟。

永久性坡面及时覆土，及时撒播草籽，恢复植被。目前已复垦两层边坡，复垦面积约 4.03 hm²。

排土场在运行期间采取了上述措施，排土场周边的表土得到保护性堆存，扬尘得到有效控制，植被得到及时恢复，排土场的环境影响得到有效控制，可控制在一定的范围内。

②生活区锅炉灰渣中转站

生活区燃煤锅炉的锅炉灰渣送生活区锅炉中转站堆存，堆存时间不超过半个月，由某厂承揽除渣、运渣相关工作。生活区锅炉灰渣场的环保措施主要包括：

生活区锅炉中转站设在锅炉房、储煤场附近，锅炉灰渣运输距离较短，可有效减少灰渣撒落。

目前，锅炉灰渣场采用混凝土水泥防渗，混凝土水泥防渗层厚度约 30 cm，渗透系数小于 1.0×10^{-7} cm/s，可以满足一般工业固体废物处理处置 II 类场要求。

③其他固废

生活污水站污泥：生活污水处理站污泥收集后，由某卫生管理处统一清运处理。

生活垃圾：生活垃圾主要产生在食堂、办公楼、生活区等。在矿区内设立垃圾箱、垃圾转运间，生活垃圾收集后，由市政部门统一清运处理。

12）环境管理与监测计划落实情况调查

（1）环境管理情况

调查矿区试生产期间的管理制度。

（2）环境监测计划落实情况

①施工期监测落实情况。施工期，建设单位委托某市环境监测中心站进行环境监测。

②运行期监测落实情况。按照环评报告书提出的环境监测计划，建设单位委托市环境监测中心站对环保设施及周边地表水、地下水、大气、噪声进行了全面监测。

③运营期监测计划。矿山计划在项目达产验收后，应按环评报告书提出的监测计划，结合矿山建设生产实际情况，委托某市环境监测中心站对矿区周边的大气、地下水、噪声和环保设施的监测计划进行定期监测。

13）调查结论与建议

某公司某铜钼矿资源开发项目在工程设计、施工和运行过程中，严格执行"三同时"制度，项目环境影响报告书及批复文件要求的污染控制措施和生态保护措施得到了落实，各项污染物基本满足达标排放和总量控制要求，有效防止和减缓了对环境的不利影响。按照生态环境部关于建设项目竣工环境保护验收的有关规定，该工程具备竣工环境保护验收条件。建议对某铜钼矿工程进行竣工环境保护现场验收。

8.4　矿山环境监测

环境监测是在调查研究的基础上，监视、检测代表环境质量的各种数据活动的全过程。环境监测是判断企业环保设施是否完善及运行情况、企业环保守法情况的重要手段。由于矿产资源分布和矿业生产方式的特点，矿山企业有自己特有的环境问题和环境影响，同时大多数矿山远离城市，游离于城市环境监测网络之外，更需要运用自己的环境监测手段为企业的环境管理服务。因此，矿山环境监测是矿山企业环境管理中的一项必要的基础工作，是矿山环境保护的一个重要组成部分，也是全国环境监测体系的一个重要分支系统。环境监测为环境管理服务，环境管理依靠环境监测。

8.4.1　矿山环境监测体系

按监测目的分类，矿山环境监测分为监视性监测、特定目的监测、研究性监测、矿山内部日常监测。

1）监视性监测

监视性监测又称常规监测或例行监测，是国家、省（自治区）、市（地区）、县（县级市）等各级环境监测站的日常工作，主要是对指定的项目进行长期、连续的监测。包括"污染源监测"（污染物浓度、排放总量、污染趋势）和"环境质量监测"（空气、水质、土壤、声等监测）。该类监测是监测工作的主体，目的是掌握污染物排放和环境质量状况，评价控制措施的效果，判断环境标准实施的情况和改善环境取得的进展。

污染源监督监测是为监视和检测主要污染源在时间和空间上的变化所采取的定期、定点的常规性监督监测，包括主要生产、生活设施排放的"三废"监测等。

环境质量监测基本上是采用各种监测网（如水质监测网、大气监测网等）在设置的监测点上长期收集数据，用以评价环境污染的现状、污染程度及变化的趋势，以及环境改善所取得的进展等，从而确定一个区域、国家或全球的环境质量状况。

2）特定目的监测

特定目的监测包括污染事故监测、仲裁监测、考核验证监测、咨询服务性监测、可再生资源的监测、健康监测等。

（1）污染事故监测：是指污染事故对环境影响的应急监测，以确定污染物的扩散方向、速度和可能波及的范围，为污染的有效控制提供依据。多采用监测车、监测船、简易监测、快速监测、低空航测、遥感监测等。

（2）仲裁监测：主要针对污染事故纠纷、环境执法过程中产生的矛盾进行监测，由国家指定的、具有质量认证资质的权威部门进行，为执法部门、司法部门提供具有法律效力的数据。

（3）考核验证监测：主要指政府目标考核验证监测，排污许可证制度考核验证监测、"三同时"项目验收监测、污染物总量控制监测、城市环境综合整治考核监测等。

（4）咨询服务性监测：指为社会各部门、各单位等提供的咨询服务性监测，如项目环境影响评价现状监测、项目竣工环境保护验收监测、污染治理项目竣工验收监测、资源开发保护所需的监测等。

（5）可再生资源监测：如对土壤、植被草原和森林等自然资源的监测，监测土壤退化的趋势等。

（6）健康监测：了解污染对人们健康的危害。这是一种非常重要的监测。西方国家多因掌握了这种监测数据和所发生的污染事件才使得政府采取了严格的控制污染的措施。

3）研究性监测

研究性监测又称科研监测，是针对特定目的的科学研究所进行的高层次监测。科研监测主要是通过监测找出污染物在环境中的迁移转化规律，研制监测环境标准物质，专项监测某环境的原始背景值等。当收集到的数据表明存在环境问题时，还必须研究确定污染物对人体、生物体等各种受体的危害程度。

这类监测系统比较复杂，需要多学科的技术人员参加操作，并对监测结果做系统周密的分析。

4）矿山内部日常监测

目前我国矿山企业的内部环境监测机构主要采取以下两种形式：

（1）设立专门的环境监测站。这种形式便于管理，但是可能会由于业务量少而造成浪费。

（2）由企业的实验室、化验室等机构兼职环境监测。这种形式的优点是资源能够得到充分利用，但是可能由于工作量大而造成时间和设备上的冲突，影响工作进度。

各企业应根据实际情况选择环境监测机构的设置形式。若矿山企业没有条件或能力进行监测，可以委托具有环境监测资质的单位为其提供环境监测服务。

8.4.2　污染源监测要求

污染源监测的根本目的是通过有针对性地采取预防和治理措施，有效地控制污染源对环境可能造成的不利影响。同时也是企业检查自己是否符合国家和地方环保法规与标准，改进环境保护措施的直接手段。

1）废水

（1）废水污染源

采矿涉及的污染源主要有矿井涌水、矿石堆场淋溶水、排土场（废石场）淋溶水、原地浸矿采场渗漏液等废水污染源。

（2）监测点位

采矿涉及的废水污染源监测点位要求见表 8-10。

表 8-10　矿山企业废水污染源监测点(推荐)

工业场地	监测点位
采场	采矿涌水排放口(回水池)
矿石堆场	淋溶水收集池
排土场(废石场)	淋溶水收集池
原地浸矿采场	浸矿液收集池

(3)监测因子

结合《污水综合排放标准》(GB 8978)、《铜、镍、钴工业污染物排放标准》(GB 25467)及其修改单、《稀土工业污染物排放标准》(GB 26451)、《铅、锌工业污染物排放标准》(GB 25466)及其修改单、《铁矿采选工业污染物排放标准》(GB 28661),以及各省市地方排放标准等,确定矿山企业废水监测因子(包括常规监测因子和特征监测因子),推荐矿山企业废水监测因子详见表 8-11,可根据地方要求和监测目的进行增减。监测方法见表 8-12。

表 8-11　矿山企业废水污染源监测因子(推荐)

类别		监测因子
常规监测因子		pH、SS、色度、硫化物、氟化物、总氰化合物、总铜、总铅、总锌、总镉、总砷、总铬、六价铬、总锰、BOD_5、COD、汞、氨氮、挥发酚、总磷、石油类
特征监测因子	铜、钴、镍矿	总铜、总钴、总镍、硫化物
	稀土矿	pH、氨氮、总氮、硫酸盐、钍、铀总量
	铅、锌矿	总镍、总铅、总锌、硫化物
	铁矿	总铁、总锰、总镍、硫化物
	金矿	pH、氰化物

表 8-12　水污染物测定方法

序号	项目	测定方法	方法来源
1	pH	玻璃电极法	GB 6920
2	水温	温度计法	GB 13195
3	色度	稀释倍数法	GB 11903
4	溶解氧	碘量法	GB 7489
		电化学探头法	GB 11913
5	悬浮物	重量法	GB 11901
6	总硬度	电感耦合等离子体质谱法	HJ 700
7	溶解性总固体	105℃干燥重量法,180℃干燥重量法	—

续表 8-12

序号	项目	测定方法	方法来源
8	硫酸盐	硫酸钡重量法	GB 11899
		硫酸钡分光光度法	HJ/T 342
9	氯化物	硝酸银滴定法	GB 11896
		离子色谱法	水和废水监测分析方法（第四版　增补版）
10	生化需氧量（BOD$_5$）	稀释与接种法	GB 7488
11	高锰酸盐指数	高锰酸盐指数的测定	GB 11892
12	化学需氧量（COD）/耗氧量	重铬酸钾法	GB 11914
		高氯废水　化学需氧量的测定　氯气校正法	HJ/T 70
		高氯废水　化学需氧量的测定　碘化钾碱性高锰酸钾法	HJ/T 132
		水质　化学需氧量的测定 快速水解分光光度法	HJ/T 399
13	石油类	红外光度法	GB/T 16488
14	挥发酚	溴化容量法	HJ 502
		氨基安替比林分光光度法	HJ503
15	总氰化物	硝酸银滴定法	GB 7486
		异烟酸-吡唑啉酮比色法	GB 7487
		吡啶-巴比妥酸比色法	
16	硫化物	亚甲基蓝分光光度法	GB/T 16489
		直接显色分光光度法	GB/T 17133
		水质 硫化物的测定 碘量法	HJ/T 60
17	氨氮	蒸馏和滴定法	GB 7478
		水质　氨氮的测定　气相分子吸收光谱法	HJ/T 195
		水质　氨氮的测定　纳氏试剂分光光度法	HJ 535
		纳氏试剂比色法	GB 7479
		水质　氨氮的测定　水杨酸分光光度法	HJ 536
		水质　氨氮的测定　蒸馏-中和滴定法	HJ 537
18	亚硝酸盐	分子吸收分光光度法	GB 7493
19	硝酸盐	紫外分光光度法	HJ/T 346
20	总氮	水质 总氮的测定 碱性过硫酸钾消解紫外分光光度法	GB/T 11894
		水质 总氮的测定 气相分子吸收光谱法	HJ/T 199

续表 8-12

序号	项目	测定方法	方法来源
21	氟化物	离子选择电极法	GB 7484
		氟试剂分光光度法	GB 7483
		水质　氟化物的测定　离子选择电极法	GB/T 7484
		水质　氟化物的测定　茜素磺酸锆目视比色法	HJ 487
		水质　氟化物的测定　氟试剂分光光度法	HJ 488
22	磷酸盐	钼蓝比色法	水和废水监测分析方法（第三版）
23	总磷	水质　总磷的测定　钼酸铵分光光度法	GB/T 11893
24	总铜	2，9-二甲基-1，10-菲啰啉分光光度法	GB 7473
		原子吸收分光光度法	GB 7475
		二乙基二硫化氨基甲酸钠分光光度法	GB 7474
		电感耦合等离子体质谱法	HJ700
25	总锌	原子吸收分光光度法	GB 7475
		双硫腙分光光度法	GB 7472
		电感耦合等离子体质谱法	HJ 700
26	总铁	水质　铁、锰的测定 火焰原子吸收分光光度法	GB/T 11911
		电感耦合等离子体质谱法	HJ 700
27	总锰	火焰原子吸收分光光度法	GB 11911
		高碘酸钾分光光度法	GB 11906
		电感耦合等离子体质谱法	HJ 700
28	总镍	火焰原子吸收分光光度法	GB 11912
		丁二酮肟分光光度法	GB 19910
		电感耦合等离子体质谱法	HJ 700
29	总汞	冷原子吸收光度法	GB 7468
		水质 总汞的测定 冷原子吸收分光光度法	HJ 597
		水质 总汞的测定 高锰酸钾-过硫酸钾消解-双硫腙分光光度法	GB/T 7469
		水质 汞的测定 冷原子荧光法（试行）	HJ/T 341
30	总镉	原子吸收分光光度法	GB 7475
		水质 镉的测定 双硫腙分光光度法	GB/T 7471
		电感耦合等离子体质谱法	HJ 700

续表 8-12

序号	项目	测定方法	方法来源
31	总铬	高锰酸钾氧化–二苯碳酰二肼分光光度法	GB 7466
32	六价铬	二苯碳酰二肼分光光度法	GB 7467
33	总砷	二乙基二硫代氨基甲酸银分光光度法	GB 7485
		电感耦合等离子体质谱法	HJ 700
34	总铅	原子吸收分光光度法	GB 7475
		水质 铅的测定 双硫腙分光光度法	GB/T 7470
		电感耦合等离子体质谱法	HJ 700
35	总 α 放射性	厚样法	《生活饮用水标准检验方法放射性指标》(GB/T 5750.13)
36	总 β 放射性	薄样法	
37	钍	水中钍的分析方法	GB/T 11224
38	铀	水中微量铀的分析方法	GB/T 6768
39	总钴	水质 总钴的测定 5-氯-2(吡啶偶氮)-1,3 二氨基苯分光光度法(暂行)	HF 550

（4）监测频次

根据《污水综合排放标准》(GB 8979)，工业污水按生产周期确定监测频率，生产周期在 8 小时以内的，每 2 小时采样 1 次；生产周期大于 8 小时的，每 4 小时采样 1 次。24 小时不少于 2 次，最高允许排放浓度按日期均值计算。

2）废气

（1）废气污染源

①有组织废气污染源

采矿涉及的有组织废气主要为矿石和废石破碎、矿石和废石输送皮带转运点粉尘。

②无组织废气污染源

采矿涉及的无组织废气主要为露天采场爆破炮烟、铲装扬尘、矿石堆场扬尘、排土场（废石场）扬尘、回风井污风、平硐污风。

（2）监测点位

采矿涉及的废气污染源监测点位要求见表 8-13。

表 8-13　矿山企业废气污染源监测点（推荐）

污染源类别	工业场地	监测点位
有组织	矿石、废石输送皮带	矿石和废石破碎除尘排气筒；皮带转运点废气排气筒
无组织	矿石堆场、排土场（废石场）、露天采场、回风井、回风平硐	根据各工业场地之间距离，结合当地风向布设无组织监控点。根据《大气污染物综合排放标准》(GB 16297—1996)，监控点最多可设 4 个。

（3）监测因子

结合《大气污染物综合排放标准》（GB 16297—1996）、《稀土工业污染物排放标准》（GB 26451—2011）、《铁矿采选工业污染物排放标准》（GB 28661—2012）、《铜、镍、钴工业污染物排放标准》（GB 25467—2010）及其修改单、《铅、锌工业污染物排放标准》（GB 25466—2010）及其修改单，以及各省市地方排放标准等，推荐矿山企业废气监测因子为 TSP、SO_2、NO_x。监测方法见表 8-14。

表 8-14　大气污染物测定方法与标准编号

序号	污染物项目	方法标准名称	标准编号
1	二氧化硫	固定污染源排气中二氧化硫的测定　碘量法	HJ/T 56
		固定污染源排气中二氧化硫的测定　定电位电解法	HJ/T 57
		环境空气　二氧化硫的测定　甲醛吸收-副玫瑰苯胺分光光度法	HJ 482
		环境空气　二氧化硫的测定　四氯汞盐吸收-副玫瑰苯胺分光光度法	HJ 483
2	颗粒物	固定污染源排气中颗粒物测定与气态污染物采样方法	GB/T 16157
		环境空气　总悬浮颗粒物的测定　重量法	GB/T 15432
3	颗粒物（粒径小于等于 10 μm）	环境空气 PM_{10} 和 $PM_{2.5}$ 的测定　重量法	HJ 618
4	颗粒物（粒径小于等于 2.5 μm）	环境空气 PM_{10} 和 $PM_{2.5}$ 的测定　重量法	HJ 618
5	氮氧化物	固定污染源排气中氮氧化物的测定　紫外分光光度法	HJ/T 42
		固定污染源排气中氮氧化物的测定　盐酸萘乙二胺分光光度法	HJ/T 43
		环境空气　氮氧化物（一氧化氮和二氧化氮）的测定　盐酸萘乙二胺分光光度法	HJ 479
6	二氧化氮	环境空气 氮氧化物（一氧化氮和二氧化氮）的测定 盐酸萘乙二胺分光光度法	HJ 479
7	一氧化碳	空气质量 一氧化碳的测定 非分散红外法	GB 9801
8	臭氧	环境空气 臭氧的测定 靛蓝二磺酸钠分光光度法	HJ 504
		环境空气 臭氧的测定 紫外光度法	HJ 590

（4）监测频次

①有组织废气污染源

根据《大气污染物综合排放标准》（GB 16297），排气筒中废气的采样以连续 1 小时的采样获取平均值，或在 1 小时内，以等时间间隔采集 4 个样品，并计算平均值。

特殊情况下的采样时间和频次：若排气筒的排放为间断性排放，排放时间小于 1 h，应在排放时段内连续采样，或在排放时间内等间隔采集 2~4 个样品，并计算平均值；若某排气筒的排放为间断性排放，排放时间为 1 h，则以等时间间隔采集 4 个样品，并计算平均值。

②无组织废气污染源

根据《大气污染物综合排放标准》（GB 16297）无组织排放监控点和参照点监测的采样，一般采用连续 1 h 采样计算平均值；若浓度偏低，需要时可适当延长采样时间；若分析方法灵敏度高，仅需用短时间采集样品时，应实行等时间间隔采样，采集 4 个样品计算平均值。

3）噪声

（1）噪声污染源

露天采场涉及的噪声污染源主要为采场爆破及作业噪声，地下开采涉及的噪声污染源主要为通风机。

（2）监测点位

采矿涉及的噪声污染源监测点位要求见表 8-15。

表 8-15　矿山企业噪声污染源监测点位（推荐）

工业场地	监测点位
露天采场	露天采场场界
地下开采	回风井工业场地场界

（3）监测因子

结合《工业企业厂界噪声排放标准》（GB 12348），推荐矿山企业噪声监测因子为昼、夜等效连续 A 声级（L_{Aeq}）。监测方法参见《声环境质量标准》（GB 3096）。

（4）监测频次

根据《工业企业厂界噪声排放标准》（GB 12348），噪声测量应分别在昼间、夜间两个时段进行，夜间有频发、偶发噪声影响时同时测量最大声级。

4）固废

（1）固废污染源

采矿涉及的固废污染源主要为废石、水处理站污泥。

（2）采样要求

根据《危险废物鉴别技术规范》（HJ 298），固体废物采集最小份样数按表 8-16 执行。

表 8-16　固体废物采集最小份样数

固体废物量(以 q 表示)/t	最少份样个数	固体废物量(以 q 表示)/t	最少份样个数
$q \leqslant 5$	5	$90 < q \leqslant 150$	32
$5 < q \leqslant 25$	8	$150 < q \leqslant 500$	50
$25 < q \leqslant 50$	13	$500 < q \leqslant 1000$	80
$50 < q \leqslant 90$	20	$q > 1000$	100

注：固体废物为历史堆存状态时，以堆存的固体废物总量为依据，按表 8-16 确定需要采集的最小份样数。

以下情形中，固体废物的危险特性鉴别可以不根据固体废物的产生量来确定采样份样数：

①固体废物为废水处理污泥。若废水处理设施中废水的来源、类别、排放量、污染物含量稳定，可适当减少采样份样数，份样数不少于 5 个。

②固体废物来源于连续生产工艺，且设施长期运行稳定、原辅材料类别和来源固定，可适当减少采样份样数，份样数不少于 5 个。

③贮存于贮存池、不可移动大型容器、槽罐车内的液态废物，可适当减少采样份样数。敞口贮存池和不可移动大型容器内液态废物采样份样数不少于 5 个；封闭式贮存池、不可移动大型容器和槽罐车，若不具备在卸除废物过程中采样的条件，则采样份样数不少于 2 个。

④贮存于可移动的小型容器(容积不超过 1000 L)中的固体废物，当容器数量少于表 8-16 中所确定的最小份样数时，可适当减少采样份样数，每个容器采集 1 个固体废物样品。

⑤固体废物非法转移、倾倒、贮存、利用、处置等环境事件涉及固体废物的危险特性鉴别，因环境事件处理或应急处置要求，可适当减少采样份样数，每类固体废物的采样份样数不少于 5 个。

⑥水体环境、污染地块治理与修复过程产生的，需要按照固体废物进行处理的水体沉积物及污染土壤等环境介质，以及突发环境事件及其处理过程中产生的固体废物，如鉴别过程已经根据污染特征进行分类，可适当减少采样份样数，每类固体废物的采样份样数不少于 5 个。

固体废物为连续产生时，应以确定的工艺环节 1 个月内的固体废物的产生量为依据，依照表 8-16 确定需要采集的最小份样数。如果连续产生时段小于 1 个月，则以一个生产时段内的固体废物产生量为依据。

样品采集应分次在 1 个月(或 1 个生产时段)内等时间间隔完成；每次采样在设备稳定运行 8 h(或 1 个生产班次)内等时间间隔完成。

固体废物为间歇产生时，如固体废物产生的时间间隔小于或等于 1 个月，应以确定的工艺环节 1 个月内的固体废物最大产生量为依据，按表 8-16 确定需要采集的最小份样数。如果固体废物产生的时间间隔大于 1 个月，以每次产生的固体废物总量为依据，按照表 8-16 确定需要采集的份样数。

根据确定的工艺环节，对 1 个月内固体废物的产生次数进行采样；如固体废物产生的时间间隔大于 1 个月，仅需要选择 1 个产生时段来采集所需的份样数；如 1 个月内固体废物的产生次数大于或者等于所需的份样数,则遵循等时间间隔原则在固体废物产生时段采样,每次采集 1 个份样;如 1 个月内固体废物的产生次数小于所需的份样数,则将所需的份样数均匀分配到各产生时段采样。

（3）鉴别方法

首先应按《危险废物鉴别标准通则》（GB 5085.7）、《危险废物鉴别标准腐蚀性鉴别》（GB 5085.1）、《危险废物鉴别标准 急性毒性初筛》（GB 5085.2）、《危险废物鉴别标准 浸出毒性鉴别》（GB 5085.3）、《危险废物鉴别标准 易燃性鉴别》（GB 5085.4）、《危险废物鉴别标准 反应性鉴别》（GB 5085.5）、《危险废物鉴别标准 毒性物质含量鉴别》（GB 5085.6）鉴别其是否为危险废物。若鉴别结果为危险废物,企业应按《危险废物贮存污染控制标准》（GB 18597）对其进行贮存。若鉴别结果表示不是危险废物,应按《固体废物 浸出毒性浸出方法 硫酸硝酸法》（HJ/T 299）、《固体废物 浸出毒性浸出方法 翻转法》（GB 5086.1）、《固体废物 浸出毒性浸出方法 水平振荡法》（HJ 557）鉴别其属于第 I 类或第 II 类一般工业固体废物,再按照《一般工业固体废物贮存、处置场污染控制标准》（GB 18599）等 3 项国家污染物控制标准修改单的公告对其进行贮存。

8.4.3　环境质量监测要求

环境要素质量监测按采场、排土场（废石场）两类工业场地进行监测。

矿山环境要素质量监测包括大气环境质量监测、地表水环境质量监测、地下水质量监测、土壤环境质量监测、声环境质量监测。监测项目除包括常规监测因子外,还包括矿山特征污染因子。

1）地表水环境质量监测

（1）资料收集

首先收集资料,查清矿坑涌水、井下涌水排放口位置,以及矿石堆场、排土场（废石场）、原地浸矿采场周边地表水系,才能有针对性地进行地表水采样点布设工作。布设地表水环境质量监测断面前需要收集的资料包括:

①水体的水文、气候、地质和地貌资料。如流向、水深、水量、流速的变化;降雨量、蒸发量及历史上的水文情势;河流的宽度、深度、河床结构及地质状况等。

②水体沿岸城镇村庄分布、工业布局、污染源及其排污情况等。

③项目周边及下游饮用水源分布和重点水源保护区分布情况、水体流域土地功能及近期使用计划等。

④水质历史监测资料。

（2）监测点位

地表水采样点的布设应遵循以下原则:

①背景断面

为掌握河流在经过建设项目污染源之前的水体水质状况,在涌水排放口、矿石堆场、排土场（废石场）所在地表水系上游设置监测断面,一个河段一般只设一个对照断面,通常设在采矿涌水排放口、矿石堆场、排土场（废石场）上游 500 m 处。

②控制断面

设置在涌水排放口、矿石堆场、排土场（废石场）下游污水与河水完全混合处。

③削减断面

削减断面是指河流受纳废水后，经稀释扩散和自净作用，使污染物浓度显著降低的断面，通常设在采矿涌水排放口、矿石堆场、排土场(废石场)下游1500 m以外的河段上。如下游存在饮用水源地，则需兼顾，尽量布设到饮用水源地上游处。

(3)监测因子

根据《地表水环境质量标准》(GB 3838)，结合矿山企业废水污染源监测因子，推荐的矿山企业地表水环境质量监测因子见表8-17，可根据地方要求和监测目的进行增减。监测方法见附表1。

表8-17　矿山企业地表水环境质量监测因子(推荐)

类别		监测因子
常规监测因子		pH、溶解氧、硫化物、氟化物、氰化物、铜、铅、锌、汞、镉、砷、Cr^{6+}、铁、锰、BOD_5、COD、氨氮、硝酸盐氮、总氮、挥发酚、总磷、石油类
特征监测因子	铜、钴、镍矿	铜、钴、镍、硫化物
	稀土矿	pH、氨氮、硫酸盐
	铅、锌矿	镍、铅、锌、硫化物
	铁矿	铁、锰、镍、硫化物
	金矿	pH、氰化物、硫化物

2)地下水环境质量监测

(1)资料收集

首先要收集资料，查清矿石堆场、排土场(废石场)、原地浸矿采场周边水文地质条件，才能有针对性地进行地下水采样点布设工作。布设地下水质量监测断面前需收集的资料包括：

①项目区的地质条件、水文地质条件、气象条件等资料。其中水文地质资料包括水文地质图、水文地质剖面图、已有水井成井柱状图、含水层和隔水层的分布情况、地下水补径排条件、地下水质和水位历史监测等。

②项目所在区工业分布、农业分布、资源开发和土地利用情况等；化肥和农药的施用面积和施用量；查清污水灌溉、排污、纳污和地面水污染现状。

地下水采样点的布设应遵循以下原则：

(2)监测点位

①背景点

根据水文地质单元的划分，设在矿石堆场、排土场(废石场)、原地浸矿采场垂直于地下水流方向的上游。

②控制点

针对矿山企业地下水的污染途径，需要在矿石堆场、排土场(废石场)地下水流向下游、侧向一定距离处设置地下水质监测井。特别针对稀土原地浸矿开采工艺，需要根据水文地质单元的划分，在矿块下游、小流域出口处布置一定数量的监测井，以长期监测地下水质。

（3）监测因子

根据《地下水质量标准》（GB/T 14848），结合矿山企业废水污染源监测因子，推荐的矿山企业地下水质量监测因子见表 8-18，可根据地方要求和监测目的进行增减。监测方法见表 8-12。

表 8-18　矿山企业地下水质量监测因子（推荐）

类别		监测因子
常规监测因子		pH、总硬度、溶解性总固体、硫酸盐、氯化物、氟化物、铁、锰、铜、锌、挥发性酚类、耗氧量（COD_{Mn}）、硫化物、氨氮、硝酸盐氮、亚硝酸盐氮、氰化物、汞、铅、镉、砷、Cr^{6+}
特征监测因子	铜、钴、镍矿	铜、钴、镍、硫化物
	稀土矿	pH、氨氮、硫酸盐、总 α 放射性、总 β 放射性
	铅、锌矿	镍、铅、锌、硫化物
	铁矿	铁、锰、镍、硫化物
	金矿	pH、氰化物、硫化物

3）环境空气质量监测

（1）监测点位

①背景点

在露天采场、回风井、矿石堆场、排土场（废石场）所在地主导风向的上风向布设，优先选择环境敏感点。

②控制点

在露天采场、回风井、矿石堆场、排土场（废石场）主导风下的下风向布设，优先选择环境敏感点。

（2）监测因子

结合《环境空气质量标准》（GB 3095），推荐矿山企业环境空气质量监测因子为 TSP、PM_{10}、$PM_{2.5}$、SO_2、NO_2、二氧化氮、一氧化碳、臭氧，可根据地方要求和监测目的进行增减。监测方法见表 8-14。

4）声环境质量监测

（1）监测点位

在露天采场、回风井周边分别选择较近的环境敏感点作为声环境质量监测点。

（2）监测因子

结合《声环境质量标准》（GB 3096），推荐矿山企业声环境质量监测因子为昼、夜等效连续 A 声级（L_{Aeq}）。

5）土壤环境质量监测

（1）监测点位

①背景点

在采矿涌水排放口、矿石堆场、排土场（废石场）、原地浸矿采场大气主导上风向、地下水流向上游分别设置土壤监测背景点，结合土地利用情况，在不同的土地利用类型处布点。

②控制点

在采矿涌水排放口、矿石堆场、排土场(废石场)、原地浸矿采场大气主导下风向、地下水流向下游分别设置土壤监测控制点,结合土地利用情况,在不同的土地利用类型处布点。

具体的监测布点方法参照《土壤环境监测技术规范》(HJ/T 166)。

(2)监测因子

结合《土壤环境质量 农用地土壤污染风险管控标准》(GB 15618)、《土壤环境质量 建设用地土壤污染风险管控标准》(GB 36600),确定矿山土壤环境质量监测因子包含常规监测因子和行业特征监测因子,推荐的矿山土壤环境质量监测因子见表8-19,可根据地方要求和监测目的进行增减。土壤污染物分析方法见表8-20。

表 8-19　矿山土壤环境质量监测因子(推荐)

类别		监测因子
常规监测因子		pH、砷、汞、铅、镉、铬、铜、镍
特征监测因子	铜、钴、镍矿	铜、钴、镍
	稀土矿	pH、氨氮、硫酸盐
	铅、锌矿	镍、铅、锌
	铁矿	铁、锰、镍
	金矿	pH、氰化物

表 8-20　土壤污染物分析方法

序号	污染物项目	分析方法	标准编号
1	pH	土壤 pH 的测定　电位法	—
2	砷	土壤和沉积物汞、砷、硒、铋、锑的测定　微波消解/原子荧光法	HJ 680
		土壤和沉积物 12 种金属元素的测定　王水提取-电感耦合等离子体质谱法	HJ 803
		土壤质量总汞、总砷、总铅的测定　原子荧光法　第 2 部分:土壤中总砷的测定	GB/T 22105.2
3	镉	土壤质量铅、镉的测定　石墨炉 原子吸收分光光度法	GB/T 17141
4	铬(六价)	土壤和沉积物　六价铬的测定　碱溶液提取/原子吸收分光光度法	—
5	铜	土壤质量铜、锌的测定　火焰 原子吸收分光光度法	GB/T 17138
		土壤和沉积物　无机元素的测定　波长色散 X 射线荧光光谱法	HJ 780
6	铅	土壤质量铅、镉的测定　石墨炉 原子吸收分光光度法	GB/T 17141
		土壤和沉积物　无机元素的测定　波长色散 X 射线荧光光谱法	HJ 780
7	汞	土壤和沉积物　汞、砷、硒、铋、锑的测定　微波消解/原子荧光法	HJ 680
		土壤质量　总汞、总砷、总铅的测定　原子荧光法 第 1 部分:土壤中总汞的测定	GB/T 22105.1
		土壤质量　总汞的测定　冷原子吸收分光光度法	GB/T 17136
		土壤和沉积物　总汞的测定　催化热解-冷原子吸收分光光度法	HJ 923

续表 8-20

序号	污染物项目	分析方法	标准编号
8	镍	土壤质量 镍的测定 火焰原子吸收分光光度法	GB/T 17139
		土壤和沉积物 无机元素的测定 波长色散 X 射线荧光光谱法	HJ 780
9	钴	土壤和沉积物 12 种金属元素的测定王水提取-电感耦合等离子体质谱法	HJ 803
		土壤和沉积物无机元素的测定波长色散 X 射线荧光光谱法	HJ 780
10	氰化物	土壤 氰化物和总氰化物的测定 分光光度法	HJ 745
11	氨氮	土壤 氨氮、亚硝酸盐氮、硝酸盐氮的测定 氯化钾溶液提取-分光光度法	HJ 634
12	硫酸盐	土壤 水溶性和酸溶性硫酸盐的测定 重量法	HJ 635

6）其他要素监测

（1）地下水位监测

鉴于矿山企业采矿活动可能引发周边地下水位的下降，需在采场周边及附近敏感点设置地下水位长期观测点，及时掌握地下水位下降情况。

（2）地表位移监测

鉴于地下采矿工艺引起地应力的改变而可能引发地面塌陷现象，需在地表错动范围内部及周边设置地表变形监测点，对地表水平位移和垂直位移进行动态监测，掌握矿区地表形态变化，以便及时采取保护与治理措施。

（3）地质灾害监测

鉴于露天采矿挖损形成高陡边坡可能引发崩塌、滑坡等地质灾害，排土场（废石场）堆弃废石可能引发滑坡地质灾害，需在露天采场、排土场（废石场）设置地质灾害监测点，监测地应力及边坡位移变化。

（4）地形地貌景观监测

针对矿山企业占地面积大，影响范围广，兼具环境质量污染型和资源及生态破坏型环境问题，可以采用 3S 监测技术来进行地形地貌景观动态监测，以便掌握矿山地表形态变化，破坏土地面积、挖损和占压土地面积、损毁植被面积等信息。

3S 监测技术具有覆盖范围广、信息量全、综合性强以及实效性等特点，实现了与矿山传统环境监测方法的优势互补。3S 技术包括遥感技术（RS）、全球定位系统（GPS）、地理信息系统（GIS）。

遥感技术（RS）是现代空间信息技术，利用高中空航天遥感和航空遥感提供的观测平台，同时使用可见光和其他电磁频段，如红外、微波等被动观测手段和雷达等主动观测手段，对大范围的矿区环境质量和生态质量进行连续、动态、综合的观测和监测，综合采集矿区的生态和环境质量信息。它为地理信息系统（GIS）提供基础资料。

全球定位系统（GPS）能够全天候地提供地球上任意点的精确三维坐标，能有效测量地表塌陷、露天矿挖损、排土场（废石场）占地等大面积、立体化的矿山开发环境影响所需的评价参数。

地理信息系统(GIS)技术是以采集、存储、管理、分析和描述地球表面与地理分布有关数据的空间信息系统,能够动态处理多种空间数据,具有强大的空间查询、分析、模拟、统计等功能。它通过分析遥感技术所获取的卫星影像,将地球地表上的所有信息(如海拔、地表类型等)数字化,并存储到数据库中提供给使用者。目前 GIS 已广泛用于矿区生态、环境和地质信息的加工、处理及评价中,并衍生出环境管理信息系统(EMIS)。

8.5　矿山日常环境管理

8.5.1　矿山环境管理机构与职责

为加强矿山的环境保护管理,合理开发利用矿产资源,防治环境污染和生态破坏,保障人体健康,促进企业的健康发展,矿山企业应设立安全环保部;在矿长、环保主管、副矿长的直接领导下,成立安全环保部实施环保管理和环保目标考核工作,下设 2~3 名专职环保管理人员,具体落实企业的各项环保工作,生产技术部和采矿车间密切配合安全环保部的工作。

典型矿山环境管理机构设置情况见图 8-2。

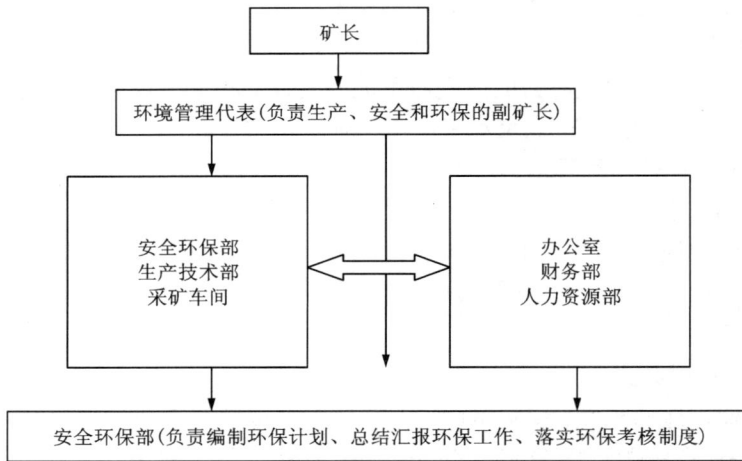

图 8-2　典型矿山环境管理机构图

安全环保部的具体职责为:

1)认真贯彻执行国家、上级主管部门,有关环保方针、政策和法规,负责公司环保工作的管理、监察和测试等;

2)审查环保工程,参与矿山竣工环保验收工作,贯彻监督工程项目"三同时"的方针;

3)监督环保设施的正常运行,对造成环境污染的部门限期治理,协助制定并督促治理方案的实施;

4)负责全厂的环境监测工作,监督各排污口污染物达标排放情况,保证监督质量及监测数据的可靠性;

5)负责全厂的环保统计工作及统计报表的正确性;

6）负责全厂的环保宣传、教育工作，推广环保新经验及新技术。

8.5.2 环保意识培训

环境意识培训是企业社会主义精神文明建设的重要组成部分，对环境保护工作起着先导、基础、推进和监督作用。其基本任务是通过策划和组织全员环境意识培训，提高员工的环境意识，广泛传播环保法律法规和环境科学知识，树立环境道德意识，鼓励全体员工参与环境保护工作，推动中国环境保护事业的发展和整个社会的文明进步。

制定矿山企业员工培训计划要遵照"理论联系实际""分级分类培训""突出重点""保证质量"等原则，增强计划的可行性和针对性，主要应把握以下几点：

1）层次性。要区别企业内部人员构成，区分培训层次，一般可分为高层领导层、中层管理层、员工层，分层施教、因人而异、各有重点。

2）针对性。环境意识培训要紧紧联系行业特点和企业实际、联系员工意识状况，可以分为一般培训、强化培训和不断提高三个层面，增强培训的针对性。

3）实用性。在培训教材和内容的选择上要根据企业员工的实际状况，着眼于实用。

4）滚动提高。环境意识培训要不断提高、不断深化。

培训要求：

1）教材。培训计划中要明确实施培训所使用的教材，教材的选择应根据本企业员工的文化素质和理论水平，选择简明、实用的教材，便于员工领会教材内容，从而增强培训的效果。

2）师资力量。定期邀请环保专家为企业员工进行政策、技术培训。

3）设施条件。为保证培训的需要，应提供必要的条件，主要包括培训经费、培训场所，必需的培训教材，先进的多媒体教学设施以及现场培训载体。

4）时间安排。在培训时间安排上，应根据企业具体实际情况，一般每年组织 2~3 次培训，每期培训一般控制在 5~10 天，必要时可安排一定的现场考察，以增强培训效果。

5）主要内容。培训内容是矿山企业环保意识培训计划的核心内容，应该根据企业员工的环保意识状况来精心选择，主要应包括以下内容：

（1）提高认识：①认识环境问题；②应遵守的国家或地方环境法律、法规、标准；③本企业环境方针；④现行状况的差距。

（2）提高环境技能：①了解岗位的环境因素及其影响；②掌握减少环境影响的技能技术；③明确紧急状况应采取的措施。

（3）明确工作程序：①要了解工作的过程及先后顺序；②明确报告路径；③了解违背工作程序的后果。

8.5.3 运行台账、设备管理

为了监督环保设施与主体设备同步运行，各矿山企业要建立"环保设施生产运行记录表"及台账，按时记录主体设备的开停时间、环保设施处理或回收利用"三废"的浓度、数量等，"运行记录"由职工进行填写，由拥有环保设施的单位负责生产技术的人员收集；企业环保管理人员按月汇总填制"环保设施运行情况统计台账"；任何单位和个人不得擅自停运、拆除、闲置环保设施。运行台账管理制度能起到良好的引导和监督作用，有利于矿山企业的环境保护设施健康有序运行。运行台账样例见表 8-21~表 8-23。

表 8-21 废水处理设施运行记录表（样例）

废水处理设施名称 _____ XX

运行开始时间	运行结束时间	设备功率/kW	运行处理水量/(m³·h⁻¹)	药剂名称	药剂添加量	处理后废水去向	污泥产生量	污泥处理方式	值班人	备注

表 8-22 废气处理设施运行记录表（样例）

废气处理设施名称 _____ XX

运行开始时间	运行结束时间	设备功率/kW	运行风量/(m³·h⁻¹)	除尘灰（泥）产生量	除尘灰（泥）处理方式	值班人	备注

表 8-23 固体废物台账表（样例）

生产设施名称 _____ XX

开始运行时间	运行结束时间	生产原料		是否为危险废物	产生固体废物									值班人	备注
		名称	来源地		名称	产生量	固体废物属性	贮存方式	贮存量	累计贮存量	处置方式	处置量	累计处置量		

8.5.4　"三废"与排污口管理

矿山企业废水主要包括井下涌水、矿石堆场淋溶水、排土场(废石场)淋溶水、原地浸矿采场渗漏液。

废气主要包括露天采场爆破炮烟、铲装扬尘、运输扬尘、回风井污风、平硐污风。

固废主要包括废石。

各矿山企业在"三废"管理方面须做到：

1)贯彻执行国家和地方有关"三废"排放的法律、法规和标准，制定相应的"三废"排放管理规定及排放控制标准。

2)负责对"三废"排放情况进行监督、检查和监测；检查内容包括环保设施的运行记录、运行情况和治理效果，污染物排放管理制度落实情况，台账建立是否完整等。

(1)废水排放管理

矿坑涌水在收集沉淀后需优先用于生产，多余部分应保证达标排放；

矿石堆场、排土场(废石场)周边设置排沟水，建立淋溶水收集系统，经处理后回用于生产不外排；

在原地浸矿采场下游设置收液井对渗漏母液进行进一步回收。

(2)废气排放管理

露天采场采取湿式作业方式，以保证矿石和废石破碎、矿石和废石输送皮带转运点粉尘经除尘器处理后达标排放，运输皮带廊密封，矿石堆场、排土场(废石场)定期洒水、及时复垦。

(3)固体废物排放管理

废石优先用于井下充填和矿方筑坝、筑路，多余部分堆存于专门的排土场(废石场)；排土场(废石场)须建立清污分流及拦挡设施，并设立废石淋溶水收集池，将收集的淋溶水用于生产或处理后达标排放。

除尘灰泥收集后作为选矿原料使用。

矿石堆场、排土场(废石场)淋溶水(酸性水)处理站的污泥根据其固体废物属性进行相应处置。

危险固体废物的贮存、利用、处置必须遵守《中华人民共和国固体废物污染环境防治法》，设立警示标志和标牌，做到台账与实物相符。

3)负责"三废"排放统计和分析工作，建立健全"三废"排放数据库及台账，掌握"三废"排放现状和趋势。

4)编制厂"三废"综合利用长远规划和年度计划，制定"三废"排放削减措施，实现"三废"排放控制目标。

5)负责"三废"排放申报工作。

6)配合政府和公司环境保护部门对"三废"排放的检查、监测工作。

7)主要污染源排污口应按要求逐步配备在线监测装置。

8)排污口规范化管理。

按照《排污口规范化整治技术要求(试行)》(环监〔1996〕470)，建设完善规范化排污口。同时建设的规范化排污口要充分考虑便于采集样品、便于监测计量、便于日常环境监督管理的要求。原则上一个企业只能设置一个污水排放口，企业污水排放口必须经环保局批准备案，不得另外私设排污口。

排污口标志牌由各地环保局统一制作，排污口整治经市环保局验收合格后，按规定领取和设立标志牌。

8.5.5　环保档案管理

企业环保档案是环保部门现场检查的重要内容，是企业环境管理是否规范到位的重要依据。根据相关环保要求，企业建立时必须同步建立环保档案，企业环保档案一经建立，要专人管理，保持动态更新，并自觉接受环保部门的检查。

矿山企业环保档案管理应按照《环境保护档案管理办法》执行。

企业环保档案包括以下材料：

1）企业环保建设资料

（1）项目环境影响评价报告书（报告表或登记表）及环评批复，包括企业自建设之日起的所有建设项目环评报告书（报告表或登记表）、立项报批、评估意见和审批意见等资料；

（2）环保"三同时"验收材料，包括验收意见和验收监测报告；

（3）环境治理方案及环保设施设计、施工资料：包括治理方案、治理设施设计和施工资料、治理工艺流程及自动监控系统建设项目情况；

（4）排污口设计方案、标志牌照片；

（5）在线自动监测系统验收材料、设备运行、数据输送、监测数据、有效性审核等情况，为保证数据的真实性和对比性，应每季度比对一次；

（6）环境突发事件应急设施建设资料，附应急设施设计方案、岗位责任制度、使用制度和应急设施（如应急池）、设备、应急物品的照片；

（7）排污许可证及污染物排放总量指标文件，将企业自建成之日起的排污许可证复印件及每年环保部门下达给各企业的排放总量指标文件的复印件归档。

2）企业环境管理资料

企业环保管理机构、环保管理制度等资料；治理设施运行管理制度、作业指导书；环境突发事件应急预案及应急演练资料（包括照片）；实施清洁生产审核相关资料。

3）企业治理设施运行资料

治理设施日常运行记录；治理设施设备维修、维护记录；治理设施电耗、药耗单据；固体废物及危险废物处理的处理协议或合同、转移联单等。治理设施及在线监控设备数据异常情况记录，把一年以上治理设施的异常情况和在线监控系统设备故障、数据异常等情况记录表和给环保部门（包括在线监控系统运营商）的设备（数据）异常情况报告复印归档。

4）环保部门监管情况资料

监测报告、日常巡查记录、限期治理整改通知、处罚通知书等。

另外，排放重金属的企业必须建立特征污染物月报制度，每月向环保部门报告监测结果，该类企业需在档案中增加特征污染物月报表。

5）其他环保资料

企业内部例行监测数据；排污申报登记报表及排污费缴费单据。

8.5.6　矿山风险事故环境管理

1）环境风险源及事故类型

（1）物质危险性识别

采矿涉及多种危险物质，如常规采矿涉及硝酸铵，堆浸涉及氰化钠、盐酸、硝酸，稀土原地浸矿涉及硫酸、硫酸铵。危险物质在其运输、储运和使用过程中均具有一定的潜在风险。

（2）生产系统危险性识别

采矿涉及生产单元为炸药库、排土场（废石场）、原地浸矿采场等。

2）矿山风险防范措施

（1）炸药库风险防范措施

①炸药库在设计上严格按照《建筑设计防火规范》（GBJ 16—1987）、《爆炸和火灾危险场所电力装置设计规范》（GBJ 58—1983）、《爆破安全规程》（GB 6722—2011）、《冶金矿山安全规程》〔（83）冶安字第 746 号〕等有关安全规范进行设计。

②根据《爆破安全规程》（GB 6722—2011）相关规定，库址与村庄边缘的距离应大于500 m。考虑到区域农民耕作的特点，应在炸药库外围 500 m 处设置警示标识，禁止农民耕作或定居。

③按炸药库管理的有关规定对炸药库进行严格管理，由多专业组成的安全检查小组定期对炸药库进行检查，发现问题及时处理。

④库区设置封闭大院，院墙上装有防盗铁丝网。

⑤炸药库应健全防火安全制度，并明文规定各项禁火条例。

⑥炸药库应设避雷系统，并在夏季雷雨季经常进行检测和维护。

⑦炸药库应设防静电设施。

⑧库区安装红外监控镜头和硬盘录像系统。

⑨警卫室安装电话、报话机等通信设备，安装报警器系统。

⑩炸药运输应由有资质的专业部门承担，运输车辆应严格按照行车路线行驶，不得擅自更改路线。

（2）排土场（废石场）滑坡风险防范措施

①临时废石场在施工结束后及时清理完毕。

②做好排土场（废石场）防排水措施。

③控制排土场（废石场）的堆存高度和坡度，将堆存高度、坡度控制在设计范围内。

④排土场（废石场）排弃作业时，须圈定危险范围，并设立警戒标志，严禁人员入内。

（3）原地浸矿采场滑坡风险防范措施

①原地浸矿采场开挖内部避水沟，保证采场内外地表径流能顺利从排水系统排出，防止地表径流水进入集液沟；原地浸矿采场山脚处开挖收液沟，可以作为地下水的排泄出口，确保地下水位不会持续升高，且将地下水位的升高控制在一定范围内，有效防止滑坡。

②选择不同高度的注液井作为水位监测孔，加强地下水位监测系统的观察，及时掌握采场内地下水位上升情况。发现液位超常时，应减少注液或停止注液。

③矿山在生产前，为检测矿体底板的完整性及山体注液后的稳定性，首先利用注液及收液系统进行注水检漏。具体做法是将高位池中的清水注入矿体的注液孔中，注入清水的水量

和正常采矿时注入的浸矿液水量相同，并记录注液速度，然后通过收液沟将注入的清水进行收集并考察清水的回收率，以达到设计收液率后才开始注液生产，按设计的注液速度进行注液，确保山体稳定不滑坡的目的。

④原地浸矿结束后，及时回填注液孔和收液巷道，减少大气降水沿注液孔进入山体，消除闭矿后采区发生滑坡、坍塌等地质灾害隐患。

(4)危险物质泄漏风险防范措施

在危险物质贮存区建设围堰，涉及气体泄漏风险的须安装气体探测器和控制器。地面做防渗处理，防渗层采用不低于 1.5 mm 厚的 HDPE 膜，HDPE 膜上、下铺设 300 g/m² 土工布作为保护垫层。

3)环境风险应急预案

为应对企业生产运行过程中可能产生的各类突发性环境污染及生态破坏事件，根据《建设项目环境风险评价技术导则》(HJ 169)，企业应针对各类环境风险源提出环境风险防范措施，制订全面的、具体、可行的风险应急预案，并作为工程竣工环保验收的依据。环境风险应急预案应包含以下内容：

(1)组织机构及职责

企业应设置安全环保部，专门负责项目建设及运营期的环境安全。其职责包括：

①统一指挥、协调。当发生突发环境事件时，及时启动各项应急措施，切断风险源，并采取措施以避免二次污染。同时与当地政府管理部门保持联系，及时汇报事故的发展情况，并及时将反馈信息应用于事故处理中。可以采用无线电、电话等方式来保持联系。

②保证应急资源。建立企业内部救援队伍，并与社会可利用资源建立长期合作关系。当建设单位内部资源不足、不能应对环境事故时，请求区域内其他部门或组织的增援。

③对社会和公众负责。在事故发生、事故处理及事故终止时，应及时、准确地向公众发布事故相关信息。发布方式包括电话、广播、电视等。

(2)应急预案内容

根据《建设项目环境风险评价技术导则》(HJ 169)，企业应分别为矿山运行过程中可能发生的各类环境风险事故编制应急预案，包括爆破专项应急预案、危险化学品应急预案等。

根据矿山项目特点，建议具体应急预案应包括的主要内容见表 8-24。

表 8-24　应急预案内容

序号	项目	内容及要求
1	应急计划区	危险目标：生产车间、危险品库、排土场(废石场) 环境保护目标：厂内——工作人员；厂外——附近村民
2	应急组织机构、人员	企业应急组织机构、人员；地区应急组织机构、人员
3	预案分级响应条件	规定预案级别；分级响应程序
4	应急救援保障	应急设施，设备与器材等
5	报警、通信联络方式	规定应急状态下的报警通信方式、通知方式和交通保障、管制等相关内容

续表 8-24

序号	项目	内容及要求
6	应急环境监测、抢险、救援及控制措施	由专业队伍负责对事故现场进行侦察监测,对事故性质、参数与后果进行评估,为指挥部门提供决策依据
7	应急检测、防护措施、清除泄漏措施和器材	防火区域控制:事故现场、邻近山区 清除污染措施:事故现场、邻近敏感点 清除污染设备及配置
8	人员紧急撤离、疏散,应急剂量控制、撤离组织计划	毒物应急剂量控制规定:事故现场、邻近敏感区;撤离组织计划;医疗救护;公众健康
9	事故应急救援关闭程序与恢复措施	规定应急状态终止程序;事故现场善后处理,恢复措施;邻近区域解除事故警戒及善后恢复措施
10	应急培训计划	人员培训;应急预案演练
11	公众教育和信息	公众教育;信息发布

4)应急演练

为提高环境风险隐患防范意识,加强企业风险应急能力,企业应定期组织开展应急演练,为应急人员提供实战模拟,使应急人员熟悉应急操作,进一步增强职工的应急处理能力,为真正的事故应急行动提供经验保证,并针对演练中的不足适时修订应急预案,使其不断完善。

应急演练是验证环境污染事故应急预案是否可靠的重要手段。通过演练能够做出以下判断:

(1)企业风险应急队伍的技术是否熟练,应急措施是否得力,应急物资是否完备;

(2)应急预案的联动措施是否有效;

(3)各级政府部门是否能够及时协助处理相关问题和善后工作。

为保证应急演练成功,首先,企业应制定演练预案,在方案中就演练的时间、地点、内容做具体的说明,方案制定的现实性和可操作性是演练活动顺利实施的前提条件;其次,应做好宣传工作,在演练前,根据演练的相关内容,组织召开相关人员会议,并组织车间全体人员学习相关资料,让每位员工明确演练的重要性和必要性。

8.6　闭矿后环境监管

矿山关闭后,噪声问题虽然消失,但仍可能引发土壤、水资源污染、生态破坏等问题,因此矿山关闭时要进行闭矿规划设计,并按相关要求进行持续经常性的操作、维护。矿山闭矿后应主要关注闭矿后资源管理、闭矿后水污染防治、土地复垦和场地生态恢复、闭矿后矿井资源化利用四大方面。

同时,闭矿后的矿山建筑物和构筑物都应经过安全稳定性评价,消除场地造成的物理风险,达到矿山开采前的状况,保证不会因为物理破坏等因素而对安全和环境造成危害,重点关注堆场边坡稳定性、地下采矿地表沉陷问题等。

8.6.1 闭矿后环境监管体系

对比发达国家的矿山环境监管,大多数发达国家要求在矿山开采前强制要求制定闭矿计划,目前我国的矿山环境监管还存在监管周期不全等问题,缺乏闭矿后环境监管内容。

我国法律法规中,涉及矿山闭矿管理的有《矿产资源法》《矿山资源实施细则》《矿山安全法》《土地复垦条例》等,以上法律对我国闭矿行为起到一定的规范作用,但除土地复垦条例有针对不履行土地复垦义务的人有相关处罚措施外,其他法律均无处罚强制条款,约束力低。

在技术方面,针对废弃矿山环境保护的法律法规主要有《矿井水文地质规程》《固体矿产勘查/矿山闭坑地质报告编写规范》《废弃矿井地下水污染监测布网技术规范》;而针对废弃矿井污染监测、评价与治理的成套技术标准和导则不健全,在责任认定、监管机制等方面需进一步完善。

我国没有强制要求企业制定矿山关闭计划,因此大多数企业开采前不会制定系统和长期性的闭矿计划,这严重影响了矿山土地复垦、生态修复、水资源保护和环境监测等工作的开展。

矿山关闭不是矿山生命周期的终结,后续的土地复垦、生态恢复和水资源保护等问题需要长期的治理与监控。我国应借鉴其他国家的经验,尽快制定闭矿法律法规、闭矿技术与标准,强制要求矿山企业在开采前制定矿山关闭计划并报相关部门审批,并对闭矿后的环保措施及其效果进行监管。

8.6.2 闭矿后资源管理

无论何种形式的采矿结束后,都会有一部分矿石储量留存在地下。随着技术的进步,这部分储量以后可能会被开采出来。因此,矿山在闭矿时应清楚地将这些自然矿产资源记录归档。这类自然资源主要包括地下余留矿量和地面余留矿量两个部分。

1)地下余留矿量

(1)低品位矿石;

(2)高品位矿柱和残矿;

(3)无法接近的矿体残留部分。

2)地面余留矿量

(1)已采出但不宜选别而堆存起来的低品位矿石;

(2)已采出但因矿化程度低而未入选的矿化废石。

随着设备与技术的改进,这部分资源可能被加以利用,甚至已关闭矿山的重新开采也是可行的,因此闭矿策略必须考虑到今后恢复生产的潜在可能因素。

8.6.3 闭矿后水环境监管

1)闭矿后露天采场水污染防治措施

(1)清污分流措施

为减少进入露天采坑的水量,需保留采矿时设置的清污分流设施,封闭圈以上的截排水沟把降雨汇水和边坡渗水按自然分布区域拦截后自流排出，封闭圈以下及最低工作水平的降雨汇水由固定和移动泵排系统排出。

（2）封坑堵水措施

为减少露天采场的涌水量，可采用混凝土栓封堵。根据封堵的效果，可分为完全封闭型、溢出型、隔绝空气型。

①完全封闭型。将矿坑废水完全封堵在矿坑内使其零排放。

②溢出型。一般矿山有多个坑口，多数情况下均互相连通，矿坑被封后失去出口的水往往从其他坑溢出。这种情况下，矿坑内的积水防止了矿床的氧化，减少了酸性水的产生，提高了水质，同时积水的水压减少了矿坑的渗水。

③隔绝空气型。当无法安设合适的水泥栓或由于向地表漏水不可能密封矿坑时，可采用该法。该法就是在矿坑内积留一些矿坑水，然后采取措施阻止空气进入。虽然矿坑水不断排出，但空气的进入被阻断，矿坑内处于缺氧状态，矿石不会被氧化，水质随之好转。

（3）弃井矿坑的利用

矿山企业尾矿库将征占大面积土地，带来一系列生态问题。在技术上，露天采场用作尾矿库是可行的，不仅可节约占地，同时又回填了露天采坑，保护和改善了环境。但需进行稳定性论证和地下水环境影响论证。

2）闭矿后井筒水污染防治措施

地下开采矿山闭矿后，地表污染物可能进入井筒而污染地下水，各层地下水也可能通过井筒形成串层污染。由于采矿作业面油类等污染物质的残留，闭坑后，矿坑水位会大幅度回弹，从而反向补给含水层，进而污染地下水。另外，由于地震等外力作用，地下开采闭矿后，井壁可能出现破损、坍塌，第四系土层可能被掏空从而使地表下沉、倾斜。

因此，闭矿前须对采矿作业面进行彻底清理，并对所有废弃井筒灌浆封堵，切断地表水、第四系土层与井下连通的潜在通道。废弃井筒回填后应在井口外围修建钢筋混凝土井座，上覆钢筋混凝土井盖进行封闭，并在井口附近设置醒目警示标志，标牌上注明废弃井口的相关信息。

3）排土场（废石场）淋溶水污染防治措施

闭矿后，排土场（废石场）在降雨条件下仍会产生淋溶水。因此，应保留相应的清污分流、废石淋溶水收集及处理措施、地下水监控措施，如矿山运行期间淋溶水未处理直接回用生产，则闭矿后须采取专门的淋溶水处理措施，处理后达标排放，或将淋溶水用作其他合法用途。

4）闭矿后水污染监控措施

（1）采场附近地下水质监测

为及时掌握闭矿后矿井污染物的运移情况，中国国家安全生产监督管理总局于2006年公布实施《废弃矿井地下水污染监测布网技术规范》（MT/T 1022），规定了废弃矿井地下水污染监测布网的基本原则、方法和相关技术要求。闭矿后采场地下水质监测可参考该标准执行。

（2）排土场（废石场）附近地下水质监测

矿山企业废石通常为一般工业固体废物，按照《一般工业固体废物贮存、处置场污染控制标准》（GB 18599），排土场（废石场）周边至少设置三口地下水质监控井，一口沿地下水流向设在排土场(废石场)上游，作为对照井；第二口沿地下水流向设在排土场(废石场)下游，作为污染监视监测井；第三口设在最可能出现扩散影响的排土场(废石场)周边，作为污染扩散监测井。每年按枯水期、平水期、丰水期进行监测，每期一次，直至水质稳定达标为止。

(3)堆浸场附近地下水质监测

根据闭矿后堆浸渣固体废物属性鉴定结果，若其为一般工业固体废物，则按照《一般工业固体废物贮存、处置场污染控制标准》(GB 18599)，堆浸场周边至少设置三口地下水质监控井，第一口沿地下水流向设在堆浸场上游，作为对照井；第二口沿地下水流向设在堆浸场下游，作为污染监视监测井；第三口设在最可能出现扩散影响的堆浸场周边，作为污染扩散监测井。每年按枯水期、平水期、丰水期进行监测，每期一次，直至水质稳定达标为止。

根据闭矿后堆浸渣固体废物属性鉴定结果，若其为危险废物，则按照《危险废物填埋污染控制标准》(GB 18598)，堆浸场周边至少设置四口地下水质监控井，第一口沿地下水流向设在堆浸场上游，作为对照井；在下游至少设置三眼井，组成三维监测点。每季度监测一次，延续到闭矿后 30 年。

(4)原地浸矿采场附近地下水质监测

原地浸矿采场闭矿后，为确保闭矿后项目区地下水环境质量，矿区须保留三级地下水质监控井及截获井。一级(矿块级)布设在矿体下游较平坦处或山体垭口处，二级(小流域级)布设在矿区次一级流域出口处，三级(大流域级)布设在矿区大流域出口处。闭矿后对这三级监控井进行长期监测，每个月监测一次，直至所有监控井全部稳定达标(一个水文年内均不超标)，否则应继续监测并截获。

8.6.4　闭矿后生态环境监管

根据闭矿生态恢复的目的和范围，将矿山不同场地按照不同恢复目的进行划分，可以分为工业场地、地下矿山坑硐井筒、地下开采地表错动范围、露天采场、矿石堆场 5 大类。

1)场地构筑物拆除及复垦

闭矿后，除了根据特定用途需要保留的外，其余设施和设备已拆除，留下的构筑物最终形态应当充分考虑水灾或地震之类的自然灾害。井口和井筒装备结构都要拆到地表以下一定深度，然后封闭。

2)地下矿山坑硐井筒封闭

井下采空区一切通道均要可靠的封闭，防止人或野生动物进入坑硐。

(1)平硐充填

①乱石堆筑隔墙

用原地或外部运来的未分级的充填材料和乱石充填平硐硐口区。如果硐口流水，则增加敷设非腐蚀性排水管道。

②混凝土砌块隔墙

在平硐口或斜井井口内用原生岩和水泥砂浆砌筑隔墙。

③聚氨基甲酸酯泡沫封闭法

聚氨基甲酸酯泡沫封闭法是在构筑底层和在其上喷射聚氨基甲酸酯泡沫到最小的要求厚度，再用普通充填材料充填。聚氨基甲酸酯泡沫可用于永久性封闭。轻型建筑材料容易运到偏远地区，但底层结构强度要求低。

（2）竖井或采场充填

井口和井筒装备结构都要拆到地表以下一定深度，然后砌筑钢筋混凝土盖板，使之封住井口并与余留的井壁等结构连接在一起。井口盖板应能盖住整个井口空间，且应能承受上部覆盖物料的载荷以及可能预计到的其他载荷，并用牢固的标记标识出来，以便今后能够找出其位置。

3）露天采场复垦

露天采场为矿山生产场所，一般服务年限较长。生产期，露天采场永久性边坡、平台形成后应进行生态修复，但使用功能和权属不会发生改变。服务期满闭坑后，其功能和权属可以根据修复用途的改变来进行生态修复，其生态修复特征、制约因素、修复技术等具体参考第 5 章。同时，露天采坑必须构筑有安全挡墙和警示牌，且所有进路要加以封闭，防止车辆和游人跌入。

4）堆场复垦

矿山采矿生产场所堆场一般包括矿石堆场、排土场等。

排土场（废石场）是矿山采矿剥离、排弃物的集中堆放场地。排土场一般自下而上逐台阶堆积，平台（平盘）与边坡逐步形成。排土场为矿山生产场所，一般服务年限较长。生产期，排土场永久性边坡、平台形成后应进行生态修复，使用功能和权属不会发生改变。服务期满闭坑后，其功能和权属可以根据修复用途的改变来进行生态修复，其生态修复特征、制约因素、修复技术等具体参考第 5 章。

矿石堆场是矿山矿石集中堆放场地。矿石堆场为矿山生产场所，一般服务年限较长。生产期，使用功能和权属不发生改变，不能进行复垦。服务期满闭矿后，矿石已取用完毕，其功能和权属可以根据修复用途来改变。其生态修复特征、制约因素、修复技术等具体参考第 5 章。

5）道路设计

根据矿山闭矿后矿山生态修复规划，规划闭矿后道路景观设计，整修道路，使其满足闭矿后相应功能。

6）地表变形监测

闭矿后，地下采矿项目地层变形有可能仍在继续，特别对于采矿过程中采空区没有或有部分充填矿山，导致岩层结构弱化，大面积悬空的岩层随时间推移发生流变效应。因此，闭矿后，有发生地表塌陷的可能。这种灾害是由矿山开采引起，是生产过程中变形、破坏的积累和延续。利用现有技术和理论知识加强地表变形监测，对监测结果进行预测，对可能塌陷的现象提前采取相应措施，提前规划，超前研究。

8.6.5　闭矿后矿井资源化利用

金属矿山地下开采，按照开采空间的围岩状态，可以分为坚固围岩井下矿井、松散围岩井下矿井、可溶性岩层井下矿井。

1）坚固围岩井下矿井

这类围岩一般为砂岩、砂砾岩。岩石坚硬稳固、渗透性小，具有良好的地质屏障。

2）松散围岩井下矿井

这类矿井多为沉积岩，围岩中等稳定且中硬，受开采影响容易产生部分裂隙，局部容易垮落，导水性较强。

3）可溶性岩层井下矿井

这类井下空间为可溶性岩层，如石灰岩岩溶、岩盐硐室。

借助德国、法国、波兰等国成功经验，废弃矿井大致可以有4类主要用途：

（1）生活垃圾、建筑垃圾排放场

生活垃圾、建筑垃圾一般毒性较小，可以考虑排入废弃井下硐室，但应注意在堆置过程中废水、废气等产生的二次环境污染。

（2）工业废弃物填埋场

一般工业废弃物毒性小，渗漏水对地下水影响较小，可以放置在一般矿山巷道或矿床空场内。易挥发、有毒有害废弃物等，则需要在具有较好地质屏障的硐室，经过防渗等处理作为特殊废弃物排放场。

（3）食用菌加工场

闭矿后，井下坑道硐室围岩条件好，温度和湿度适宜，是食用菌加工的良好场所。即可利用矿井闲置坑道资源，也是矿山转产的出路之一。

（4）科普教育活动场所

废弃矿井可以改造为矿山博物馆，作为井下实物参观，开展科普活动，提高全面了解矿山开采基本知识。

8.7　紫金山金铜矿环境事故处理案例

（1）事故基本情况

2010年7月3日和7月16日，紫金矿业集团股份有限公司紫金山金铜矿湿法厂（简称紫金矿业）先后发生两次含铜酸性溶液渗漏事故。由于废水池防渗膜垫层异常扰动，导致防渗膜局部破损，9000多 m^3 含铜酸性废水渗漏到废水池下方的排洪涵洞，最终流入汀江，造成重大水污染事故，直接经济损失达3000多万元人民币。

（2）紧急处置措施

事故发生后，省、市党委政府高度重视，福建省委、省政府主要领导多次批示，省政府领导率队到上杭指导事故处置。龙岩市委、市政府立即成立了事故协调领导小组及现场应急处置指挥部，市政府分管副市长率环保等部门的专家、技术人员赶赴现场协调处理工作，紫金山金铜矿湿法厂立即停产整改，采取的措施有：①全力做好现场处置工作。砌筑三道围堰围堵渗漏废水，并安装抽水泵回抽渗水；②密切关注汀江水质及城区居民用水安全。在汀江上杭段上、中、下游设立8个监测点对水质进行采样分析；③及时发布信息，将每日汀江水质和自来水水质检测情况通过电视、公告等方式向社会公布，维护社会稳定；④妥善处理下游网箱鱼。泄漏事故发生后，汀江水质受到一定污染，导致汀江河下都库区网箱鱼类出现异常甚至死亡现象，对网箱养鱼按每斤6元全部进行收购；⑤紫金山金铜矿全矿范围内开展一次全面的防排洪系统及安全环保系统的隐患排查，聘请高资质的专业机构和专家对此次事故进行进一步分析以查找问题、分析原因，并提出科学合理的整改方案。

（3）事故调查与处理

针对调查中发现的问题，联合调查组对事件的处理提出以下意见：①紫金山金铜矿湿法厂立即停产并进行全面整改；②福建省有关部门立即在全省范围组织开展环境安全隐患排查，总结经验教训，举一反三，防止此类事件再次发生；③严肃追究责任。依法追究肇事企业、防渗系统设计施工单位、监管部门相关责任人的行政、刑事责任并由肇事企业对此次事件造成的经济损失依法进行赔偿。2010 年 12 月，福建省海洋与渔业厅、福建省经贸委、龙岩市政府分别提交了《汀江流域污染事故造成鱼类死亡的调查报告》《紫金山金铜矿废水渗漏污染事故调查报告》《汀江"7.3"事件经济损失统计》以及国家安全监管总局、环境保护部、监察部《关于福建省紫金矿业集团紫金山金铜矿湿法厂"7.3"含铜酸性溶液泄露重大环境污染事件核查情况的报告》。根据事故原因和调查结果，政府管理人员、企业负责人中有多人受到了法律追究和行政处罚。

（4）整改与复产

事故发生后，紫金矿业各级领导高度重视，按高标准制定了全矿区污染防控与生态修复方案。全面加强企业各堆浸场、富液池、贫液池、防洪池、污水池现存工艺水和生产废水的防渗措施，对整个矿区防渗工艺进行后评估，对防渗技术、工艺、材料进行全面论证，彻底整改防渗系统；严格规范排污管道与排污口，彻底堵死渗漏井与排洪洞之间的通道，实现清污分流；全面调查矿区地下水污染情况，采取"水平防渗+新型垂直防渗+自动抽水井"构成的立体防渗系统，投入 2.8 亿元完成紫金山金铜矿湿法厂安全环保措施的提升与改造，通过验收后才恢复生产。为吸取教训，切实增强环境安全意识，紫金矿业将每年 7 月 3 日定为公司"环境安全日"，每年 7 月为公司"环境安全月"，并在紫金山金铜矿设立"7.3"事故警示碑，把安全环保作为企业可持续发展的生命线，持续投入建设紫金山国家矿山公园。

参考文献

[1] 姜建军. 矿山环境管理实用指南[M]. 北京：地震出版社，2003.
[2] 冯春涛. 发达国家矿山环境管理制度分析[J]. 环境保护，2004(7)：56-58.
[3] 陈燕，蓝楠，彭泥泥. 国外闭矿后水环境管理制度对我国的启示[J]. 统计与决策，2012(23)：183-184.
[4] 王波，鹿爱莉，李仲学，等. 矿山闭坑机制认识与思考[J]. 中国矿业，2015，24(3)：54-59.
[5] 环境保护部环境工程评估中心. 建设项目环境监理[M]. 北京：中国环境出版社，2012.
[6] 环境保护部环境影响评价工程师职业资格登记管理办公室. 建设项目竣工环境保护验收调查(生态类)[M]. 北京：中国环境出版社，2009.
[7] 杨森，徐书文. 矿山环境问题分类与监测建议[J]. 中国科技信息，2012(7)：39-40.
[8] 刘征，赵旭阳，党宏媛. 矿山开发的水土环境效应遥感监测研究进展[J]. 石家庄学院学报，2012，14(3)：83-88.
[9] 张鑫. 如何应对我国矿山环境管理存在的问题[J]. 科技与企业，2012(17)：78-79.
[10] T·兹韦季基. 矿山关闭规划方略(一)[J]. 国外金属矿山，2002(3)：18-21.
[11] 吴义千，占幼鸿. 矿山酸性废水源头控制与德兴铜矿杨桃坞、祝家废石场和露天采场清污分流工程[J]. 有色金属，2005，57(4)：101-105.
[12] 李庭，冯启言，周来，等. 国外闭矿环保政策及对我国的启示[J]. 中国煤炭，2013(12)：128-132.
[13] 周叔良. 封闭矿山坑硐的指导原则[J]. 国外金属矿山，1994(12)：42-44.
[14] 黄侃，樊栓保. 闭矿后矿井的资源化利用[J]. 中国煤炭，2000(3)：19-21.

图书在版编目（CIP）数据

采矿手册. 第八卷，矿山环境／周连碧主编. —长
沙：中南大学出版社，2020.12
　　ISBN 978-7-5487-3816-9

　　Ⅰ. ①采… Ⅱ. ①周… Ⅲ. ①矿山开采—技术手册②
矿山环境—技术手册 Ⅳ. ①TD8-62

　　中国版本图书馆 CIP 数据核字（2019）第 256966 号

采矿手册　　第八卷　　矿山环境
CAIKUANG SHOUCE　DIBA JUAN　KUANGSHAN HUANJING

古德生 ◎ 总主编

周连碧 ◎ 主　编

祝怡斌　杨运华 ◎ 副主编

□责任编辑	胡　炜　刘小沛
□封面设计	殷　健
□责任印制	唐　曦
□出版发行	中南大学出版社
	社址：长沙市麓山南路　　　　邮编：410083
	发行科电话：0731-88876770　　传真：0731-88710482
□印　　装	湖南省众鑫印务有限公司

□开　　本	787 mm×1092 mm　1/16	□印张 23.75	□字数 617 千字
□版　　次	2020 年 12 月第 1 版	□印次 2020 年 12 月第 1 次印刷	
□书　　号	ISBN 978-7-5487-3816-9		
□定　　价	128.00 元		